EUL VERLAG

Rechnungslegung und Wirtschaftsprüfung

Herausgegeben von Prof. (em.) Dr. Dr. h. c. Jörg Baetge, Münster, Prof. Dr. Hans-Jürgen Kirsch, Münster, und Prof. Dr. Stefan Thiele, Wuppertal

Band 33
Jan-Hendrik Gnändiger
Abbildungsmöglichkeiten komplexer Lieferantenbeziehungen der Automobilindustrie in der Rechnungslegung nach HGB und IFRS
Lohmar – Köln 2011 • 400 S. • € 66,- (D) • ISBN 978-3-8441-0101-0

Band 34
Jana Hecker
Kapitalausweis nach IFRS unter besonderer Berücksichtigung von Residualkapitalderivaten
Lohmar – Köln 2011 • 240 S. • € 56,- (D) • ISBN 978-3-8441-0115-7

Band 35
Andreas Fischer
Entwicklung eines länderübergreifenden Bilanzratingmodells
– Eine empirische Untersuchung anhand deutscher und italienischer Jahresabschlüsse
Lohmar – Köln 2012 • 312 S. • € 62,- (D) • ISBN 978-3-8441-0119-5

Band 36
Alexander Olbrich
Wertminderung von finanziellen Vermögenswerten der Kategorie „Fortgeführte Anschaffungskosten" nach IFRS 9
Lohmar – Köln 2012 • 272 S. • € 58,- (D) • ISBN 978-3-8441-0125-6

Band 37
Matthias Knabe
Die Berücksichtigung von Insolvenzrisiken in der Unternehmensbewertung
Lohmar – Köln 2012 • 292 S. • € 59,- (D) • ISBN 978-3-8441-0126-3

Reihe: Rechnungslegung und Wirtschaftsprüfung · Band 37

Herausgegeben von Prof. (em.) Dr. Dr. h. c. Jörg Baetge, Münster, Prof. Dr. Hans-Jürgen Kirsch, Münster, und Prof. Dr. Stefan Thiele, Wuppertal

Dr. Matthias Knabe

Die Berücksichtigung von Insolvenzrisiken in der Unternehmensbewertung

Mit einem Geleitwort von Prof. Dr. Hans-Jürgen Kirsch, Westfälische Wilhelms-Universität Münster

EUL VERLAG

Bibliografische Information der Deutschen Nationalbibliothek

Die Deutsche Nationalbibliothek verzeichnet diese Publikation in der Deutschen Nationalbibliografie; detaillierte bibliografische Daten sind im Internet über <http://dnb.d-nb.de> abrufbar.

Dissertation, Westfälische Wilhelms-Universität Münster, 2012

D 6

ISBN 978-3-8441-0126-3
1. Auflage Februar 2012

JOSEF EUL VERLAG GmbH
Brandsberg 6
53797 Lohmar
Tel.: 0 22 05 / 90 10 6-6
Fax: 0 22 05 / 90 10 6-88
E-Mail: info@eul-verlag.de
http://www.eul-verlag.de

Bei der Herstellung unserer Bücher möchten wir die Umwelt schonen. Dieses Buch ist daher auf säurefreiem, 100% chlorfrei gebleichtem, alterungsbeständigem Papier nach DIN 6738 gedruckt.

Geleitwort

Insolvenzen stellen in der Betriebswirtschaft zwar kein alltägliches Ereignis dar, wenn sie aber eintreten, sind ihre Auswirkungen sowohl für die Stakeholder als auch für die Shareholder des Unternehmens oftmals deutlich zu spüren. Während Fremdkapitalgeber die Gefahr einer Insolvenz regelmäßig bei der Kreditvergabe berücksichtigen bzw. berücksichtigen müssen, ist der Umgang mit Insolvenzrisiken durch die Eigenkapitalgeber nicht direkt ersichtlich, was einerseits durch die den Bewertungskalkülen zugrundeliegenden Annahmen und andererseits durch die konkrete Operationalisierung der Bewertungskalküle durch den Bewerter bedingt ist.

In der Unternehmensbewertung ist der Unternehmenswert stets zweckabhängig zu ermitteln. Gerade für die Entscheidungsvorbereitung wird dabei regelmäßig auf Zukunftserfolgsverfahren zurückgegriffen, da hier der künftige Nutzen für das Bewertungssubjekt entscheidungsrelevant ist. Den Zukunftserfolgsverfahren werden verschiedene kapitalwertorientierte Bewertungsverfahren zugerechnet, denen gemein ist, dass grundsätzlich von einer unbegrenzten Lebensdauer des Bewertungsobjekts ausgegangen wird. Dies führt dazu, dass Insolvenzrisiken in den Verfahren augenscheinlich nicht berücksichtigt werden. Auch sind die künftigen Cashflows dabei grundsätzlich als Erwartungswerte zu ermitteln, in denen die Unsicherheit der künftigen Entwicklung adäquat abgebildet wird. In der Bewertungstheorie und -praxis wird indes regelmäßig von einem Insolvenzszenario aus verschiedenen Gründen abstrahiert.

Vor dem Hintergrund steigender Insolvenzzahlen in Deutschland erscheint es aber fraglich, inwiefern diese Vorgehensweise zu sachgerechten Unternehmenswerten führt. Ziel des Verfassers ist es, sich konzeptionell mit der Berücksichtigung von Insolvenzrisiken in der Unternehmensbewertung auseinanderzusetzen. Hierbei geht er auf die Frage ein, ob und falls ja, wann Insolvenzrisiken grundsätzlich zu berücksichtigen sind, um im Anschluss zu klären, wie die Insolvenzwahrscheinlichkeit, die den zentralen Parameter des Insolvenzrisikos darstellt, konkret abgeleitet werden kann.

Hierzu geht der Verfasser im zweiten Kapitel zunächst auf das Insolvenzrisiko ein, stellt die relevante Quantitäts- und Intensitätsdimension dar und grenzt den Untersuchungsbereich ab. Letzteren bezieht der Verfasser auf Unternehmen, die sich derzeit in keiner konkreten Krisensituation befinden und daher als gesund bezeichnet werden. Im Anschluss leitet der Verfasser auf die Grundlagen der Unternehmensbewertung über. Basierend auf den konzeptionellen Grundlagen der Unternehmensbewertung führt er die für die weitere Arbeit relevante Bewertungskonzeption des objektivierten sowie des subjektiven Unternehmenswerts nach IDW S 1 an. Ausgehend von den relevanten Zukunftserfolgsverfahren erläutert der Verfasser verschiedene DCF-Verfahren und diskutiert die Ermittlung der künftigen Cashflows und des Kapitalisierungszinssatzes. Einen bedeutenden Aspekt für die weitere Arbeit stellt dabei die Fortführungsprämisse bei der Bestimmung der Cashflows dar, nach der für die Bewertung grundsätzlich von einer unbegrenzten Lebensdauer des Bewertungsobjekts auszugehen ist. Begründet wird diese Prämisse regelmäßig mit Schwierigkeiten bei der Bestimmung eines konkreten Insolvenzzeitpunktes. Dieser Annahme stellt der Verfasser aber die Bedeutung einer möglichen Insolvenz gegenüber, die sehr wohl wertrelevant sein kann. Entsprechend ist die Fortführungsprämisse als bedingte Prämisse zu verstehen, die nur für den Fall der Nicht-Insolvenz, also der unendlichen Lebensdauer gilt. Um zu sachgerechten Entscheidungswerten zu gelangen, ist aber auch die Insolvenzmöglichkeit in Form einer kumulierten Insolvenzwahrscheinlichkeit im Bewertungskalkül zu berücksichtigen. Da die Unternehmensbewertung zudem auf einen Alternativenvergleich abstellt, in dem das Bewertungsobjekt mit einer Alternativanlage verglichen wird, sind Äquivalenzprinzipien zu beachten, durch die sichergestellt werden soll, dass sich das Bewertungsobjekt und die Alternativanlage hinsichtlich bewertungsrelevanter Dimensionen entsprechen. Zur Sicherstellung der Risikoäquivalenz wird das CAPM eingeführt, durch das die Renditeforderung der Eigenkapitalgeber abgebildet wird und auf welches im weiteren Verlauf der Arbeit noch Bezug genommen wird.

Abschließend leitet der Verfasser in diesem Kapitel Würdigungskriterien her, mit denen die Berücksichtigung von Insolvenzrisiken beurteilt werden soll. Ausgehend vom Risiken-Chancen-Prinzip führt er den Zweck der Komplexitätsreduktion an, durch den sichergestellt werden soll, dass nicht sämtliche Informationen im Bewertungskalkül berücksichtigt werden, sondern nur solche, die entscheidungsrelevant sind, d. h. deren Zusatznutzen die Zusatzkosten übersteigt. Im Kontext der IDW S 1-Bewertung konkretisiert der Verfasser den Zusatznutzen je nach Bewertungskonzeption in der Objektivierung oder im Zukunftsbezug der einbezogenen Informationen. Die Zusatzkosten sind insbesondere in den Kosten der Informationsbeschaffung und -verarbeitung zu sehen. Die Würdigungskriterien stehen dabei in einem gegenseitigen Spannungsverhältnis.

An das Grundlagenkapitel anschließend untersucht der Verfasser im dritten Kapitel die Berücksichtigung von Insolvenzrisiken in der Alternativanlage. Die Rendite der Alternativanlage wird durch das CAPM ermittelt. Der Verfasser stellt zunächst das CAPM sowie die hiermit verbundenen Annahmen dar, um anschließend ausführlich auf die einzelnen CAPM-Komponenten einzugehen. Hierbei analysiert er, ob der risikolose Zins, die Marktrisikoprämie und der Betafaktor von Insolvenzrisiken tangiert werden. Als Ergebnis hält der Verfasser fest, dass die Alternativrendite an verschiedenen Stellen von Insolvenzrisiken beeinflusst werden kann. So enthalten bspw. die als Approximation der risikolosen Anlage verwendeten Renditen von Staatsanleihen z. T. Ausfallrisiken. Durch die Marktrisikoprämie wird die Risikoprämie abgebildet, die ein Investor für eine Alternativanlage in das Marktportfolio verlangt. Der Verfasser stellt in seiner Analyse fest, dass auch die Marktrisikoprämie aufgrund von Insolvenzrisiken verzerrt sein kann. Da die Marktrisikoprämie üblicherweise vergangenheitsorientiert über eine Indexrendite ermittelt wird, kann sie durch den Survivorship Bias-Effekt beeinflusst werden. Die so ermittelte Rendite kann also zugunsten überlebender Unternehmen verzerrt sein. Den einzigen unternehmensindividuellen Parameter des CAPM stellt der Betafaktor dar, durch den die Marktrisikoprämie an das unternehmensspezifische Risiko angepasst wird. In der Unternehmensbewertung wird z. T. vereinfachend von ausfallsicherem Fremdkapital ausgegangen. Die Existenz von Insolvenzrisiken ist aber auf ausfallgefährdetes Fremdkapital zurückzuführen, so dass auch das Risiko des Fremdkapitals zu berücksichtigen ist. Hierzu ist der Betafaktor des Fremdkapitals einzubeziehen. Da der Betafaktor des verschuldeten Unternehmens u. a. aus historischen Kursverläufen des Bewertungsobjekts ermittelt wird, ist die Börsennotierung des Unternehmens Voraussetzung für die direkte Ableitung. Falls das Bewertungsobjekt jedoch nicht börsennotiert ist, wird der Betafaktor üblicherweise über Vergleichsunternehmen abgeleitet. Hierbei kommen grundsätzlich drei Ansätze in Betracht, die der Verfasser hinsichtlich der Übertragbarkeit von Insolvenzrisiken analysiert. Dabei kommt er zu dem Ergebnis, dass bei einer sehr engen Branchenabgrenzung das Branchenbeta zu bevorzugen ist, da hiermit sehr geringe Ermessensspielräume verbunden sind. Ist diese enge Abgrenzung aber nicht vorhanden, ist die Übertragbarkeit der durchschnittlichen Insolvenzrisiken der Branche kritisch zu sehen. In diesem Fall schlägt der Verfasser vor, auf eine Peer Group zurückzugreifen, da hier besser auf die Unternehmensspezifika eingegangen werden kann. Insgesamt sieht der Verfasser die Risikoäquivalenz bei einem diversifizierten Bewertungssubjekt grundsätzlich als gegeben an, da in der Alternativrendite systematische Insolvenzrisiken berücksichtigt werden. Auch wenn die Risikoäquivalenz aufgrund möglicher Verzerrungen nicht in jedem Fall vollständig erfüllt ist, lehnt der Verfasser eine Anpassung des CAPM ab, da so die Objektivierbarkeit beeinträchtigt und die Gleichgewichtsbedingung des CAPM verletzt wird.

Im zentralen vierten Kapitel befasst sich der Verfasser dann mit der expliziten Berücksichtigung von Insolvenzrisiken. Hierbei diskutiert er zunächst die Notwendigkeit zur Einbeziehung von Insolvenzrisiken und leitet anschließend allgemeine Formeln zur Berücksichtigung der Insolvenzrisiken ab. Aufbauend hierauf modifiziert der Verfasser die Basisformel hinsichtlich der Berücksichtigung der Insolvenzrisiken des Tax Shields für die einzelnen DCF-Verfahren. Als entscheidenden Einflussparameter der Insolvenzrisiken identifiziert der Verfasser die Insolvenzwahrscheinlichkeit und analysiert ausführlich verschiedene Methoden zur approximativen Ableitung dieser Größe. Hierbei untersucht der Verfasser neben ratingbasierten Ansätzen auch marktbezogene Verfahren, denen Reduktions- sowie Strukturmodelle zuzuordnen sind. Die Eignung der einzelnen Verfahren wird anschließend vor den in Kapitel 2 abgeleiteten Würdigungskriterien gespiegelt. In diesem Zusammenhang differenziert der Verfasser neben der Bewertungskonzeption der objektivierten und der subjektiven Unternehmensbewertung auch hinsichtlich des zugrunde liegenden Bewertungsobjekts und leitet für das jeweilige Bewertungsobjekt einen sachgerechten Ansatz zur Ableitung der Insolvenzwahrscheinlichkeit her. Insgesamt befürwortet der Verfasser die Verwendung von ratingbasierten Modellen. Externe Ratings weisen dabei den Vorteil einer objektivierten Ermittlung auf, was hinsichtlich der objektivierten Unternehmensbewertung positiv zu beurteilen ist. Da aber auch diese Verfahren mit bestimmten Ermessensspielräumen einhergehen, schlägt der Verfasser Typisierungen vor, um diese einzuschränken und dem Grundsatz der Objektivierung gerecht zu werden. Wenn für das Bewertungsobjekt keine externen Ratings verfügbar sind, kann eine Einschätzung der Insolvenzwahrscheinlichkeit über synthetische Ratingverfahren abgeleitet werden. Für die objektivierte Unternehmensbewertung schätzt der Verfasser vor allem Analogieansätze und Bilanzbonitätsratings als vorteilhaft ein. Auch hinsichtlich des Zukunftsbezugs sind die ratingbasierten Modelle weitgehend positiv zu beurteilen. Insbesondere simulationsbasierte Ratingverfahren sieht der Verfasser als geeignet für die subjektive Wertermittlung an, wobei hier die Möglichkeit der objektivierten Ermittlung der Insolvenzwahrscheinlichkeit stark eingeschränkt ist. Kritisch an den marktbezogenen Verfahren ist hingegen zu sehen, dass die ermittelte Wahrscheinlichkeit z. T. auch auf weitere Risikokomponenten zurückgeführt werden kann. Insbesondere die Berücksichtigung der Risikoaversion ist hier als Kritikpunkt zu nennen, da dies zu einer Doppelerfassung des Risikos führen kann. Zudem sind die häufig angeführten Objektivierungsvorteile zu relativieren, da auch bei diesen Verfahren diverse Ermessensspielräume existieren.

Neben der Ableitung der Insolvenzwahrscheinlichkeit befasst sich der Verfasser im vierten Kapitel auch mit der Abbildung von unsystematischen Insolvenzrisiken. Diese sind dann relevant, wenn das Bewertungssubjekt nicht ausreichend diversifiziert ist. Hier untersucht der Verfasser verschiedene Verfahren, mit denen im Falle eines unterdiversifizierten Investors auch unsystematische Insolvenzrisiken im Bewertungsansatz berücksichtigt werden können. Neben einer Methodenkritik greift der Verfasser wiederum auf die zuvor erarbeiteten Würdigungskriterien zurück. Letztlich spricht sich der Verfasser für den Total Beta-Ansatz aus, da so eine umfassende Berücksichtigung der systematischen und unsystematischen Risiken möglich ist und ferner der Diversifizierungsgrad berücksichtigt werden kann.

Die Arbeit schließt mit einem fünften Kapitel, in dem der Verfasser die wesentlichen Untersuchungsergebnisse knapp wiedergibt und um mögliche künftige Entwicklungen ergänzt.

Insgesamt wird in der vorgelegten Arbeit die Berücksichtigung des Insolvenzrisikos bei Unternehmensbewertungen sehr umfassend und fundiert analysiert. Sehr gefällig wird dazu zunächst die technische Berücksichtigung der Insolvenzrisiken innerhalb der einzelnen Bewertungsverfahren abgeleitet. Für das eigentliche Problem der Arbeit, nämlich die konkrete Bestimmung der Insolvenzrisiken, setzt sich der Verfasser dann mit den alternativen Quantifizierungsmöglichkeiten über verschiedene Ansätze auseinander. Auch hier argumentiert er ausgesprochen differenziert. Dass sich keiner dieser Ansätze als durchweg geeignet herausstellt, liegt in der Natur der Sache. Der Verfasser versucht daher sehr anschaulich über Adjustierungen z.B. in Form von Typisierungen einer befriedigenderen Lösung näher zu kommen. Die Arbeit leistet damit einen wertvollen Beitrag zur Verbesserung und Verfeinerung der Bewertungskalküle, damit die jedem Unternehmen innewohnenden Risiken einer Insolvenz nunmehr auch explizit bei der Bewertung berücksichtigt werden.

Münster, im Januar 2012

Prof. Dr. Hans-Jürgen Kirsch

Vorwort des Verfassers

Die vorliegende Arbeit entstand während meiner Tätigkeit als wissenschaftlicher Mitarbeiter am Institut für Rechnungslegung und Wirtschaftsprüfung (IRW) der Westfälischen Wilhelms-Universität in Münster und meiner Tätigkeit als Mitarbeiter bei der Ernst & Young GmbH Wirtschaftsprüfungsgesellschaft, Niederlassung Düsseldorf. Sie wurde von der Wirtschaftswissenschaftlichen Fakultät in Münster im Januar 2012 als Dissertation angenommen.

An dieser Stelle möchte ich all jenen danken, die mich bei der Anfertigung dieser Arbeit auf vielfältige Weise unterstützt haben. Im Besonderen gilt dies für meinen verehrten akademischen Lehrer und Doktorvater, Herrn Prof. Dr. Hans-Jürgen Kirsch. Ihm danke ich sowohl für die Möglichkeit zur Promotion als auch für die ständige Diskussionsbereitschaft und die wertvollen fachlichen Hinweise, die erheblich zum Gelingen dieser Arbeit beigetragen haben. Bedanken möchte ich mich auch bei Herrn Prof. Dr. Wolfgang Berens für die Übernahme des Zweitgutachtens und bei Herrn Prof. Dr. Aloys Prinz für seine Mitwirkung in der Promotionskommission.

Großer Dank gilt auch Herrn Prof. Dr. Dr. h.c. Jörg Baetge und den Mitarbeitern seines Forschungsteams für die stets gute Zusammenarbeit und die wertvollen fachlichen Anregungen in den gemeinsamen Doktorandenseminaren. Weiterhin ist es mir ein Anliegen meinen (ehemaligen) Kollegen am Institut in Münster, sowohl für die fachliche Unterstützung als auch für die notwendige Ablenkung von der Forschung, zu danken. Namentlich erwähnen möchte ich an dieser Stelle Herrn Dr. Christoph Berentzen, Frau Ann-Kathrin Bonke, Herrn Dipl.-Kfm. Dominik Dettenrieder, Herrn Dr. Tim Hoffmann, Herrn Dr. Peter Koelen, Frau Dr. Kathrin Köhling, Herrn Dr. Sebastian Nimwegen, Herrn Dr. Alexander Olbrich, Herrn Dr. Daniel Siegel sowie Herrn Dr. Oliver Tinz. Mein ganz besonderer Dank gilt zudem meinem Büro- und Promotionskollegen Herrn Dipl.-Kfm. Gerrit Lütkeschümer, der sich in beiden vorgenannten Ausprägungen außerordentlich verdient gemacht hat. Zudem danke ich den wissenschaftlichen Hilfskräften für ihre großartige Unterstützung.

Auch möchte ich mich von ganzem Herzen bei meinen Eltern und meinem Bruder bedanken, die mich auf meinem bisherigen Lebensweg bedingungslos unterstützt und mir mit Rat und Tat zur Seite gestanden haben. Ohne ihren Einsatz und ihr Vertrauen wäre sicherlich nicht nur die Erstellung dieser Arbeit nie möglich gewesen.

Der größte Dank gebührt schließlich meiner Frau Andrea, die durch meine Promotion sicherlich die größten Einschränkungen hat hinnehmen müssen. Dennoch hat sie mir stets uneingeschränkt den Rücken gestärkt und mir die nötige Zeit und den Freiraum gegeben, den ich zur Anfertigung der Arbeit benötigte. Durch ihre fortwährend fröhliche und aufmunternde Art und ihre grenzenlose Liebe hat sie mir Kraft und Zuversicht gegeben und somit erheblich zum Gelingen der Arbeit beigetragen. Ihr möchte ich diese Arbeit widmen.

Münster, im Januar 2012

Matthias Knabe

Inhaltsübersicht

Inhaltsverzeichnis

Abbildungsverzeichnis

Tabellenverzeichnis

Abkürzungsverzeichnis

Abs.	Absatz
Abschn.	Abschnitt
AER	American Economic Review (Zeitschrift)
AG	Aktiengesellschaft(en), Die Aktiengesellschaft (Zeitschrift)
AK	Arbeitskreis
AKU	Arbeitskreis „Unternehmensbewertung" des IDW
APV	Adjusted Present Value
AR	Accounting Review (Zeitschrift)
Aufl.	Auflage
BayObLG	Bayrisches Oberstes Landesgericht
BB	Betriebs-Berater (Zeitschrift)
BBK	Buchführung, Bilanzierung, Kostenrechnung (Zeitschrift)
BBR	Baetge-Bilanz-Rating®
Bd.	Band
Beschl.	Beschluss
BFuP	Betriebswirtschaftliche Forschung und Praxis (Zeitschrift)
BGH	Bundesgerichtshof
BGBl.	Bundesgesetzblatt
bspw.	beispielsweise
BVK	Bundesverband Deutscher Kapitalbeteiligungsgesellschaften e.V.
bzw.	beziehungsweise
ca.	circa
CAPM	Capital Asset Pricing Model
CDAX	Composite DAX
CDS	Credit Default Swap
CFbiz	Corporate Finance biz (Zeitschrift)
CFlaw	Corporate Finance law (Zeitschrift)
CHF	Schweizer Franken
c. p.	ceteris paribus
DAX	Deutscher Aktienindex
DB	Der Betrieb (Zeitschrift)
DBW	Die Betriebswirtschaft (Zeitschrift)
DCF	Discounted Cashflow
DeStatis	Statistisches Bundesamt Deutschland
d. h.	das heißt
DStR	Deutsches Steuerrecht (Zeitschrift)

EBIT	Earnings Before Interest and Taxes
EBITDA	Earnings Before Interest, Taxes, Depreciation and Amortisation
ER	Ewige Rente
ERP	Equity Risk Premiums
EUR	Euro
evtl.	eventuell
e.V.	eingetragener Verein
EZB	Europäische Zentralbank
f.	folgende (Seite)
FAUB	Fachausschuss für Unternehmensbewertung und Betriebswirtschaft
FB	Finanz Betrieb (Zeitschrift)
FCF	Free Cashflow
FMStG	Finanzmarktstabilisierungsgesetz
FMStErgG	Finanzmarktstabilisierungsergänzungsgesetz
Fn.	Fußnote
FTE	Flow to Equity
GE	Geldeinheiten
gem.	gemäß
ggf.	gegebenenfalls
GmbH	Gesellschaft(en) mit beschränkter Haftung
GoB	Grundsätze ordnungsmäßiger Buchführung
GuV	Gewinn- und Verlustrechnung
HFA	Hauptfachausschuss des Instituts der Wirtschaftsprüfer e.V.
HGB	Handelsgesetzbuch
Hrsg.	Herausgeber
IACVA	International Association of Consultants, Valuators and Analysts
IAS	International Accounting Standard(s)
i. d. R.	in der Regel
i. d. F.	in der Fassung
IDW	Institut der Wirtschaftsprüfer in Deutschland e.V.
IDW FN	IDW Fachnachrichten (Zeitschrift)
i. e. S.	im engeren Sinne
IFRS	International Financial Reporting Standard(s)
i. H. v.	in Höhe von
IMF	International Monetary Fund
inkl.	inklusive
InsO	Insolvenzordnung
IRB	Internal Rating-Based

i. S. d.	im Sinne des
i. S. e.	im Sinne einer
i. S. v.	im Sinne von
i. w. S.	im weiteren Sinne
JABM	Journal of Accounting, Business and Management (Zeitschrift)
JACF	Journal of Applied Corporate Finance (Zeitschrift)
JARAF	Journal of Applied Research in Accounting and Finance (Zeitschrift)
JFIR	Journal of Financial Research (Zeitschrift)
JFQA	Journal of Financial and Quantitative Analysis (Zeitschrift)
Jg.	Jahrgang
JoB	Journal of Business (Zeitschrift)
JoF	Journal of Finance (Zeitschrift)
JoFE	Journal of Financial Economics (Zeitschrift)
KapG	Kapitalgesellschaft(en)
KMU	Kleine und mittlere Unternehmen
KMV	Kealhofer/ McQuown/ Vasicek
KoR	Zeitschrift für internationale und kapitalmarktorientierte Rechnungslegung
KSI	Krisen-, Sanierungs- und Insolvenzberatung (Zeitschrift)
LG	Landgericht
LGD	Loss given Default / Verlustquote
LTCM	Long-Term Capital Management
M&A	Mergers & Acquisitions
M&A Review	Mergers & Acquisitions Review (Zeitschrift)
MDAX	Mid-Cap-DAX
MSCI	Morgan Stanley Capital International
m. w. N.	mit weiteren Nachweisen
n/a	not available
nbU	nicht börsenorientierte Unternehmen
No.	Number
Nr.	Nummer
NRW	Nordrhein-Westfalen
o. g.	oben genannte(n)
OLG	Oberlandesgericht
OR Spektrum	Zeitschrift der Gesellschaft für Operations Research
OTC	Over-the-Counter

p. a.	per annum
REX	Rentenindex
Rn.	Randnummer
RS	Stellungnahme zur Rechnungslegung
RWZ	Zeitschrift für Recht und Rechnungswesen
S	Standard des IDW
S.	Seite
sbr	Schmalenbach Business Review
SDAX	Small-Cap-DAX
sog.	so genannte(n)
Sp.	Spalte
S&P	Standard & Poor‘s
StuW	Steuer und Wirtschaft (Zeitschrift)
TCF	Total Cashflow
Tz.	Textziffer
u. a.	unter anderem
u. Ä.	und Ähnliche
US / U.S.	United States
USA	United States of America
USD	US Dollar
US-GAAP	United States Generally Accepted Accounting Principles
u. U.	unter Umständen
v.	vom
v. a.	vor allem
VC	Venture Capital (Zeitschrift)
vgl.	vergleiche
VOFI	Vollständiger Finanzplan
WACC	Weighted Average Cost of Capital
WiSt	Wirtschaftswissenschaftliches Studium (Zeitschrift)
WiSta	Wirtschaft und Statistik (Zeitschrift)
WP	Wirtschaftsprüfer
WPg	Die Wirtschaftsprüfung (Zeitschrift)
WKN	Wertpapierkennnummer
z. B.	zum Beispiel
ZBB	Zeitschrift für Bankrecht und Bankwirtschaft

ZEW	Zentrum für Europäische Wirtschaftsforschung
ZfB	Zeitschrift für Betriebswirtschaft
ZfbF	Zeitschrift für betriebswirtschaftliche Forschung
ZfCM	Zeitschrift für Controlling & Management
ZfhF	Zeitschrift für handelswissenschaftliche Forschung
ZInsO	Zeitschrift für das gesamte Insolvenzrecht
ZIP	Zeitschrift für Wirtschaftsrecht
z. T.	zum Teil

Symbolverzeichnis

$\overline{(\ldots)}$	Erwartungswert
$(\ldots)^{bed.}$	Index (bedingt)
$(\ldots)^{Ins.}$	Index (Insolvenz)
$(\ldots)^{IR}$	Index (unbedingt)
$(\ldots)^{MW}$	Index (Marktwert)
$(\ldots)^{u}$	Index (unverschuldet)
$(\ldots)^{v}$	Index (verschuldet)
$(\ldots)_{APV}$	Index (Adjusted Present Value)
$(\ldots)_{EK}$	Index (Eigenkapital/Eigenkapitalgeber)
$(\ldots)_{FCF}$	Index (Free Cashflow)
$(\ldots)_{FTE}$	Index (Flow to Equity)
$(\ldots)_{FK}$	Index (Fremdkapital/Fremdkapitalgeber)
$(\ldots)_{IR}$	Index (Insolvenzrisiken)
$(\ldots)_{j}$	Laufindex (Unternehmen)
$(\ldots)_{m}$	Index (Marktportfolio/Marktportfoliosurrogat)
$(\ldots)_{p}$	Index (Portfolio)
$(\ldots)_{TCF}$	Index (Total Cashflow)
$(\ldots)_{TS}$	Index (Tax Shield)
β	Betafaktor
$\emptyset$	Durchschnitt
λ	Implizite bzw. risikoneutrale Ausfallwahrscheinlichkeit
λ_n	implizite Ausfallwahrscheinlichkeit des Jahres n
λ_n^{cum}	kumulierte implizite Ausfallwahrscheinlichkeit von $t = 0$ bis $t = n$
$\sigma_{j,m}$	Kovarianz zwischen den Aktienrenditen des Unternehmens j und den Renditen des Marktportfolios bzw. Marktportfoliosurrogats m
$\sigma_{j,k}$	Kovarianz zwischen den Aktienrenditen des Unternehmens j und k
$\rho_{j,m}$	Korrelationskoeffizient zwischen den Aktienrenditen des Unternehmens j und den Renditen des Marktportfolios bzw. Marktportfoliosurrogats m
$\S$	Paragraph

%	Prozent
δ	Recovery Rate = Wiedergewinnungsrate
σ_{GK}	Standardabweichung des Gesamtkapitals
σ_j	Standardabweichung der Aktienrenditen des Unternehmens j
σ_m	Standardabweichung der Aktienrenditen des Marktportfolios bzw. Marktportfoliosurrogats m
σ_m^2	Varianz der Aktienrenditen des Marktportfolios bzw. Marktportfoliosurrogats m
σ_p^2	Varianz der Portfoliorenditen
¥	Japanischer Yen
BW	Barwert
CF	(unbestimmte) Cashflow-Größe
CF_t	Cashflow des Jahres t
cs	Credit Spread
EK	Eigenkapital
EKQ	Eigenkapitalquote
$EW(CF)$	Erwartungswert der Cashflows
FCF	Free Cashflow
FK	Fremdkapital
FKQ	Fremdkapitalquote
FTE	Flow to Equity
GK	Gesamtkapital
GUW	Gesamtunternehmenswert
i	Diskontierungszins
IR	Insolvenzrisiken
ls	Liquiditätsspread
M	Effizientes Portfolio bei risikoloser Anlagemöglichkeit (Marktportfolio)
max	Maximum
MRP	Marktrisikoprämie
n	Laufindex (Zahl)
p	Insolvenzwahrscheinlichkeit
p_n	Insolvenzwahrscheinlichkeit des Jahres n
p_n^{cum}	kumulierte Insolvenzwahrscheinlichkeit von $t = 0$ bis $t = n$
$p(0,1)$	Wert einer ausfallsicheren einjährigen Nullkuponanleihe in $t = 0$

q_G	Geldkurs
q_B	Briefkurs
q_M	Mittelkurs
r	Rendite
r_f	Risikoloser Zinssatz
$r_{FK}^{vertr.}$	vertraglich vereinbarter Fremdkapitalzins
r_s	Rendite einer Staatsanleihe
r_u	Rendite einer Unternehmensanleihe
s	Steuersatz
SA	Sicherheitsabschlag
$SÄ$	Sicherheitsäquivalent
t	Zeitindex (Jahre)
TCF	Total Cashflow
TS	Tax Shield
UW	Unternehmenswert
$v(0,1)$	Wert einer risikobehafteten einjährigen Nullkuponanleihe in $t = 0$
VG	Verschuldungsgrad
w	Wachstumsrate
$WACC$	Weighted Average Cost of Capital
X_n	Kennzahl n des Altman Z-Scores
Z	Altman Z-Score
z	Risikozuschlag

1 Problemstellung und Gang der Untersuchung

„In der Mehrzahl der Bewertungsfälle ist von einer unbegrenzten Lebensdauer des zu bewertenden Unternehmens auszugehen. In bestimmten Fällen kann es aber auch sachgerecht sein, eine begrenzte Lebensdauer des zu bewertenden Unternehmens anzunehmen“[1]. Mit diesem einführenden Satz beschreibt der IDW S 1 die Ermittlung des Kapitalisierungszinssatzes in der Unternehmensbewertung. Durch die Annahme einer unbegrenzten Lebensdauer scheint das IDW für eine Vielzahl von Bewertungsfällen von der Relevanz von Insolvenzrisiken zu abstrahieren. Diese Annahme ist aufgrund der steigenden Zahl von Unternehmensinsolvenzen in Deutschland indes zu hinterfragen. Die folgende Abbildung zeigt die Entwicklung von Unternehmensinsolvenzen in Deutschland:

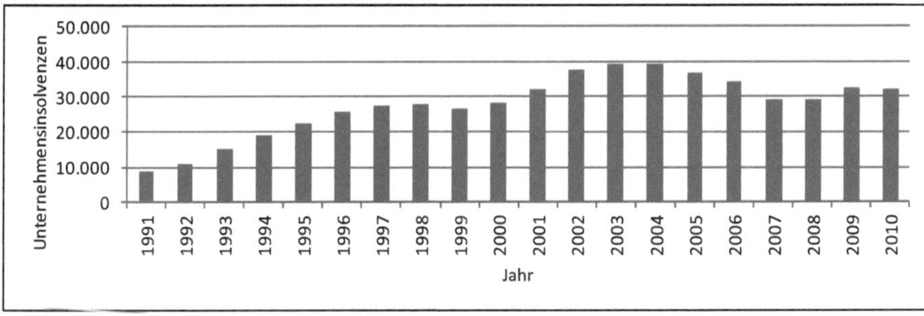

Abbildung 1-1: Unternehmensinsolvenzen in Deutschland[2]

Die Annahme von **unendlich existierenden Unternehmen** ist auch in der Literatur zur Unternehmensbewertung weit verbreitet, sodass in vielen Beiträgen und Unternehmensbewertungsmodellen von der Existenz ausfallgefährdeten Fremdkapitals und somit vom **Risiko der Insolvenz** abstrahiert wird.[3] Teilweise knüpft die Argumentation daran an, dass die Annahme einer unendlichen Lebensdauer die **Komplexität** der Bewertung reduziert, da die Bestimmung des genauen Ausfallzeitpunkts kaum möglich ist.[4] Ebenso wird teilweise darauf verwiesen, dass **keine reale Ausfallgefahr** des Unternehmens existiert, oder dass unbeschränkter Zugang zum Kapitalmarkt und somit eine permanente **Refinanzierungsmöglichkeit** besteht.[5]

Indes deuten zahlreiche Beiträge auf die **Wertrelevanz von Insolvenzrisiken** bei der Ermittlung von Unternehmenswerten hin. Bereits MODIGLIANI/MILLER weisen in ihrem grundlegenden Beitrag

---

1 IDW (Hrsg.), IDW S 1 (2008), Tz. 85.

2 Vgl. STATISTISCHES BUNDESAMT, Insolvenzverfahren 2010, S. 7.

3 Vgl. KRUSCHWITZ, L./LODOWICKS, A./LÖFFLER, A., Insolvenzbedrohte Unternehmen, S. 222; DRUKARCZYK, J./SCHÜLER, A., Unternehmensbewertung, S. 179; WALLMEIER, M., Kapitalkosten, S. 1474 f.; RICHTER, F., Konzeption, S. 31; STEPHAN, J., Finanzielle Kennzahlen, S. 91.

4 Vgl. KRUSCHWITZ, L./LÖFFLER, A., Unendliche Probleme, S. 1041; STELLBRINK, J., Restwert, S. 42 f.; TINZ, O., Abbildung von Wachstum, S. 25 f.

5 Vgl. DAMODARAN, A., Damodaran on Valuation, S. 613 f.

zum Zusammenhang von Kapitalstruktur und Unternehmenswert darauf hin, dass die Vernachlässigung von Insolvenzrisiken zu einer leichten Überschätzung des Unternehmenswerts führen kann.[6] Ebenso stellen ROBICHEK/MYERS fest, dass der Wert des Unternehmens durch Insolvenzrisiken negativ beeinflusst wird.[7] BRENNAN/SCHWARTZ zeigen, dass die Möglichkeit einer Insolvenz ausreicht, um die optimale Kapitalstruktur zu beeinflussen.[8] Auch WECKBACH misst den Insolvenzrisiken maßgeblichen Einfluss auf den Unternehmenswert bei und deutet an, dass die Nichtberücksichtigung von Insolvenzrisiken zu einer Überschätzung des Unternehmenswerts führt.[9]

Im Gegensatz zu der Bewertung von ganzen Unternehmen oder Unternehmensteilen, d. h. der Bewertung des Eigenkapitals, hat sich bei der Bewertung von **Fremdkapitaltiteln** die Berücksichtigung von Ausfallrisiken etabliert. Hier wurden zahlreiche Modelle entwickelt, die auf die Bewertung von Fremdkapitaltiteln unter Unsicherheit abstellen.[10] Bei der Bewertung von Eigen- und Fremdkapitaltiteln ist jedoch die jeweilige Perspektive des Bewertungssubjekts zu beachten. **Eigenkapitalgeber** sind durch ihren **Residualanspruch** unmittelbar am Erfolg des Unternehmens beteiligt, d. h., sie partizipieren erfolgsabhängig von ihrem Investment.[11] **Fremdkapitalgeber** haben hingegen keinen Residualanspruch, sondern sind auf **Zins- und Tilgungszahlungen** des Schuldners angewiesen. Sollte der Schuldner insolvent werden, bekommt der Fremdkapitalgeber i. d. R. nur einen Teil seiner Forderung zurück. Anders als Eigenkapitalgeber partizipieren Fremdkapitalgeber nicht am Unternehmenserfolg. Während die Verzinsung also die maximale Rendite darstellt, ist auch der vollständige Verlust der Ansprüche möglich. Zwar können auch Eigenkapitalgeber ihr gesamtes investiertes Kapital verlieren, ihre Rendite ist aber nicht auf eine fixe Größe begrenzt. Diese unterschiedliche Chancenpartizipation kann erklären, warum die Berücksichtigung von Insolvenzrisiken im Rahmen der Unternehmensbewertung weniger verbreitet ist als bei der Bewertung von Fremdkapitaltiteln. Dennoch stellt die Insolvenzgefahr für den Anteilseigner das vermeintlich **größte Einzelrisiko** seines Investments dar, bei dem regelmäßig nicht direkt ersichtlich ist, ob und ggf. wie dieses Risiko in der Unternehmensbewertung berücksichtigt wird.[12]

Daher setzt sich die Arbeit konzeptionell mit der Frage auseinander, ob die Berücksichtigung von Insolvenzrisiken in der Unternehmensbewertung zielführend ist, und wenn ja, wie Insolvenzrisiken sachgerecht abgebildet werden können. Hierbei soll einerseits untersucht werden, ob Insolvenzrisiken bereits **implizit** in der durch das CAPM ausgedrückten Alternativanlage berücksichtigt werden und andererseits, wann eine **explizite** Berücksichtigung erforderlich ist und wie Insolvenzrisiken

6 Vgl. MODIGLIANI, F./MILLER, M. H., The Cost of Capital, S. 274.

7 Vgl. ROBICHEK, A. A./MYERS, S. C., Theory of Optimal Capital Structure, S. 19.

8 Vgl. BRENNAN, M. J./SCHWARTZ, E. S., Corporate Income Taxes, S. 108 f.

9 Vgl. WECKBACH, S., Corporate Financial Distress, S. 62.

10 Vgl. UHRIG-HOMBURG, M., Valuation of Defaultable Claims, S. 31-54.

11 Vgl. PERRIDON, L./STEINER, M./RATHGEBER, A. W., Finanzwirtschaft, S. 358; LANGE, I., Unternehmenswert in der Insolvenz, S. 22; BAETGE, J./NIEMEYER, K./KÜMMEL, J./SCHULZ, R., DCF-Verfahren, S. 383; SCHULZ, R., Größenabhängige Risikoanpassungen, S. 39.

12 Vgl. METZ, V., Kapitalisierungszinssatz, S. 98.

dann zu berücksichtigen sind. Zur Beantwortung dieser Fragen liegt der Arbeit die folgende Struktur zugrunde:

Im Anschluss an die Einleitung werden in **Kapitel 2** die Grundlagen zum Insolvenzrisiko und zur Unternehmensbewertung gelegt. Hierbei wird zunächst der für die weitere Arbeit relevante Begriff der Insolvenzrisiken abgegrenzt und dessen Komponenten sowie Bedeutung herausgestellt. Im Anschluss hieran wird auf Basis der Werttheorien der Unternehmensbewertung auf das für diese Arbeit maßgebliche Rahmenkonzept des IDW S 1 übergeleitet und auf die Bewertungskonzeptionen der objektivierten und der subjektiven Unternehmensbewertung eingegangen. Hieran anknüpfend werden die relevanten Verfahren der Unternehmensbewertung detailliert vorgestellt. Im Anschluss werden zweckbezogen Würdigungskriterien zur Berücksichtigung und Ermittlung von Insolvenzrisiken in der Unternehmensbewertung abgeleitet.

In **Kapitel 3** wird die implizite Berücksichtigung von Insolvenzrisiken im CAPM, das die Rendite der Alternativanlage widerspiegelt, untersucht. Hierzu wird zunächst kurz auf die dem CAPM zugrunde liegenden Annahmen eingegangen, um im Anschluss die einzelnen Parameter hinsichtlich der Berücksichtigung von Insolvenzrisiken kritisch zu untersuchen. Hierdurch soll festgestellt werden, inwieweit Insolvenzrisiken implizit in der Alternativanlage abgebildet werden und welche Auswirkungen sich hieraus für die Äquivalenz zwischen Bewertungsobjekt und Alternativanlage ergeben.

Hierauf aufbauend werden in **Kapitel 4** Situationen herausgearbeitet, die die explizite Berücksichtigung von Insolvenzrisiken im Bewertungsobjekt erfordern. Der Ausdruck „explizit" soll darauf abstellen, dass der Bewerter in diesem Fall aktiv über relevante Größen der Insolvenzrisiken entscheiden muss und sich somit der Existenz von Insolvenzrisiken vergegenwärtigt. Für die einzelnen DCF-Ansätze werden dabei ausgehend von einem Basismodell entsprechende Bewertungsmodelle abgeleitet, durch die Insolvenzrisiken explizit in die Bewertung einbezogen werden können. Als zentraler Parameter der Insolvenzrisiken stellt sich hierbei die Insolvenzwahrscheinlichkeit heraus, sodass anschließend untersucht wird, wie die Insolvenzwahrscheinlichkeit sachgerecht für die einzelnen Bewertungskonzeptionen ermittelt werden kann. Neben der allgemeinen Berücksichtigung von Insolvenzrisiken wird auch analysiert, wie hiermit bei Relevanz unsystematischer Risiken umgegangen werden kann.

Die Arbeit schließt in **Kapitel 5** mit einer Zusammenfassung und einem kurzen Ausblick. Hierbei werden die wesentlichen Erkenntnisse der Arbeit wiedergegeben und mögliche künftige Entwicklungen diskutiert.

2 Grundlagen des Insolvenzrisikos und der Unternehmensbewertung

21 Grundlagen des Insolvenzrisikos und Abgrenzung des Untersuchungsbereichs

211. Maßgebliches Verständnis von Insolvenzrisiken

211.1 Vorbemerkung

Der Begriff des **Insolvenzrisikos** zielt auf die Gefahr einer Insolvenz des betrachteten Unternehmens. Da ein rein eigenfinanziertes Unternehmen keiner Insolvenzproblematik unterliegt, resultiert die Gefahr der Insolvenz aus der **Fremdkapitalfinanzierung** eines Unternehmens.[13] Aus Sicht der Unternehmensbewertung ist mit der Fremdfinanzierung der wertsteigernde Effekt der **Tax Shields** verbunden, der sich aus der steuerlichen Abzugsfähigkeit der Fremdkapitalzinsen ergibt.[14] Unterliegt das Unternehmen keinem Insolvenzrisiko, ist auch das Fremdkapital ausfallsicher und daher aus Sicht der Eigenkapitalgeber ein möglichst hoher Fremdkapitalbestand anzustreben.[15] Ist das Unternehmen und damit das Fremdkapital indes ausfallgefährdet, steigt mit der Fremdkapitalquote auch die Bedeutung von Insolvenzrisiken. Dies ist darauf zurückzuführen, dass durch den höheren Fremdkapitalanteil c. p. eine geringere Haftungsmasse vorhanden ist und steigende Zinszahlungen aus den (unsicheren) Cashflows bedient werden müssen.[16] Dies führt dazu, dass die optimale Kapitalstruktur nicht nur vom Steuervorteil der Fremdfinanzierung, sondern auch von dem gegenläufigen Effekt der Insolvenzrisiken abhängt, wie in Abbildung 2-1 verdeutlicht wird.[17]

Hieraus ergibt sich die Frage, wie der Barwert der Insolvenzrisiken aus Sicht der Unternehmensbewertung sachgerecht ermittelt werden kann. Um im Folgenden die Berücksichtigung von Insolvenzrisiken in der Unternehmensbewertung untersuchen zu können, ist daher zunächst eine **Abgrenzung** des Begriffs des Insolvenzrisikos notwendig.

---

13 Vgl. LANGE, I., Unternehmenswert in der Insolvenz, S. 22. In diesem Fall ist der Begriff der Eigenfinanzierung eng zu fassen, sodass sämtliche Fremdfinanzierung ausgeschlossen ist, da Insolvenzrisiken auch bereits aus Verbindlichkeiten aus Lieferung und Leistung resultieren können. Vgl. hierzu auch Abschn. 323.2. Indes wird in dieser Arbeit, wie später noch detailliert diskutiert wird, auf die Endlichkeit der Cashflows der Eigentümer abgestellt. Dies kann auch dann der Fall sein, wenn von einem rein eigenfinanzierten Unternehmen ausgegangen wird, bspw. wenn keine liquiden Mittel vorhanden um die Geschäftstätigkeit weiterzuführen. Daher ist der hier betrachtete Fall grundsätzlich auch für den theoretischen Fall ausschließlich eigenfinanzierter Unternehmen relevant.

14 Vgl. DRUKARCZYK, J./SCHÜLER, A., Unternehmensbewertung, S. 118-122; ROSS, S. A./WESTERFIELD, R. W./JAFFE, J. F., Corporate Finance, S. 419-422.

15 Vgl. BAETGE, J./NIEMEYER, K./KÜMMEL, J./SCHULZ, R., DCF-Verfahren, S. 385; BREALEY, R. A./MYERS, S. C./ALLEN, F., Corporate Finance, S. 488 f.; PERRIDON, L./STEINER, M./RATHGEBER, A. W., Finanzwirtschaft, S. 496 f.

16 Vgl. LANGE, I., Unternehmenswert in der Insolvenz, S. 23.

17 Vgl. REIMUND, C./SCHWETZLER, B./ZAINHOFER, F., Costs of Financial Distress, S. 93; RUDOLPH, B., Kapitalkostenkonzepte, S. 895; BIGUS, J./SCHACHNER, L., Insolvenzkosten, S. 584 f. Erstmals modelltheoretisch nachgewiesen wurde dieser Zusammenhang von KRAUS/LITZENBERGER, vgl. KRAUS, A./LITZENBERGER, R. H., Optimal Financial Leverage, S. 911-922.

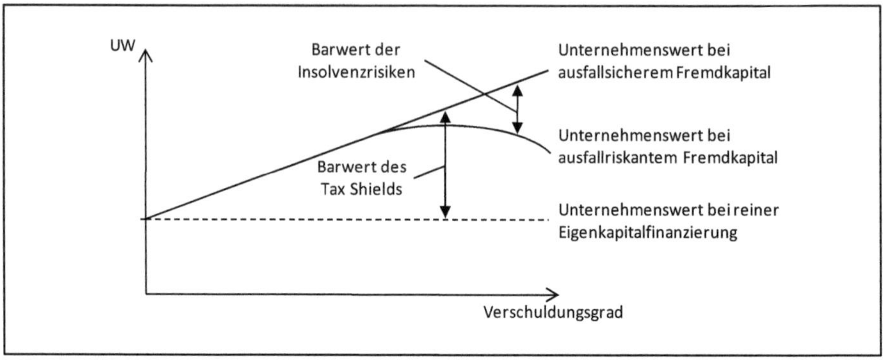

Abbildung 2-1: Unternehmenswert in Abhängigkeit von der Fremdkapitalquote[18]

In der Bewertungsliteratur herrscht eine **Begriffsvielfalt**, die sich auf die Thematik der Ausfallgefährdung von Unternehmen bezieht. Neben dem Begriff der *Insolvenzrisiken* bzw. der *Insolvenz* sind regelmäßig auch die Begriffe *Ausfall* bzw. *Default*, *Krise*, *Financial Distress* und *Economic Distress* vorzufinden.[19]

Um den Begriff der Insolvenzrisiken für die weitere Analyse abgrenzen zu können, bietet sich zunächst eine Aufspaltung in die einzelnen Komponenten des Insolvenzrisikos an. Da das Insolvenzrisiko regelmäßig eine Verlustgefahr der Kapitalgeber widerspiegelt, kann auf die auch von JERSCHENSKY verwendete Risikodefinition zurückgegriffen werden.[20] Hiernach ergibt sich das **Risiko** als Verlustgefahr aus dem Produkt von Intensitätsdimension und Quantitätsdimension.[21] Unter **Intensitätsdimension** wird die Wahrscheinlichkeit des Eintritts verstanden, während die **Quantitätsdimension** die Höhe des Verlusts im Eintrittsfall beschreibt.[22]

Konkret bezeichnet JERSCHENSKY dabei das Ausfallrisiko[23] als Produkt von Insolvenzwahrscheinlichkeit und Höhe des Verlusts bei Insolvenz.[24] Die Ausfallhöhe bildet dabei die Quantitätsdimensi-

---

18 In Anlehnung an ROSS, S. A./WESTERFIELD, R. W./JAFFE, J. F., Corporate Finance, S. 443.

19 Vgl. WECKBACH, S., Corporate Financial Distress, S. 22-24.

20 An dieser Stelle sei bereits darauf hingewiesen, dass die Definition von Risiko als Verlustgefahr bzw. *downside*-Risiko nicht der gängigen Risikodefinition in der Unternehmensbewertung entspricht, die grundsätzlich sowohl Chancen als auch Risiken umfasst. Dennoch ist dieses Risikoverständnis an dieser Stelle sachgerecht, da es sich nicht auf Cashflow-Schwankungen allgemein, sondern konkret auf den Insolvenzfall bezieht, mit dem regelmäßig nur Verlustrisiken einhergehen. Vgl. zur Risikodefinition in der Unternehmensbewertung auch Abschn. 233.2.

21 Vgl. JERSCHENSKY, A., Bonitätsrisiko, S. 1 f.

22 Vgl. KUPSCH, P., Das Risiko im Entscheidungsprozeß, S. 30 f.; BRAUN, H., Risikomanagement, S. 26 f. und 31-40.

23 Das Ausfallrisiko basiert hiernach auf der Gefahr, dass ein (Beteiligungs-) Unternehmen insolvent wird, sodass letztlich die Bezeichnung Insolvenzrisiko sachgerechter erscheint. JERSCHENSKY ordnet das Ausfallrisiko ferner dem Bonitätsrisiko unter. Die zweite Komponente des Bonitätsrisikos ist hierbei das Migrationsrisiko, das die Gefahr einer Veränderung des Insolvenz- bzw. Ausfallrisikos beschreibt. Vgl. JERSCHENSKY, A., Bonitätsrisiko, S. 2.

on und die Insolvenzwahrscheinlichkeit die Intensitätsdimension des Risikos ab. Auch BREALEY/MYERS/ALLEN definieren den (negativen) Werteffekt bzw. die Kosten aus der finanziellen Anspannung als Produkt aus Eintrittswahrscheinlichkeit und Höhe der Kosten im Fall des Eintritts.[25] Übertragen auf den Sachverhalt der Insolvenz setzen sich **Insolvenzrisiken** damit aus der **Insolvenzwahrscheinlichkeit** und der Höhe der **Insolvenzkosten** zusammen. Im folgenden Abschnitt soll nun zunächst die relevante Intensitätsdimension abgegrenzt werden, bevor im Anschluss auf die Quantitätsdimension eingegangen wird.

211.2 Abgrenzung der Insolvenzwahrscheinlichkeit als Intensitätsdimension

Die Insolvenz bildet regelmäßig das Ende einer Entwicklung, die durch verschiedene **Krisenstadien** gekennzeichnet ist.[26] Die folgende Abbildung zeigt typisierend die Krisenstadien bis zur Unternehmensinsolvenz:

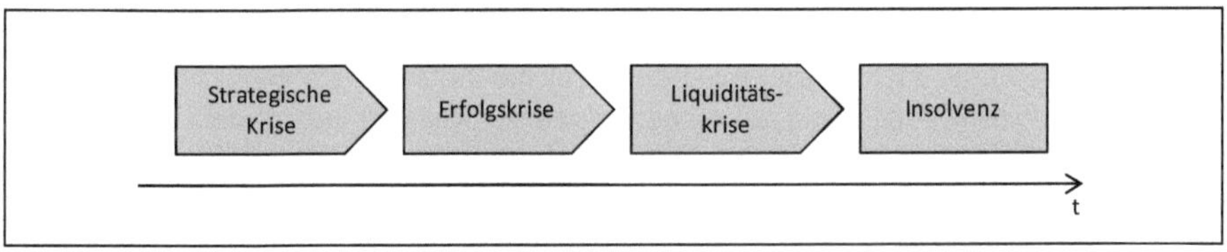

Abbildung 2-2: Typisierte Entwicklung von Unternehmenskrisen[27]

Charakteristisch für die **strategische Krise** ist eine Diskrepanz zwischen gewünschter und tatsächlicher Entwicklung.[28] Dies kann auf Fehlentscheidungen des Managements basieren, bspw. einer falschen Einschätzung der Kapazitätsentwicklung oder der Produktqualität, und resultiert in der mangelnden Entwicklung von Erfolgspotenzialen.[29] Eine **Erfolgskrise** ist dadurch gekennzeichnet, dass die Erfolgsziele des Unternehmens massiv verfehlt werden.[30] Ursächlich hierfür können eine falsche Produktpolitik oder Fehlinvestitionen sein. Als **Liquiditätskrise** wird eine Situation bezeichnet, in der dem Unternehmen die Zahlungsunfähigkeit oder Überschuldung droht. Dies kann endogene Ursachen haben, bspw. eine schlechte Gewinnsituation oder unzureichendes Liquiditäts-

24 Vgl. JERSCHENSKY, A., Bonitätsrisiko, S. 2 f. Bezogen auf die von JERSCHENSKY untersuchten Beteiligungsgesellschaften wird die Verlusthöhe durch die Höhe des investierten Kapitals ausgedrückt.

25 Vgl. BREALEY, R. A./MYERS, S. C./ALLEN, F., Corporate Finance, S. 476. Vgl. hierzu auch WRUCK, K. H., Financial Distress, S. 430.

26 Vgl. OTT, W./GÖPFERT, B., Unternehmenskauf aus der Insolvenz, S. 68. Unter einer Krise wird ein Zustand verstanden, in dem die Nichterreichung von Unternehmenszielen bestandsgefährdende Auswirkungen für das Unternehmen entfaltet. Vgl. KRYSTEK, U., Unternehmungskrisen, S. 4-7; LANGE, I., Unternehmenswert in der Insolvenz, S. 97 f.; GLESS, S.-E., Unternehmenssanierung, S. 11.

27 In Anlehnung an MÜLLER, R., Krisenmanagement, S. 56. Vgl. zu weiteren Kategorisierungsansätzen von Krisen KRYSTEK, U., Unternehmungskrisen, S. 21-32.

28 Vgl. MÜLLER, R., Krisenmanagement, S. 53 f.

29 Vgl. BERENS, W./WÜLLER, F., Strategisches Controlling, S. 394 f.

30 Vgl. hier und im Folgenden MÜLLER, R., Krisenmanagement, S. 53 f.

management oder auf exogenen Faktoren beruhen, z. B. dem Preisverfall von Produkten oder der Insolvenz bedeutender Kunden. Indes geht der Liquiditätskrise nicht zwangsläufig die strategische Krise bzw. die Erfolgskrise voraus, sie kann auch unabhängig hiervon bspw. aus einer hohen Verschuldung resultieren. Die **Insolvenz** bildet schließlich die Extremform der Unternehmenskrise ab, in der die Gläubigerziele nicht mehr erreicht werden.[31] Im Falle der Insolvenz verliert der Eigenkapitalgeber seine Eigentumsrechte am Unternehmen,[32] seine Einlage bildet gleichzeitig das Haftungskapital.[33] Somit erreicht das Verlustpotential der Eigenkapitalgeber in der Insolvenz das Maximum, da die Anteile der Eigenkapitalgeber in diesem Stadium regelmäßig wertlos sind.[34]

Der Begriff der **Insolvenz** leitet sich in Deutschland aus der Insolvenzordnung (InsO) ab, die auf die gemeinschaftliche Befriedigung der Gläubiger eines Unternehmens abstellt.[35] Die Insolvenz ist daher, wie bereits erwähnt, an das Vorliegen einer Fremdkapitalfinanzierung geknüpft.[36] Die **InsO** sieht drei Eröffnungsgründe für ein Insolvenzverfahren vor: die Zahlungsunfähigkeit, die drohende Zahlungsunfähigkeit oder die Überschuldung. **Zahlungsunfähigkeit** liegt nach § 17 InsO vor, wenn der Schuldner die fälligen Zahlungsverpflichtungen nicht erfüllen kann. Dies ist gem. § 17 Abs. 2 Satz 2 InsO zu vermuten, wenn der Schuldner die Zahlungen eingestellt hat. Zudem wird von einer Zahlungsunfähigkeit ausgegangen, wenn der Schuldner nicht in der Lage ist, innerhalb von **drei Wochen 90 %** der fälligen Zahlungsverpflichtungen zu erfüllen.[37] Als **Zahlungspflicht** kommen dabei nur Geldschulden in Betracht.[38] **Fällig** ist eine Zahlungspflicht, wenn der Gläubiger die Erfüllung vom Schuldner verlangt. Hierbei genügt grundsätzlich die Übersendung einer Rechnung.[39] Bei Dauerschuldverhältnissen ist auf die Fälligkeit bzw. den Zahltag abzustellen.[40] Somit sind Zins- und Tilgungszahlungen am vereinbarten Zahltag fällig, eine Nichterfüllung dieser Zahlungsverpflichtung kann zu einer Zahlungsunfähigkeit führen.[41] Nach § 18 InsO stellt die

---

31 Vgl. KATHKE, C. J., Neues Insolvenzrecht, S. 7 und 10.

32 Vgl. BAETGE, J./KIRSCH, H.-J./THIELE, S., Bilanzen, S. 463. Der Schuldner ist bei Eröffnung des Insolvenzverfahrens weiterhin Eigentümer des zur Insolvenzmasse gehörenden Vermögens. Indes verliert er die Verwaltungs- und Verfügungsbefugnis. Vgl. UHLENBRUCK, W./MAUS, K. H., § 80, Rn. 2 und 6.

33 Vgl. HIRTE, H., § 11, Rn. 143. Vgl. zu Ansprüchen der Kapitalgesellschaft gegen die Gesellschafter HIRTE, H., § 35, Rn. 308-322.

34 Vgl. OTT, W./GÖPFERT, B., Unternehmenskauf aus der Insolvenz, S. 31; LAITENBERGER, J./LODOWICKS, A., Ausfallgefährdetes Fremdkapital, S. 146; LOBE, S., Lebensdauer, S. 179.

35 Vgl. detailliert zur Insolvenzordnung UHLENBRUCK, W., Insolvenzgründe, S. 17-41; LANGE, I., Unternehmenswert in der Insolvenz, S. 45-50.

36 Vgl. LANGE, I., Unternehmenswert in der Insolvenz, S. 22.

37 Vgl. UHLENBRUCK, W., § 17, Rn. 5; BUCHTA, J., Unternehmenskauf in Krise und Insolvenz, Rn. 10. Vgl. zur Ausnahme von der Drei-Wochen-Regel z. B. TETZLAFF, C., Zahlungsunfähigkeit, S. 1336. Vgl. kritisch hierzu EILENBERGER, G., § 17, Rn. 22.

38 Vgl. UHLENBRUCK, W., § 17, Rn. 10.

39 Vgl. TETZLAFF, C., Zahlungsunfähigkeit, S. 1337.

40 Vgl. UHLENBRUCK, W., § 17, Rn. 15.

41 Ausgenommen hiervon sind Fälle, in denen es sich lediglich um eine Zahlungsstockung handelt. Diese liegt bspw. vor, wenn sich die Zahlungsunfähigkeit innerhalb kurzer Zeit (drei Wochen) beheben lässt. Vgl. hierzu bspw. BGH, Urteil vom 21.6.2007, S. 1471. Insofern ist die Zahlungsunfähigkeit nicht als Zeitpunktilliquidität, sondern als Zeitraumilliquidität zu verstehen. Vgl. hierzu UHLENBRUCK, W., § 17, Rn. 19-20.

drohende Zahlungsunfähigkeit darauf ab, dass der Schuldner seinen Zahlungsverpflichtungen voraussichtlich nicht nachkommen kann. Auch hier gelten eine vorübergehende Zahlungsstockung sowie eine geringfügige Liquiditätslücke von unter 10 % noch nicht als drohende Zahlungsunfähigkeit.[42] Die **Überschuldung** gem. § 19 InsO als dritter Eröffnungsgrund greift, sobald das Vermögen des Schuldners nicht mehr zur Deckung der bestehenden Verbindlichkeiten ausreicht. Hiervon auszunehmen ist der Umstand, in dem die Fortführung des Unternehmens überwiegend wahrscheinlich ist.[43] Von den drei Eröffnungsgründen ist die Zahlungsunfähigkeit am bedeutendsten, wie in Abschnitt 432.216.1 noch detailliert gezeigt wird.

Die Insolvenz bedeutet nicht zwangsläufig das Ende der Unternehmensexistenz, da auch **Sanierungen** möglich sind.[44] In der vorliegenden Arbeit soll indes die Sanierungsmöglichkeit nicht explizit berücksichtigt werden, sondern auf das endgültige Ende der Unternehmensexistenz abgestellt werden, da diese Situation zu den größtmöglichen Verlusten der Eigenkapitalgeber führt und somit besonders wertrelevant ist. Entsprechend soll im Folgenden die Extremsituation der Insolvenz mit anschließender Beendigung der Unternehmenstätigkeit als relevante Intensitätsdimension der Eigenkapitalgeber verstanden werden.

Von der Insolvenz abzugrenzen ist der Begriff des ***Financial Distress***, der v. a. in der angloamerikanischen Bewertungsliteratur angeführt wird.[45] Der Begriff bezeichnet Unternehmen, die sich in **finanzieller Notlage** befinden.[46] Im Gegensatz hierzu werden Unternehmen mit negativem operativem Ergebnis als *economically distressed* bezeichnet.[47] Während die Insolvenz auf ein **rechtliches** Begriffsverständnis abstellt, wird durch den *Financial Distress* regelmäßig die **betriebswirtschaftliche Perspektive** abgebildet. Der Begriff des *Financial Distress* ist indes nicht einheitlich definiert. Nach WRUCK liegt *Financial Distress* vor, wenn die Cashflows nicht ausreichen, die aktuellen Zahlungsverpflichtungen zu begleichen. Die Überschneidung der Begriffe Insolvenz und *Financial Distress* sieht WRUCK demnach für den Fall gegeben, in dem die Insolvenz

42 Vgl. UHLENBRUCK, W., § 18, Rn. 3 und 8.

43 Durch das FMStG wird hinsichtlich des Überschuldungsbegriffs zeitlich begrenzt auf die Rechtslage vor der Änderung der InsO im Jahr 1999 abgestellt. Nach dem derzeitigen, temporär gültigen zweistufigen Überschuldungsbegriff ist die Fortführung getrennt von der eigentlichen Bewertung des Unternehmensvermögens zu beurteilen. Die zeitliche Begrenzung war ursprünglich bis zum 31.12.2010 vorgesehen, ist indes durch das FMStErgG bis zum 31.12.2013 verlängert worden. Vgl. SPINDLER, G., Finanzkrise und Gesetzgeber, S. 2275 f.; BRÜCK, M. J. J./SCHALAST, C./SCHANZ, K.-M., Finanzmarktstabilisierungsgesetz, S. 2534; HUNKEMÖLLER, M./TYMANN, A., Überschuldung, S. 712; HECKER, A./GLOZBACH, P., Überschuldungsbegriff, S. 1544-1548; WIELAND-BLÖSE, H., Bewertung im Überschuldungsstatus, S. 1184 f.

44 Vgl. hierzu ausführlich LIEBIG, M./WITT, P., Unternehmenssanierung, S. 1929-1935.

45 Hierbei wird z. T. auch in *Financial* und *Operational Distress* unterschieden. *Financial Distress* ist dabei auf hohe Fremdkapitallasten zurückzuführen, während beim *Operational Distress* die Ursache des Ausfalls v. a. auf konjunkturelle Abschwungphasen oder sonstige Ausnahmesituationen zurückzuführen ist. Vgl. PRATT, S. P./GRABOWSKI, R. J., Cost of Capital 2010, S. 314 f.

46 Vgl. WECKBACH, S., Corporate Financial Distress, S. 23 f. Die Begriffe *Financial Distress*, finanzielle Notlage und finanzieller Engpass werden im Folgenden synonym verwendet.

47 Vgl. ANDRADE, G./KAPLAN, S. N., Financial Distress, S. 1444.

aufgrund von Zahlungsunfähigkeit vorliegt.[48] Hingegen betrachten ANDRADE/KAPLAN ein Unternehmen als *financially distressed*, wenn das EBITDA des Unternehmens nicht ausreicht, die Zinsverpflichtungen zu erfüllen, das Unternehmen seine Verbindlichkeiten restrukturiert oder Zahlungen ausfallen.[49] Allgemeiner sieht GORDON *Financial Distress* als gegeben an, wenn ein Unternehmen aufgrund von Ertragseinbrüchen in ernsten Liquiditätsschwierigkeiten steckt.[50] Auch BAULE/AMMANN/TALLAU verbinden *Financial Distress* mit einer Beeinträchtigung der Unternehmenssolvenz.[51] BREALEY/MYERS/ALLEN bezeichnen als *Financial Distress* ebenfalls die Schwierigkeit, Fremdkapitalverpflichtungen zu bedienen.[52]

Die Ausführungen zeigen, dass zwar keine einheitliche Definition von *Financial Distress* vorliegt, indes wird regelmäßig betont, dass *Financial Distress* **keineswegs** unmittelbar zu einer Insolvenz des Unternehmens führen muss und somit nicht mit dem **Ende des Unternehmens gleichzusetzen** ist.[53] Vielmehr ist der Zustand des *Financial Distress* als **vorgelagerte Stufe** der Insolvenz zu interpretieren, der in die Insolvenz führen kann, aber nicht zwangsläufig dorthin führt.[54] An den in Abbildung 2-2 angeführten Krisenstadien orientiert kann der Zustand des *Financial Distress* somit v. a. der Liquiditätskrise zugeordnet werden.

Abzugrenzen vom *Financial Distress* ist wiederum der Begriff ***Ausfall*** bzw. ***Default***. Ausfall ist ebenso wie *Financial Distress* als betriebswirtschaftlicher Begriff zu interpretieren, allerdings ist der Ausfall i. d. R. konkret an den Verzug oder Ausfall einer vertraglich vereinbarten Zahlung geknüpft, sodass der Ausfall zeitlich regelmäßig dem *Financial Distress* nachgelagert ist. International hat sich in der Literatur eine einheitliche, auch von der Bankaufsicht verwendete Definition von Ausfall entwickelt.[55] Unter einem Ausfall bzw. *Default* wird allgemein das Eintreten eines oder mehrerer der folgenden Ereignisse verstanden:[56]

- **Zahlungsverzug** von mehr als 90 Tagen,
- Eröffnung eines **Insolvenzverfahrens** oder eines ähnlichen Verfahrens,
- seitens des Gläubigers wurden **Abschreibungen** auf die Forderung vorgenommen oder die Verschiebung von Zinszahlungen wurde akzeptiert,

48 Vgl. WRUCK, K. H., Financial Distress, S. 421.

49 Vgl. ANDRADE, G./KAPLAN, S. N., Financial Distress, S. 1450.

50 Vgl. GORDON, M. J., Financial Distress, S. 348.

51 Vgl. BAULE, R./AMMANN, K./TALLAU, C., Finanzielles Risikomanagement, S. 63.

52 Vgl. BREALEY, R. A./MYERS, S. C./ALLEN, F., Corporate Finance, S. 476.

53 Vgl. WRUCK, K. H., Financial Distress, S. 420; BREALEY, R. A./MYERS, S. C./ALLEN, F., Corporate Finance, S. 476.

54 Vgl. BAETGE, J./STRÖHER, T., Insolvenzforschung, S. 154; BUCHTA, J., Unternehmenskauf in Krise und Insolvenz, Rn. 23; WECKBACH, S., Corporate Financial Distress, S. 24; BREALEY, R. A./MYERS, S. C./ALLEN, F., Corporate Finance, S. 476.

55 Vgl. SPREMANN, K./GANTENBEIN, P., Zinsen, Anleihen, Kredite, S. 254.

56 Vgl. SPREMANN, K./GANTENBEIN, P., Zinsen, Anleihen, Kredite, S. 254.

- auf Basis aktueller Informationen wird die vollständige **Erfüllung** der Zahlungsverpflichtung des Schuldners als unwahrscheinlich angesehen.

Die Definition zeigt, dass Ausfall ebenfalls nicht mit Insolvenz gleichzusetzen ist, da das Ausfallereignis nicht an rechtliche Vorgaben gebunden sein muss. Der Ausfall ist umfassender zu interpretieren als die Insolvenz,[57] da hiervon auch Zustände erfasst werden, die nicht unmittelbar in die Insolvenz führen oder mit dieser verknüpft sind. Während nach der InsO bspw. unwesentliche Zahlungsstockungen regelmäßig keinen Insolvenzgrund darstellen,[58] werden diese grundsätzlich bereits als Ausfall angesehen, sodass der Ausfall zeitlich regelmäßig der Insolvenz vorausgeht.[59] Die folgende Abbildung zeigt typisiert die zeitliche Reihenfolge der diskutierten Ausprägungen:

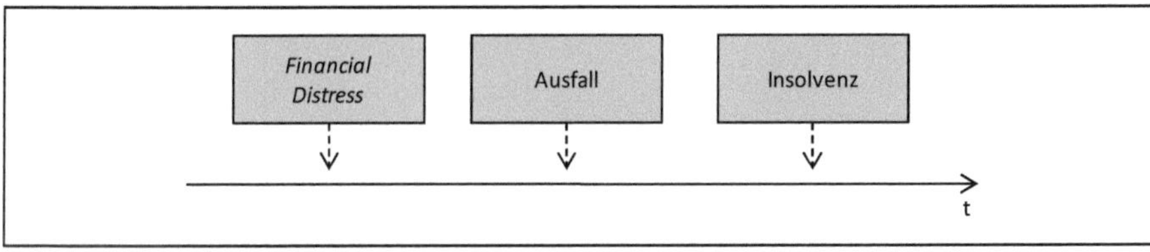

Abbildung 2-3: Typisierte zeitliche Reihenfolge der Risikoausprägungen

Es bleibt festzuhalten, dass nicht jede finanzielle Notlage oder jeder Ausfall in die Insolvenz führen muss. Von diesen potentiellen **Risikoausprägungen** stellt die **Insolvenz** jedoch das **größte Verlustpotential** für die Eigenkapitalgeber dar, da hiermit die Beendigung der Unternehmensexistenz einhergeht,[60] was regelmäßig mit dem vollständigen Verlust des eingesetzten Kapitals verbunden ist.[61] Aus diesem Grund erscheint es sachgerecht, die Intensitätsdimension an den rechtlichen Begriff der Insolvenz zu knüpfen. Im folgenden Abschnitt soll nun untersucht werden, wie die **Quantitätsdimension** der Insolvenz ermittelt werden kann.

---

57 Vgl. SPREMANN, K./GANTENBEIN, P., Zinsen, Anleihen, Kredite, S. 254.

58 Vgl. BUCHTA, J., Unternehmenskauf in Krise und Insolvenz, Rn. 10.

59 Vgl. SPREMANN, K./GANTENBEIN, P., Zinsen, Anleihen, Kredite, S. 254.

60 Vgl. BAETGE, J./STRÖHER, T., Insolvenzforschung, S. 154.

61 In der Insolvenz sind die Ansprüche der Eigenkapitalgeber regelmäßig untergegangen. Nur für den Fall, dass sämtliche Gläubigeransprüche sowie Verfahrenskosten befriedigt worden sind, verbleibt der Residualwert für die Eigenkapitalgeber. Vgl. LANGE, I., Unternehmenswert in der Insolvenz, S. 60. Da die letztgenannte Situation die Ausnahme bildet, worauf die geringe Befriedigungsquote der Fremdkapitalgeber hinweist, soll im Weiteren von dieser Situation abstrahiert und somit unterstellt werden, dass die Eigenkapitalgeber im Insolvenzfall einen Totalverlust ihres investierten Kapitals erleiden. Vgl. zur Befriedigungsquote, die regelmäßig im einstelligen Prozentbereich liegt, CREDITREFORM, Insolvenzen 2010, S. 8.

211.3 Abgrenzung der Insolvenzkosten als Quantitätsdimension

211.31 Überblick über die Arten von Insolvenzkosten

Durch die Insolvenzkosten soll die zweite Dimension des Risikos, die Quantitätsdimension erfasst werden.[62] Diese Größe zielt dabei auf die Verlusthöhe bei Eintritt der Insolvenz ab. Dabei werden in der Literatur regelmäßig verschiedene Arten von Insolvenzkosten unterschieden.[63] Während die **direkten Insolvenzkosten** in unmittelbarem Bezug zu dem Insolvenzverfahren stehen, können **indirekte Insolvenzkosten** bereits vor der eigentlichen Insolvenz anfallen.[64] Ebenso werden z. T. Kosten aus einem möglichen **Verlust der erwarteten Zahlungen aus der Phase der ewigen Rente** sowie der **Verlust der Steuervorteile** angeführt. Die verschiedenen Kategorien werden im Folgenden näher betrachtet, um die der weiteren Arbeit zugrunde liegenden Kostenarten abzugrenzen.[65]

211.32 Direkte Insolvenzkosten

Direkte Insolvenzkosten stehen in unmittelbarem Zusammenhang mit der Insolvenz des Unternehmens und fallen grundsätzlich erst dann an, wenn die **Insolvenz bereits eingetreten** ist.[66] Sie umfassen i. d. R. Entgelte, die die Beteiligten eines Insolvenzverfahrens für ihre Dienste erhalten und mindern somit das zu verteilende Vermögen.[67] Hierunter sind bspw. Kosten des Gerichtsverfahrens, Anwaltskosten sowie Kosten für den Insolvenzverwalter zu fassen.[68] Der Werteinfluss der direkten

62 An dieser Stelle ist darauf hinzuweisen, dass der Begriff der Insolvenzkosten nicht mit dem gängigen Kostenverständnis in der Betriebswirtschaftslehre gleichzusetzen ist. Zutreffender wäre hier eine Bezeichnung der Insolvenzkosten als Auszahlungen bzw. Mindereinzahlungen aufgrund der Insolvenz. Im Folgenden soll dennoch der für diese Thematik üblicherweise gewählte Terminus der Insolvenzkosten verwendet werden.

63 Hinsichtlich der Quantitätsdimension herrscht in der Literatur ebenfalls ein divergierendes Begriffsverständnis. Neben dem Begriff der Insolvenzkosten werden regelmäßig auch *Costs of Financial Distress*, *Bankruptcy Costs* oder Ausfallkosten angeführt. Häufig beziehen sich die verschiedenen Begriffe indes auf die gleichen Kostenarten, sodass Insolvenzkosten auch die anderen Begriffe umfassen. Vgl. bspw. DRUKARCZYK, J., Kosten der Insolvenz, S. 40; DRUKARCZYK, J., Theorie und Politik der Finanzierung, S. 389; BREALEY, R. A./MYERS, S. C./ALLEN, F., Corporate Finance, S. 476-482; WECKBACH, S., Corporate Financial Distress, S. 28 f.

64 Vgl. ALTMAN, E. I., Bankruptcy Costs, S. 1071; ROSS, S. A./WESTERFIELD, R. W./JAFFE, J. F., Corporate Finance, S. 436-438; BREALEY, R. A./MYERS, S. C./ALLEN, F., Corporate Finance, S. 477-481.

65 WRUCK weist darauf hin, dass neben den Insolvenzkosten auch Vorteile aus der finanziellen Notlage entstehen können. Hierzu zählen u. a. Vorteile aus Veränderungen im Management, der Unternehmensführung, der Unternehmensstrategie oder -struktur. Diese Vorteile beruhen im Wesentlichen darauf, dass in ausfallgefährdeten Unternehmen häufiger entsprechende Veränderungen vorgenommen werden, vgl. WRUCK, K. H., Financial Distress, S. 433-436. Die Vorteile der finanziellen Notlage gehen dabei von einer anschließenden Sanierung des Unternehmens aus, was indes nicht Untersuchungsgegenstand dieser Arbeit sein soll und daher im Folgenden nicht weiter betrachtet wird.

66 Vgl. BAULE, R./AMMANN, K./TALLAU, C., Finanzielles Risikomanagement, S. 63; BIGUS, J./SCHACHNER, L., Insolvenzkosten, S. 578.

67 Vgl. DRUKARCZYK, J., Kosten der Insolvenz, S. 40.

68 Vgl. BAULE, R./AMMANN, K./TALLAU, C., Finanzielles Risikomanagement, S. 63; WRUCK, K. H., Financial Distress, S. 436 f. Für eine detaillierte Darstellung der direkten Insolvenzkosten vgl. BRANCH, B., The Costs of Bankruptcy, S. 42-50 und für Einflussfaktoren der direkten Insolvenzkosten BRIS, A./WELCH, I./ZHU, N., Costs of Bankruptcy, S. 1278.

Insolvenzkosten auf den Gesamtunternehmenswert ist unmittelbar ersichtlich. Die Gebühren und Kosten für Anwälte und Gerichte sind direkt **messbar** und reduzieren die Cashflows der Kapitalgeber.[69] Indes sind hierdurch die Cashflows der Eigenkapitalgeber nicht direkt betroffen. Vielmehr werden die direkten Insolvenzkosten nach Insolvenzeröffnung von den **Fremdkapitalgebern** getragen, da hierdurch die Insolvenzmasse reduziert wird. Wenn, wie in dieser Arbeit, die Annahme zugrunde liegt, dass der Wert des Eigenkapitals im Insolvenzzeitpunkt null beträgt, wirken sich diese Kosten nicht weiter unmittelbar auf die Eigenkapitalgeber aus. Wird angenommen, dass die Gläubiger ihrerseits diese Kosten schon in den **Finanzierungskonditionen** eingepreist haben, werden die Cashflows der Eigentümer bereits in den Jahren vor der tatsächlichen Insolvenz beeinflusst.[70]

Die gängige Charakterisierung der direkten Insolvenzrisiken weist bei genauer Betrachtung aber Inkonsistenzen auf. Grundsätzlich ist fraglich, ob die direkten Insolvenzkosten überhaupt den Unternehmenswert tangieren, da das Eigenkapital im Insolvenzzeitpunkt regelmäßig wertlos ist.[71] Somit erscheinen die Kosten nur aus Sicht potentiell neuer Eigenkapitalgeber relevant.[72] Wenn die direkten Insolvenzkosten indes bereits in den Finanzierungskonditionen der Fremdkapitalgeber eingepreist sind, handelt es sich streng genommen aus Sicht der Eigenkapitalgeber nicht um direkte, sondern um indirekte Insolvenzkosten, da sie nicht nur im Insolvenzzeitpunkt anfallen, sondern bereits wegen der grundsätzlichen Insolvenzgefahr die Cashflows mindern.[73] Aus Sicht der Eigen- und Fremdkapitalgeber tritt hingegen erst im Insolvenzzeitpunkt eine Auszahlung an Dritte auf, sodass die Kosten aus Sicht der gesamten Kapitalgeber als direkt anzusehen sind.

Unabhängig von der vorigen Abgrenzung der direkten Insolvenzkosten ist deren **Relevanz** in der Literatur umstritten.[74] Oftmals wird von der Berücksichtigung der direkten Insolvenzkosten unter Bezugnahme auf die vermeintlich geringe Relevanz bzw. Höhe der Kosten abstrahiert.[75] Empirische Studien weisen differenzierte Ergebnisse hinsichtlich der Höhe der direkten Insolvenzkosten auf. WARNER quantifiziert die Kosten für amerikanische Eisenbahnunternehmen auf durchschnittlich 5,3 % des Marktwerts unmittelbar vor der Insolvenz und auf durchschnittlich 1 % des Marktwerts sieben Jahre vor der Insolvenz.[76] ALTMAN konnte je nach Industriezweig direkte Insolvenzkosten in

[69] Zudem sind die Kosten des Insolvenzverfahrens teilweise durch die InsO geregelt, vgl. LODOWICKS, A., Riskantes Fremdkapital, S. 38.

[70] Vgl. BAULE, R./AMMANN, K./TALLAU, C., Finanzielles Risikomanagement, S. 64.

[71] Dies ändert sich indes, wenn keine Haftungsbeschränkung der Eigenkapitalgeber existiert, da dann ein negativer Unternehmenswert resultieren kann.

[72] Bspw. können die Fremdkapitalgeber durch eine Sanierung des Unternehmens Anteile am Unternehmen erhalten. Hierbei findet quasi ein Tausch der Fremdkapital- in Eigenkapitaltitel statt. Vgl. dazu LANGE, I., Unternehmenswert in der Insolvenz, S. 140-142.

[73] Vgl. Abschn. 211.33.

[74] Vgl. KRUSCHWITZ, L./LODOWICKS, A./LÖFFLER, A., Insolvenzbedrohte Unternehmen, S. 224.

[75] Vgl. DRUKARCZYK, J./SCHÜLER, A., Unternehmensbewertung, S. 414.

[76] Die Untersuchung bezieht sich auf den Zeitraum von 1933 bis 1955. Vgl. WARNER, J. B., Bankruptcy Costs, S. 343. Vgl. auch zu den relevanten Unterschieden im deutschen und amerikanischen Insolvenzrecht Fn. 92.

Höhe von 4 % bis 9,8 % direkt vor der Insolvenz und 2,8 % bis 11,1 % fünf Jahre vor der Insolvenz feststellen.[77] LODOWICKS analysiert verschiedene empirische Untersuchungen und kommt zu dem Ergebnis, dass der Median der direkten Insolvenzkosten zwischen 1,7 % und 3,5 % des Marktwerts der Unternehmen liegt.[78]

211.33 Indirekte Insolvenzkosten

Die indirekten Insolvenzkosten führen im Gegensatz zu den direkten Insolvenzkosten bereits aufgrund der **Gefahr** einer Insolvenz zu einer Reduzierung des Unternehmenswerts.[79] Indirekte Insolvenzkosten können also auch dann auftreten, wenn das Unternehmen letztlich nicht insolvent wird. Die indirekten Insolvenzkosten können daher auch als Kosten der finanziellen Notlage interpretiert werden, da sie ihren Ursprung in der Unternehmenskrise haben.[80] Indes kann das Unternehmen durch die indirekten Insolvenzkosten auch erst in die Insolvenz getrieben werden.[81] Die Höhe der indirekten Insolvenzkosten ist nur schwer zu erfassen und weist verglichen zur Quantifizierung der direkten Insolvenzkosten erhebliche Schwierigkeiten auf.[82] Dies ist teilweise dadurch bedingt, dass die indirekten Insolvenzkosten auch eine Vielzahl schwer beobachtbarer Opportunitätskosten umfassen.[83]

Gemein ist den indirekten Insolvenzkosten, dass sie über einen **Vertrauensverlust** der Stakeholder zu einer Ergebnisverschlechterung führen und so negativ auf den Unternehmenswert wirken.[84] Die-

---

77 Vgl. ALTMAN, E. I., Bankruptcy Costs, S. 1074 f. Vgl. für eine tabellarische Übersicht empirischer Untersuchungen auch WRUCK, K. H., Financial Distress, S. 436 f. und LODOWICKS, A., Riskantes Fremdkapital, S. 39 sowie ausführlich zu empirischen Untersuchungen WECKBACH, S., Corporate Financial Distress, S. 40-45.

78 Da der Mittelwert über dem Median liegt, kann unterstellt werden, dass die direkten Insolvenzkosten bei einigen Ausreißern weit über dem Durchschnitt liegen, vgl. LODOWICKS, A., Riskantes Fremdkapital, S. 38 f. Vgl. auch BIGUS, J./SCHACHNER, L., Insolvenzkosten, S. 578 f.

79 Vgl. REIMUND, C./SCHWETZLER, B./ZAINHOFER, F., Costs of Financial Distress, S. 93; ALTMAN, E. I., Bankruptcy Costs, S. 1071. Teilweise wird eine weitere Unterteilung der indirekten Insolvenzkosten in *Financial Distress* und *Economic Distress* vorgenommen. Die *Costs of Financial Distress* umfassen dabei solche Kosten, die unmittelbar auf eine finanzielle Restrukturierung Bezug nehmen.[79] Mit dem Einbruch des operativen Geschäfts verbundene Insolvenzkosten werden als *Costs of Economic Distress* bezeichnet. Eine Trennung der beiden Kostenarten ist indes in praxi kaum durchführbar, da sie sich gegenseitig beeinflussen. Vgl. REIMUND, C./SCHWETZLER, B./ZAINHOFER, F., Costs of Financial Distress, S. 96.

80 Vgl. WECKBACH, S., Corporate Financial Distress, S. 29.

81 Vgl. zum selbstverstärkenden Prozess in Krisensituationen detailliert WECKBACH, S., Corporate Financial Distress, S. 62-64; LODOWICKS, A., Riskantes Fremdkapital, S. 42. Auch wenn indirekte Insolvenzkosten bereits vor und ggf. auch ohne anschließende Insolvenz anfallen können, sind diese Kosten nicht auf den Zeitraum vor einer Insolvenz beschränkt, sondern tragen auch während der Insolvenz zu einer Reduzierung des Unternehmenswerts bei. Vgl. REIMUND, C./SCHWETZLER, B./ZAINHOFER, F., Costs of Financial Distress, S. 95; ALTMAN, E. I., Bankruptcy Costs, S. 1071.

82 Vgl. ALTMAN, E. I., Bankruptcy Costs, S. 1072; WARNER, J. B., Bankruptcy Costs, S. 339; BRIS, A./WELCH, I./ZHU, N., Costs of Bankruptcy, S. 1278; ALMEIDA, H./PHILIPPON, T., Cost of Financial Distress, S. 2557; BIGUS, J./SCHACHNER, L., Insolvenzkosten, S. 582.

83 Vgl. WEISS, L. A., Bankruptcy Resolution, S. 286; DRUKARCZYK, J., Theorie und Politik der Finanzierung, S. 389.

84 Vgl. LODOWICKS, A., Riskantes Fremdkapital, S. 40.

ser Effekt kann sowohl umsatz- als auch kostenseitig auftreten und somit letztlich die zu diskontierenden Cashflows mindern.[85] So können Umsätze aufgrund von Unsicherheiten hinsichtlich der Service- und Gewährleistungsversprechen ausbleiben. Zudem leidet regelmäßig das Image des Unternehmens durch die Krise.[86] Kostenseitige Ausprägungen der indirekten Insolvenzkosten stellen bspw. Anpassungen der Zahlungsmodalitäten von Lieferanten sowie steigende Produktionskosten dar.[87] Auch der Verlust von qualifizierten Mitarbeitern sowie die Ressourcenbindung des Managements stellt eine Ausprägung der indirekten Insolvenzkosten dar.[88]

Ebenso treten indirekte Insolvenzkosten in Form von **Opportunitätskosten** auf, die dadurch entstehen, dass das Unternehmen vorteilhafte Investitionen vor dem Hintergrund einer drohenden Insolvenz nicht durchführen kann, da potentielle Kapitalgeber eine geringere Bereitschaft aufweisen, Kapital zur Verfügung zu stellen.[89] Letztlich wirken auch Einschränkungen in der Entscheidungsfreiheit des Managements, das aufgrund des Insolvenzverfahrens bestimmte rechtliche Restriktionen zu beachten hat, negativ auf den Unternehmenswert.[90] Da die indirekten Insolvenzkosten mit dem Vertrauensverlust der Stakeholder einhergehen, sind sie charakteristisch für die frühen Krisenstadien. Unmittelbar in der Unternehmensinsolvenz haben sie indes keine direkten Auswirkungen, da die Insolvenz in dieser Arbeit mit der Beendigung der Unternehmensexistenz gleichgesetzt wird.[91]

Aufgrund der schwierigen Quantifizierbarkeit indirekter Insolvenzkosten ist auch das Spektrum empirischer Untersuchungen hierzu geringer als bei den direkten Insolvenzkosten.[92] ALTMAN weist bspw. durchschnittliche indirekte Insolvenzkosten in Höhe von 10,5 % des Marktwerts des Unternehmens nach.[93] OPLER/TITMAN stellen fest, dass hochverschuldete Unternehmen in Krisenzeiten stärkeren Umsatzrückgängen unterliegen und leiten hieraus einen bedeutenden Einfluss der indirekten Insolvenzkosten ab.[94] Verglichen zu den direkten Insolvenzkosten weisen die Studien größere

---

85 Vgl. JENSEN, M. C./MECKLING, W. C., Theory of the Firm, S. 341.

86 Vgl. LODOWICKS, A., Riskantes Fremdkapital, S. 40 f.; LANGE, I., Unternehmenswert in der Insolvenz, S. 43; WRUCK, K. H., Financial Distress, S. 437; DRUKARCZYK, J., Theorie und Politik der Finanzierung, S. 389.

87 Vgl. WRUCK, K. H., Financial Distress, S. 437 f.

88 Vgl. DRUKARCZYK, J., Theorie und Politik der Finanzierung, S. 389; LANGE, I., Unternehmenswert in der Insolvenz, S. 43; WRUCK, K. H., Financial Distress, S. 438.

89 Vgl. BAULE, R./AMMANN, K./TALLAU, C., Finanzielles Risikomanagement, S. 63; GILSON, S. C., Managing Default, S. 65.

90 Vgl. WRUCK, K. H., Financial Distress, S. 437.

91 Vgl. Abschn. 211.2.

92 Vgl. zu einer tabellarischen Übersicht bspw. LODOWICKS, A., Riskantes Fremdkapital, S. 43. Die meisten Studien beziehen sich dabei auf amerikanische Unternehmen. Auf Deutschland sind diese Ergebnisse aufgrund einer abweichenden Insolvenzrechtsprechung nur eingeschränkt übertragbar. So ist in den USA eine freiwillige Insolvenzanmeldung mit anschließender Restrukturierung des Unternehmens möglich (Chapter 11 des amerikanischen Bankruptcy Codes). Vgl. Fn. 787; TERHART, P., Chapter 11, S. 53 f.; KALAY, A./SINGHAL, R./TASHJIAN, E., Is Chapter 11 Costly?, S. 775.

93 Vgl. ALTMAN, E. I., Bankruptcy Costs, S. 1078.

94 Vgl. OPLER, T. C./TITMAN, S., Financial Distress, S. 1016 f. und 1025. Vgl. zu abweichenden Ergebnissen REIMUND, C./SCHWETZLER, B./ZAINHOFER, F., Costs of Financial Distress, S. 115 f.

Bandbreiten der Ergebnisse auf. Die indirekten Insolvenzkosten reichen von ca. 10 % bis zu 30 % des Marktwerts des Eigenkapitals, was indes weitgehend durch die Komplexität der Quantifizierbarkeit bedingt ist.[95] Dennoch ist die Bedeutung der indirekten Insolvenzkosten nach einhelliger Literaturmeinung höher einzuschätzen als die der direkten Insolvenzkosten.[96]

211.34 Verlust künftiger Cashflows

Während die indirekten und direkten Insolvenzkosten vor bzw. im Insolvenzzeitpunkt ansetzen, bezieht sich der Verlust der künftigen Cashflows auf den Zeitraum nach der Insolvenz. Hierdurch soll abgebildet werden, dass Cashflows aufgrund der Insolvenz nicht mehr realisierbar sind.[97]

Grundlage dieses Sachverhalts bilden die üblicherweise als Bewertungsmodell verwendeten Zukunftserfolgswertverfahren. Hierbei wird der Unternehmenswert aus den künftig erzielbaren Cashflows abgeleitet, denen grundsätzlich ein unendlicher Planungshorizont zugrunde liegt.[98] Operationalisiert wird dies i. d. R. anhand eines **Zweiphasenmodells**.[99] Charakteristisch für die erste Phase (Detailplanung) ist eine individuelle Cashflow-Planung, die regelmäßig drei bis fünf Perioden umfasst.[100] Der anschließenden **Phase der ewigen Rente** wird vereinfacht ein eingeschwungener Unternehmenszustand unterstellt, der sich in konstanten, nachhaltigen Cashflows ausdrückt, die mittels der Formel der ewigen Rente in die Bewertung einfließen.[101] Zwar nimmt der Zeitwert des Geldes und damit der Barwert der Cashflows mit zunehmender Entfernung vom Bewertungsstichtag ab, dennoch bildet die ewige Rente regelmäßig den Großteil des Unternehmenswerts ab.[102] Bei einer üblichen Detailplanung von fünf Perioden tragen die Cashflows der ewigen Rente regelmäßig zu über 50 % des Unternehmenswerts bei, wie die folgende Abbildung zeigt:[103]

---

95 So unterscheiden sich die Studien i. d. R. in den Datensätzen, Definitionen, Untersuchungsansätzen sowie -zeiträumen. Vgl. LODOWICKS, A., Riskantes Fremdkapital, S. 42-44.

96 Vgl. DRUKARCZYK, J./SCHÜLER, A., Unternehmensbewertung, S. 414; DRUKARCZYK, J., Theorie und Politik der Finanzierung, S. 389; BRANCH, B., The Costs of Bankruptcy, S. 53 f.; LODOWICKS, A., Riskantes Fremdkapital, S. 44; BREALEY, R. A./MYERS, S. C./ALLEN, F., Corporate Finance, S. 480 f.

97 Unter dem Begriff Cashflow werden im Folgenden nicht die Steuervorteile der Fremdfinanzierung erfasst, da diese in der Arbeit separat behandelt werden. Vgl. hierzu Abschn. 211.35.

98 Vgl. hierzu ausführlich Abschn. 233.3.

99 Vgl. KÖHLING, K., Barwertorientierte Fair Value-Ermittlung, S. 41.

100 Vgl. IDW (Hrsg.), IDW S 1 (2008), Rn. 77. Indes werden z. T. auch erheblich längere Detailplanungszeiträume befürwortet, vgl. hierzu bspw. COPELAND, T. E./KOLLER, T./MURRIN, J., Unternehmenswert, S. 286 f.; KOLLER, T./GOEDHART, M. H./WESSELS, D., Valuation, S. 186.

101 Vgl. DINSTUHL, V., Unternehmensbewertung, S. 115; IDW (Hrsg.), IDW S 1 (2008), Rn. 78; TINZ, O., Abbildung von Wachstum, S. 32; BALLWIESER, W., Unternehmensbewertung, S. 60 f.; NOWAK, K., Marktorientierte Unternehmensbewertung, S. 85-87.

102 Vgl. FRÜHLING, V., Unternehmensbewertung, S. 201.

103 Hierbei wird angenommen, dass die Höhe der Cashflows in jeder Periode identisch ist.

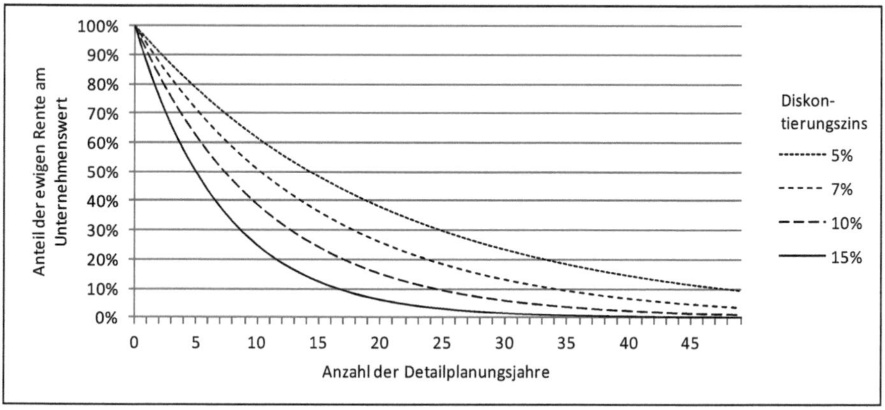

Abbildung 2-4: Anteil der ewigen Rente am Unternehmenswert[104]

Im **Insolvenzfall** sind aber die Cashflows der auf den Insolvenzzeitpunkt folgenden Perioden **nicht mehr realisierbar**, sodass v. a. der in der ewigen Rente aggregierte Wertbeitrag künftiger Cashflows unsicher ist. Da grundsätzlich jedes Unternehmen einem gewissen Ausfallrisiko unterliegt, ist die Realisierbarkeit weit in der Zukunft liegender Zahlungsströme somit von besonderer Unsicherheit gekennzeichnet.[105] So weist FRÜHLING darauf hin, dass die Annahme einer unendlichen Lebensdauer bei einer tatsächlich begrenzten Lebensdauer zu erheblichen Fehlbewertungen führen kann.[106] Daher bezeichnet auch DAMODARAN den Verlust der künftigen Cashflows als größtes Risiko von Unternehmenskrisen.[107] Abbildung 2-4 kann entsprechend auch dahingehend interpretiert werden, dass an der Ordinate der Anteil des Unternehmenswerts abgetragen ist, der im Falle einer Insolvenz im Jahre n nicht realisierbar ist. Hieraus wird auch ersichtlich, dass die Bedeutung des Bewertungsfehlers mit zunehmender Distanz zum Insolvenzzeitpunkt abnimmt.

211.35 Verlust künftiger Tax Shields

Eine weitere Komponente der Insolvenzkosten ist im **Verlust künftiger Tax Shields** zu sehen.[108] Grundsätzlich erhöht die Fremdfinanzierung eines Unternehmens durch die steuerliche Abzugsfähigkeit der Fremdkapitalzinsen den Unternehmenswert.[109] Die Höhe der Steuervorteile hängt indes

[104] In Anlehnung an IDW (Hrsg.), WP Handbuch, Rn. A 161.

[105] Vgl. METZ, V., Kapitalisierungszinssatz, S. 99; MUNKERT, M. J., Kapitalisierungszinssatz, S. 200.

[106] Vgl. FRÜHLING, V., Unternehmensbewertung, S. 200.

[107] Vgl. DAMODARAN, A., Damodaran on Valuation, S. 614.

[108] Vgl. LODOWICKS, A., Riskantes Fremdkapital, S. 2; BRENNAN, M. J./SCHWARTZ, E. S., Corporate Income Taxes, S. 104; GLEIẞNER, W., Insolvenzwahrscheinlichkeit, S. 248.

[109] Vgl. WATRIN, C./STÖVER, R., Tax Shield, S. 61.

von den tatsächlich gezahlten Zinsen ab.[110] Mit zunehmendem Verschuldungsgrad nimmt die Insolvenzwahrscheinlichkeit des Unternehmens zu, sodass die künftigen Zinszahlungen und entsprechend auch die künftigen Tax Shields unsicher werden.[111]

Auch wenn die Berücksichtigung von Insolvenzrisiken bei der Berechnung der Tax Shields von verschiedenen Autoren hervorgehoben wird, so weichen deren Ergebnisse dennoch voneinander ab. Einerseits deuten empirische Untersuchungen auf die Irrelevanz des Insolvenzrisikos für den Unternehmenswert hin.[112] Andererseits kommen Modelle zu dem Ergebnis, dass sich die Berücksichtigung von Insolvenzrisiken positiv auf die Höhe der Tax Shields und somit unternehmenswertsteigernd auswirkt.[113] Dieses intuitiv paradoxe Ergebnis lässt sich dadurch erklären, dass die Tax Shields aufgrund der höheren Fremdkapitalkosten von ausfallgefährdeten Unternehmen ansteigen.[114] Hierbei ist aber zu betonen, dass die Tax Shields z. T. nicht als ausfallgefährdet angesehen werden.[115] Zusammenfassend ist daher festzuhalten, dass die angeführten Modelle auch hinsichtlich unterschiedlicher Annahmen zu abweichenden Ergebnissen kommen, Tax Shields aber grundsätzlich auch von Insolvenzrisiken tangiert werden.

211.4 Zwischenfazit

Wie gezeigt, bestehen die Insolvenzkosten aus verschiedenen Komponenten, die unterschiedliche Sachverhalte abbilden und sich somit auf verschiedene Zeiträume beziehen, was in Abbildung 2-5 zusammenfassend dargestellt ist.

Insgesamt bleibt festzuhalten, dass alle vier Kategorien der Insolvenzkosten Wertrelevanz besitzen und entsprechend in der Unternehmensbewertung zu berücksichtigen sind. Den indirekten Insolvenzkosten ist der Vertrauensverlust der Stakeholder in das Unternehmen gemein, sodass Umsätze und Kosten hiervon tangiert werden können. Die indirekten Insolvenzkosten sind indes schwer quantifizierbar und treten im Gegensatz zu den anderen Kosten bereits während der Unternehmenskrise auf, sodass sie eher als Kosten der finanziellen Notlage oder als **Insolvenzkosten i. w. S.** zu bezeichnen sind.

---

110 Vgl. Homburg, C./Stephan, J./Weiß, M., Unternehmensbewertung und Insolvenzrisiko, S. 278.

111 Vgl. Brennan, M. J./Schwartz, E. S., Corporate Income Taxes, S. 104; Homburg, C./Stephan, J./Weiß, M., Unternehmensbewertung und Insolvenzrisiko, S. 281.

112 Vgl. Sick, G. A., Tax-adjusted Discount Rates, S. 1447; Kruschwitz, L./Lodowicks, A./Löffler, A., Insolvenzbedrohte Unternehmen, S. 233.

113 Vgl. Rapp, M. S., Adjustierung von Diskontierungssätzen, S. 784; Homburg, C./Stephan, J./Weiß, M., Unternehmensbewertung und Insolvenzrisiko, S. 284 und 289.

114 Vgl. Laitenberger, J./Lodowicks, A., Ausfallgefährdetes Fremdkapital, S. 147.

115 Vgl. Kruschwitz, L./Lodowicks, A./Löffler, A., Insolvenzbedrohte Unternehmen, S. 227 f. Hierbei wird die Zinszahlung als unabhängig vom Insolvenzeintritt angenommen.

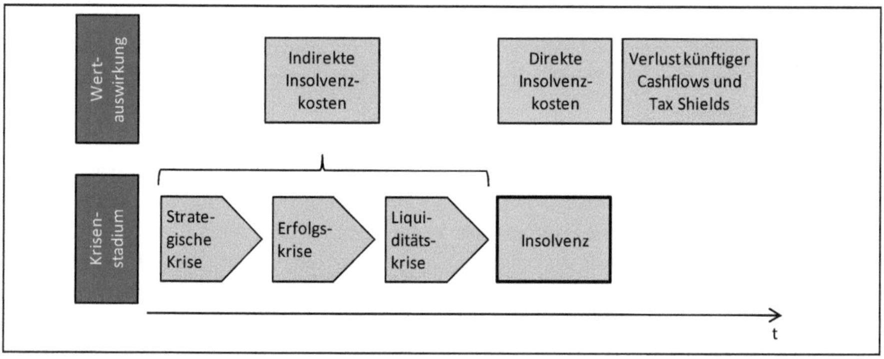

Abbildung 2-5: Insolvenzkosten nach zeitlichem Auftreten

Die zu den **Insolvenzkosten i. e. S.** gehörenden direkten Insolvenzkosten wirken durch die Verfahrenskosten im Zeitpunkt der Insolvenz, indes wird ihre Wertrelevanz regelmäßig als gering erachtet. Hingegen beziehen sich die ebenfalls der engen Abgrenzung zuzuordnenden Insolvenzkosten aus dem **Verlust künftiger Cashflows** und **Tax Shields** auf die Zeit nach der Insolvenz.[116] Diese Einflüsse sind von größter Relevanz für den Unternehmenswert, da hierdurch dauerhaft Unternehmenswertbestandteile ausfallen können. Aufgrund ihrer Bedeutung für den Unternehmenswert soll sich die Untersuchung in den folgenden Abschnitten auf diese beiden Arten der Insolvenzkosten beziehen.

212. Abgrenzung des Untersuchungsbereichs

Nachdem zuvor die Intensitätsdimension als Insolvenzwahrscheinlichkeit und die Quantitätsdimension als Insolvenzkosten aus dem Verlust künftiger Cashflows und Tax Shields abgeleitet wurde, ist das **Untersuchungsobjekt** der Arbeit zu bestimmen. Wie oben beschrieben wird die Berücksichtigung von Insolvenzrisiken in der Unternehmensbewertungsliteratur differenziert behandelt. Viele Beiträge abstrahieren von der Berücksichtigung von Insolvenzrisiken und gehen annahmegemäß von einem ausfallsicheren Unternehmen aus.[117] In bestimmten Bewertungssituationen wird indes explizit auf die Insolvenz eingegangen.

Die Bewertung von **Unternehmen in der Insolvenz** setzt dabei an der in Abschnitt 211.2 dargestellten Legaldefinition der Insolvenz an. Ziel ist es, für im Insolvenzverfahren befindliche Unternehmen einen angemessenen Wert zu ermitteln.[118] Das anzuwendende Bewertungsverfahren orien-

[116] Vgl. GLEIẞNER, W., Unternehmenswert, S. 739.

[117] Vgl. Fn. 3.

[118] Vgl. OTT, W./GÖPFERT, B., Unternehmenskauf aus der Insolvenz, S. 21; LANGE, I., Unternehmenswert in der Insolvenz, S. 68.

tiert sich dabei an der Verwertungsalternative des insolventen Unternehmens.[119] Um den Wert des Unternehmens im Falle der Liquidation zu ermitteln, werden Liquidationswertverfahren herangezogen. Demgegenüber wird die Fortführungsalternative i. S. e. Sanierung anhand von Zukunftserfolgswertverfahren bewertet.[120]

Die Bewertung von **ertragsschwachen Unternehmen** stellt hingegen auf Unternehmen ab, die sich in (vorgelagerten) Krisensituationen befinden und somit noch nicht das Insolvenzstadium erreicht haben. Das IDW bezeichnet als ertragsschwache Unternehmen solche, deren Rentabilität niedriger als der Kapitalkostensatz ist, was schließlich in die Insolvenz führen kann.[121] Zur Bewertung sind regelmäßig sowohl Fortführungs- als auch Liquidations- bzw. Zerschlagungswerte zu ermitteln,[122] um durch deren Vergleich die vorteilhafteste Handlungsalternative festzustellen.[123] Insbesondere Sanierungspläne sind hierbei einer kritischen Überprüfung zu unterziehen.[124]

Der Fokus dieser Arbeit bezieht sich indes weder auf die Bewertung von Unternehmen in der Insolvenz noch auf die Bewertung von ertragsschwachen Unternehmen, sondern auf Unternehmen, die als derzeit **gesunde Unternehmen** bezeichnet werden können. Auch diese Unternehmen haben ein gewisses Risiko, insolvent zu werden.[125] Dies drückt sich bspw. durch das Rating des Unternehmens oder durch Credit Spreads für die Fremdkapitaltitel aus. Die Argumentation zur Berücksichtigung von Insolvenzrisiken bei Unternehmen, deren Existenz nicht gefährdet erscheint, knüpft an die Annahme der unendlichen Unternehmensexistenz an.[126] Hiermit verbunden ist die Annahme unendlicher Cashflows, die zwar aufgrund des Zeitwerts an Gewicht verlieren, aber dennoch einen erheblichen Teil zum Unternehmenswert beitragen.[127] Da kein Unternehmen absolut ausfallsicher ist, ist dieser **Wertbeitrag der Cashflows**, der regelmäßig als Wertbeitrag der ewigen Rente zusammengefasst wird, **unsicher**. Im Folgenden soll daher untersucht werden, ob und wie die Berücksichti-

119 Vgl. LANGE, I., Unternehmenswert in der Insolvenz, S. 70.

120 Zudem kann der Fortführungswert anhand der Einzelfortführungsmethode bestimmt werden, vgl. hierzu LANGE, I., Unternehmenswert in der Insolvenz, S. 72-76. Vgl. zu Besonderheiten beim Kauf insolventer Unternehmen CLASSEN, D., Distressed M&A, S. 2898-2903.

121 Vgl. IDW (Hrsg.), WP Handbuch, Rn. A 411. Hierbei wird hinsichtlich des Zeitraums in temporäre und chronische, d. h. nachhaltige Ertragsschwäche unterschieden. DAMODARAN führt weitere Kriterien für ertragsschwache Unternehmen bzw. Unternehmen mit rückläufigen Umsätzen an, bspw. den Verkauf von Anlagevermögen oder eine hohe Fremdkapitalquote. Vgl. hierzu DAMODARAN, A., The Dark Side of Valuation, S. 362 f.

122 Bei den Fortführungswerten sind zudem die impliziten Annahmen der Bewertung kritisch zu hinterfragen, vgl. dazu DAMODARAN, A., The Dark Side of Valuation, S. 367 f.

123 Vgl. IDW (Hrsg.), WP Handbuch, Rn. A 414.

124 Vgl. IDW (Hrsg.), WP Handbuch, Rn. A 413.

125 Vgl. MUNKERT, M. J., Kapitalisierungszinssatz, S. 200; MÜNSTERMANN, H., Wert und Bewertung, S. 61; STEPHAN, J., Finanzielle Kennzahlen, S. 90.

126 Vgl. PEEMÖLLER, V. H., Stand und Entwicklung, S. 411.

127 Durch die Diskontierung der künftigen Cashflows nimmt der Wertbeitrag der Cashflows mit steigender Entfernung vom Bewertungsstichtag ab, vgl. bspw. KRUSCHWITZ, L./LÖFFLER, A., Unendliche Probleme, S. 1041. Demnach liegt nicht zwingend die Annahme einer unendlichen Lebensdauer der Unternehmen zugrunde, allerdings muss das Unternehmen einen beträchtlichen Zeitraum fortbestehen, bis der Cashflow einer weiteren Periode den Barwert der ewigen Rente nur noch marginal beeinflusst. Vgl. hierzu auch Abbildung 2-4.

gung von Insolvenzrisiken für gesunde Unternehmen sachgerecht ist. Hierzu werden zunächst die konzeptionellen Grundlagen der Unternehmensbewertung abgeleitet, um hierauf aufbauend die Berücksichtigung der Insolvenzrisiken in der Unternehmensbewertung zu diskutieren.

22 Konzeptionelle Grundlagen der Unternehmensbewertung

221. Werttheorien und Funktionen der Unternehmensbewertung

221.1 Werttheorien der Unternehmensbewertung

Im vergangenen Jahrhundert hat die Theorie der Unternehmensbewertung eine stetige Entwicklung vollzogen. Im Mittelpunkt kontroverser Diskussionen stand dabei die Bewertungskonzeption.[128] Bis 1960 galt in der Unternehmensbewertungsliteratur die **objektive Unternehmensbewertung** als dominierender Bewertungsansatz.[129] Der Unternehmenswert soll hierbei als objektiver Wert einen für jedermann realisierbaren Wert darstellen, sodass die persönliche Situation des Bewertungssubjekts außer Acht bleibt.[130] Als konträre Konzeption zur objektiven Unternehmensbewertung wurde die **subjektive Unternehmensbewertung** entwickelt, die Mitte der 1960er Jahre zur vorherrschenden Konzeption aufstieg.[131] Hierbei wird der Wert des Unternehmens nicht mehr als inhärente Eigenschaft des Unternehmens, sondern als Gebrauchswert angesehen.[132] Zentral ist dabei die Annahme, dass der Unternehmenswert subjektiv ist.[133] Folglich wird auf die jeweilige **Perspektive des Investors** eingegangen, sodass der Unternehmenswert immer unter Berücksichtigung des konkreten Investors zu ermitteln ist.[134] Einen wesentlichen Kritikpunkt der subjektiven Werttheorie stellt die **fehlende Objektivierbarkeit** der Wertermittlung dar. Die Bewertung ist aufgrund der Wertrelevanz persönlicher Einflüsse nicht mehr nachvollziehbar.[135]

Die Kritikpunkte und konträren Ansichten der beiden Werttheorien bedingten die Entwicklung der **funktionalen Unternehmensbewertung.**[136] Durch die Betonung des Bewertungszwecks wird hierbei versucht, die gegensätzlichen Bewertungskonzeptionen zu vereinen.[137] Bis heute ist der von der

[128] Vgl. MANDL, G./RABEL, K., Unternehmensbewertung, S. 5.

[129] Vgl. WIDMANN, B., Bewertung, Rn. 9; PEEMÖLLER, V. H., Werttheorien, S. 5.

[130] Vgl. MATSCHKE, M. J./BRÖSEL, G., Unternehmensbewertung, S. 14; WIDMANN, B., Bewertung, Rn. 9.

[131] Vgl. MATSCHKE, M. J./BRÖSEL, G., Unternehmensbewertung, S. 18; SCHILDBACH, T., Funktionenlehre, S. 309. Maßgeblichen Anteil an der Entwicklung der subjektiven Bewertungstheorie hatten insbesondere MÜNSTERMANN und BUSSE VON COLBE. Vgl. MÜNSTERMANN, H., Wert und Bewertung; BUSSE VON COLBE, W., Der Zukunftserfolg.

[132] Vgl. PEEMÖLLER, V. H., Werttheorien, S. 6.

[133] Vgl. MATSCHKE, M. J./BRÖSEL, G., Unternehmensbewertung, S. 18.

[134] Vgl. PEEMÖLLER, V. H., Werttheorien, S. 7; WIDMANN, B., Bewertung, Rn. 10.

[135] Vgl. PEEMÖLLER, V. H., Werttheorien, S. 7; GORNY, C., Unternehmensbewertung, S. 4.

[136] Vgl. grundlegend zur funktionalen Unternehmensbewertung SIEBEN, G., Entscheidungswert, S. 491-504; MATSCHKE, M. J./BRÖSEL, G., Unternehmensbewertung, S. 22-24.

[137] Vgl. GORNY, C., Unternehmensbewertung, S. 4.

Kölner Schule entwickelte Ansatz in der Unternehmensbewertungsliteratur dominierend.[138] Die funktionale Unternehmensbewertung basiert dabei auf vier Prinzipien.[139]

Das **Prinzip der Zweckabhängigkeit** als zentraler Aspekt der Bewertungskonzeption weist darauf hin, dass eine sachgerechte Ermittlung des Unternehmenswerts nur auf Basis eines konkretisierten Bewertungszwecks möglich ist.[140] Der Zweck ist vorab festzulegen, da hierdurch die Bewertungsmethode sowie die Annahmen determiniert werden.[141] Auch bei der Interpretation des Unternehmenswerts ist der Zweck zu berücksichtigen. Neben der Zweckadäquanz stellt das **Prinzip der Subjektivität** darauf ab, dass bei der Wertermittlung die Planungen des Bewertungssubjekts zu berücksichtigen sind.[142] Dies impliziert, dass die Vorstellungen und Möglichkeiten des Bewertungssubjekts wertrelevant sind und dass die Bewertung somit v. a. auf der Zielsetzung des Bewertungssubjekts basiert, was in einem individuellen Wert für das jeweilige Bewertungssubjekt resultiert.[143]

Durch das **Prinzip der Zukunftsbezogenheit** soll ausgedrückt werden, dass nur der künftige Nutzen, den das Bewertungssubjekt aus dem Unternehmen ziehen kann, wertrelevant ist.[144] Der Erfolg, den das Unternehmen in der Vergangenheit erzielt hat, ist für die Investitionsentscheidung nicht von Belang, sondern kann lediglich als Indikator für den potentiell künftigen Nutzen dienen. Die Betonung der alleinigen Relevanz des künftigen Nutzens resultiert indes in der Problematik der Unsicherheit künftiger Entwicklungen und verbunden hiermit in der Verlässlichkeit der zu prognostizierenden Daten.[145] Für junge sowie kleine und mittlere Unternehmen ist zudem die Prognose auf Basis einer Trendextrapolation nur bedingt möglich.[146] Das **Prinzip der Gesamtbewertung** stellt darauf ab, das Unternehmen als Ganzes zu bewerten. Hierbei kommt nicht der Wert der einzelnen Vermögensgegenstände zum Tragen, sondern derjenige Wert, der sich aus dem Zusammenspiel der Vermögensgegenstände des Unternehmens ergibt.[147]

---

138 Vgl. MATSCHKE, M. J./BRÖSEL, G., Unternehmensbewertung, S. 22.

139 Vgl. MATSCHKE, M. J./BRÖSEL, G., Unternehmensbewertung, S. 23.

140 Vgl. SIEBEN, G., Entscheidungswert, S. 495; HAYN, M., Unternehmensbewertung, S. 1346; MOXTER, A., Grundsätze, S. 6; MATSCHKE, M. J./BRÖSEL, G., Unternehmensbewertung, S. 22 f.; PEEMÖLLER, V. H., Grundsätze, S. 32.

141 Vgl. MANDL, G./RABEL, K., Unternehmensbewertung, S. 9; KOELEN, P., Investitionstheoretische Bewertungskalküle, S. 49 m. w. N.

142 Vgl. MATSCHKE, M. J./BRÖSEL, G., Unternehmensbewertung, S. 18.

143 Vgl. BUSSE VON COLBE, W., Der Zukunftserfolg, S. 17; MATSCHKE, M. J./BRÖSEL, G., Unternehmensbewertung, S. 18. In der angelsächsischen Bewertungslehre spielt der Subjektbezug eine eher untergeordnete Rolle, vgl. dazu u. a. BUCHNER, R./ENGLERT, J., Bewertung von Unternehmen, S. 1578; BÖCKING, H.-J./NOWAK, K., Unternehmensbewertung, S. 169 und 174 f.; OLBRICH, M., Bedeutung des Börsenkurses, S. 458.

144 Vgl. MATSCHKE, M. J./BRÖSEL, G., Unternehmensbewertung, S. 19.

145 Vgl. MATSCHKE, M. J./BRÖSEL, G., Unternehmensbewertung, S. 19. Vgl. zum Spannungsverhältnis von Relevanz und Verlässlichkeit in der Rechnungslegung bspw. BAETGE, J./KIRSCH, H.-J./THIELE, S., Bilanzen, S. 146.

146 Vgl. HACKSPIEL, T., Unternehmensbewertung von KMU, S. 131; MATSCHKE, M. J./BRÖSEL, G., Unternehmensbewertung, S. 20.

147 Da das Prinzip der Gesamtbewertung dem Prinzip der Subjektivität unterzuordnen ist, kann in bestimmten Situationen der Wert der einzelnen Vermögensgegenstände anstelle des Gesamtwerts relevant sein. Dies ist dann der Fall, wenn das Unternehmen nach dem Willen des Bewertungssubjekts nicht weitergeführt werden kann bzw. wenn die

Der aus der funktionalen Unternehmensbewertung resultierende Unternehmenswert berücksichtigt das Entscheidungsfeld des Bewertungssubjekts und ist daher grundsätzlich subjektiver Natur. Da der Bewertungszweck bekannt ist, ist die Wertermittlung aber auch für einen Dritten nachvollziehbar.[148] Die verschiedenen Zwecke der funktionalen Unternehmensbewertung werden durch **Funktionen** der Bewertung abgebildet,[149] die im folgenden Abschnitt konkretisiert werden sollen.

221.2 Funktionen der Unternehmensbewertung

Die Entscheidungs-, die Vermittlungs- und die Argumentationsfunktion werden als **Hauptfunktionen** der Bewertung angeführt.[150] Gemeinsames Merkmal ist die Bezugnahme auf interpersonale Konfliktsituationen, d. h., die Bewertung zielt auf die **Änderung von Eigentumsverhältnissen** ab.[151] Hierunter sind sowohl Eigentümerwechsel als auch veränderte Eigentumsverhältnisse zu fassen.[152]

Die **Entscheidungsfunktion** bildet die Grundlage der anderen beiden Hauptfunktionen.[153] Hierbei wird die individuelle Grenze der Konzessionsbereitschaft des Bewertungssubjekts ermittelt. Der resultierende Entscheidungswert ist daher als Grenzpreis zu interpretieren, bei dem die Transaktion gerade nicht mehr zu einer Verschlechterung der Vermögensposition des Bewertungssubjekts führt.[154] Entsprechend ist der Entscheidungswert unter Berücksichtigung der persönlichen Umstände des Bewertungssubjekts zu ermitteln und stellt damit einen subjektiven Unternehmenswert dar.[155]

Weiterführung zu einem niedrigeren Wert als die Summe der Einzelwerte führen würde. Vgl. MATSCHKE, M. J./BRÖSEL, G., Unternehmensbewertung, S. 20.

148 Vgl. PEEMÖLLER, V. H., Werttheorien, S. 7; MATSCHKE, M. J./BRÖSEL, G., Unternehmensbewertung, S. 23. Vgl. zur intersubjektiven Nachprüfbarkeit bspw. TINZ, O., Abbildung von Wachstum, S. 10-13 und Abschn. 244.

149 Vgl. MANDL, G./RABEL, K., Unternehmensbewertung, S. 9; PEEMÖLLER, V. H., Werttheorien, S. 7; KIRSCH, H.-J./KOELEN, P., Unternehmensbewertung, S. 283.

150 Vgl. SIEBEN, G., Entscheidungswert, S. 492 f.; PEEMÖLLER, V. H., Werttheorien, S. 8-11; HELBLING, C., Unternehmensbewertung und Steuern, S. 44. Neben den Hauptfunktionen existieren auch Nebenfunktionen der Unternehmensbewertung. Hierzu zählen die Informations-, die Steuerbemessungs- sowie die Vertragsgestaltungsfunktion. Charakteristisch für die Nebenfunktionen ist, dass keine Änderung der Eigentumsverhältnisse vorliegt.

151 Vgl. MATSCHKE, M. J./BRÖSEL, G., Unternehmensbewertung, S. 23 f. und 51 f.

152 Vgl. MATSCHKE, M. J./BRÖSEL, G., Unternehmensbewertung, S. 52. Eigentümerwechsel ergeben sich bspw. aus dem Erwerb bzw. der Veräußerung von Unternehmen oder Unternehmensanteilen. Bei veränderten Eigentumsverhältnissen sind die gleichen Eigner beteiligt, das Bewertungsobjekt ist indes von einer Veränderung, bspw. einer Fusion oder eines *Carve Out* von Bereichen, betroffen.

153 Vgl. SIEBEN, G., Entscheidungswert, S. 504; MATSCHKE, M. J./BRÖSEL, G., Unternehmensbewertung, S. 51.

154 Vgl. HAYN, M., Unternehmensbewertung, S. 1347; MANDL, G./RABEL, K., Unternehmensbewertung, S. 15; DRUKARCZYK, J./SCHÜLER, A., Unternehmensbewertung, S. 87.

155 Vgl. DRUKARCZYK, J./SCHÜLER, A., Unternehmensbewertung, S. 87; MATSCHKE, M. J./BRÖSEL, G., Unternehmensbewertung, S. 51.

Der im Rahmen der **Vermittlungsfunktion** ermittelte Arbitriumwert[156] soll als Kompromisswert Einigung zwischen den konfligierenden Bewertungsparteien herbeiführen.[157] Hierbei ermittelt ein unparteiischer Gutachter unter Berücksichtigung von Rationalität und parteibezogener Angemessenheit einen Wert, der seiner Einschätzung nach als Kompromisswert geeignet ist.[158] Um der Rationalität gerecht zu werden, muss der Arbitriumwert innerhalb der Grenzen der Konzessionsbereitschaft der Bewertungsparteien liegen.[159]

Die **Argumentationsfunktion** zielt darauf ab, Argumente bereitzustellen, die zur Stärkung der eigenen Verhandlungsposition bzw. zur Schwächung der Position des Verhandlungspartners dienen.[160] Der Argumentationswert ist demnach ein parteiischer Wert, der auf die Beeinflussung der Gegenseite abstellt.[161]

Während die Kölner Funktionenlehre in Haupt- und Nebenfunktionen unterscheidet, differenziert das **IDW** nach der **Funktion des Wirtschaftsprüfers.**[162] Dabei kann der Wirtschaftsprüfer als neutraler Gutachter, als Berater oder als Vermittler tätig werden. Das IDW erkennt die Argumentationsfunktion für Wirtschaftsprüfer indes nicht an, da es der Auffassung ist, dass der subjektive Charakter des Argumentationswerts nicht mit den Berufsgrundsätzen des Wirtschaftsprüfers vereinbar sei.[163] Verbunden mit der Funktion ist die Zuordnung einer bestimmten **Wertkonzeption**, sodass der neutrale Gutachter einen objektivierten Unternehmenswert ermittelt,[164] während der Berater einen subjektiven Entscheidungswert bestimmt.[165] Als Vermittler bestimmt der Wirtschaftsprüfer in Konfliktsituationen einen Einigungswert, der auf beiden Wertkonzeptionen basiert.[166] Im Folgenden wird detailliert auf die Wertkonzeptionen des IDW S 1 i. d. F. 2008 eingegangen.

---

156 Der Arbitriumwert wird auch als Schiedswert oder Einigungspreis bezeichnet.

157 Vgl. DRUKARCZYK, J./SCHÜLER, A., Unternehmensbewertung, S. 90.

158 Vgl. MATSCHKE, M. J./BRÖSEL, G., Unternehmensbewertung, S. 467-470.

159 Vgl. MATSCHKE, M. J./BRÖSEL, G., Unternehmensbewertung, S. 467. Dies gilt indes nur für nicht dominierte Konfliktsituationen. In dominierten Konfliktsituationen kann der Wert auch außerhalb der Grenze der Konzessionsbereitschaft einer Partei liegen. In der Literatur herrscht dabei die Meinung vor, dass der Arbitriumwert dem Entscheidungswert der dominierten Partei entspricht, diese somit nicht schlechtergestellt wird. Die dominierende Partei kann in dem Fall, dass ihr Entscheidungswert nicht getroffen wird, auf die Transaktion verzichten.

160 Vgl. SIEBEN, G., Entscheidungswert, S. 493; MATSCHKE, M. J./BRÖSEL, G., Unternehmensbewertung, S. 573.

161 Vgl. PEEMÖLLER, V. H., Werttheorien, S. 10; MATSCHKE, M. J./BRÖSEL, G., Unternehmensbewertung, S. 573.

162 Vgl. HAYN, M., Unternehmensbewertung, S. 1347.

163 Vgl. PEEMÖLLER, V. H., Werttheorien, S. 10 f.; HELBLING, C., Unternehmensbewertung und Steuern, S. 51 f. Vgl. ausführlich zu den abweichenden Funktionslehren der Kölner Schule und des IDW HAYN, M., Unternehmensbewertung, S. 1346-1353.

164 Vgl. KIRSCH, H.-J./KOELEN, P., Unternehmensbewertung, S. 284.

165 Vgl. IDW (Hrsg.), IDW S 1 (2008), Rn. 12.

166 Vgl. IDW (Hrsg.), WP Handbuch, Rn. A 27-A 33.

222. Unternehmensbewertung nach IDW S 1 i. d. F. 2008

222.1 Objektivierter Unternehmenswert

Die **Funktion des neutralen Gutachters** wird als originäre Bewertungsaufgabe des Wirtschaftsprüfers angesehen.[167] Dieser hat die Aufgabe, einen **objektivierten** Unternehmenswert zu ermitteln, der frei von individuellen Wertvorstellungen der Parteien ist und auf Basis einer nachvollziehbaren Methode ermittelt wird.[168] Hierbei hat der Gutachter Spielräume sachgerecht und unparteiisch auszufüllen. Der Unternehmenswert stellt folglich einen **intersubjektiv nachprüfbaren Zukunftserfolgswert** dar, der sich bei **Fortführung** des Unternehmens in **unverändertem Konzept** und unter Berücksichtigung **aller realistischen Zukunftsszenarien** ergibt.[169] Hieraus wird deutlich, dass die Ermittlung des objektivierten Unternehmenswerts mit einem hohen Objektivierungserfordernis einhergeht, mit der die Einbeziehung subjektiver Werteinflüsse nicht vereinbar ist.[170] Anstelle individueller Merkmale sind daher **Typisierungen** vorzunehmen,[171] bei denen die Perspektive eines **inländischen Privatanlegers** anzunehmen ist.[172]

Dem IDW S 1 entsprechend ist der objektivierte Unternehmenswert bei diversen **Bewertungsanlässen** relevant.[173] Grundsätzlich unterscheidet der IDW S 1 verschiedene Bewertungsanlässe, die sich weitgehend auf die Art der zugrunde liegenden Regelung beziehen.[174] Anlässe aus **unternehmerischen Initiativen** umfassen u. a. Kaufs- und Verkaufsvorgänge, Fusionen und Börsengänge.[175] Gemeinsames Merkmal dieser Anlässe besteht darin, dass die Wertermittlung vorrangig der Entscheidungsvorbereitung dient.[176] Während eine Wertermittlung zur Entscheidungsvorbereitung Dritter hohen Transparenzanforderungen genügen muss, ist dies bei einer eigenen Entscheidungsvorbereitung nicht erforderlich bzw. hinderlich.[177] Demnach ist bei diesem Anlass nicht in jedem Fall eine Objektivierung der Wertermittlung notwendig. Indes sollte der Unternehmenswert bei der eigenen Entscheidungsvorbereitung möglichst frei von Fehlern sein, um rationale Entscheidungen zu ermöglichen.[178] Hierbei kann die Nachprüfbarkeit ggf. eine Orientierungsfunktion übernehmen, durch die das Entscheidungsfeld des Bewerters eingegrenzt wird.

---

[167] Vgl. MATSCHKE, M. J./BRÖSEL, G., Unternehmensbewertung, S. 53; PEEMÖLLER, V. H./KUNOWSKI, S., Ertragswertverfahren, S. 281.

[168] Vgl. IDW (Hrsg.), WP Handbuch, Rn. A 19 f.; WIDMANN, B., Bewertung, Rn. 34.

[169] Vgl. IDW (Hrsg.), IDW S 1 (2008), Rn. 29; IDW (Hrsg.), WP Handbuch, Rn. A 76.

[170] Vgl. IDW (Hrsg.), WP Handbuch, Rn. A 77.

[171] Vgl. SIEPE, G./DÖRSCHELL, A./SCHULTE, J., Der neue IDW Standard, S. 948 f.

[172] Vgl. DÖRSCHELL, A./FRANKEN, L./SCHULTE, J./BRÜTTING, C., CAPM-basierte Risikozuschläge, S. 1158; IDW (Hrsg.), WP Handbuch, Rn. A 79.

[173] Vgl. IDW (Hrsg.), IDW S 1 (2008), Rn. 30.

[174] Vgl. IDW (Hrsg.), IDW S 1 (2008), Rn. 8; PEEMÖLLER, V. H., Anlässe, S. 19 f. Andere Systematisierungsvorschläge der Bewertungsanlässe unterscheiden bspw. in transaktionsbezogene und nicht transaktionsbezogene Anlässe, vgl. hierzu WIDMANN, B., Bewertung, Rn. 15.

[175] Vgl. IDW (Hrsg.), IDW S 1 (2008), Rn. 9; WENZEL, K./HOFFMANN, A., Unternehmensbewertung, S. 26.

[176] Vgl. TINZ, O., Abbildung von Wachstum, S. 14.

[177] Vgl. BALLWIESER, W., Unternehmensbewertung, S. 1.

[178] Vgl. BALLWIESER, W., Unternehmensbewertung, S. 1 f.

Im Gegensatz zu unternehmerischen Initiativen ist bei Bewertungsanlässen aus Gründen der **externen Rechnungslegung** das Objektivierungserfordernis sehr hoch.[179] Das Erfordernis der Nachprüfbarkeit ergibt sich dabei aus der in der Rechnungslegung stark ausgeprägten Prinzipal-Agenten-Problematik.[180] Während bei vielen Anlässen der Unternehmensbewertung eine direkte Kommunikation zwischen Bewerter und Adressat (Bewertungssubjekt) stattfindet, die zu einem Abbau von Informationsasymmetrien führt, ist bei Bewertungen aus Anlässen der Rechnungslegung aufgrund des Prinzipal-Agenten-Konflikts die Nachprüfbarkeit stärker zu betonen.[181] Auch bei **gesellschaftsrechtlichen, gesetzlichen bzw. vertraglichen Vereinbarungen** ist die Objektivierung aufgrund von dominierten Situationen regelmäßig erforderlich.[182] Die folgende Tabelle fasst das Objektivierungserfordernis verschiedener Bewertungszwecke zusammen:[183]

Eigenschaften / Bewertung zur ...	Gewünschter Grad der **Fehlervermeidung** mit dem entscheidungsrelevanten Wert als Maßstab	Gewünschter Grad der **Nachprüfbarkeit**	**Offenlegung** des Werts
... eigenen Entscheidungsvorbereitung	hoch	niedrig	nein
... Vorbereitung der Entscheidungen Dritter	hoch	hoch	ja
... Unterstützung von Argumentationen	niedrig	niedrig	ja
... Vermittlung zwischen streitenden Parteien	hoch	hoch	ja
... Ermittlung von Steuerbemessungsgrundlagen	niedrig	hoch	ja
... Überprüfung von Bilanzwerten	niedrig	hoch	ja

Tabelle 2-1: Bewertungszwecke und Bewertungseigenschaften[184]

222.2 Subjektiver Unternehmenswert

Neben der objektivierten wird im IDW S 1 auch die subjektive Unternehmensbewertung angeführt. Diese resultiert aus der **Beratungsfunktion** des Wirtschaftsprüfers und bezieht die individuellen Planungen und Möglichkeiten des Bewertungssubjekts in die Bewertung ein.[185] Der **Unterschied** zwischen objektiviertem und subjektivem Unternehmenswert besteht dabei nicht darin, dass ein

[179] Vgl. TINZ, O., Abbildung von Wachstum, S. 15.

[180] Vgl. KOELEN, P., Investitionstheoretische Bewertungskalküle, S. 55.

[181] Vgl. KOELEN, P., Investitionstheoretische Bewertungskalküle, S. 73 f.

[182] In dominierten Verhandlungssituationen kann eine Partei gegen den Willen der anderen Partei Änderungen in den Eigentumsverhältnissen durchsetzen. Dies kann bspw. bei Ausschluss eines Gesellschafters oder bei Abfindung von Minderheitsaktionären vorliegen. Daher ist bei dominierten Bewertungsanlässen die Einhaltung bestimmter Grundsätze notwendig, um die Nachvollziehbarkeit und Angemessenheit der Bewertung zu gewährleisten. Der im IDW S 1 angeführte objektivierte Unternehmenswert ist für Zwecke der gutachterlichen Wertermittlung und somit bei einer Vielzahl dominierter Bewertungssituationen das zweckadäquate Bewertungskonzept. Vgl. ZIEGER, M./SCHÜTTE-BIASTOCH, S., Bewertung von KMU, S. 590 f.; WIDMANN, B., Bewertung, Rn. 20.

[183] Vgl. ausführlich zu Bewertungsanlässen der objektivierten Unternehmensbewertung WOLLNY, C., Unternehmenswert, S. 48-68.

[184] In Anlehnung an BALLWIESER, W., Unternehmensbewertung, S. 2.

[185] Vgl. IDW (Hrsg.), IDW S 1 (2008), Rn. 12; PEEMÖLLER, V. H./KUNOWSKI, S., Ertragswertverfahren, S. 278.

Wertansatz nicht intersubjektiv nachvollziehbar ist. Vielmehr ist die Unterscheidung in der Einbeziehung von **individuellen Erwartungen** und Möglichkeiten bei der Ermittlung von subjektiven Unternehmenswerten zu sehen.[186] So sind die im Rahmen der objektivierten Bewertung vorgenommenen Typisierungen durch individuelle Vorstellungen zu ersetzen. Auch Werteinflüsse, die nicht intersubjektiv nachprüfbar sind, können berücksichtigt werden.[187] Indes ist dies nicht als willkürliche Bewertung zu verstehen.[188]

222.3 Zwischenfazit

Im Unterschied zu der Werttheorie der Kölner Schule differenziert das IDW hinsichtlich der Tätigkeit des Wirtschaftsprüfers in den objektivierten und den subjektiven Unternehmenswert. Als Ausgangspunkt beider Wertkonzeptionen wird vom IDW der objektivierte Unternehmenswert angesehen. Je nach konkretem **Bewertungsanlass** ist dabei das Objektivierungserfordernis unterschiedlich ausgeprägt. Entsprechend soll im Folgenden ausgehend von der objektivierten Unternehmensbewertung die Berücksichtigung von Insolvenzrisiken diskutiert werden und hierauf aufbauend auf Besonderheiten der subjektiven Wertermittlung eingegangen werden.

23 Verfahren der Unternehmensbewertung

231. Systematisierung der Unternehmensbewertungsverfahren

Der Unternehmenswert kann grundsätzlich auf verschiedene Weise ermittelt werden, da er zweckabhängig zu bestimmen ist.[189] Die Bewertungsmethoden können dabei in drei Gruppen eingeteilt werden.[190] Bei den **Einzelbewertungsverfahren** werden die Vermögensgegenstände separat anhand ihrer Liquidations- oder Wiederbeschaffungswerte bewertet und unter Abzug der Verbindlichkeiten zum Unternehmenswert summiert.[191] Die **Gesamtbewertungsverfahren** betrachten das Unternehmen als Einheit und ermitteln den Wert aus der künftigen Ertragskraft, die aus der Nutzung aller Aktiva und Passiva resultiert.[192] Die **Mischverfahren** kombinieren zur Wertermittlung die

---

186 Vgl. WIELAND-BLÖSE, H., Bewertung im Überschuldungsstatus, S. 1189. So bildet der objektivierte Unternehmenswert auch regelmäßig die Grundlage für die Ermittlung des subjektiven Werts, vgl. IDW (Hrsg.), WP Handbuch, Rn. A 25; WIDMANN, B., Bewertung, Rn. 34; MATSCHKE, M. J./BRÖSEL, G., Unternehmensbewertung, S. 52 f.

187 Vgl. IDW (Hrsg.), WP Handbuch, Rn. A 112. Tritt der Wirtschaftsprüfer indes in der Funktion des Schiedsgutachters auf, so sind subjektive Werteinflüsse nur insoweit zu berücksichtigen, als dass sie intersubjektiv nachprüfbar sind. Vgl. IDW (Hrsg.), WP Handbuch, Rn. A 113.

188 Vgl. WIELAND-BLÖSE, H., Bewertung im Überschuldungsstatus, S. 1189.

189 Vgl. MANDL, G./RABEL, K., Unternehmensbewertung, S. 28 f.; STELLBRINK, J., Restwert, S. 9.

190 Vgl. MANDL, G./RABEL, K., Unternehmensbewertung, S. 29.

191 Vgl. BALLWIESER, W., Unternehmensbewertung, S. 10.

192 Vgl. MANDL, G./RABEL, K., Unternehmensbewertung, S. 31; BALLWIESER, W., Unternehmensbewertung, S. 10.

Einzel- und Gesamtbewertungsverfahren.[193] Abbildung 2-6 zeigt die verschiedenen Bewertungsmethoden:

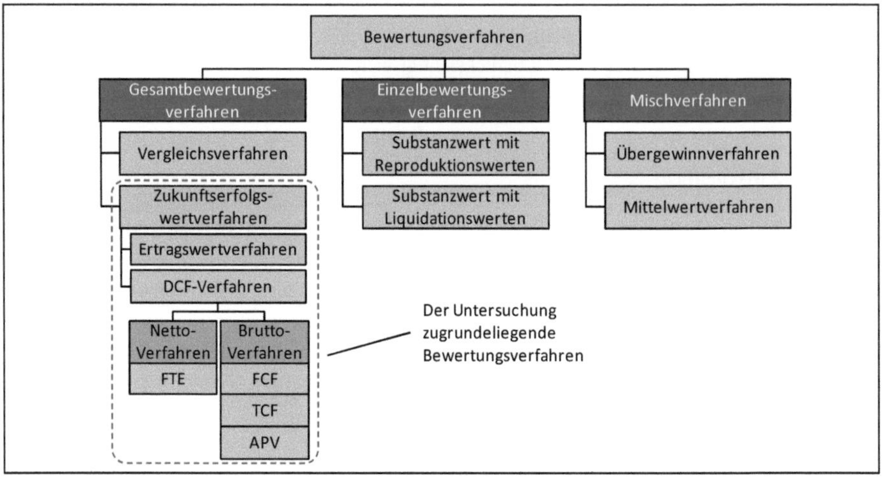

Abbildung 2-6: Überblick über die Bewertungsverfahren[194]

Nach dem IDW S 1 ist der Unternehmenswert grundsätzlich durch **Zukunftserfolgswertverfahren** zu ermitteln, die den Gesamtbewertungsverfahren zugehörig sind.[195] Zu diesen kapitalwertorientierten Bewertungsverfahren zählen das Ertragswertverfahren und die DCF-Verfahren, die beide auf die Investitionstheorie zurückgehen.[196] Gemein ist den Verfahren die Berechnung des Unternehmenswerts durch Diskontierung der an die Eigenkapitalgeber ausschüttbaren Überschüsse.[197] In der Ableitung der relevanten Einflussgrößen unterscheiden sich die Verfahren jedoch,[198] was in den folgenden Abschnitten erläutert wird.

193 Vgl. STELLBRINK, J., Restwert, S. 10; BALLWIESER, W., Unternehmensbewertung, S. 10.

194 In Anlehnung an MANDL, G./RABEL, K., Unternehmensbewertung, S. 30.

195 Vgl. IDW (Hrsg.), IDW S 1 (2008), Rn. 7.

196 Vgl. JONAS, M., Unternehmensbewertung und DCF, S. 84; BAETGE, J./NIEMEYER, K./KÜMMEL, J./SCHULZ, R., DCF-Verfahren, S. 343.

197 Vgl. WENZEL, K./HOFFMANN, A., Unternehmensbewertung, S. 30.

198 Vgl. JONAS, M., Unternehmensbewertung und DCF, S. 85; PEEMÖLLER, V. H./KUNOWSKI, S., Ertragswertverfahren, S. 276 f.

232. Kapitalwertorientierte Unternehmensbewertungsverfahren

232.1 Flow to Equity-Verfahren

Die DCF-Verfahren sind sowohl in der internationalen als auch in der deutschen Unternehmensbewertungspraxis die dominierenden Bewertungsansätze.[199] Sie umfassen mehrere Verfahren, die sich hinsichtlich der Rechentechnik unterscheiden.[200] Die einzelnen DCF-Verfahren lassen sich in Netto-Verfahren und Brutto-Verfahren einteilen, der grundsätzliche Unterschied liegt dabei in der direkten bzw. indirekten Ermittlung des Unternehmenswerts.[201] Bei der direkten Ermittlung im **Netto-Verfahren** (*Equity Approach*)[202] werden die den Eigenkapitalgebern zufließenden erwarteten Cashflows mit dem risikoadjustierten Eigenkapitalkostensatz diskontiert:[203]

Formel 2-1	$UW = \sum_{t=1}^{\infty} \frac{FTE_t}{(1 + r_{EK}^{v})^t}$

Die zu diskontierenden Cashflows (Flow to Equity) ergeben sich nach Abzug der den Fremdkapitalgebern zufließenden Zahlungen.[204] Zur Diskontierung wird der risikoadjustierte Eigenkapitalsatz verwendet, der kapitalmarktorientiert durch das CAPM abgeleitet werden kann.[205]

232.2 WACC-Verfahren

Die Ermittlung des Unternehmenswerts findet bei den **Bruttoverfahren** (*Entity Approach*) zweistufig statt. Zunächst wird der Gesamtwert des Unternehmens berechnet und im Anschluss hiervon der

---

[199] Vgl. KASCHNY, M./BLOCKHAUS, S., Königswege, S. 26-28; BAETGE, J./NIEMEYER, K./KÜMMEL, J./SCHULZ, R., DCF-Verfahren, S. 342; HOMBURG, C./LORENZ, M./SIEVERS, S., Unternehmensbewertung in Deutschland, S. 121.

[200] Vgl. BALLWIESER, W., DCF-Verfahren, S. 81 m. w. N.

[201] Vgl. KIRSCH, H.-J./KRAUSE, C., Discounted Cash Flow-Methode, S. 794. Als Unternehmenswert wird im Rahmen dieser Arbeit der Wert des Eigenkapitals verstanden. Der in den Bruttoverfahren im ersten Schritt berechnete Wert des Eigen- und Fremdkapitals wird als Gesamtunternehmenswert bezeichnet.

[202] Dem *Equity Approach* konzeptionell sehr ähnlich ist das in Deutschland weitverbreitete Ertragswertverfahren. Beide Verfahren stellen auf die den Eigentümern zufließenden Überschüsse ab. Vgl. IDW (Hrsg.), IDW S 1 (2008), Rn. 102 und 124; BAETGE, J./NIEMEYER, K./KÜMMEL, J./SCHULZ, R., DCF-Verfahren, S. 352. Unterschiede können sich aus der Ermittlung des Diskontierungszinses ergeben. Während der FTE-Ansatz eine kapitalmarktorientierte Ableitung fordert, bildet im Ertragswertverfahren die Alternativanlage des individuellen Investors den Diskontierungszins ab. Vgl. MANDL, G./RABEL, K., Unternehmensbewertung, S. 131 f.; JONAS, M., Unternehmensbewertung und DCF, S. 87; BAETGE, J./NIEMEYER, K./KÜMMEL, J./SCHULZ, R., DCF-Verfahren, S. 345; IDW (Hrsg.), IDW S 1 (2008), Rn. 101. Indes findet auch beim Ertragswertverfahren die Ermittlung des Diskontierungszinses in der Bewertungspraxis zunehmend marktorientiert statt, sodass sich die Ertragswertmethode der FTE-Methode angenähert hat. Vgl. WOLLNY, C., Unternehmenswert, S. 22; DRUKARCZYK, J./SCHÜLER, A., Unternehmensbewertung, S. 198 f. Entsprechend wird das Ertragswertverfahren im Rahmen dieser Arbeit dem FTE-Ansatz gleichgesetzt.

[203] Vgl. BALLWIESER, W., DCF-Verfahren, S. 82.

[204] Vgl. BAETGE, J./NIEMEYER, K./KÜMMEL, J./SCHULZ, R., DCF-Verfahren, S. 351.

[205] Vgl. zur detaillierten Darstellung des CAPM Kapitel 3.

Marktwert des Fremdkapitals subtrahiert.[206] Es lassen sich drei Verfahren unterscheiden, von denen das FCF- und das TCF-Verfahren die WACC-Verfahren bilden. Im **FCF-Verfahren** (Free Cashflow-Verfahren) werden die erwarteten Free Cashflows mit dem steueradjustierten WACC diskontiert:[207]

Formel 2-2	$UW = \sum_{t=1}^{\infty} \frac{FCF_t}{(1 + WACC_{FCF})^t} - FK^{MW}$

Durch den WACC (*Weighted Average Cost of Capital*) werden die gewogenen durchschnittlichen Kapitalkosten abgebildet, die sich aus den Renditeforderungen der Eigenkapital- und Fremdkapitalgeber errechnen.[208] Da durch die Free Cashflows von einem fiktiv rein eigenfinanzierten Unternehmen ausgegangen wird, wird für ein verschuldetes Unternehmen die Steuerbelastung zu hoch ausgewiesen,[209] sodass die Korrektur der Steuerbelastung, also das Tax Shield, implizit im Nenner berücksichtigt wird, was durch den Term $(1 - s)$ ausgedrückt wird:[210]

Formel 2-3	$WACC_{FCF} = r_{EK}^{v} * \frac{EK^{MW}}{GK^{MW}} + r_{FK} * (1 - s) * \frac{FK^{MW}}{GK^{MW}}$

Im **TCF-Verfahren** (Total Cashflow-Verfahren) wird der Steuervorteil anders als im FCF-Verfahren bereits bei der Ermittlung der zu diskontierenden Zahlungsströme berücksichtigt.[211] Ausgehend vom Free Cashflow ergibt sich der Unternehmenswert daher als:

Formel 2-4	$UW = \sum_{t=1}^{\infty} \frac{FCF_t + TS_t}{(1 + WACC)^t} - FK^{MW}$

Da das Tax Shield bereits bei der Ableitung der Zählergröße berücksichtigt wird, ist keine Anpassung im WACC erforderlich, sodass die Fremdkapitalrendite nicht an die Steuerzahlung anzupassen ist.[212] Im zweiten Bewertungsschritt ist bei den WACC-Verfahren der **Marktwert des Fremdkapitals** zu subtrahieren, um zum Unternehmenswert zu gelangen.[213] Hierbei wird in der Bewertungsli-

[206] Vgl. KIRSCH, H.-J./KRAUSE, C., Discounted Cash Flow-Methode, S. 794; BAETGE, J./NIEMEYER, K./KÜMMEL, J./SCHULZ, R., DCF-Verfahren, S. 345; WIDMANN, B., Bewertung, Rn. 80.

[207] Vgl. BALLWIESER, W., DCF-Verfahren, S. 84.

[208] Vgl. SCHMIDT, J. G., Discounted Cash-flow-Methode, S. 1090 f.

[209] Vgl. BALLWIESER, W., DCF-Verfahren, S. 85.

[210] Vgl. WIDMANN, B., Bewertung, Rn. 79. Indes wird das Tax Shield in Deutschland durch die Zinsschranke begrenzt, vgl. hierzu WATRIN, C./STÖVER, R., Tax Shield, S. 63 und ausführlich zur Zinsschranke SIEGEL, D., Bilanzierung latenter Steuern, S. 124-127.

[211] Vgl. MANDL, G./RABEL, K., Unternehmensbewertung, S. 365; NOWAK, K., Marktorientierte Unternehmensbewertung, S. 47.

[212] Vgl. BAETGE, J./NIEMEYER, K./KÜMMEL, J./SCHULZ, R., DCF-Verfahren, S. 349; BALLWIESER, W., Unternehmensbewertung, S. 184.

[213] Vgl. BALLWIESER, W., DCF-Verfahren, S. 84.

teratur i. d. R. vereinfachend angenommen, dass Zins- und Tilgungsleistungen ausfallsicher sind und dass der Fremdkapitalzinssatz dem sicheren Basiszins entspricht, sodass letztlich der Marktwert des Fremdkapitals identisch zum Buchwert ist.[214]

232.3 APV-Verfahren

Ebenfalls dem *Entity Approach* zuzuordnen ist das **APV-Verfahren** (*Adjusted Present Value*).[215] Hierbei wird zunächst ein fiktiv unverschuldetes Unternehmen unterstellt, sodass die Free Cashflows mit der Renditeforderung der Eigenkapitalgeber für das unverschuldete Unternehmen diskontiert werden.[216] Der Steuervorteil der Fremdfinanzierung wird im Gegensatz zu den anderen DCF-Verfahren als separate Wertkomponente berücksichtigt, indem der Barwert der Tax Shields addiert wird.[217] Vorteil dieses Verfahrens ist der getrennte Ausweis von operativem Geschäft und Finanzierungsmaßnahmen:[218]

Formel 2-5	$UW = \sum_{t=1}^{\infty} \frac{FCF_t}{(1 + r_{EK}^u)^t} + \sum_{t=1}^{\infty} \frac{TS_t}{(1 + r_{TS})^t} - FK^{MW}$

Die Eigenkapitalkosten des unverschuldeten Unternehmens sind i. d. R. nicht am Kapitalmarkt beobachtbar,[219] sondern werden über folgende Formel berechnet:[220]

Formel 2-6	$r_{EK}^u = r_{EK}^v * \frac{1}{1 + (1 - s) * \frac{FK^{MW}}{EK^{MW}}}$

Anschließend ist wiederum der **Marktwert des Fremdkapitals** abzuziehen, um den Marktwert des Eigenkapitals zu ermitteln.[221]

214 Vgl. LANGENKÄMPER, C., Unternehmensbewertung, S. 58. RICHTER, F., Konzeption, S. 30. Dies ist zudem dann der Fall, wenn die Fremdkapitaltitel marktgerecht verzinst werden. Vgl. MANDL, G./RABEL, K., Unternehmensbewertung, S. 327.

215 Vgl. BALLWIESER, W., Unternehmensbewertung, S. 116.

216 Vgl. BAETGE, J./NIEMEYER, K./KÜMMEL, J./SCHULZ, R., DCF-Verfahren, S. 350; WIEDMANN, H./ADERS, C./WAGNER, M., Bewertung von Unternehmen, S. 723.

217 Vgl. MANDL, G./RABEL, K., Unternehmensbewertung, S. 373; KRUSCHWITZ, L./LORENZ, D., Autonome und wertorientierte Verschuldung, S. 94; WIDMANN, B., Bewertung, Rn. 98.

218 Vgl. DRUKARCZYK, J./SCHÜLER, A., Unternehmensbewertung, S. 148 f. Zu den isoliert darstellbaren Finanzierungseinflüssen auf den Unternehmenswert werden neben dem Tax Shield auch weitere Effekte genannt, bspw. wertmindernd drohende Kosten aus finanzieller Notlage. Vgl. ROSS, S. A./WESTERFIELD, R. W./JAFFE, J. F., Corporate Finance, S. 477 f.; BREALEY, R. A./MYERS, S. C./ALLEN, F., Corporate Finance, S. 476.

219 Vgl. WIEDMANN, H./ADERS, C./WAGNER, M., Bewertung von Unternehmen, S. 723; BALLWIESER, W., DCF-Verfahren, S. 91.

220 Vgl. MODIGLIANI, F./MILLER, M. H., Corporate Income Taxes, S. 439; DÖRSCHELL, A./FRANKEN, L./SCHULTE, J., Kapitalisierungszinssatz, S. 8. Indes liegen dem Modell bestimmte, z. T. realitätsferne Annahmen zugrunde, vgl. PERRIDON, L./STEINER, M./RATHGEBER, A. W., Finanzwirtschaft, S. 500 f.; LANGENKÄMPER, C., Unternehmensbewertung, S. 52 f. m. w. N.

233. Ermittlung der künftigen Zahlungsüberschüsse

233.1 Ableitung der relevanten Cashflows

Die zuvor dargelegten Bewertungsverfahren stellen als Zukunftserfolgswertverfahren auf die künftig **entziehbaren Nettoeinnahmen** aus Sicht der Unternehmenseigner ab.[222] Die Nettoeinnahmen sind dabei abhängig von der Fähigkeit des Unternehmens, in Zukunft **finanzielle Überschüsse** zu erwirtschaften, da diese die Ausschüttungen an die Kapitalgeber bzw. deren Entnahmen determinieren.[223] Die finanziellen Überschüsse basieren auf dem betriebsnotwendigen und nicht-betriebsnotwendigen Vermögen des Unternehmens,[224] von denen erstgenanntes regelmäßig von größerer Bedeutung für die Ermittlung des Unternehmenswerts ist,[225] weshalb sich die folgenden Ausführungen ausschließlich hierauf beziehen. Die finanziellen Überschüsse, die vom Bewertungsobjekt erwirtschaftet werden, bilden den Ausgangspunkt aller DCF-Verfahren.[226] Indes werden Unternehmensplanungen in der Bewertungspraxis überwiegend auf Basis periodisierter Größen erstellt,[227] sodass eine indirekte Ableitung der Cashflows[228] aus dem Plan-Jahresüberschuss bzw. -fehlbetrag resultiert:

	Gewinn vor Steuern
-	Unternehmenssteuern
=	**Jahresergebnis**
+	Zinsen und ähnliche Aufwendungen
+/-	Abschreibungen/Zuschreibungen
+/-	Zuführung/Inanspruchnahme von Rückstellungen
-/+	Zunahme/Abnahme aktiver Rechnungsabgrenzungsposten
+/-	Zunahme/Abnahme passiver Rechnungsabgrenzungsposten
-	Nettoinvestitionen in das Anlagevermögen
-/+	Zunahme/Abnahme Working Capital
=	**Operativer Cashflow = Total Cashflow**
-	Unternehmenssteuerersparnis wegen anteiliger Fremdfinanzierung
=	**Free Cashflow**
+	Unternehmenssteuerersparnis wegen anteiliger Fremdfinanzierung
-	Zinsen und ähnliche Aufwendungen
+/-	Fremdkapitalaufnahmen / Fremdkapitaltilgungen
=	**Flow to Equity**

Tabelle 2-2: Indirekte Ermittlung der Cashflows[229]

221 Vgl. BALLWIESER, W., Unternehmensbewertung, S. 134.

222 Vgl. IDW (Hrsg.), IDW S 1 (2008), Rn. 24.

223 Vgl. IDW (Hrsg.), IDW S 1 (2008), Rn. 24.

224 Vgl. IDW (Hrsg.), WP Handbuch, Rn. A 143.

225 Vgl. KOELEN, P., Investitionstheoretische Bewertungskalküle, S. 61; PEEMÖLLER, V. H./KUNOWSKI, S., Ertragswertverfahren, S. 291 f.

226 Vgl. BAETGE, J./NIEMEYER, K./KÜMMEL, J./SCHULZ, R., DCF-Verfahren, S. 353.

227 Vgl. BALLWIESER, W., DCF-Verfahren, S. 86; BAETGE, J./NIEMEYER, K./KÜMMEL, J./SCHULZ, R., DCF-Verfahren, S. 355 f.

228 Hierbei kann der operative Cashflow als Ausgangsgröße für sämtliche DCF-Verfahren herangezogen werden.

229 Vgl. BAETGE, J./NIEMEYER, K./KÜMMEL, J./SCHULZ, R., DCF-Verfahren, S. 355-361; IDW (Hrsg.), IDW S 1 (2008), Rn. 127; SCHULZ, R., Größenabhängige Risikoanpassungen, S. 15; WIEDMANN, H./ADERS,

Die Ermittlung der bewertungsrelevanten Cashflows ist dabei abhängig von der Wertkonzeption.[230] In der objektivierten Unternehmensbewertung liegen der Bestimmung der Cashflows andere Annahmen zugrunde als in der subjektiven Unternehmensbewertung.[231] Während in der subjektiven Bewertung die individuellen Pläne des Bewertungssubjekts bspw. hinsichtlich der Unternehmensstrategie oder der Kapitalstruktur zu berücksichtigen sind, werden in der objektivierten Bewertung Typisierungen auf Basis eines repräsentativen Investors angenommen.[232]

So wird bspw. die Berücksichtigung von Synergieeffekten durch die objektivierte Unternehmensbewertung begrenzt. Daher sind nur solche Synergien einzubeziehen, die auch ohne der der Bewertung zugrunde liegenden Maßnahme realisierbar sind (**unechte Synergieeffekte**). Diese Synergien können durch Kooperation mit beliebigen Partnern erzielt werden und umfassen bspw. Skaleneffekte.[233] **Echte Synergieeffekte**, die nur aus der dem Bewertungsanlass zugrunde liegenden Maßnahme resultieren, sind in der objektivierten Bewertung nicht zu berücksichtigen.[234]

Die Abstraktion von individuellen Maßnahmen in der objektivierten Unternehmensbewertung drückt sich auch darin aus, dass das **unveränderte Unternehmenskonzept**, das sich aus der Unternehmensplanung ergibt, maßgeblich ist.[235] Hierbei soll die Wertermittlung auf der vorhandenen Ertragskraft beruhen, sodass nur bereits eingeleitete oder im Unternehmenskonzept hinreichend dokumentierte Maßnahmen zu berücksichtigen sind.[236] Die Irrelevanz nicht eingeleiteter oder nicht im Unternehmenskonzept dokumentierter Maßnahmen entspricht der **Wurzeltheorie** des BGH,[237] wonach Entwicklungen nur zu berücksichtigen sind, wenn ihre Wurzeln bis auf den Bewertungsstichtag zurückgehen.[238] Die spätere Entwicklung muss daher zumindest von Einzelnen bereits zum Bewertungsstichtag erwartet worden sein.[239] Für die Prognose des nachhaltigen Cashflows in der Phase der **ewigen Rente** liegen indes regelmäßig keine konkretisierten Unternehmensplanungen vor. In diesem Fall ist auf allgemeine **Markt- und Branchenerwartungen** als Grundlage der Prognose zurückzugreifen.[240]

C./WAGNER, M., Bewertung von Unternehmen, S. 718; WIDMANN, B., Bewertung, Rn. 236. Vgl. zur direkten Ermittlung der relevanten Cashflows BALLWIESER, W., Unternehmensbewertung, S. 117; ESSLER, W./KRUSCHWITZ, L./LÖFFLER, A., Discounted Cashflow- und Ertragswertverfahren, S. 111.

230 Vgl. PEEMÖLLER, V. H./KUNOWSKI, S., Ertragswertverfahren, S. 277; SIEPE, G./DÖRSCHELL, A./SCHULTE, J., Der neue IDW Standard, S. 949.

231 Vgl. zu einer tabellarischen Gegenüberstellung der Annahmen der objektivierten und subjektiven Wertkonzeption WOLLNY, C., Unternehmenswert, S. 69-71.

232 Vgl. PEEMÖLLER, V. H./KUNOWSKI, S., Ertragswertverfahren, S. 289.

233 Vgl. IDW (Hrsg.), WP Handbuch, Rn. A 83. Auch diese sind nur dann zu berücksichtigen, wenn die entsprechenden Maßnahmen bereits eingeleitet oder dokumentiert wurden.

234 Vgl. PEEMÖLLER, V. H./KUNOWSKI, S., Ertragswertverfahren, S. 284.

235 Vgl. IDW (Hrsg.), WP Handbuch, Rn. A 77.

236 Vgl. IDW (Hrsg.), IDW S 1 (2008), Rn. 32.

237 Vgl. BGH, Urteil vom 17.1.1973, S. 563-565.

238 Vgl. IDW (Hrsg.), WP Handbuch, Rn. A 80.

239 Vgl. IDW (Hrsg.), WP Handbuch, Rn. A 54.

240 Vgl. IDW (Hrsg.), WP Handbuch, Rn. A 82.

Erfolgsfaktoren, die auf noch nicht hinreichend konkretisierten Maßnahmen basieren, dürfen nicht berücksichtigt werden.[241] Während Unternehmen grundsätzlich eine Insolvenzwahrscheinlichkeit zugeordnet werden kann, die der aktuellen Unternehmenssituation entspricht,[242] sind mögliche Sanierungsmaßnahmen bei derzeit gesunden Unternehmen regelmäßig noch nicht hinreichend konkretisiert und daher nicht eingeleitet.[243] Diese Auslegung des Sachverhalts resultiert letztlich darin, dass potentielle Sanierungsmaßnahmen für die Bewertung unbeachtlich sind, da die entsprechenden Maßnahmen nicht eingeleitet oder hinreichend konkretisiert sind. Entsprechend ist zwar die Insolvenzgefahr in der Bewertung zu berücksichtigen, eine anschließende **Sanierung** ist aber nicht mit der der objektivierten Unternehmensbewertung zugrunde liegenden Wurzeltheorie vereinbar. Dies unterstützt die bereits in Abschnitt 211.2 vorgenommene Beschränkung auf den Fall der Insolvenz mit anschließender Beendigung der Unternehmenstätigkeit. Für die **subjektive Unternehmensbewertung** gilt die Beschränkung auf bereits konkretisierte Maßnahmen indes nicht, sodass hier theoretisch auch Sanierungsmöglichkeiten berücksichtigt werden können.

233.2 Risikoberücksichtigung

Mit der Relevanz zukunftsbezogener Daten ist die Prognoseunsicherheit der finanziellen Überschüsse verbunden, was vom IDW als „Kernproblem einer jeden Unternehmensbewertung“[244] hervorgehoben wird. Die Unsicherheit wird in der Unternehmensbewertung üblicherweise als **Risiko** bezeichnet und umfasst neben negativen auch positive Abweichungen vom Erwartungswert.[245] Ziel der Prognose ist es daher, auf Basis von Vergangenheits- und Gegenwartsdaten die künftige Entwicklung bestmöglich zu schätzen.[246] Hierzu sind einerseits eine umfangreiche Informationsbeschaffung und andererseits eine hierauf aufbauende Unternehmensanalyse erforderlich.[247] Um der Unsicherheit in der Prognose gerecht zu werden, ist auf eine **mehrwertige Berücksichtigung** der möglichen Zukunftsszenarien abzustellen.[248] Hierbei sind die möglichen künftigen Entwicklungen angemessen zu berücksichtigen.[249] Diese Mehrwertigkeit wird durch **Erwartungswerte** der Cashflows in das Bewertungskalkül einbezogen.[250]

---

[241] Vgl. PEEMÖLLER, V. H./KUNOWSKI, S., Ertragswertverfahren, S. 283; IDW (Hrsg.), IDW S 1 (2008), Rn. 32.

[242] Vgl. Abschn. 43.

[243] Ob Maßnahmen eingeleitet sind kann bspw. aus den Planungsunterlagen oder Budgets des Unternehmens entnommen werden. Vgl. hierzu PEEMÖLLER, V. H./KUNOWSKI, S., Ertragswertverfahren, S. 283.

[244] IDW (Hrsg.), IDW S 1 (2008), Rn. 68.

[245] Vgl. BAETGE, J./KRAUSE, C., Berücksichtigung des Risikos, S. 435; BAETGE, J./NIEMEYER, K./KÜMMEL, J./SCHULZ, R., DCF-Verfahren, S. 368.

[246] Vgl. NIESWANDT, H./SEIBERT, D., Bewertungsrelevante Cash Flows, S. 21.

[247] Vgl. IDW (Hrsg.), IDW S 1 (2008), Rn. 68. Zur Validierung der Unternehmensplanung wird regelmäßig eine Due Diligence durchgeführt. Vgl. BAETGE, J./KLÖNNE, H./SCHUMACHER, K., Financial Due Diligence, S. 829 und ausführlich BERENS, W./STRAUCH, J., Due Diligence, S. 10 und 15-17.

[248] Vgl. MOXTER, A., Grundsätze, S. 117; KÜNNEMANN, M., Objektivierte Unternehmensbewertung, S. 242 m. w. N.

[249] Vgl. KOELEN, P., Investitionstheoretische Bewertungskalküle, S. 75.

[250] Vgl. DRUKARCZYK, J./SCHÜLER, A., Unternehmensbewertung, S. 40; KOELEN, P., Investitionstheoretische Bewertungskalküle, S. 75 m. w. N.

Typischerweise wird in der Unternehmensbewertung ein **risikoaverser Investor** als Bewertungssubjekt unterstellt.[251] Dieser lässt sich das übernommene unternehmerische Risiko, also die Unsicherheit der künftigen Erträge, durch eine Risikoprämie abgelten.[252] Das Risiko kann in den Bewertungsmodellen entweder im Zähler oder im Nenner berücksichtigt werden.[253] Bei der **Risikoabschlagsmethode**[254] wird der Erwartungswert im Zähler durch das **Sicherheitsäquivalent** ersetzt,[255] d. h., der erwartete Cashflow wird um einen Sicherheitsabschlag gemindert und mit dem risikolosen Basiszins diskontiert.[256] Das Sicherheitsäquivalent bildet einen sicheren Ertrag ab, der dem Investor den gleichen Nutzen stiftet wie der (unsichere) Erwartungswert der Erträge, d. h., der Investor ist indifferent zwischen diesen beiden Werten.[257] Die Sicherheitsäquivalenzmethode setzt die Kenntnis der relevanten **Nutzenfunktion** des Bewertungssubjekts voraus.[258] Diese Voraussetzung ist in zweifacher Hinsicht kritisch zu sehen. Einerseits ist die individuelle Nutzenfunktion des Bewertungssubjekts regelmäßig nicht bekannt,[259] und andererseits ist die Verwendung der individuellen Nutzenfunktion im Rahmen der objektivierten Unternehmensbewertung, die auf einen typisierten Anleger abstellt, nicht sachgerecht.[260] Die alternative, üblicherweise in der Praxis angewandte **Risikozuschlagsmethode** berücksichtigt das Risiko durch eine Modifizierung des Nenners.[261] Hier wird der Erwartungswert der Cashflows mit einem um einen Risikozuschlag z erweiterten Zinssatz diskontiert. Die beiden alternativen Methoden der Risikoberücksichtigung führen bei entsprechender Parameterwahl zu identischen Ergebnissen, wie die folgende Formel zeigt:[262]

---

[251] Vgl. BAETGE, J./KRAUSE, C., Berücksichtigung des Risikos, S. 436; MANDL, G./RABEL, K., Unternehmensbewertung, S. 218; DRUKARCZYK, J./SCHÜLER, A., Unternehmensbewertung, S. 39; MUNKERT, M. J., Kapitalisierungszinssatz, S. 207; IDW (Hrsg.), IDW S 1 (2008), Rn. 88. Vgl. zu den Einflussfaktoren auf die Risikoaversion bspw. DAMODARAN, A., Equity Risk Premiums, S. 7 f.

[252] Vgl. IDW (Hrsg.), IDW S 1 (2008), Rn. 88.

[253] Vgl. MOXTER, A., Grundsätze, S. 155; SCHWETZLER, B., Unternehmensbewertung, S. 469; IDW (Hrsg.), IDW S 1 (2008), Rn. 88.

[254] Die Risikoabschlagsmethode wird auch als Sicherheitsäquivalenzmethode bzw. -prinzip bezeichnet. Vgl. zu der Methode ausführlich MOXTER, A., Grundsätze, S. 146-149.

[255] Vgl. SIEGEL, T., Unsicherheitsberücksichtigung, S. 23; METZ, V., Kapitalisierungszinssatz, S. 129; BALLWIESER, W., Unternehmensbewertung, S. 75.

[256] Vgl. BAETGE, J./NIEMEYER, K./KÜMMEL, J./SCHULZ, R., DCF-Verfahren, S. 369; KÖHLING, K., Barwertorientierte Fair Value-Ermittlung, S. 41; TIMMRECK, C., Sicherheitsäquivalente, S. 45; NOWAK, K., Marktorientierte Unternehmensbewertung, S. 61 f.; METZ, V., Kapitalisierungszinssatz, S. 129; LANGENKÄMPER, C., Unternehmensbewertung, S. 41.

[257] Vgl. MANDL, G./RABEL, K., Unternehmensbewertung, S. 218; DRUKARCZYK, J./SCHÜLER, A., Unternehmensbewertung, S. 39.

[258] Vgl. NOWAK, K., Marktorientierte Unternehmensbewertung, S. 62.

[259] Vgl. MANDL, G./RABEL, K., Unternehmensbewertung, S. 222; NOWAK, K., Marktorientierte Unternehmensbewertung, S. 62.

[260] Vgl. MUNKERT, M. J., Kapitalisierungszinssatz, S. 207; BUSCH, K., Unternehmensbewertung von KMU, S. 168.

[261] Vgl. MOXTER, A., Grundsätze, S. 155-158; IDW (Hrsg.), IDW S 1 (2008), Rn. 90; TSCHÖPEL, A., Risikoberücksichtigung, S. 36-38. Vgl. zu detaillierten Ausführungen Abschn. 234.2.

[262] Vgl. hierzu TIMMRECK, C., Sicherheitsäquivalente, S. 47-49; KRUSCHWITZ, L., Risikoabschläge, S. 2409. Vgl. auch REESE, der aufgrund unterschiedlicher Parameterabhängigkeiten die Übereinstimmung nur für bestimmte Fälle nachweist. Vgl. REESE, R., Schätzung von Eigenkapitalkosten, S. 25 f.

Formel 2-7	$UW = \frac{SÄ}{r_f} = \frac{EW(CF) - SA}{r_f} = \frac{EW(CF)}{r_f + z}$

Das Risiko wird bei der Risikoabschlagsmethode durch den Sicherheitsabschlag auf den Erwartungswert der Cashflows abgebildet, sodass ein Sicherheitsäquivalent resultiert. Die Risikozuschlagsmethode berücksichtigt das Risiko im Nenner, indem der risikolose Zins um eine Risikoprämie erweitert wird. Die Risikozuschlagsmethode hat den Vorteil, dass das Risiko auch ohne Berücksichtigung der individuellen Nutzenfunktion typisiert ermittelt werden kann, und dass somit ein marktorientiertes Vorgehen möglich ist.[263] Wegen dieser Vorteile und der hiermit verbundenen Eignung der Risikozuschlagsmethode für die objektivierte Unternehmensbewertung wird diese Methode der Risikoberücksichtigung im Weiteren zugrunde gelegt.[264]

Aufgrund der Bedeutung für die weitere Arbeit sei an dieser Stelle betont, dass sowohl der Risikoabschlags- als auch der Risikozuschlagsmethode **Erwartungswerte** der Cashflows zugrunde liegen. Die Berücksichtigung von Erwartungswerten stellt dabei noch keine Risikoanpassung des Investors dar, sondern ist allein der Mehrwertigkeit der künftigen Entwicklung geschuldet. Die eigentliche Risikoanpassung durch die Risikoabschlags- bzw. Risikozuschlagsmethode basiert einzig auf der unterstellten Risikoaversion der Investoren. Risikoneutrale Investoren bedienen sich zur Entscheidungsfindung direkt des Erwartungswerts. Die Unsicherheit künftiger Cashflow-Ausprägungen bedingt also in jedem Fall die Ermittlung von Erwartungswerten. Bei risikoaversen Investoren, wie in dieser Arbeit unterstellt, ist zudem eine Risikoanpassung der erwarteten Zahlungen erforderlich.

233.3 Fortführungsprämisse

Die Bestimmung der künftigen Ertragsüberschüsse basiert regelmäßig auf einer **Fortführungsannahme** des Unternehmens.[265] Bei der Prognose der künftigen Cashflows wird daher i. d. R. von einer **unbegrenzten Lebensdauer** des Unternehmens ausgegangen,[266] was sich im Zweiphasenmodell durch die Berechnung der ewigen Rente ausdrückt. Diese Annahme wird indes weniger mit der tatsächlichen Annahme einer unendlichen Lebensdauer des Unternehmens begründet als vielmehr mit der Schwierigkeit, die Beendigung der Unternehmensaktivität vorauszusehen oder diese zu begründen.[267] Auch das IDW argumentiert, dass die Nichtberücksichtigung von Cashflows ab einem

[263] Vgl. BUSCH, K., Unternehmensbewertung von KMU, S. 168; IDW (Hrsg.), IDW S 1 (2008), Rn. 90.

[264] Vgl. hingegen kritisch zur Risikozuschlagsmethode, insbesondere bei bekannter Risikonutzenfunktion BALLWIESER, W., Komplexitätsreduktion, S. 171 f.

[265] Vgl. IDW (Hrsg.), IDW S 1 (2008), Rn. 5 und Rn. 29. Vgl. auch zum handelsrechtlichen Fortführungsprinzip BAETGE, J./KIRSCH, H.-J./THIELE, S., Bilanzen, S. 122 f.

[266] Vgl. IDW (Hrsg.), WP Handbuch, Rn. A 157; GÜNTHER, T., Unternehmenswertorientiertes Controlling, S. 109; METZ, V., Kapitalisierungszinssatz, S. 41 m. w. N.

[267] Vgl. KRUSCHWITZ, L./LÖFFLER, A., Unendliche Probleme, S. 1041; BALLWIESER, W., Kalkulationszinsfuß, S. 737; MUNKERT, M. J., Kapitalisierungszinssatz, S. 123; TINZ, O., Abbildung von Wachstum, S. 25 f.

bestimmten Zeitpunkt nicht sachgerecht ist.[268] Zwar wird der Unternehmenswert so systematisch überschätzt,[269] aus **pragmatischen Gründen** wird aber dennoch empfohlen eine unbegrenzte Lebensdauer anzunehmen, zumal der ggf. entstehende Bewertungsfehler durch evtl. realisierbare Liquidationserlöse[270] sowie den Effekt der Diskontierung zu keinen erheblichen Wertauswirkungen führt.[271] Auch wird argumentiert, dass die Annahme einer unendlichen Unternehmensexistenz aufgrund der geringen jährlichen Insolvenzrate von unter 2 % als Standardfall anzusehen ist und die Insolvenz somit nicht den Regelfall bildet.[272]

Indes wird bei dieser Argumentation die Relevanz der **kumulierten Insolvenzwahrscheinlichkeit** vernachlässigt.[273] Da sich der Unternehmenswert aus den Cashflows der künftigen Perioden ergibt, ist auch bei der Insolvenzwahrscheinlichkeit nicht auf eine einperiodige Perspektive abzustellen. Stattdessen ist die kumulierte Insolvenzwahrscheinlichkeit der jeweiligen Perioden relevant. Die Wahrscheinlichkeit, dass ein Unternehmen nach zehn Jahren insolvent ist, liegt wie später noch detailliert gezeigt wird z. B. bei einer jährlichen konstanten Insolvenzwahrscheinlichkeit von einem Prozent bereits bei 9,6 % und bei einer dreißigjährigen Betrachtung bei ca. 26 %.[274] Diese Zahlen verdeutlichen, dass der Bewertungsfehler, der durch die Annahme einer unbegrenzten Unternehmensexistenz entstehen kann, durchaus signifikante Werte annehmen kann.[275] Entsprechend wird die Annahme einer unbegrenzten Unternehmensexistenz auch von weiteren Autoren als unrealistisch kritisiert.[276]

Ein möglicher Widerspruch der endlichen Unternehmensexistenz und damit einer Berücksichtigung von Insolvenzrisiken, könnte aber in der Vereinbarkeit mit der Fortführungsannahme des IDW S 1

---

268 Vgl. IDW (Hrsg.), WP Handbuch, Rn. A 157.

269 Vgl. BRUNS, C., Unternehmensbewertung, S. 28; WIDMANN, B., Bewertung, Rn. 183.

270 Im IDW S 1 ist bei der Berechnung des Unternehmenswerts unter der Annahme einer unbegrenzten Laufzeit konsistent kein Liquidationserlös zu berücksichtigen. Bei der Annahme einer begrenzten Lebensdauer setzt sich der Unternehmenswert neben dem Barwert aus den betrieblichen und den nicht-betrieblichen künftigen Überschüssen auch aus dem Barwert der Liquidationserlöse zusammen. Vgl. IDW (Hrsg.), IDW S 1 (2008), Rn. 86 und Rn. 87.

271 Vgl. STELLBRINK, J., Restwert, S. 42 f.; IDW (Hrsg.), WP Handbuch, Rn. A 157. Auch wird argumentiert, dass die Berechnung eines zeitlich entfernten Liquidationswerts mit denselben Problemen und Unsicherheiten einhergeht, wie die Bestimmung der ewigen Rente. Vgl. dazu WIDMANN, B., Bewertung, Rn. 186.

272 Vgl. LOBE, S., Lebensdauer, S. 179; LOBE, S./HÖLZL, A., Ewigkeit, S. 254.

273 Vgl. GLEIßNER, W., Insolvenzwahrscheinlichkeit, S. 243.

274 Vgl. zur Berechnung Formel 4-5.

275 Vgl. FRÜHLING, V., Unternehmensbewertung, S. 200. Bspw. liegt der Bewertungsfehler bei einer dreißigjährigen Unternehmensexistenz bei einem Diskontierungszins von 10 % bei 5,7 %, bei einem Diskontierungssatz von 5 % ergibt sich ein Bewertungsfehler von 23,1 %. Dies bedeutet, dass 23,1 % des Unternehmenswerts nicht realisiert werden können, wenn anstelle einer unendlichen nur eine dreißigjährige Unternehmensexistenz realisiert wird. Indes ist hier anzumerken, dass FRÜHLING von bedingten Erwartungswerten ausgeht, d. h., die kumulierte Insolvenzwahrscheinlichkeit ist hier nicht berücksichtigt. Wird unter Bezugnahme auf die kumulierte Insolvenzwahrscheinlichkeit ein unbedingter Erwartungswert ermittelt, sinkt der Bewertungsfehler, da die Cashflows der späteren Perioden c. p. einen geringeren Anteil am Unternehmenswert ausmachen. Vgl. zur Diskussion um bedingte und unbedingte Erwartungswerte Abschn. 422.

276 Vgl. SIEGEL, T., Unternehmensbewertung, S. 459; BARTHEL, C. W., Nutzenorientierte Bewertungsverfahren, S. 347; HELBLING, C., Bewertung von KMU, S. 935; BRUNS, C., Unternehmensbewertung, S. 28.

liegen.[277] So wird im IDW S 1 gefordert, dass der Residualwert, also der Wertbeitrag der ewigen Rente, unter Annahme einer **Unternehmensfortführung** zu ermitteln ist,[278] wobei regelmäßig von einer **dauerhaften** Fortführung ausgegangen wird.[279] Nur wenn die Liquidation des Unternehmens vorteilhaft ist, ist der Liquidationswert zu ermitteln.[280] Diese Ausführungen deuten darauf hin, dass der hier beschriebene **Alternativenvergleich** als Ausdruck des Investitionskalküls des Investors zu verstehen ist, der diejenige Handlungsalternative bevorzugt, die die höheren Rückflüsse generiert. Entsprechend gilt für den **Unternehmenswert** folgender Zusammenhang:

Formel 2-8	$UW = max\,\{Fortführungswert;\, Liquidationswert\}$

Es wird deutlich, dass die Fortführungsannahme als Handlungsalternative zu interpretieren ist und nicht zwingend Ausdruck einer realitätsfernen Prämisse ist. Um die Alternativen Fortführung und Zerschlagung sachgerecht vergleichen zu können, wird der rationale Investor auch das Ausfallrisiko der Cashflows bei Unternehmensfortführung berücksichtigen. Somit ist die Fortführungsprämisse als **bedingte Prämisse** zu verstehen, die für den Nicht-Insolvenzfall gilt.[281]

Entsprechend ist die Annahme einer unendlichen Unternehmensexistenz nicht unreflektiert zu übernehmen, da die hiermit einhergehenden Bewertungsfehler u. U. von hoher Wertrelevanz sein können. So wird auch im IDW S 1 darauf hingewiesen, dass alle „**realistischen Zukunftserwartungen**“[282] in der Bewertung zu berücksichtigen sind. Die Beendigung der Unternehmensexistenz bildet offensichtlich ein mögliches Zukunftsszenario ab und sollte daher im Bewertungskalkül nicht per se negiert werden.

Da die konkrete Bestimmung eines **Insolvenzzeitpunkts** indes je nach Entfernung zum Insolvenzzeitpunkt mit teilweise erheblichen **Ermessensspielräumen** einhergeht und in den meisten Fällen von einer (zumindest unbestimmten) Fortführung des Unternehmens auszugehen ist,[283] erscheint eine Abbildung der Insolvenzwahrscheinlichkeit als Szenario bei der Bestimmung der erwarteten Zahlungsüberschüsse als sachgerechte Lösung. „Nur wenn diese potenzielle **Insolvenzgefahr** berücksichtigt wird, können die zu **erwartenden Überschüsse** exakt bestimmt werden“[284]. METZ argumentiert weiter, dass die Fortführungsprämisse nur dann mit dem theoretisch richtigen Vorgehen

[277] Vgl. METZ, V., Kapitalisierungszinssatz, S. 98.

[278] Vgl. IDW (Hrsg.), IDW S 1 (2008), Rn. 5 und 129. Alternativ kann auch die Veräußerung des Unternehmens unterstellt werden.

[279] Vgl. IDW (Hrsg.), WP Handbuch, Rn. A 355.

[280] Vgl. IDW (Hrsg.), WP Handbuch, Fn. 592. Die Fortführungsannahme wird indes nicht nur im IDW gefordert. Auch in der Unternehmensbewertungsliteratur wird grundsätzlich von einer unendlichen Unternehmensfortführung ausgegangen. Vgl. bspw. MÜNSTERMANN, H., Wert und Bewertung, S. 61; POOTEN, H., Grundsätze, S. 234; KRUSCHWITZ, L./LÖFFLER, A., Unendliche Probleme, S. 1041.

[281] Vgl. METZ, V., Kapitalisierungszinssatz, S. 99.

[282] IDW (Hrsg.), IDW S 1 (2008), Rn. 29.

[283] Vgl. Fn. 272.

[284] METZ, V., Kapitalisierungszinssatz, S. 98.

zur **Ermittlung von Erwartungswerten** vereinbar ist, wenn sich diese auf den Fall der Nicht-Insolvenz bezieht.[285] Dieser Argumentation soll auch hier gefolgt werden, sodass von der Annahme ausgegangen wird, dass Unternehmen eine begrenzte, wenn auch unbestimmte Existenzdauer aufweisen, was im Folgenden als **endliche Fortführungsannahme** bezeichnet wird.[286] Hierbei soll nicht von dem in den DCF-Modellen implizit unterstellten unendlichen Bewertungshorizont abgewichen werden, stattdessen soll die Möglichkeit der Insolvenz über **unbedingte Erwartungswerte** in das Bewertungskalkül implementiert werden.[287]

234. Ermittlung des Kapitalisierungszinssatzes

234.1 Äquivalenzprinzipien

Die auf MOXTER zurückgehende Aussage „Bewerten heißt Vergleichen“[288] macht deutlich, dass die kapitalwertorientierten Verfahren auf einen Alternativenvergleich abstellen.[289] Die erwarteten Cashflows des Bewertungsobjekts werden daher mit den Überschüssen der Alternativanlage verglichen,[290] deren Rendite durch den Diskontierungsfaktor abgebildet wird.[291] Die Alternativanlage ergibt sich nach dem IDW aus der Bewertungskonzeption. Wird ein objektivierter Unternehmenswert ermittelt, stellt üblicherweise die Kapitalmarktrendite von Unternehmensbeteiligungen die Alternativanlage dar. Bei der subjektiven Bewertung sind indes die individuellen Verhältnisse des Investors ausschlaggebend.[292]

Die Vergleichbarkeit von Bewertungsobjekt und Alternativanlage ist dabei über bestimmte **Äquivalenzgrundsätze** sicherzustellen,[293] sodass die Anlagealternativen hinsichtlich bestimmter Kriterien übereinstimmen.[294] Im Kontext dieser Arbeit sind dabei insbesondere die Laufzeit- sowie die Risikoäquivalenz zu betonen.[295] Durch das **Prinzip der Laufzeitäquivalenz** soll die Überein-

285 Vgl. METZ, V., Kapitalisierungszinssatz, S. 98 f.

286 Synonym hierzu wird auch der Begriff der endlichen Unternehmensexistenz verwendet. In Abgrenzung zur endlichen Fortführungsprämisse stellt die unendliche Fortführungsprämisse die in der Bewertungsliteratur üblicherweise angenommene Fortführungsprämisse mit unbegrenzter Unternehmensexistenz dar.

287 Vgl. zu bedingten und unbedingten Erwartungswerten Abschn. 422.

288 MOXTER, A., Grundsätze, S. 123.

289 Vgl. KUHNER, C./MALTRY, H., Unternehmensbewertung, S. 80; MANDL, G./RABEL, K., Unternehmensbewertung, S. 108; WIEDMANN, H./ADERS, C./WAGNER, M., Bewertung von Unternehmen, S. 712.

290 Vgl. DÖRSCHELL, A./FRANKEN, L./SCHULTE, J., Kapitalisierungszinssatz, S. 9; MANDL, G./RABEL, K., Unternehmensbewertung, S. 131.

291 Vgl. KÖHLING, K., Barwertorientierte Fair Value-Ermittlung, S. 40; IDW (Hrsg.), IDW S 1 (2008), Rn. 4.

292 Vgl. IDW (Hrsg.), WP Handbuch, Rn. A 174.

293 Vgl. MANDL, G./RABEL, K., Unternehmensbewertung, S. 75.

294 Vgl. BALLWIESER, W., Unternehmensbewertung, S. 82.

295 Zudem muss Äquivalenz hinsichtlich der Währung, des Arbeitseinsatzes, des Geldwerts, der Besteuerung und der Verfügbarkeit bestehen. Vgl. BALLWIESER, W., Unternehmensbewertung, S. 82-104; MANDL, G./RABEL, K., Unternehmensbewertung, S. 75-78; DÖRSCHELL, A./FRANKEN, L./SCHULTE, J., Kapitalisierungszinssatz, S. 9-12.

stimmung der Fristigkeit der beiden Anlageformen sichergestellt werden.[296] Hierbei ist neben der gleichen Laufzeit auch die gleiche zeitliche Struktur der Zahlungsströme zu beachten.[297] Die Laufzeitäquivalenz wird durch die **Lebensdauer** des Unternehmens sowie den zeitlichen Anfall der Cashflows determiniert.[298] Aus theoretischer Sicht sollte daher für jede Periode eine laufzeitspezifische Alternativanlage bestimmt werden.[299]

Das **Prinzip der Risikoäquivalenz** verlangt, dass die Erträge des Bewertungsobjekts die gleiche Unsicherheitsdimension aufweisen wie die Erträge der Alternativanlage.[300] Da die künftigen Cashflows des Bewertungsobjekts i. d. R. nicht sicher bestimmt werden können, ist eine Risikoanpassung notwendig.[301] Wie bereits im vorangehenden Kapitel beschrieben, kann die Risikoäquivalenz durch einen Risikozuschlag im Nenner sichergestellt werden.[302] Der **Diskontierungszinssatz** wird in der Unternehmensbewertung i. d. R. komponentenweise ermittelt, indem zunächst die risikolose Alternativrendite bestimmt und diese dann um einen Risikozuschlag adjustiert wird.[303] Im folgenden Abschnitt wird hierauf detailliert eingegangen.

234.2 Risikozuschlagsmethode

Grundsätzlich kann bei der Ermittlung des Risikozuschlags zwischen dem individualistischen und dem marktorientierten Ansatz unterschieden werden.[304] Der subjektive bzw. **individualistische Ansatz** bezieht die individuelle Risikoneigung des Bewertungssubjekts ein.[305] Indes bestehen bei der Anwendung des individualistischen Ansatzes ähnliche Probleme wie bei der Ableitung des Sicherheitsäquivalents in der Risikoabschlagsmethode,[306] da auch hier die individuelle Nutzenfunktion des Bewertungssubjekts erforderlich ist.[307] Für die Ermittlung objektivierter Unternehmenswer-

---

296 Vgl. BALLWIESER, W., Unternehmensbewertung, S. 83; KUHNER, C./MALTRY, H., Unternehmensbewertung, S. 86; DÖRSCHELL, A./FRANKEN, L./SCHULTE, J., Kapitalisierungszinssatz, S. 10.

297 Vgl. MANDL, G./RABEL, K., Unternehmensbewertung, S. 75; POOTEN, H., Grundsätze, S. 234-237.

298 Vgl. IDW (Hrsg.), WP Handbuch, Rn. A 174.

299 Vgl. KUHNER, C./MALTRY, H., Unternehmensbewertung, S. 86.

300 Vgl. DÖRSCHELL, A./FRANKEN, L./SCHULTE, J., Kapitalisierungszinssatz, S. 12; MANDL, G./RABEL, K., Unternehmensbewertung, S. 77; NOWAK, K., Marktorientierte Unternehmensbewertung, S. 61.

301 Vgl. BALLWIESER, W., Unternehmensbewertung, S. 93; DÖRSCHELL, A./FRANKEN, L./SCHULTE, J., Kapitalisierungszinssatz, S. 12; MANDL, G./RABEL, K., Unternehmensbewertung, S. 77.

302 Vgl. BAETGE, J./NIEMEYER, K./KÜMMEL, J./SCHULZ, R., DCF-Verfahren, S. 369. Alternativ kann die Risikoäquivalenz durch die Risikoabschlagsmethode hergestellt werden, vgl. hierzu die Ausführungen in Abschn. 233.2.

303 Vgl. MUNKERT, M. J., Kapitalisierungszinssatz, S. 120.

304 Vgl. TSCHÖPEL, A., Risikoberücksichtigung, S. 30-32; DRUKARCZYK, J./SCHÜLER, A., Unternehmensbewertung, S. 72-74.

305 Vgl. METZ, V., Kapitalisierungszinssatz, S. 125 f.; KUHNER, C./MALTRY, H., Unternehmensbewertung, S. 127.

306 Vgl. MUNKERT, M. J., Kapitalisierungszinssatz, S. 224.

307 Vgl. TSCHÖPEL, A., Risikoberücksichtigung, S. 31; BAETGE, J./NIEMEYER, K./KÜMMEL, J./SCHULZ, R., DCF-Verfahren, S. 369.

te ist diese Methode nicht sachgerecht, da eine Aggregation individueller Nutzenfunktionen nur schwer umsetzbar ist.[308]

Der objektivierte bzw. **marktorientierte Ansatz** leitet den Risikozuschlag hingegen aus beobachtbaren Kapitalmarktdaten ab und wird demnach als präferenzfrei bezeichnet.[309] Das bekannteste Modell zur Ableitung risikoadjustierter Kapitalkosten ist das **Capital Asset Pricing Model (CAPM)**, das zeitgleich von SHARPE, LINTNER und MOSSIN entwickelt wurde.[310] Das CAPM ist ein Gleichgewichtsmodell, das den Zusammenhang von Rendite[311] und Risiko beschreibt.[312] Hierdurch soll ein Preis ermittelt werden, der unter Berücksichtigung des bewertungsrelevanten Risikos als sachgerecht gilt.[313] Im CAPM wird dabei ein linearer Zusammenhang von Rendite und Risiko unterstellt.[314] Die Rendite einer Aktie leitet sich im CAPM aus dem **risikolosen Basiszins** und einer **Risikoprämie** für die Übernahme des bewertungsrelevanten Risikos ab.[315] Durch diese Risikoprämie soll die oben angesprochene Risikoäquivalenz zwischen den Anlagealternativen sichergestellt werden. Die Risikoprämie bzw. der Risikozuschlag ergibt sich aus der multiplikativen Verknüpfung zweier Komponenten, der **Marktrisikoprämie** und dem **Betafaktor**.[316] Die Marktrisikoprämie bildet dabei den Risikozuschlag für eine Investition in das Marktportfolio im Vergleich zur risikolosen Anlage ab.[317] Diese Marktrisikoprämie wird durch den Betafaktor schließlich unternehmensspezifisch angepasst,[318] sodass das CAPM formal wie folgt beschrieben wird:[319]

Formel 2-9	$\overline{r_j} = r_f + \beta_j * (\overline{r_m} - r_f)$

Im weiteren Verlauf der Arbeit soll das CAPM zur Risikoadjustierung zugrunde gelegt werden. Das CAPM hat dabei den Vorteil, dass es ohne Kenntnis der individuellen oder aggregierten Risikonutzenfunktion anwendbar ist und folglich neben der subjektiven auch für die objektivierte Unternehmensbewertung verwendet werden kann. In Kapitel 3 wird das CAPM v. a. hinsichtlich einer impliziten Berücksichtigung von Insolvenzrisiken detailliert untersucht. Zunächst soll aber auf Basis der

308 Vgl. MUNKERT, M. J., Kapitalisierungszinssatz, S. 222.

309 Vgl. TSCHÖPEL, A., Risikoberücksichtigung, S. 31 f.; MUNKERT, M. J., Kapitalisierungszinssatz, S. 224 f.; METZ, V., Kapitalisierungszinssatz, S. 179.

310 Vgl. SHARPE, W. F., Capital Asset Prices, S. 425-442; LINTNER, J., Valuation of Risk Assets, S. 13-37; MOSSIN, J., Equilibrium, S. 768-783.

311 Die Rendite des Wertpapiers umfasst dabei neben Kursveränderungen auch Dividendenzahlungen und Erlöse aus dem Verkauf von Bezugsrechten. Vgl. BAETGE, J./NIEMEYER, K./KÜMMEL, J./SCHULZ, R., DCF-Verfahren, S. 370.

312 Vgl. TIMMRECK, C., ß-Faktoren, S. 301; MÖLLS, S. H./KERN, C., Ableitung CAPM-basierter Betafaktoren, S. 440.

313 Vgl. NOWAK, K., Marktorientierte Unternehmensbewertung, S. 64.

314 Vgl. TIMMRECK, C., ß-Faktoren, S. 301; BAETGE, J./NIEMEYER, K./KÜMMEL, J./SCHULZ, R., DCF-Verfahren, S. 370.

315 Vgl. MANDL, G./RABEL, K., Unternehmensbewertung, S. 290; NOWAK, K., Marktorientierte Unternehmensbewertung, S. 68.

316 Vgl. BALLWIESER, W., Kalkulationszinsfuß, S. 738 f.

317 Vgl. MUNKERT, M. J., Kapitalisierungszinssatz, S. 226.

318 Vgl. NOWAK, K., Marktorientierte Unternehmensbewertung, S. 69.

319 Vgl. PERRIDON, L./STEINER, M./RATHGEBER, A. W., Finanzwirtschaft, S. 263.

Grundsätze ordnungsmäßiger Unternehmensbewertung eine geeignete Würdigungsgrundlage abgeleitet werden, anhand derer die Berücksichtigung von Insolvenzrisiken beurteilt werden kann.

24 Ableitung von Würdigungskriterien zur Berücksichtigung von Insolvenzrisiken

241. Vorbemerkung

Die Ableitung der Würdigungskriterien soll im Folgenden auf den Grundsätzen ordnungsmäßiger Unternehmensbewertung basieren. Die Entwicklung der Grundsätze ordnungsmäßiger Unternehmensbewertung geht zurück auf die Diskussion um den „richtigen" Unternehmenswert in den 1970er und 1980er Jahren.[320] Die Grundsätze ordnungsmäßiger Unternehmensbewertung sind dabei als Bewertungsnormen zu interpretieren, um den zweckentsprechenden Unternehmenswert zu ermitteln.[321] MATSCHKE/SCHÜLER konkretisieren die Grundsätze ordnungsmäßiger Unternehmensbewertung dahingehend, dass sie diese „als ein in sich – möglichst – widerspruchfreies Normensystem zur Steuerung des Prozesses der Unternehmensbewertung, d. h. der Vorgehensweise und der Resultatherleitung"[322] definieren. Das Normensystem der Grundsätze ist dabei nicht als in sich geschlossenes System zu verstehen, sondern als ein variables, sich anpassendes Gebilde.[323] Durch die Grundsätze ordnungsmäßiger Unternehmensbewertung soll das Verhalten der Bewerter gesteuert werden, was v. a. der Qualitätssicherung der Bewertung dienen soll.[324]

Es gibt indes nicht nur *ein* System von Grundsätzen ordnungsmäßiger Unternehmensbewertung, vielmehr wurden aus verschiedenen Interessensrichtungen unterschiedliche Systeme der Grundsätze ordnungsmäßiger Unternehmensbewertung entwickelt. Für die Kategorisierung der **Quellen** ist, ähnlich wie bei der Ableitung der Grundsätze ordnungsmäßiger Buchführung, eine Unterteilung in Gesetzgebung und Rechtsprechung, Standardisierungsausschüsse sowie Wissenschaft und Forschung naheliegend.[325] Diese Quellen sind indes nicht isoliert zu betrachtenden, da Interdependenzen bei der Entwicklung der Grundsätze entstehen können.[326] Als Ausprägung der Standardisierungsausschüsse hat das IDW im IDW S 1 Grundsätze entwickelt, die der Berufsstand der Wirtschaftsprüfer im Rahmen von Unternehmensbewertungen zu beachten hat.[327]

---

320 Vgl. PEEMÖLLER, V. H., Grundsätze, S. 31, vgl. auch Abschn. 221.1.

321 Vgl. MOXTER, A., Grundsätze, S. 1.

322 MATSCHKE, M. J./BRÖSEL, G., Unternehmensbewertung, S. 719 f.

323 Vgl. MOXTER, A., Grundsätze ordnungsmäßiger Unternehmensbewertung, S. 455; DÖRNER, W., Podiumsdiskussion, S. 260.

324 Vgl. MATSCHKE, M. J./BRÖSEL, G., Unternehmensbewertung, S. 724.

325 Vgl. MOXTER, A., Grundsätze ordnungsgemäßer Rechnungslegung, S. 9-13. Vgl. zu den Quellen der Grundsätze ordnungsmäßiger Unternehmensbewertung ausführlich MATSCHKE, M. J./BRÖSEL, G., Unternehmensbewertung, S. 729-733.

326 Vgl. MATSCHKE, M. J./BRÖSEL, G., Unternehmensbewertung, S. 773.

327 1983 wurden durch den Hauptfachausschuss des IDW in der Stellungnahme „HFA 2/1983" erstmals Vorschriften hinsichtlich der Unternehmensbewertung für den Berufsstand formuliert. Basierend hierauf sowie auf Ergänzungen in den 1990er Jahren wurde in 2000 der IDW S 1 (i. d. F. 2000) veröffentlicht. Nach einer Überarbeitung in 2005

Wie zuvor dargelegt, bildet der IDW S 1 den Ausgangspunkt für die folgende Untersuchung. Dementsprechend erscheint auch eine Orientierung an den Grundsätzen ordnungsmäßiger Unternehmensbewertung des IDW S 1 sachgerecht. Indes soll aufgrund möglicher Interdependenzen zwischen den verschiedenen Grundsatzsystemen nicht die Literaturmeinung ausgeblendet und die Grundsätze ordnungsmäßiger Unternehmensbewertung des IDW S 1 als unumstößliche Leitlinie herangezogen werden. Dementsprechend soll die Ableitung der Würdigungskriterien neben den Grundsätzen des IDW S 1 auch auf den im Schrifttum erarbeiteten Grundsätzen basieren. Ausgehend vom Risiken-Chancen-Prinzip und dem Komplexitätsreduktionszweck sollen im Folgenden Anforderungen abgeleitet werden, anhand derer die Berücksichtigung von Insolvenzrisiken in den Bewertungskonzeptionen des IDW S 1 beurteilt werden kann.

242. Das Risiken-Chancen-Prinzip zur Berücksichtigung von Unsicherheit

Die Zukunftsorientierung der Unternehmensbewertung bedingt eine Bewertung unter **Unsicherheit.**[328] Um der Unsicherheit gerecht zu werden, soll diese adäquat im Bewertungsmodell widergespiegelt werden. Das von MOXTER formulierte **Risiken-Chancen-Prinzip**, stellt hierzu auf die Beachtung der **Mehrwertigkeit** künftiger Entwicklungen ab.[329] Nur unter Beachtung von Chancen und Risiken ist eine sachgerechte Ermittlung von Unternehmenswerten möglich. Durch dieses Prinzip soll die Unsicherheit der Bewertung sachgerecht abgebildet werden,[330] indem einerseits die **Volatilität** der künftigen Cashflows und andererseits die **Gewichtung** von Entwicklungsszenarien adäquat berücksichtigt werden.[331]

Auf die Berücksichtigung von Chancen und Risiken zielt im IDW S 1 der Grundsatz der **Unbeachtlichkeit des (bilanziellen) Vorsichtsprinzips** ab. Dieses Prinzip besagt, dass der neutrale Gutachter oder Schiedsgutachter die Unparteilichkeit zu beachten und Chancen und Risiken ausgewogen in der Bewertung zu berücksichtigen hat.[332] Der Grundsatz nimmt Bezug auf das bilanzielle Vorsichtsprinzip, das im Handelsrecht eine Ungleichgewichtung von Interessen zugunsten der Gläubiger vorsieht.[333] Diese unterschiedliche Gewichtung von Chancen und Risiken soll für die

(IDW S 1 i. d. F. 2005) ist derzeit der IDW i. d. F. 2008 gültig. Ergänzend hierzu hat das IDW durch den IDW RS HFA 10 „Anwendung der Grundsätze des IDW S 1 bei der Bewertung von Beteiligungen und sonstigen Unternehmensanteilen für die Zwecke eines handelsrechtlichen Jahresabschlusses“ sowie den IDW RS HFA 16 „Bewertungen bei der Abbildung von Unternehmenserwerben und bei Werthaltigkeitsprüfungen nach IFRS“ weitere, die Unternehmensbewertung betreffende Grundsätze formuliert. Vgl. hierzu auch WOLLNY, C., Unternehmenswert, S. 72.

328 Vgl. POOTEN, H., Grundsätze, S. 210.

329 Vgl. MOXTER, A., Grundsätze, S. 118.

330 Vgl. MOXTER, A., Grundsätze, S. 118.

331 Vgl. POOTEN, H., Grundsätze, S. 211; KOELEN, P., Investitionstheoretische Bewertungskalküle, S. 86.

332 Vgl. IDW (Hrsg.), IDW S 1 (2008), Rn. 64.

333 Vgl. BAETGE, J./KIRSCH, H.-J./THIELE, S., Bilanzen, S. 134-139; IDW (Hrsg.), IDW S 1 (2008), Rn. 64; IDW (Hrsg.), WP Handbuch, Rn. A 138.

Zwecke der Unternehmensbewertung nicht gelten, sodass keine Partei benachteiligt wird.[334] Die Chancen und Risiken sind demnach **ausgewogen** zu berücksichtigen.[335] Das Ziel „ist hierbei die realistische Prognose künftiger ausschüttungsfähiger Zahlungsüberschüsse des Bewertungsobjekts"[336].

Die Vereinbarkeit dieser Zielsetzung mit der Annahme einer unbegrenzten Unternehmensexistenz ist indes zu hinterfragen. Zwar wird stets der vereinfachende und damit komplexitätsreduzierende Charakter der Annahme betont, dennoch sind bei der **Komplexitätsreduktion**[337] „alle **problemrelevanten Aspekte** gebührend [zu] berücksichtigen, damit [...] trotz Komplexitätsreduktion **rationale Entscheidungen**"[338] möglich sind.[339] Entsprechend fordert MUNKERT, dass bei der Erwartungswertermittlung grundsätzlich ein *worst case*-Szenario mit **Zahlungsüberschüssen von null** einzubeziehen ist.[340] Auch das IDW betont die Berücksichtigung verschiedener Zukunftsszenarien, u. a. eines *worst case*-Szenarios, dass als pessimistisches Szenario beschrieben wird.[341] Unter Verweis auf DELLMANN/DELLMANN wird dieses Szenario nicht als „Katastrophenszenario" angesehen, sondern als **negatives Zukunftsszenario.**[342] Dies deutet folglich darauf hin, dass das IDW nicht die Notwendigkeit eines Szenarios mit Cashflows von null und somit die Möglichkeit der Insolvenz berücksichtigt.

Die Besonderheit des Insolvenzfalls besteht darin, dass nicht nur die Cashflows einer Periode tangiert werden, sondern auch die Wertbeiträge der folgenden Perioden auf einen Wert von null begrenzt werden.[343] Dementsprechend stellt dieses Szenario, anders als eine beliebige Ausprägung der Cashflow-Realisation einer Periode, offensichtlich einen möglichen, problemrelevanten Aspekt dar, der die Entscheidung des Bewertungssubjekts beeinflussen kann. Eine unreflektierte Negierung dieses Sachverhalts aufgrund von Komplexitätsreduktionszielen ist dementsprechend abzulehnen.

---

[334] Vgl. PEEMÖLLER, V. H., Grundsätze, S. 44; KOELEN, P., Investitionstheoretische Bewertungskalküle, S. 86.

[335] Vgl. KOELEN, P., Investitionstheoretische Bewertungskalküle, S. 85-88; IDW (Hrsg.), WP Handbuch, Rn. A 137.

[336] IDW (Hrsg.), WP Handbuch, Rn. A 140.

[337] Vgl. zum Komplexitätsreduktionszweck MATSCHKE, M. J./BRÖSEL, G., Unternehmensbewertung, S. 725 und ausführlich zum Begriff der Komplexität BERENTZEN, C., Finanzielle Vermögenswerte, S. 35-47.

[338] POOTEN, H., Grundsätze, S. 42.

[339] Auch die kapitalwertbasierten Bewertungsmodelle stellen bereits eine Komplexitätsreduktion dar, vgl. BALLWIESER, W., Komplexitätsreduktion, S. 123. Vgl. allgemein zur Notwendigkeit der Komplexitätsreduktion in der Unternehmensbewertung BALLWIESER, W., Komplexitätsreduktion, S. 26-31.

[340] Vgl. MUNKERT, M. J., Kapitalisierungszinssatz, S. 199 f.

[341] Vgl. IDW (Hrsg.), WP Handbuch, Rn. A 163.

[342] Vgl. DELLMANN, K./DELLMANN, M., Jahresabschlußbasierte DCF-Valuation, S. 88. Vgl. hierzu auch NOWAK, K., Marktorientierte Unternehmensbewertung, S. 55 f.

[343] Zwar ist anzunehmen, dass die Cashflows der einzelnen Perioden nicht unabhängig voneinander sind, sodass negative Abweichungen auch in den Folgeperioden zu geringeren Wertbeiträgen führen können, indes ist hier gleichwohl eine Normalisierung der Cashflows möglich, sodass die folgenden Cashflows nicht in ihrer Höhe begrenzt werden.

Der Komplexitätsreduktionszweck ist dabei im Zusammenhang mit dem Risiken-Chancen-Prinzip zu sehen. Durch das Risiken-Chancen-Prinzip soll die Unsicherheit der Bewertung sachgerecht abgebildet werden. Der Komplexitätsreduktionszweck beschränkt die Abbildung dabei auf die Sachverhalte, die zur Entscheidungsfindung erforderlich sind. Die Entscheidungsrelevanz ist dadurch zu begrenzen, dass der Zusatznutzen der Information die Zusatzkosten zumindest kompensiert,[344] sodass auf einen **Kosten-Nutzen-Vergleich** abzustellen ist.[345] Zur Beurteilung der Sachgerechtigkeit der Einbeziehung von Insolvenzrisiken ist daher zu prüfen, ob der zusätzliche **Nutzen** in einem angemessenen Verhältnis zu den zusätzlichen **Kosten** steht. Die zusätzlichen Kosten hängen mit der Informationsbeschaffung sowie der Implementierung in das Bewertungskalkül zusammen.[346] Der zusätzliche Nutzen kann in dem zusätzlichen Erkenntnisgewinn des Bewertungssubjekts gesehen werden. Indes ist der Erkenntnisgewinn nur dann bewertungsrelevant, wenn er bestimmte Anforderungen erfüllt, die im Folgenden diskutiert werden.

243. Grundsatz der Zukunftsorientierung

Der **Grundsatz der Zukunftsorientierung** stellt ein zentrales Prinzip der funktionalen Unternehmensbewertung dar.[347] Auch das IDW erkennt die Zukunftsorientierung als bedeutend an. So wird durch den Grundsatz zur Bewertung des betriebsnotwendigen Vermögens auf den Barwert der zu **erwartenden** Vorteile, also der künftig erwirtschafteten Überschüsse abgestellt.[348] Durch die Zukunftsorientierung kommt zum Ausdruck, dass für Unternehmensbewertungen nur der **künftige Nutzen**, den ein Investor erzielen kann, bewertungsrelevant ist, da ein Kaufmann für das Gewesene nichts gibt.[349] Folglich soll die Unternehmensbewertung sowohl bei der Ermittlung der Überschüsse des zu bewertenden Unternehmens als auch bei der Alternativrendite, also bei der Bestimmung aller Bewertungsfaktoren im **Zähler und Nenner**, zukunftsgerichtet sein.[350]

In Verbindung mit dem Grundsatz der Zukunftsorientierung ist auch das **Stichtagsprinzip** zu nennen, das sowohl im Schrifttum als auch im IDW S 1 einen zentralen Grundsatz darstellt.[351] Das Stichtagsprinzip kann als **Ausgangspunkt** der Zukunftsorientierung interpretiert werden, indem es angibt, auf Basis welchen Informationsstandes die zukunftsorientierten Informationen zu ermitteln

---

344 Vgl. BAETGE, J./KIRSCH, H.-J./THIELE, S., Bilanzen, S. 121; POOTEN, H., Grundsätze, S. 143.

345 Vgl. POOTEN, H., Grundsätze, S. 42; BALLWIESER, W., Komplexitätsreduktion, S. 12.

346 Vgl. hierzu ausführlich Abschn. 245.

347 Vgl. MATSCHKE, M. J./BRÖSEL, G., Unternehmensbewertung, S. 19. HELBLING bezeichnet die Zukunftsbezogenheit sogar als wichtigsten Grundsatz der Unternehmensbewertung. Vgl. HELBLING, C., Grundsätze, S. 736.

348 Vgl. IDW (Hrsg.), WP Handbuch, Rn. A 60; IDW (Hrsg.), IDW S 1 (2008), Rn. 7 und 17.

349 Vgl. SCHMALENBACH, E., Werte, S. 11; MÜNSTERMANN, H., Wert und Bewertung, S. 21; MATSCHKE, M. J./BRÖSEL, G., Unternehmensbewertung, S. 19 f.; POOTEN, H., Grundsätze, S. 114-116; MANDL, G./RABEL, K., Unternehmensbewertung, S. 73; KIRSCH, H.-J., Objektivierung künftiger Zahlungsströme, S. 365.

350 Vgl. HELBLING, C., Grundsätze, S. 736; MATSCHKE, M. J./BRÖSEL, G., Unternehmensbewertung, S. 19 f.

351 Vgl. MOXTER, A., Grundsätze, S. 168-175; MANDL, G./RABEL, K., Unternehmensbewertung, S. 405 f.; MATSCHKE, M. J./BRÖSEL, G., Unternehmensbewertung, S. 768; IDW (Hrsg.), IDW S 1 (2008), Rn. 22 f.

sind.[352] Das Stichtagsprinzip besagt, dass der Informationsstand, der zum Bewertungsstichtag hätte erlangt werden können, ausschlaggebend ist.[353] Einerseits sind daher in Anlehnung an die **Wurzeltheorie** nur solche Informationen einzubeziehen, deren Wurzeln bereits vor dem Bewertungsstichtag gelegt wurden.[354] Andererseits ist auf diejenigen Informationen abzustellen, die zum Bewertungsstichtag bei **angemessener Sorgfalt** hätten ermittelt werden können,[355] da veraltete Informationen dem Stichtagsprinzip widersprechen.

Im Folgenden soll der Grundsatz der Zukunftsorientierung also sowohl auf die **zukunftsbezogene Ableitung** der Parameter und Informationen, als auch auf die Berücksichtigung des **Stichtagsprinzips** abstellen. Der Grundsatz der Zukunftsorientierung ist dabei für beide Wertkonzeptionen des IDW S 1 relevant, da grundsätzlich der künftige Nutzen der Investition als entscheidungsrelevant angesehen wird. Dennoch wird die Zukunftsorientierung v. a. in der objektivierten Unternehmensbewertung teilweise durch die notwendige Typisierung und Nachprüfbarkeit begrenzt, worauf im folgenden Abschnitt eingegangen wird.

244. Grundsatz der Objektivierung

Mit einer zunehmenden Zukunftsorientierung geht regelmäßig eine Reduzierung der **Objektivität** einher,[356] was den Nutzen für bestimmte Bewertungsanlässe einschränkt. Der Grundsatz der Objektivierung ist dabei nicht mit der objektivierten Unternehmensbewertung gleichzusetzen, vielmehr bezieht er sich auf die Objektivierung der einbezogenen Informationen. Objektiv sind Informationen dann, wenn sie willkürfrei sind und somit von jedermann, also **intersubjektiv nachgeprüft** werden können.[357] Auf die Unternehmensbewertung bezogen bedeutet dies, dass eine dritte Person bei gleicher Bewertungsmethode zu einem identischen Ergebnis kommt.[358] Das IDW versteht unter intersubjektiver Nachprüfbarkeit, dass ein sachkundiger Dritter das Ergebnis nachvollziehen kann und die Auswirkungen der getroffenen Annahmen auf den Unternehmenswert abzuschätzen vermag.[359]

---

[352] Vgl. MOXTER, A., Grundsätze, S. 171.

[353] Vgl. IDW (Hrsg.), IDW S 1 (2008), Rn. 23.

[354] Vgl. PEEMÖLLER, V. H., Grundsätze, S. 33. Dies ist v. a. dann relevant, wenn zwischen dem Bewertungsstichtag und der Durchführung der Unternehmensbewertung ein entsprechend langer Zeitraum liegt. Vgl. zur Wurzeltheorie auch Abschn. 233.1.

[355] Vgl. IDW (Hrsg.), IDW S 1 (2008), Rn. 23. Dem Stichtagsprinzip ähnlich ist das in der Rechnungslegung relevante Bilanzstichtagsprinzip, nach der nur wertaufhellende Informationen im Jahresabschluss zu berücksichtigen sind. Vgl. hierzu MOXTER, A., Grundsätze, S. 168; BAETGE, J./KIRSCH, H.-J./THIELE, S., Bilanzen, S. 119 f.

[356] Vgl. KIRSCH, H.-J., Objektivierung künftiger Zahlungsströme, S. 365; BAETGE, J., Möglichkeiten der Objektivierung, S. 169.

[357] Vgl. POPPER, K. R., Logik der Forschung, S. 21 f.; BAETGE, J., Möglichkeiten der Objektivierung, S. 16 f.

[358] Vgl. BAETGE, J./KRUSE, A., Objektivität der Urteilsbildung, S. 204; KÜMMEL, J., Fair Value-Ermittlung, S. 92.

[359] Vgl. IDW (Hrsg.), IDW S 1 (2008), Rn. 174; IDW (Hrsg.), WP Handbuch, Rn. A 141.

Besondere Bedeutung für die Nachprüfbarkeit nimmt hierbei die verlässliche Ermittlung der **Bewertungsparameter** ein, die ihrerseits von der Qualität der Informationen abhängen.[360] Somit ist festzuhalten, dass letztlich die Daten und Informationen, durch die die Parameter konkretisiert werden, intersubjektiv nachprüfbar sein müssen, was regelmäßig dann erfüllt ist, wenn es sich um marktbasierte Informationen handelt.[361] Entscheidend ist somit die **willkürfreie Ableitung** der relevanten Bewertungsparameter, da Informationen umso objektivierter sind, je geringer die Bandbreite möglicher Ergebnisausprägungen ist.[362]

Während zukunftsbezogene Informationen mit Ermessensspielräumen einhergehen, lassen sich nur Daten, die in der Vergangenheit liegen, eindeutig objektivieren.[363] Zwischen Zukunftsorientierung und Objektivierung besteht folglich ein Zielkonflikt, den BAETGE wie folgt darstellt:

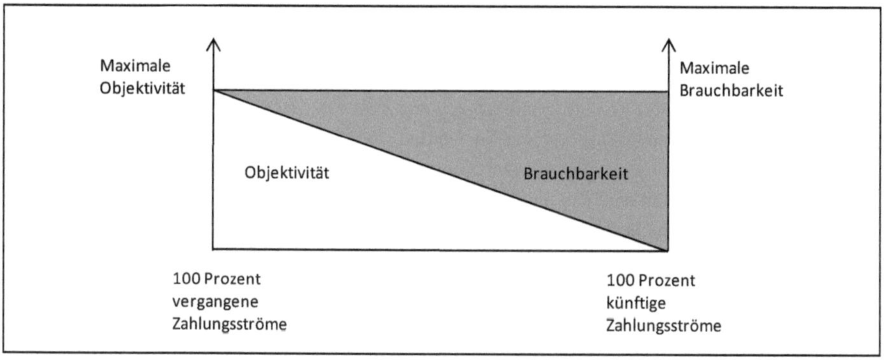

Abbildung 2-7: Zielkonflikt zwischen Objektivität und Brauchbarkeit[364]

Hieraus folgt, dass bei Bewertungen, bei denen die objektivierte Wertermittlung im Vordergrund steht, zwar auch Zukunftsgrößen die relevanten Informationen abbilden, allerdings aufgrund des Objektivierungserfordernisses eine stärkere Orientierung an Vergangenheitsdaten stattfindet.[365] Indes ist an dieser Stelle darauf hinzuweisen, dass **vergangenheitsbasierte Informationen** nicht zwangsläufig mit Objektivität gleichzusetzen sind. Insbesondere in der Unternehmensbewertung ergeben sich aus der **Aggregation** vergangenheitsorientierter Daten zur Bestimmung des Betafaktors oder der Marktrisikoprämie **Ermessensspielräume**.[366] Dabei liegen die Ermessensspielräume nicht in der Datengrundlage, sondern in der Auswahl der einzubeziehenden Daten.

360 Vgl. WALLMEIER, M., Steady State, S. 139; KÜMMEL, J., Fair Value-Ermittlung, S. 92.

361 Vgl. KÜMMEL, J., Fair Value-Ermittlung, S. 92.

362 Vgl. IJIRI, Y./JAEDICKE, R. K., Reliability and Objectivity, S. 476; KOELEN, P., Investitionstheoretische Bewertungskalküle, S. 17 f.

363 Vgl. BALLWIESER, W., Informations-GoB, S. 118; BRINKMANN, J., Zweckadäquanz, S. 43.

364 In Anlehnung an BAETGE, J., Möglichkeiten der Objektivierung, S. 169.

365 Vgl. MOXTER, A., Grundsätze, S. 119; KOELEN, P., Investitionstheoretische Bewertungskalküle, S. 80.

366 Vgl. hierzu Abschn. 322 und 323.

Ein hieraus abzuleitender **Grundsatz der Objektivierung** ist in der Unternehmensbewertungsliteratur nicht explizit anzutreffen.[367] Allerdings argumentiert KOELEN, dass das Erfordernis einer **verlässlichen Bewertung** indirekt über den Grundsatz der Maßgeblichkeit des Bewertungszwecks abgeleitet werden kann.[368] Wenn der Bewertungszweck eine objektivierte Bewertung erfordert, so ist der Grundsatz der Objektivierung im Bewertungskalkül zu berücksichtigen.[369] Aus diesem Grund sollen die Möglichkeiten zur Berücksichtigung von Insolvenzrisiken auch hinsichtlich einer möglichen **intersubjektiven Nachprüfbarkeit** der Einflussparameter untersucht werden. Die Anforderung der Nachprüfbarkeit soll sich dabei nicht nur auf die objektivierte Ableitung der Einflussparameter erstrecken, sondern sich auch auf eine transparente Einbeziehung und die Transparenz des Werteffekts beziehen.[370]

245. Grundsatz der Wirtschaftlichkeit

Der zuvor beschriebene mögliche Zusatznutzen der Berücksichtigung von Insolvenzrisiken ist indes an den zusätzlichen **Kosten** der Informationsgewinnung zu relativieren, um dem Kosten-Nutzen-Kalkül der Komplexitätsreduktion gerecht zu werden. Letztlich geht jede **Konkretisierung** von Bewertungsparametern mit einer gesteigerten **Komplexität** einher.[371] Die mit der Komplexitätssteigerung verbundenen Kosten sind dabei nur dann ökonomisch zu rechtfertigen, wenn sie den zusätzlich generierten Nutzen nicht kompensieren.[372] Der **Grundsatz der Wirtschaftlichkeit** ist somit dahingehend zu interpretieren, dass nicht sämtliche Informationen zu beschaffen und alle potentiellen Szenarien zu berücksichtigen sind, sondern nur solche, deren Zusatznutzen die Zusatzkosten übersteigt.[373] Demnach sind Informationen so lange zu berücksichtigen, wie deren Grenznutzen positiv ist.[374] Die **Zusatzkosten** sind als Informationskosten zu interpretieren, die u. a. Kosten der Informationsbeschaffung umfassen. Im Kontext der Unternehmensbewertung sind dabei im Wesentlichen Bestandteile der **direkten Informationskosten** zu berücksichtigen.[375] Die direkten Informationskosten beziehen sich auf den **Erstellungs- und Bereitstellungsprozess** von Informationen.[376] Vor allem Kosten der Informationsbeschaffung, die aus der Anpassung und Erweiterung des Bewertungskalküls resultieren, sind relevant.[377]

---

[367] Vgl. KOELEN, P., Investitionstheoretische Bewertungskalküle, S. 90. TINZ weist darauf hin, dass hinsichtlich des Objektivierungserfordernisses in den Grundsatzsystemen regelmäßig ein Vakuum besteht. Vgl. TINZ, O., Abbildung von Wachstum, S. 66 m. w. N.

[368] Vgl. KOELEN, P., Investitionstheoretische Bewertungskalküle, S. 90.

[369] Vgl. MOXTER, A., Grundsätze, S. 38.

[370] Vgl. GLEIßNER, W., Insolvenzwahrscheinlichkeit, S. 244.

[371] Vgl. TINZ, O., Abbildung von Wachstum, S. 67.

[372] Vgl. BAETGE, J./KIRSCH, H.-J./THIELE, S., Bilanzen, S. 121; POOTEN, H., Grundsätze, S. 143.

[373] Vgl. KOELEN, P., Investitionstheoretische Bewertungskalküle, S. 75; TINZ, O., Abbildung von Wachstum, S. 67 f.

[374] Vgl. POOTEN, H., Grundsätze, S. 143.

[375] Vgl. zur Unterscheidung direkter und indirekter Informationskosten HEUMANN, R., Value Reporting, S. 75.

[376] Vgl. zu den Informationskosten m. w. N. KOELEN, P., Investitionstheoretische Bewertungskalküle, S. 110.

[377] Vgl. TINZ, O., Abbildung von Wachstum, S. 67; HENSELMANN, K./WEILER, A., Restwertverläufe, S. 354.

Zusatzkosten und Zusatznutzen sind indes oft erst im Rahmen einer ex post-Betrachtung feststellbar.[378] Da für Unternehmensbewertungen der zusätzliche Informationsnutzen aber ex ante zu beurteilen ist, wird unter Berücksichtigung des **Wesentlichkeitskriteriums** als Entscheidungsregel vertreten, dass alle Informationen, denen der Bewerter eine bedeutende Wertrelevanz beimisst, einzubeziehen sind.[379] Explizit wird der **Grundsatz der Wirtschaftlichkeit** im IDW S 1 nicht berücksichtigt. KOELEN erwähnt den Grundsatz aber als einen allgemeinen (Berichts-) Grundsatz, der auch bei der Bewertung zu beachten ist.[380] Auch wird im IDW S 1 an verschiedenen Stellen die Bedeutung von **Typisierungen** hervorgehoben,[381] mit denen der Zweck verfolgt wird, nicht mit vertretbarem Aufwand zu beschaffende Informationen zu substituieren.[382] Die Annahme einer unbegrenzten Lebensdauer des Unternehmens kann somit auch als Typisierung angesehen werden, da Informationen über den Liquidationszeitpunkt üblicherweise nicht sachgerecht ermittelt werden können und so vereinfachend eine unendliche Unternehmensexistenz unterstellt wird.[383]

25 Zwischenfazit

Wie in den vorangehenden Abschnitten hervorgehoben wurde, ist der Unternehmenswert grundsätzlich zweckabhängig zu bestimmen. Da für Investoren regelmäßig nur der künftige Nutzen aus dem Bewertungsobjekt wertrelevant ist, ist der Unternehmenswert grundsätzlich auf Basis von Zukunftserfolgswertverfahren zu ermitteln. Gemein ist den zukunftsorientierten Bewertungsverfahren, dass der Unternehmenswert auf Basis eines Alternativenvergleichs ermittelt wird. Voraussetzung für den Alternativenvergleich ist, dass das Bewertungsobjekt und die Alternativanlage hinsichtlich verschiedener Dimensionen äquivalent sind. Vor dem Hintergrund von Insolvenzrisiken ist dabei insbesondere auf die Risiko- sowie die Laufzeitäquivalenz abzustellen. Wenn aufgrund von Insolvenzrisiken beim Bewertungsobjekt von einer endlichen Fortführungsprämisse und damit einer gewissen Insolvenzwahrscheinlichkeit ausgegangen wird, sollte dies auch in der Alternativanlage berücksichtigt werden.[384] Die Rendite der Alternativanlage wird dabei regelmäßig über das CAPM ermittelt. Im folgenden Kapitel soll daher untersucht werden, inwieweit **Insolvenzrisiken** bei der Ableitung der Alternativrendite durch das **CAPM** berücksichtigt werden und welche Implikationen die Annahme der endlichen Unternehmensexistenz hierfür hat.

---

378 Vgl. BALLWIESER, W., Komplexitätsreduktion, S. 13; POOTEN, H., Grundsätze, S. 143.

379 Vgl. POOTEN, H., Grundsätze, S. 144.

380 Vgl. KOELEN, P., Investitionstheoretische Bewertungskalküle, S. 75. Indes bezieht sich KOELEN auf Bewertungsanlässe im Rahmen der IFRS-Rechnungslegung. Die Übertragbarkeit des Grundsatzes der Wirtschaftlichkeit auf andere Bewertungsanlässe scheint jedoch geboten zu sein, um dem Zweck der Komplexitätsreduktion gerecht zu werden.

381 Vgl. bspw. IDW (Hrsg.), IDW S 1 (2008), Rn. 17, Rn. 30, Rn. 43-46, Rn. 93.

382 Vgl. zur inhaltlichen Abgrenzung von Objektivierung und Typisierung MOXTER, A., Grundsätze, S. 26. Objektivierung stellt demnach die Beschränkung von Ermessensspielräumen dar und Typisierung zielt auf die Erlangung nicht mit vertretbarem Aufwand beschaffbarer Informationen ab.

383 Vgl. IDW (Hrsg.), WP Handbuch, Rn. A 157.

384 Vgl. GLEIẞNER, W., Insolvenzwahrscheinlichkeit, S. 249.

Aufbauend auf diesen Erkenntnissen soll in Kapitel 4 diskutiert werden, für welche Bewertungsanlässe die **explizite Berücksichtigung** von Insolvenzrisiken sachgerecht ist und wie diese zu bestimmen und in das Bewertungskalkül zu implementieren sind. Hierbei wird auf die Perspektive des IDW S 1 zurückgegriffen und die Berücksichtigung von Insolvenzrisiken sowohl für die **objektivierte** als auch die **subjektive Unternehmensbewertung** untersucht. Da verschiedene Zukunftserfolgswertverfahren anwendbar sind, soll differenziert auf die einzelnen Verfahren des *Equity*- sowie des *Entity-Approaches* eingegangen werden. Zur Beurteilung der Berücksichtigung von Insolvenzrisiken in der Unternehmensbewertung wird dabei auf die in Abschnitt 24 abgeleiteten Würdigungskriterien zurückgegriffen. Ausgangspunkt bildet das Risiken-Chancen-Prinzip, das eine ausgewogene Berücksichtigung von Risiken und Chancen in der Bewertung fordert. Mit Bezug auf Insolvenzrisiken wird in der Literatur regelmäßig argumentiert, dass deren Ansatz aus Gründen der Komplexität unterbleibt. Allerdings ist eine solche Komplexitätsreduktion nur dann sachgerecht, wenn der Zusatznutzen unter den Zusatzkosten liegt. Insofern ist die Berücksichtigung von Insolvenzrisiken auf Basis eines Kosten-Nutzen-Vergleichs zu beurteilen.

Der **Nutzen** aus der Berücksichtigung hängt entscheidend vom Bewertungszweck ab. In der objektivierten Unternehmensbewertung steht das Objektivierungserfordernis im Vordergrund, sodass regelmäßig nur objektivierbare Informationen Nutzen stiften können. In der subjektiven Bewertung wird indes die Zukunftsorientierung stärker betont. Die beiden Grundsätze stehen dabei in einem Spannungsverhältnis, da künftige Sachverhalte kaum objektivierbar sind und vergangene, objektivierbare Informationen dem Zukunftsbezug entgegen stehen.[385] Erweitert wird das Spannungsverhältnis durch die **Kostenkomponente**, die durch den Grundsatz der Wirtschaftlichkeit ausgedrückt wird. Der Zusatznutzen aus der Objektivierung bzw. aus den zukunftsbezogenen Informationen muss die Zusatzkosten übersteigen. Die folgende Abbildung fasst abschließend das Verhältnis der Kriterien zusammen:

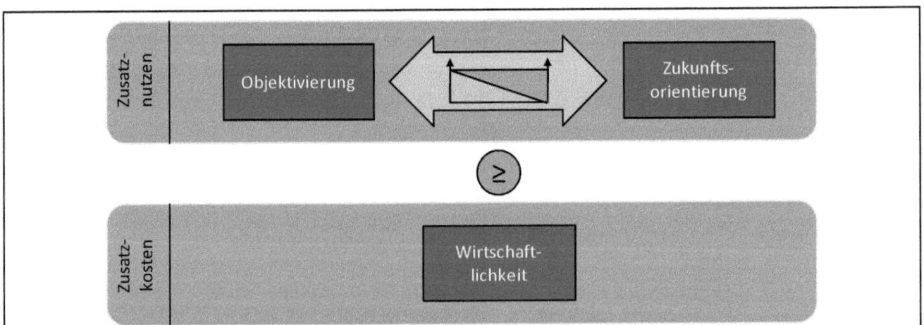

Abbildung 2-8: Verhältnis der Würdigungskriterien

[385] Das Spannungsverhältnis von Zukunftsbezogenheit und Objektivierung ist nicht auf Zwecke der Unternehmensbewertung beschränkt sondern besteht bspw. auch in der Rechnungslegung als Spannungsverhältnis von Relevanz und Verlässlichkeit. Vgl. hierzu bspw. BAETGE, J., Möglichkeiten der Objektivierung, S. 169 f.; BERENTZEN, C., Finanzielle Vermögenswerte, S. 24-28.

3 Kritische Analyse der impliziten Berücksichtigung von Insolvenzrisiken im CAPM

31 Vorbemerkung

Die Rendite der Alternativanlage wird regelmäßig auf Basis des CAPM abgeleitet, was den Vorteil einer marktgestützten Ermittlung aufweist.[386] Das CAPM wurde in den 1960er Jahren von SHARPE, LINTNER und MOSSIN mit dem Ziel entwickelt, die Preisbildung von risikobehafteten Wertpapieren im **Kapitalmarktgleichgewicht** durch die Beziehung von Rendite und Risiko zu erklären.[387] Dabei greift das CAPM auf Erkenntnisse der **Portfolio-Theorie**[388] zurück, um das Verhalten der Anleger zu begründen.[389] Die Kernaussage der Portfoliotheorie liegt in der Erkenntnis, dass das Risiko durch Anlagediversifikation gesenkt werden kann, da das Risiko eines aus zwei Teilportfolios bestehenden Gesamtportfolios geringer ist, als das Risiko aus der Summe der Einzelpositionen, sofern die Wertpapierrenditen nicht vollständig positiv miteinander korreliert sind.[390] Hieraus resultieren effiziente Portfolios, die von keinem anderen Portfolio dominiert werden, d. h., es existiert kein Portfolio, das bei gegebener erwarteter Rendite ein geringeres Risiko bzw. bei gegebenem Risiko eine höhere erwartete Rendite aufweist.[391]

Das **Separationstheorem**[392] nach TOBIN bildet das zweite theoretische Fundament des CAPM.[393] Hiernach ist die Wahl des effizienten Portfolios dann unabhängig von der individuellen Risikoneigung des Investors, wenn eine risikolose Kapitalanlage- und -aufnahmemöglichkeit besteht.[394] In

---

386 Vgl. IDW (Hrsg.), IDW S 1 (2008), Rn. 92.

387 Vgl. BAETGE, J./KIRSCH, H.-J./KOELEN, P./SCHULZ, R., Corporate Valuation, S. 3; BAETGE, J./NIEMEYER, K./KÜMMEL, J./SCHULZ, R., DCF-Verfahren, S. 370; FRANKE, G./HAX, H., Finanzwirtschaft, S. 354; METZ, V., Kapitalisierungszinssatz, S. 184; BODIE, Z./KANE, A./MARCUS, A. J., Investments, S. 279; DÖRSCHELL, A./FRANKEN, L./SCHULTE, J./BRÜTTING, C., CAPM-basierte Risikozuschläge, S. 1153.

388 Vgl. MARKOWITZ, H. M., Portfolio Selection, S. 77; MARKOWITZ, H. M., Portfolio Selection II, S. 129-187.

389 Vgl. KRUSCHWITZ, L./HUSMANN, S., Finanzierung und Investition, S. 171; FRANKE, G./HAX, H., Finanzwirtschaft, S. 354 f.; METZ, V., Kapitalisierungszinssatz, S. 185.

390 Vgl. MARKOWITZ, H. M., Portfolio Selection, S. 89 f.; WIESE, J., Komponenten des Zinsfußes, S. 34; NOWAK, K., Marktorientierte Unternehmensbewertung, S. 66.

391 Vgl. MARKOWITZ, H. M., Portfolio Selection II, S. 140 f.; ROSS, S. A./WESTERFIELD, R. W./JAFFE, J. F., Corporate Finance, S. 270; PERRIDON, L./STEINER, M./RATHGEBER, A. W., Finanzwirtschaft, S. 253; HACHMEISTER, D., Unternehmenswertsteigerung, S. 161.

392 Das Separationstheorem sagt aus, dass die Bestimmung des Marktportfolios und die Bestimmung des individuellen Portfolios (d. h. die Aufteilung in Marktportfolio und risikolose Anlage) getrennt voneinander zu behandeln sind. Vgl. SPREMANN, K., Portfoliomanagement, S. 227 und ausführlich zur Tobin-Separation FRANKE, G., Kapitalmarkt und Separation, S. 239-260.

393 Vgl. TOBIN, J., Liquidity Preference, S. 65-86; PERRIDON, L./STEINER, M./RATHGEBER, A. W., Finanzwirtschaft, S. 268; STEINER, M./BRUNS, C., Wertpapiermanagement, S. 23.

394 Vgl. SCHULZ, R., Größenabhängige Risikoanpassungen, S. 29; FRANKE, G./HAX, H., Finanzwirtschaft, S. 327 und 355; WIESE, J., Komponenten des Zinsfußes, S. 34; ROSS, S. A./WESTERFIELD, R. W./JAFFE, J. F., Corporate Finance, S. 276-280.

diesem Fall ist für jeden Investor das Tangential- bzw. **Marktportfolio** effizient.[395] Die individuelle Risikoneigung drückt sich dann nur noch in der Aufteilung des Anlagebetrages in die Anlagealternativen risikolose Anlage und Marktportfolio aus.[396] Somit liegen alle effizienten Anlagealternativen auf einer von r_f ausgehenden Geraden durch den Tangentialpunkt M der effizienten Portfolios, der sog. **Kapitalmarktlinie**:

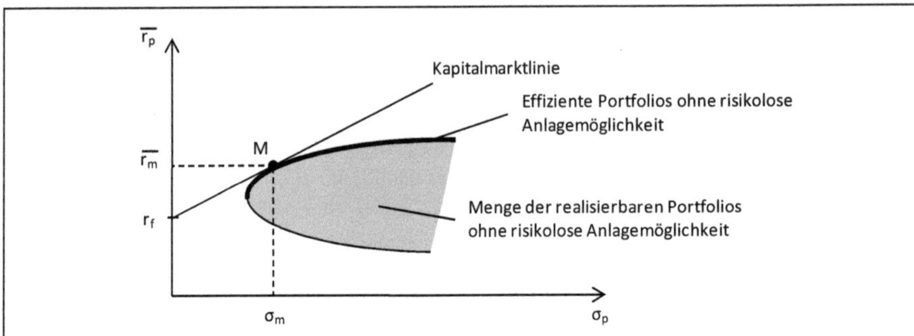

Abbildung 3-1: Effiziente Portfolios mit und ohne risikoloser Anlagemöglichkeit[397]

Das CAPM basiert auf einer Reihe idealisierter Annahmen, durch die sich die Renditeerwartung von rational handelnden Anlegern für risikobehaftete Wertpapiere aus folgender, bereits in Abschnitt 234.2 vorgestellten linearen Beziehung, der sog. **Wertpapierlinie** bzw. dem **CAPM**, ergibt:[398]

Formel 2-9	$\overline{r_j} = r_f + \beta_j * (\overline{r_m} - r_f)$

Die Renditeerwartung basiert demnach auf dem risikolosen Basiszins zuzüglich einer Risikoprämie, die sich als multiplikative Verknüpfung aus der Marktrisikoprämie und dem unternehmensindividuellen Betafaktor ergibt.

Die Annahmen[399] des CAPM werden in der Bewertungsliteratur vielfach als sehr restriktiv kritisiert, wobei insbesondere die Übertragbarkeit der Modellannahmen auf die realen Gegebenheiten

395 Das Marktportfolio liegt in dem Tangentialpunkt einer Gerade aus der risikolosen Anlage mit der Effizienzkurve, auf der alle effizienten Portfolios liegen. Vgl. PERRIDON, L./STEINER, M./RATHGEBER, A. W., Finanzwirtschaft, S. 263.

396 Vgl. KRUSCHWITZ, L./HUSMANN, S., Finanzierung und Investition, S. 186 f.; KUHNER, C./MALTRY, H., Unternehmensbewertung, S. 158.

397 In Anlehnung an METZ, V., Kapitalisierungszinssatz, S. 186; PERRIDON, L./STEINER, M./RATHGEBER, A. W., Finanzwirtschaft, S. 263 f.

398 Vgl. STEINER, M./BRUNS, C., Wertpapiermanagement, S. 26; PERRIDON, L./STEINER, M./RATHGEBER, A. W., Finanzwirtschaft, S. 266 f.

399 Vgl. hierzu PERRIDON, L./STEINER, M./RATHGEBER, A. W., Finanzwirtschaft, S. 262; BAETGE, J./NIEMEYER, K./KÜMMEL, J./SCHULZ, R., DCF-Verfahren, S. 371; SCHULZ, R., Größenabhängige Risikoanpassungen, S. 30;

im Fokus steht.[400] Neben der fundamentalen Kritik[401] und der empirisch z. T. nicht belegten Gültigkeit des CAPM[402] kann auch die Vereinbarkeit des unterstellten **vollkommenen Kapitalmarktes** mit der Existenz von Insolvenzen kritisch gesehen werden.[403] Konkret deutet bspw. die Annahme der Kapitalaufnahme zum **risikolosen Zinssatz** darauf hin, dass Insolvenzen im CAPM nicht betrachtet werden, da Kreditgeber sich sonst die Ausfallerwartungen durch den Kreditzins vergüten lassen würden und somit keine risikolose Kapitalaufnahmemöglichkeit bestehen würde. Auch die Annahme der risikolosen Kapitalanlage ist in der Realität regelmäßig nicht erfüllt, da die approximativ verwendeten Renditen von Staatsanleihen auch ein gewisses Ausfallrisiko berücksichtigen.[404] Durch Erweiterungen des CAPM kann dieses Problem indes gelöst werden, ohne dass die Aussagefähigkeit des Modells beeinträchtigt wird.[405] Weitere Kritik bezieht sich z. T. auf die Annahme **normalverteilter Renditen**[406] bzw. der **Standardabweichung** als Risikomaß.[407] So wird kritisiert, dass die Standardabweichung nicht nur die Verlustgefahr abbildet und damit die Gefahr von Insolvenzen ggf. nicht adäquat berücksichtigt wird.[408]

Es zeigt sich, dass die CAPM-Annahmen mit zahlreichen Kritikpunkten, auch hinsichtlich der Vereinbarkeit mit bzw. der Berücksichtigung von Insolvenzrisiken, einhergehen. Durch Erweiterungen

DÖRSCHELL, A./FRANKEN, L./SCHULTE, J., Kapitalisierungszinssatz, S. 16; BODIE, Z./KANE, A./MARCUS, A. J., Investments, S. 280; WIESE, J., Komponenten des Zinsfußes, S. 35; TIMMRECK, C., ß-Faktoren, S. 301; MANDL, G./RABEL, K., Unternehmensbewertung, S. 291; FRANKE, G., Kapitalmarkt und Separation, S. 241; HACHMEISTER, D., Unternehmenswertsteigerung, S. 160; WILHELM, J., Unternehmensfinanzierung, S. 14 f.

400 Vgl. BALLWIESER, W., DCF-Verfahren, S. 83; BÖCKING, H.-J./NOWAK, K., Typisierungsproblematik, S. 689 f. Vgl. auch ausführlich RICHTER, F., Konzeption, S. 60-64.

401 Vgl. zur fundamentalen Kritik am CAPM bspw. WIESE, J., Komponenten des Zinsfußes, S. 42-46; HERING, T., Unternehmensbewertung, S. 179-185. Grundsätzlich wird schon die Anwendung des CAPM für die Unternehmensbewertung kritisiert, da in dem unterstellten Gleichgewichtszustand bereits jeder Investor das effiziente Portfolio hält und daher ein Transfer von Unternehmensanteilen und damit verbunden die Unternehmensbewertung obsolet sei.

402 Vgl. zu einer umfangreichen Darstellung empirischer Untersuchungen des CAPM bspw. METZ, V., Kapitalisierungszinssatz, S. 193-195.

403 Vgl. HAUGEN, R. A./SENBET, L. W., Bankruptcy Costs, S. 384; GLEIßNER, W., Unternehmenswert, S. 735.

404 Vgl. RICHTER, F., Konzeption, S. 61; PERRIDON, L./STEINER, M./RATHGEBER, A. W., Finanzwirtschaft, S. 268 f.

405 Eine Weiterentwicklung des CAPM, das auf die Annahme der risikolosen Kapitalaufnahme bzw. -anlage verzichtet, wurde von BLACK entwickelt. Hierbei wird die risikolose Anlage durch die erwartete Rendite eines Portfolios ersetzt, dem Zero-Beta-Portfolio, das unkorreliert mit dem Marktportfolio ist. Vgl. BLACK, F., Capital Market Equilibrium, S. 450; WIESE, J., Komponenten des Zinsfußes, S. 36; PERRIDON, L./STEINER, M./RATHGEBER, A. W., Finanzwirtschaft, S. 269; MICHELS, J., Alternativen zum CAPM, S. 43; METZ, V., Kapitalisierungszinssatz, S. 239; TIMMRECK, C., Sicherheitsäquivalente, S. 26-28.

406 Vgl. SPREMANN, K., Portfoliomanagement, S. 175-177.

407 Vgl. LÖFFLER, A., Paradox der Portfoliotheorie, S. 47; PROKOP, J., Zukünftige Unternehmenserfolge, S. 95; WIESE, J., Komponenten des Zinsfußes, S. 43; LEUTHIER, R., Interdependenzproblem, S. 113; RICHTER, F., Konzeption, S. 60. ALBRECHT/MAURER weisen empirisch nach, dass die Aktienrenditen des DAX keiner Normalverteilung folgen. Vgl. ALBRECHT, P./MAURER, R., Investment- und Risikomanagement, S. 116-120.

408 Vgl. HERING, T., Unternehmensbewertung, S. 178; ALBRECHT, P./MAURER, R., Investment- und Risikomanagement, S. 124; GLEIßNER, W./WOLFRUM, M., Eigenkapitalkosten, S. 602.

wird versucht, die Schwächen des Standard-CAPM teilweise zu beheben.[409] Indes dominiert in der Praxis weiterhin das Standard-CAPM, was u. a. auf die Problematik der Datenbeschaffung zurückzuführen ist.[410] Aufgrund der bestehenden Praxisrelevanz des Standard-CAPM soll auch der Fokus der weiteren Untersuchung hierauf liegen. In den folgenden Abschnitten soll nun analysiert werden, inwieweit sich Insolvenzrisiken und damit einhergehend die Annahme einer endlichen Unternehmensexistenz implizit auf die Komponenten des Standard-CAPM[411], d. h. auf den risikolosen Basiszins, die Marktrisikoprämie und den Betafaktor auswirken.

32 Kritische Analyse der Berücksichtigung von Insolvenzrisiken in den CAPM-Komponenten

321. Risikoloser Basiszins

321.1 Vorbemerkung

Im Rahmen der Kapitalwertmethoden findet eine Transformation künftiger Cashflows in Barwerte statt. Hierdurch wird der Vergleich des Bewertungsobjekts mit der Alternativanlage abgebildet.[412] Als **Alternativanlage** schlägt das IDW die Investition in Unternehmensanteile, d. h. in ein **Aktienportfolio** vor,[413] deren Rendite sich grundsätzlich in die Komponenten Basiszins und Risikoprämie aufteilen lässt.[414] Der IDW S 1 verweist hierzu auf die marktgestützte Ermittlung mittels des CAPM, das ebenfalls auf einer zweistufigen Ableitung der Alternativrendite basiert.[415] Durch die beiden Komponenten wird sichergestellt, dass sowohl die zeitliche Transformation als auch das bewertungsrelevante Risiko berücksichtigt werden.[416] Die Funktion der **zeitlichen Transformation** wird durch den Basiszins erfüllt.[417] Hierbei ist zu beachten, dass der Basiszins entsprechend der

---

409 Erweiterungen des CAPM heben bspw. die Einperiodigkeit des Modells auf. Vgl. hierzu bspw. WIESE, J., Komponenten des Zinsfußes, S. 36-41 m. w. N.; PERRIDON, L./STEINER, M./RATHGEBER, A. W., Finanzwirtschaft, S. 268-270.

410 Vgl. WIESE, J., Komponenten des Zinsfußes, S. 42 f.; METZ, V., Kapitalisierungszinssatz, S. 239.

411 Im Weiteren bezieht sich der Ausdruck CAPM stets auf das Standard-CAPM.

412 Vgl. BAETGE, J./NIEMEYER, K./KÜMMEL, J./SCHULZ, R., DCF-Verfahren, S. 361; METZ, V., Kapitalisierungszinssatz, S. 20.

413 Im IDW S 1 i. d. F. 2000 wurde die Alternativanlage durch risikolose Wertpapiere abgebildet. Die veränderte Sichtweise hin zum Aktienportfolio beeinflusst nicht die Ableitung des Basiszinses bzw. des Risikozuschlags, sondern bezieht sich auf die steuerliche Behandlung der Alternativanlage. Vgl. MUNKERT, M. J., Kapitalisierungszinssatz, S. 120; WAGNER, W./JONAS, M./BALLWIESER, W./TSCHÖPEL, A., Unternehmensbewertung in der Praxis, S. 1006. Vgl. zur Diskussion um die sachgerechte Alternativanlage bspw. METZ, V., Kapitalisierungszinssatz, S. 20-35.

414 Vgl. IDW (Hrsg.), IDW S 1 (2008), Rn. 115.

415 Vgl. IDW (Hrsg.), IDW S 1 (2008), Rn. 92. MUNKERT kritisiert das zweistufige Vorgehen als Second-Best-Lösung, die nur aufgrund der Nichtrealisierbarkeit der First-Best-Lösung Anwendung findet. Als theoretisches Ideal und somit First-Best-Lösung bezeichnet er den internen Zinsfuß einer laufzeit- und risikoäquivalenten Alternativanlage, deren Ableitung in praxi indes scheitert. Vgl. MUNKERT, M. J., Kapitalisierungszinssatz, S. 118-120.

416 Vgl. TIMMRECK, C., ß-Faktoren, S. 300.

417 Vgl. MÜNSTERMANN, H., Wert und Bewertung, S. 65 f.; MOXTER, A., Grundsätze, S. 129; TIMMRECK, C., ß-Faktoren. Hierdurch werden die Zahlungsströme hinsichtlich des Zeitwerts des Geldes vergleichbar. Vgl. ausführlich KÜMMEL, J., Fair Value-Ermittlung, S. 176.

Äquivalenzprinzipien bestimmte Eigenschaften aufweisen soll, d. h., er soll frei von Währungs-, Termin- und Ausfallrisiken sein.[418]

Für die Ableitung des risikolosen Basiszinssatzes werden in der Literatur verschiedene Modelle diskutiert.[419] Grundsätzlich lassen sich diese in vergangenheitsorientierte und kapitalmarktorientierte Modelle kategorisieren.[420] Die **vergangenheitsorientierte Ableitung** des Basiszinssatzes greift üblicherweise auf langfristige historische Durchschnittswerte zurück.[421] Dieser Ansatz wird indes zunehmend kritisiert, da ihm einerseits weitreichende **Ermessensspielräume** anhaften und er andererseits gegen die **Laufzeitäquivalenz**[422] und das **Stichtagsprinzip**[423] verstößt, da weder die Laufzeit noch aktuelle Daten berücksichtigt werden.[424] Auch das IDW hat sich der Kritik angenommen und durch die Überarbeitung des IDW S 1 im Jahr 2005 den Verweis auf die Orientierungshilfe historischer Zinsentwicklungen gestrichen.[425] In der Bewertungsliteratur und -praxis dominiert daher heutzutage die konzeptionell überlegene **kapitalmarktorientierte Ableitung** des risikolosen Basiszinssatzes.[426] Im folgenden Abschnitt soll daher untersucht werden, welche Implikationen die Annahme der endlichen Unternehmensfortführung für die kapitalmarktorientierte Ableitung des risikolosen Basiszinssatzes hat.

---

418 Vgl. BALLWIESER, W., Kalkulationszinsfuß, S. 737; BALLWIESER, W., Risikoloser Zins, S. 23; HACHMEISTER, D./WIESE, J., Zinsfuß, S. 55; WIESE, J./GAMPENRIEDER, P., Basiszins, S. 1722. Vgl. auch Abschn. 234.1.

419 Vgl. bspw. MUNKERT, M. J., Kapitalisierungszinssatz, S. 123-131 m. w. N.; WÜSTEMANN, J., Basiszinssatz und Risikozuschlag, S. 2224; REESE, R./WIESE, J., Basiszins, S. 28.

420 Vgl. DÖRSCHELL, A./FRANKEN, L./SCHULTE, J., Kapitalisierungszinssatz, S. 51 f.; JONAS, M./WIELAND-BLÖSE, H./SCHIFFARTH, S., Basiszinssatz, S. 647.

421 Vgl. JONAS, M./WIELAND-BLÖSE, H./SCHIFFARTH, S., Basiszinssatz, S. 647; BAETGE, J./KRAUSE, C., Berücksichtigung des Risikos, S. 449 f.; ausführlich in MUNKERT, M. J., Kapitalisierungszinssatz, S. 123-129 sowie METZ, V., Kapitalisierungszinssatz, S. 45-53.

422 Lediglich im Fall einer flachen Zinsstrukturkurve ist die Verwendung historischer Durchschnittsrenditen mit der Forderung nach Laufzeitäquivalenz vereinbar. Vgl. hierzu bspw. BALLWIESER, W., Risikoloser Zins, S. 24; METZ, V., Kapitalisierungszinssatz, S. 63 m. w. N.

423 Vgl. zum Stichtagsprinzip auch Abschn. 243.

424 Vgl. DÖRSCHELL, A./FRANKEN, L./SCHULTE, J., Kapitalisierungszinssatz, S. 52; MUNKERT, M. J., Kapitalisierungszinssatz, S. 125 und 128. In der Rechtsprechung wird die Verwendung historischer Durchschnittsrenditen indes z. T. weiterhin akzeptiert. Vgl. BALLWIESER, W., Unternehmensbewertung, S. 88 m. w. N.; BAETGE, J./NIEMEYER, K./KÜMMEL, J./SCHULZ, R., DCF-Verfahren, S. 363; WÜSTEMANN, J., Basiszinssatz und Risikozuschlag, S. 2224; BayObLG, Beschluss vom 28.10.2005, S. 44; LG Dortmund, Beschluss vom 19.3.2007, S. 794; OLG Düsseldorf, Urteil vom 23.1.2008, S. 824.

425 Vgl. WAGNER, W./JONAS, M./BALLWIESER, W./TSCHÖPEL, A., Unternehmensbewertung in der Praxis, S. 1015; GEBHARDT, G./DASKE, H., Risikofreie Zinssätze, S. 653; DÖRSCHELL, A./FRANKEN, L./SCHULTE, J., Kapitalisierungszinssatz, S. 52; IDW (Hrsg.), IDW S 1 (2000), Rn. 121; IDW (Hrsg.), IDW S 1 (2005), Rn. 127.

426 Vgl. REESE, R./WIESE, J., Basiszins, S. 38; DRUKARCZYK, J./SCHÜLER, A., Unternehmensbewertung, S. 210 f.; DÖRSCHELL, A./FRANKEN, L./SCHULTE, J., Kapitalisierungszinssatz, S. 52.

321.2 Kapitalmarktorientierte Ableitung des risikolosen Basiszinses

321.21 Verfahren zur kapitalmarktorientierten Ableitung des risikolosen Basiszinses

Die kapitalmarktorientierte Ableitung des risikolosen Zinssatzes basiert auf am Kapitalmarkt beobachtbaren Renditen für Staatsanleihen.[427] Ziel ist dabei zunächst die Ermittlung **laufzeitspezifischer Zinssätze**, die letztlich die Zinsstrukturkurve beschreiben.[428] Um die Laufzeitäquivalenz theoretisch sauber herzustellen, ist die Ableitung der Zinsstrukturkurve aus den Kursen von **Zero-Bonds** erforderlich.[429] Da indes nicht für jede Laufzeit beobachtbare Zero-Bond-Renditen verfügbar sind,[430] werden diese regelmäßig aus den Renditen von **Kupon-Staatsanleihen** errechnet.[431] Die Schätzung der Zinsstrukturkurve aus Renditen von Kupon-Anleihen basiert üblicherweise auf der **Svensson-Methode**[432],[433] die auch vom IDW für die Ermittlung objektivierter Unternehmenswerte empfohlen wird.[434] Anhand der so ermittelten laufzeitspezifischen Zinssätze können die periodenspezifischen Cashflows diskontiert werden.[435]

In der Praxis wird regelmäßig ein **einheitlicher Basiszinssatz** ermittelt, der allen Perioden zugrunde gelegt wird.[436] Dieses Vorgehen setzt indes die vorige Ableitung der periodenspezifischen Zins-

427 Vgl. DÖRSCHELL, A./FRANKEN, L./SCHULTE, J., Kapitalisierungszinssatz, S. 52.

428 Vgl. BAETGE, J./NIEMEYER, K./KÜMMEL, J./SCHULZ, R., DCF-Verfahren, S. 363; DÖRSCHELL, A./FRANKEN, L./SCHULTE, J., Kapitalisierungszinssatz, S. 52; KÜMMEL, J., Fair Value-Ermittlung, S. 177; KRUSCHWITZ, L./LÖFFLER, A., Kapitalkosten, S. 806; IDW (Hrsg.), IDW S 1 (2008), Rn. 117.

429 Vgl. SCHWETZLER, B., Zinsänderungsrisiko, S. 1095; WIESE, J./GAMPENRIEDER, P., Basiszins, S. 1723; MUNKERT, M. J., Kapitalisierungszinssatz, S. 160; DÖRSCHELL, A./FRANKEN, L./SCHULTE, J., Kapitalisierungszinssatz, S. 53.

430 Vgl. DÖRSCHELL, A./FRANKEN, L./SCHULTE, J., Kapitalisierungszinssatz, S. 53; JONAS, M./WIELAND-BLÖSE, H./SCHIFFARTH, S., Basiszinssatz, S 647; MUNKERT, M. J., Kapitalisierungszinssatz, S. 160; METZ, V., Kapitalisierungszinssatz, S. 64.

431 Vgl. JONAS, M./WIELAND-BLÖSE, H./SCHIFFARTH, S., Basiszinssatz, S. 647; MUNKERT, M. J., Kapitalisierungszinssatz, S. 161. Die direkte Ableitung aus Kupon-Anleihen führt zu einer Renditestrukturkurve, aus der anschließend die Zinsstrukturkurve zu ermitteln ist. Vgl. OBERMAIER, R., Basiszins, S. 494.

432 Die Svensson-Methode ist eine Schätzmethode zur Ableitung von Zinsstrukturkurven aus beobachtbaren Renditen von Kupon-Anleihen, die von NELSON und SIEGEL entwickelt und von SVENSSON erweitert wurde. Durch diese Methode wird iterativ eine Zinsstrukturkurve für hypothetische Zero-Bonds ermittelt. Den geschätzten Renditen werden dabei tatsächlich beobachtbare Renditen gegenübergestellt und die einfließenden Parameter bis zur weitgehenden Übereinstimmung der entsprechenden Renditen variiert. Vgl. zur Svensson-Methode SVENSSON, L. E. O., Estimating, S. 5-9; DÖRSCHELL, A./FRANKEN, L./SCHULTE, J., Kapitalisierungszinssatz, S. 54-56; JONAS, M./WIELAND-BLÖSE, H./SCHIFFARTH, S., Basiszinssatz, S. 647 f.

433 Neben der Svensson-Methode existieren weitere Verfahren zur Ableitung kapitalmarktbasierter Zinsstrukturkurven, bspw. die Ermittlung aus Strips oder aus Zinsswaps. Vgl. hierzu DÖRSCHELL, A./FRANKEN, L./SCHULTE, J., Kapitalisierungszinssatz, S. 52 f.; WIESE, J./GAMPENRIEDER, P., Basiszins, S. 1723; MUNKERT, M. J., Kapitalisierungszinssatz, S. 161; BAETGE, J./NIEMEYER, K./KÜMMEL, J./SCHULZ, R., DCF-Verfahren, S. 363. Die Deutsche Bundesbank greift für die Ermittlung der Zinsstrukturkurve indes auf die Svensson-Methode zurück. Vgl. DEUTSCHE BUNDESBANK, Zinsstrukturkurven, S. 61-66.

434 Vgl. IDW (Hrsg.), WP Handbuch, Rn. A 288. Indes ist auch die Ableitung der Zinsstrukturkurve durch die Svensson-Methode nicht gänzlich frei vom Ermessen des Bewerters, da neben der Deutschen Bundesbank auch die EZB die Parameter veröffentlicht, die ggf. voneinander abweichen können. Vgl. hierzu WAGNER, W./SAUR, G./WILLERSHAUSEN, T., Neuerungen des IDW S 1 (2008), S. 737; HACHMEISTER, D./WIESE, J., Zinsfuß, S. 55.

435 Vgl. IDW (Hrsg.), WP Handbuch, Rn. A 291.

436 Vgl. DÖRSCHELL, A./FRANKEN, L./SCHULTE, J., Kapitalisierungszinssatz, S. 53; ARBEITSKREIS UNTERNEHMENSBEWERTUNG, Kapitalisierungszinssatz, S. 556.

sätze voraus, anhand derer der Barwert der Cashflows ermittelt wird.[437] Anschließend wird der einheitliche Zins gesucht, der zum selben Ergebnis führt.[438] Der einheitliche Basiszins ist v. a. für die Anwendung der **ewigen Rente** erforderlich.[439]

Wie bereits erwähnt, werden zur Ableitung der periodenspezifischen Zinssätze Staatsanleihen herangezogen, d. h., der risikolose Zinssatz wird üblicherweise durch Renditen von **Staatsanleihen** approximiert.[440] Auch im IDW S 1 wird der Rückgriff auf langfristig erzielbare Renditen öffentlicher Anleihen vorgeschlagen.[441] Staatsanleihen erfüllen indes die oben genannten **Äquivalenzprinzipien** nicht vollständig.[442] Während die Anforderung der Währungsäquivalenz i. d. R. leicht zu erfüllen ist, indem eine Staatsanleihe in der gleichen Währung herangezogen wird, werfen die Laufzeit- sowie Risikoäquivalenz mitunter Probleme auf. Diese Problembereiche sollen in den folgenden Abschnitten vor dem Hintergrund der endlichen Fortführungsprämisse analysiert werden.

321.22 Analyse der Berücksichtigung von Insolvenzrisiken im risikolosen Zinssatz

321.221. Beeinflussung der Laufzeitäquivalenz

Das Prinzip der Laufzeitäquivalenz stellt darauf ab, dass der zugrunde liegende Zinssatz auch für die entsprechende Laufzeit realisierbar ist und damit eine fristadäquate alternative Geldanlage sichergestellt wird.[443] Die Cashflows der jeweiligen Perioden sind somit mit dem entsprechenden laufzeitspezifischen Zinssatz zu diskontieren.[444] Bei Unternehmen, bei denen von einer unbegrenzten Existenz ausgegangen wird, ist diese Anforderung indes theoretisch nicht realisierbar, da Anleihen mit unendlicher Laufzeit herangezogen werden müssten,[445] die üblicherweise nicht existie-

437 Vgl. DÖRSCHELL, A./FRANKEN, L./SCHULTE, J., Kapitalisierungszinssatz, S. 69-75 und kritisch hierzu BALLWIESER, W., Unternehmensbewertung, S. 85 f.; REESE, R., Schätzung von Eigenkapitalkosten, S. 21-28.

438 Vgl. JONAS, M./WIELAND-BLÖSE, H./SCHIFFARTH, S., Basiszinssatz, S. 648.

439 Vgl. REESE, R., Schätzung von Eigenkapitalkosten, S. 21.

440 Vgl. HACHMEISTER, D./WIESE, J., Zinsfuß, S. 55; OBERMAIER, R., Basiszins, S. 493.

441 Vgl. IDW (Hrsg.), IDW S 1 (2008), Rn. 116. Der AKU des IDW empfiehlt, bei der Ermittlung objektivierter Unternehmenswerte von Zinsstrukturkurven für Staatsanleihen auszugehen.

442 Vgl. MUNKERT, M. J., Kapitalisierungszinssatz, S. 120.

443 Vgl. BALLWIESER, W., Kalkulationszinsfuß, S. 737; IDW (Hrsg.), WP Handbuch, Rn. A 287.

444 Die Verwendung eines laufzeitkonstanten Zinssatzes, wie er z. T. in der Bewertungspraxis verwendet wird, impliziert eine flache Zinsstrukturkurve, die empirisch aber üblicherweise nicht feststellbar ist. Vgl. OBERMAIER, R., Basiszins, S. 493. DAMODARAN sieht die Ableitung laufzeitspezifischer Zinssätze bei normalen Marktverhältnissen als nicht notwendig an, da bei normaler Zinsstrukturkurve nur ein geringer Effekt auf den Unternehmenswert zu vermuten ist und die weiteren CAPM-Parameter in dem Fall ebenfalls laufzeitspezifisch hergeleitet werden müssten, der Werteffekt sich aber i. d. R. ausgleicht. Spezifische Zinssätze sind daher nur dann notwendig, wenn eine sinkende Zinsstrukturkurve vorliegt oder diese extrem steigend ist, was v. a. in Marktkrisen vorkommen kann. Vgl. DAMODARAN, A., What is the Riskfree Rate?, S. 8. Ähnliche Argumentation auch in BALLWIESER, W., Risikoloser Zins, S. 24. Hieran ist indes zu kritisieren, dass der Bewertungsfehler aufgrund vorhandener Daten leicht vermeidbar und somit nicht zu rechtfertigen ist. Vgl. MUNKERT, M. J., Kapitalisierungszinssatz, S. 161 f.

445 Vgl. BALLWIESER, W., Risikoloser Zins, S. 21 f.

ren.[446] Stattdessen wird ausgehend von der abgeleiteten Zinsstrukturkurve, die regelmäßig Restlaufzeiten bis zu 30 Jahren abbildet, die Anschlussverzinsung berechnet.[447] Der Basiszinssatzes wird dabei i. d. R. anhand eines **Zweiphasenmodells** abgeleitet, bei dem in der ersten Phase die Zinssätze laufzeitspezifisch bestimmt werden und in der zweiten Phase der Zinssatz durch die Anschlussverzinsung abgebildet wird.[448] DÖRSCHELL/FRANKEN/SCHULTE und der FAUB favorisieren für die Bestimmung der Anschlussverzinsung den pragmatischen Ansatz einer **Fortschreibung der letzten beobachtbaren Spot Rate**, sodass der laufzeitspezifische Zinssatz der 30-jährigen Anleihe auch für die folgenden Jahre unterstellt wird.[449]

Wenn nun von der in der Unternehmensbewertung üblicherweise unterstellten Fortführungsprämisse abgewichen und eine endliche Unternehmensfortführung unterstellt wird, stellt sich die Frage, ob die Fortschreibungsannahme auch hierfür sachgerecht ist. Bei einer unterstellten **normalen Zinsstrukturkurve**[450] wird davon ausgegangen, dass die Renditen von Anleihen mit zunehmender Restlaufzeit immer flacher ansteigen.[451] Dies führt zu der Annahme, dass der Zinssatz einer fiktiv unendlichen Anleihe über dem Zins einer 30-jährigen Anleihe liegen müsste.[452] Bei Annahme einer **unendlichen Unternehmensexistenz** wird im Bewertungsmodell durch Fortschreibung der **30-jährigen Rendite** somit ein zu geringer Diskontierungszins abgebildet, was c. p. zu einem **zu hoch**

---

446 Vgl. IDW (Hrsg.), IDW S 1 (2008), Rn. 117; IDW (Hrsg.), WP Handbuch, Rn. A 287; MUNKERT, M. J., Kapitalisierungszinssatz, S. 122 f.; METZ, V., Kapitalisierungszinssatz, S. 42; HACHMEISTER, D./WIESE, J., Zinsfuß, S. 55; OBERMAIER, R., Basiszins, S. 493 f.; REBIEN, A., Kapitalkosten in der Unternehmensbewertung, S. 41. Eine Ausnahme bilden Britische Consols, die aufgrund ihrer Kündbarkeit aber keine echten unendlich laufenden Anleihen darstellen. Zudem unterliegen diese Anleihen einem Währungsrisiko zum Euro. Im Euroraum stellen derzeit französische Staatsanleihen mit einer Restlaufzeit von 50 Jahren die Anleihen mit der längsten Laufzeit dar. Vgl. WIDMANN, B./SCHIESZL, S./JEROMIN, A., Kapitalisierungszinssatz, S. 800; MUNKERT, M. J., Kapitalisierungszinssatz, S. 123.

447 Vgl. IDW (Hrsg.), IDW S 1 (2008), Rn. 117; HACHMEISTER, D./WIESE, J., Zinsfuß, S. 55.

448 Vgl. OBERMAIER, R., Basiszins, S. 494. Die erste Phase wird dabei durch die Laufzeit der Anleihe mit der längsten Restlaufzeit determiniert, die zweite Phase gilt für den verbleibenden, als unendlich angenommenen Bewertungszeitraum.

449 Vgl. DÖRSCHELL, A./FRANKEN, L./SCHULTE, J., Kapitalisierungszinssatz, S. 67 und 69; IDW (Hrsg.), Bestimmung des Basiszinssatzes, S. 491. Hierbei liegt die Annahme zugrunde, dass die normale Zinsstrukturkurve gegen einen festen Wert konvergiert und diesen näherungsweise ab dem 30. Jahr erreicht hat. Auch REESE/WIESE stellen eine flache Zinsstrukturkurve ab dem 30. Jahr als plausible Annahme dar. Vgl. REESE, R./WIESE, J., Basiszins, S. 45. Andere Verfahren wie die Extrapolation der Svensson-Methode und eine Ableitung aus impliziten Forward Rates lehnen die genannten Autoren ab, da diese Verfahren stark von der jeweiligen Parameterkonstellation abhängen. Vgl. DÖRSCHELL, A./FRANKEN, L./SCHULTE, J., Kapitalisierungszinssatz, S. 62-66. Vgl. zur ausführlichen Darstellung und Würdigung der Verfahren auch OBERMAIER, R., Basiszins, S. 496-504.

450 Die normale, d. h. steigende Zinsstrukturkurve lag in der Vergangenheit i. d. R. in Deutschland vor. Vgl. MUNKERT, M. J., Kapitalisierungszinssatz, S. 158 f.

451 Eine Erklärung für den nicht flachen Verlauf von Zinsstrukturkurven versucht u. a. die Erwartungstheorie, die Liquiditätsprämientheorie sowie die Segmentationstheorie zu liefern. Vgl. hierzu MUNKERT, M. J., Kapitalisierungszinssatz, S. 159 f. mit zahlreichen Nachweisen.

452 Die Fortschreibung der letzten beobachtbaren *Spot Rate* kann hierbei auch als theoretische Untergrenze einer normalen Zinsstruktur interpretiert werden. Indes bestehen auch Zweifel am beschriebenen langfristigen Verlauf der normalen Zinsstruktur. Vgl. OBERMAIER, R., Basiszins, S. 499 m. w. N.; HACHMEISTER, D./WIESE, J., Zinsfuß, S. 57. KRUSCHWITZ/LÖFFLER betonen, dass grundsätzlich kein Vorschlag zur Anschlussverzinsung als wissenschaftlich begründbar erachtet werden kann, da sie in Ermangelung entsprechender Anleihedaten nicht empirisch nachprüfbar sind. Vgl. KRUSCHWITZ, L./LÖFFLER, A., Kapitalkosten, S. 806.

ermittelten Unternehmenswert führt. Gemäß des unterstellten Verlaufs einer normalen Zinsstruktur wäre aber ein degressiv steigender Zinssatz anzusetzen, der dann theoretisch in einem geringeren Unternehmenswert resultiert. Mit jedem Jahr steigt daher der Bewertungsfehler, also die Differenz zwischen theoretisch richtigem und pragmatischem Zins, weiter an. Durch die Annahme einer endlichen Unternehmensexistenz wäre dieser Fehler theoretisch geringer, da er sich nicht bis in die Unendlichkeit fortschreibt. Folglich ist die beschriebene Anschlussverzinsung auch mit der Annahme einer endlichen, aber unbestimmten Unternehmensexistenz vereinbar und führt theoretisch sogar zu einem geringeren Bewertungsfehler. Da in beiden Fällen, d. h. in der unendlichen und endlichen Fortführungsannahme, aber derselbe Zins verwendet wird, wirkt sich dies c. p. nicht auf den Unternehmenswert aus.

Zusammenfassend bedeutet dies, dass die Annahme der endlichen Unternehmensfortführung keine (negativen) Auswirkungen auf die laufzeitäquivalente Ermittlung des risikolosen Basiszinssatzes hat, sodass auch hier auf die Fortschreibung der letzten beobachtbaren Spot Rate zurückgegriffen werden kann. Die geforderte Laufzeitäquivalenz kann sogar konsistenter abgebildet werden, als unter der Fortführungsannahme.[453]

321.222. Beeinflussung der Risikoäquivalenz

Neben der Wahrung der Währungs- und Laufzeitäquivalenz ist auch die Risikoäquivalenz sicherzustellen, sodass Bewertungsobjekt und Alternativanlage der gleichen Unsicherheitsdimension unterliegen.[454] Die Risikoäquivalenz wird regelmäßig durch einen Risikozuschlag zum **risikolosen** Basiszins hergestellt. Der Basiszins sollte demnach selber kein Ausfallrisiko enthalten. Hinsichtlich dieser Anforderung treten aber Probleme in der Umsetzung auf, da eine solche Anlageform nicht verfügbar ist und den approximativ verwendeten Staatsanleihen ein gewisses Ausfallrisiko anhaftet.[455] Dies ist bspw. daran erkennbar, dass Kreditausfallversicherungen sowie Ratings für Staatsanleihen existieren.[456] Staatsanleihen stellen somit keine sichere, sondern eine **quasi-sichere** Anlagealternative dar.[457]

---

453 Auch im Fall inverser Zinsstrukturkurven führt die Abkehr von der Fortführungsannahme zu einer theoretisch sachgerechteren Abbildung, da sich die Überschätzung des Zinsniveaus auf einen unbestimmten aber endlichen statt unendlichen Zeitraum bezieht. Bei einer flachen Zinsstrukturkurve wird der Basiszins auch unter Annahme der Unternehmensfortführung konsistent ausgewiesen, da in diesem Fall kein Problem der Anschlussverzinsung besteht. Vgl. MUNKERT, M. J., Kapitalisierungszinssatz, S. 159.

454 Vgl. BALLWIESER, W., Unternehmensbewertung, S. 93.

455 MOXTER weist darauf hin, dass es keine Schuldner von absoluter Bonität gibt, sodass der Kapitalisierungszins immer nur als quasisicher gelten kann. Vgl. MOXTER, A., Grundsätze, S. 146. Vgl. auch DAMODARAN, A., What is the Riskfree Rate?, S. 23-25 und 32; DAMODARAN, A., Damodaran on Valuation, S. 35.

456 Vgl. DAMODARAN, A., What is the Riskfree Rate?, S. 24 f. und 32.

457 Vgl. MUNKERT, M. J., Kapitalisierungszinssatz, S. 120.

Alle Staaten der **Eurozone** emittieren Anleihen in Euro, die somit hinsichtlich der Währungsäquivalenz für die Bewertung eines deutschen Unternehmens geeignet sind.[458] Indes weisen die Anleihen unterschiedliche Renditen auf, was mit Unterschieden in der jeweiligen Risikoprämie zu begründen ist.[459] Maßgeblich ist in diesem Fall die Anleihe, die die **niedrigste Risikoprämie**, also die niedrigste Rendite aufweist,[460] was in den vergangenen Jahren regelmäßig auf Anleihen der Bundesrepublik Deutschland zutraf.[461] Dennoch weisen auch die risikoärmsten Anleihen ein gewisses Ausfallrisiko auf, was also zu einer **impliziten Berücksichtigung von Insolvenzrisiken** führt, da der hieraus abgeleitete Basiszins nicht nur den Zeitwert des Geldes repräsentiert, sondern auch eine gewisse Risikokomponente enthält. Für Anleihen der Bundesrepublik Deutschland beträgt die derzeitige CDS-Prämie ca. 100 Basispunkte, was in einer **impliziten** Ausfallwahrscheinlichkeit von ca. 1,6 % p. a. resultiert.[462] Diese implizit berücksichtigten Insolvenzrisiken beruhen auf Ausfallrisiken von Staatsanleihen, stellen also keine unternehmensindividuellen Ausfall- bzw. Insolvenzrisiken dar. Da der Basiszins auch in die Marktrisikoprämie einfließt, wird dieser Effekt indes z. T. kompensiert. Dennoch wird der Diskontierungszins durch die Insolvenzrisiken der zugrunde liegenden Staatsanleihen teilweise verzerrt.

Nachdem in diesem Abschnitt festgestellt wurde, dass Insolvenzrisiken durchaus Einfluss auf die Ermittlung des einheitlichen Basiszinses haben, wird im folgenden Abschnitt untersucht, welche Auswirkung die Annahme einer endlichen Unternehmensfortführung auf die Marktrisikoprämie hat und inwiefern Insolvenzrisiken bei der Ermittlung der Marktrisikoprämie zu beachten sind.

322. Marktrisikoprämie

322.1 Vorbemerkung

Die Rendite der Alternativanlage setzt sich aus den beiden Komponenten Basiszins und **Risikoprämie** zusammen. Durch die Risikoprämie soll die Identität der Unsicherheitsdimension zwischen Bewertungsobjekt und Alternativanlage hergestellt werden. In der Praxis und v. a. bei der Ermittlung objektivierter Unternehmenswerte wird dies üblicherweise anhand der **Risikozuschlagsmethode** vorgenommen.[463] Die Risikoprämie setzt sich dabei multiplikativ aus zwei Komponenten zusammen, der Marktrisikoprämie und dem Betafaktor[464].[465]

---

458 Vgl. DAMODARAN, A., What is the Riskfree Rate?, S. 10 f.

459 Vgl. DAMODARAN, A., What is the Riskfree Rate?, S. 12; MUNKERT, M. J., Kapitalisierungszinssatz, S. 122.

460 Vgl. MUNKERT, M. J., Kapitalisierungszinssatz, S. 122.

461 Vgl. EUROPEAN CENTRAL BANK, Harmonised Long-Term Interest Rates.

462 Vgl. zur impliziten Ausfallwahrscheinlichkeit auch Abschn. 433. Eine CDS-Prämie i. H. v. 100 Basispunkten sagt aus, dass die Ausfallversicherung einer fünfjährigen Anleihen je 100.000 EUR Nennwert 1.00 EUR p. a. kostet. Daten abgerufen über http://www.derivateverband.de/DEU/Transparenz/CreditSpreads sowie http://www.dbresearch.de/servlet/reweb2.ReWEB?rwnode=DBR_INTERNET_DE-PROD$NAVIGATION &rwobj=CDS.calias&rwsite=DBR_INTERNET_DE-PROD, Stand: 15.01.2012.

463 Vgl. HACHMEISTER, D./WIESE, J., Zinsfuß, S. 58. Die Sicherheitsäquivalenzmethode wird z. T. als konzeptionell überlegen angesehen, ist aufgrund der erforderlichen Kenntnis der individuellen Nutzenfunktion des Bewertungssubjekts indes häufig nicht anwendbar. Im Rahmen der objektivierten Unternehmensbewertung spricht die notwen-

Die **Marktrisikoprämie** bildet den Risikozuschlag einer Investition in das (diversifizierte) Marktportfolio, verglichen mit einer risikolosen Alternativanlage, ab[466] und wird als Differenz der erwarteten Marktrendite zum risikolosen Basiszinssatz ermittelt.[467] Während das diversifizierte Marktportfolio aus theoretischer Sicht **sämtliche risikobehafteten Anlageklassen** umfassen sollte,[468] wird in der Praxis in Ermangelung eines vollumfassenden Marktportfolios regelmäßig ein Aktienindex zugrunde gelegt, der approximativ die Marktrendite widerspiegeln soll.[469] Der entsprechende Aktienindex sollte sich dabei am Portfolio eines **repräsentativen Investors** („*marginal investor*“) orientieren,[470] der sich aus der Typisierungsnotwendigkeit im Rahmen der objektivierten Unternehmensbewertung ergibt.[471] Im IDW S 1 wird bei der Ermittlung objektivierter Unternehmenswerte typisierend von einem **inländischen Privatanleger** ausgegangen.[472] Privatanleger und z. T. auch institutionelle Anleger tendieren häufig dazu, aus subjektiven oder aus rechtlichen bzw. vertraglichen Gründen vorwiegend in nationale Wertpapiere zu investieren.[473] Entsprechend ist bei einem nationalen Fokus der Investoren eher ein nationaler Index, für Deutschland bspw. der CDAX, für international orientierte Investoren eher ein weltweiter Index, z. B. der MSCI World-Index, zu wählen.[474] Zudem sollte der Index möglichst breit sein, um viele Branchen zu repräsentieren.[475] Die Marktrendite kann dabei sowohl zukunfts- (ex ante-Schätzung) als auch vergangenheitsorientiert (ex post-Schätzung) abgeleitet werden.[476]

---

dige, aber kaum umsetzbare Aggregation verschiedener Nutzenfunktionen gegen die Verwendung der Methode. Vgl. hierzu auch Abschn. 233.2. Vgl. zur konzeptionellen Vorteilhaftigkeit der Sicherheitsäquivalenzmethode BALLWIESER, W., Komplexitätsreduktion, S. 171 f.

464 Vgl. hierzu Abschn. 323.

465 Vgl. DÖRSCHELL, A./FRANKEN, L./SCHULTE, J., Kapitalisierungszinssatz, S. 89.

466 Vgl. MUNKERT, M. J., Kapitalisierungszinssatz, S. 226; KRUSCHWITZ, L./LÖFFLER, A., Kapitalkosten, S. 806.

467 Vgl. METZ, V., Kapitalisierungszinssatz, S. 212; BAETGE, J./NIEMEYER, K./KÜMMEL, J./SCHULZ, R., DCF-Verfahren, S. 377.

468 Das Marktportfolio sollte demnach u. a. auch Rohstoffe, Immobilien, Kunstgegenstände und auch Humankapital enthalten. Vgl. BAETGE, J./NIEMEYER, K./KÜMMEL, J./SCHULZ, R., DCF-Verfahren, S. 377; STEINER, M./KLEEBERG, J., Indexauswahl im CAPM, S. 174; KRUSCHWITZ, L./LÖFFLER, A., Kapitalkosten, S. 807.

469 Vgl. WINKELMANN, M., Aktienbewertung in Deutschland, S. 105; METZ, V., Kapitalisierungszinssatz, S. 212 f.; ROSS, S. A., CAPM, S. 892; BALLWIESER, W., Unternehmensbewertung, S. 94; ZIMMERMANN, P., Betawerte, S. 91.

470 Vgl. KOELEN, P., Investitionstheoretische Bewertungskalküle, S. 148; BAETGE, J./NIEMEYER, K./KÜMMEL, J./SCHULZ, R., DCF-Verfahren, S. 377; DÖRSCHELL, A./FRANKEN, L./SCHULTE, J./BRÜTTING, C., CAPM-basierte Risikozuschläge, S. 1157; DAMODARAN, A., Damodaran on Valuation, S. 49.

471 Vgl. BAETGE, J./KRAUSE, C., Berücksichtigung des Risikos, S. 436.

472 Vgl. DÖRSCHELL, A./FRANKEN, L./SCHULTE, J./BRÜTTING, C., CAPM-basierte Risikozuschläge, S. 1158. Dies bezieht sich konkret auf die Ermittlung objektivierter Unternehmenswerte im Rahmen von gesellschaftsrechtlichen und vertraglichen Bewertungsanlässen. Vgl. IDW (Hrsg.), IDW S 1 (2008), Rn. 31.

473 Die Konzentration auf nationale Wertpapiere, trotz vorteilhafter internationaler Diversifikation, wird als *home bias* bezeichnet. Vgl. DÖRSCHELL, A./FRANKEN, L./SCHULTE, J./BRÜTTING, C., CAPM-basierte Risikozuschläge, S. 1158.

474 Vgl. DAMODARAN, A., Damodaran on Valuation, S. 49; DÖRSCHELL, A./FRANKEN, L./SCHULTE, J./BRÜTTING, C., CAPM-basierte Risikozuschläge, S. 1157.

475 Vgl. BAETGE, J./NIEMEYER, K./KÜMMEL, J./SCHULZ, R., DCF-Verfahren, S. 377; ROSS, S. A./WESTERFIELD, R. W./JAFFE, J. F., Corporate Finance, S. 280; DAMODARAN, A., Equity Risk Premiums, S. 23.

476 Vgl. MUNKERT, M. J., Kapitalisierungszinssatz, S. 231; OBERMAIER, R., Basiszins, S. 504.

322.2 Zukunftsorientierte Ableitung der Marktrisikoprämie

Zu den zukunftsbezogenen Verfahren zählen Expertenbefragungen und Schätzmodelle impliziter Eigenkapitalkosten.[477] **Expertenbefragungen** basieren auf Renditeeinschätzungen der Kapitalmarktteilnehmer.[478] Dieses Verfahren leidet indes an der nicht hinreichend dokumentierten Güte der Schätzungen sowie am hohen Aufwand der Datenerhebung und wird daher üblicherweise abgelehnt.[479]

Die Modelle zur **Schätzung impliziter Eigenkapitalkosten**[480] greifen auf Gewinnschätzungen von Finanzanalysten sowie auf aktuelle Börsenkurse zurück.[481] Gemein ist den Verfahren, dass die Marktrisikoprämie rekursiv auf Basis zu diskontierender künftiger Erfolgsgrößen und der Marktkapitalisierung ermittelt wird.[482] Kritisch hieran ist die Verwendung vereinfachender Annahmen sowie die Abhängigkeit von den Einschätzungen der Finanzanalysten zu sehen, was auch dem Grundsatz der Objektivierung entgegen steht.[483] In der Bewertungspraxis konnten sich die Verfahren zur Schätzung impliziter Eigenkapitalkosten daher noch nicht durchsetzen, auch wenn sie den konzeptionellen Vorteil zukunftsbezogener Daten aufweisen[484] und daher dem Grundsatz der Zukunftsorientierung entsprechen. Aufgrund der mangelnden Objektivierbarkeit und der geringen Praxisrelevanz der zukunftsorientierten Ableitung der Marktrisikoprämie soll dieser Ansatz hier nicht weiter betrachtet werden.

Im folgenden Abschnitt soll die derzeit gängige vergangenheitsorientierte Ableitung analysiert werden. Bei diesem Ansatz werden die **historischen Daten** implizit als repräsentativ für die Zukunft angenommen, sodass zu analysieren ist, ob **Insolvenzrisiken** in den historischen Daten adäquat berücksichtigt werden.

---

477 Vgl. DÖRSCHELL, A./FRANKEN, L./SCHULTE, J., Kapitalisierungszinssatz, S. 89.

478 Vgl. DAMODARAN, A., Equity Risk Premiums, S. 15-20; METZ, V., Kapitalisierungszinssatz, S. 222.

479 Vgl. DÖRSCHELL, A./FRANKEN, L./SCHULTE, J., Kapitalisierungszinssatz, S. 89; METZ, V., Kapitalisierungszinssatz, S. 223.

480 Diese ex ante-Modelle können sowohl als eigenständiger Ansatz zur Ableitung der Kapitalkosten, als auch zur Schätzung der Marktrisikoprämie im CAPM verwendet werden. Vgl. hierzu REESE, R., Schätzung von Eigenkapitalkosten, S. 2; DASKE, H./GEBHARDT, G., Zukunftsorientierte Eigenkapitalkosten, S. 537.

481 Die Verfahren zur Bestimmung impliziter Eigenkapitalkosten lassen sich in Dividendendiskontierungs-, Residualgewinn- und Gewinnkapitalisierungsmodelle sowie heuristische Ansätze kategorisieren. Vgl. ausführlich zu den einzelnen Verfahren REESE, R., Schätzung von Eigenkapitalkosten, S. 3 sowie 62-96; METZ, V., Kapitalisierungszinssatz, S. 223-232.

482 Vgl. DAMODARAN, A., Damodaran on Valuation, S. 45; REESE, R., Schätzung von Eigenkapitalkosten, S. 1; DASKE, H./GEBHARDT, G., Zukunftsorientierte Eigenkapitalkosten, S. 537.

483 Vgl. DÖRSCHELL, A./FRANKEN, L./SCHULTE, J., Kapitalisierungszinssatz, S. 90.

484 Vgl. DÖRSCHELL, A./FRANKEN, L./SCHULTE, J., Kapitalisierungszinssatz, S. 90. Kritisch zu den zukunftsorientierten Verfahren WAGNER, W./JONAS, M./BALLWIESER, W./TSCHÖPEL, A., Unternehmensbewertung in der Praxis, S. 1017 sowie OBERMAIER, R., Basiszins, S. 506.

322.3 Vergangenheitsorientierte Ableitung der Marktrisikoprämie

Zur Ableitung der Marktrisikoprämie wird in der Bewertungspraxis üblicherweise auf durchschnittliche historische Renditen zurückgegriffen.[485] Hierbei liegt die Annahme zugrunde, dass die historischen Kapitalmarktverhältnisse sich in der Zukunft fortschreiben.[486] Wie bereits oben beschrieben, ist ein möglichst breiter Index aus Sicht eines repräsentativen Anlegers zu wählen, um der Anlagevielfalt des theoretischen Marktportfolios nahe zu kommen.

Allerdings wird durch die Verwendung historischer Renditen dem Grundsatz der **Zukunftsorientierung** widersprochen.[487] KOELEN relativiert den fehlenden Zukunftsbezug, indem er darauf hinweist, dass Kapitalmarktdaten stets Erwartungen über die künftige Entwicklung abbilden, historische Kapitalmarktdaten daher Zukunftserwartungen der Vergangenheit darstellen.[488] Hierzu ist aber anzumerken, dass die ermittelten Renditen nicht zukunftsbezogen sind, sondern in der Vergangenheit realisierte Renditen darstellen, die auch aufgrund von Erwartungen der Marktteilnehmer zustande gekommen sind. Sie spiegeln aber nicht die aktuellen Markterwartungen wider, was hinsichtlich des Grundsatzes der Zukunftsorientierung kritisch zu sehen ist.

Auch der Grundsatz der **Objektivierung** wird nicht vollständig erfüllt. Zwar sind realisierte Ergebnisgrößen grundsätzlich als objektivierbar anzusehen, indes werden diese Größen in aggregierter Form als Bewertungsparameter verwendet, was die Nachprüfbarkeit beeinträchtigt. So weisen auch empirische Studien ein uneinheitliches Bild hinsichtlich der Höhe der Marktrisikoprämie auf, was daran liegt, dass bei der Festlegung der Parameter z. T. erhebliche **Ermessensspielräume** bestehen.[489] So kann die Wahl des Marktportfolios[490], die Länge des Beobachtungszeitraums[491] und der

485 Vgl. WAGNER, W./JONAS, M./BALLWIESER, W./TSCHÖPEL, A., Unternehmensbewertung in der Praxis, S. 1017; MUNKERT, M. J., Kapitalisierungszinssatz, S. 232; BAETGE, J./NIEMEYER, K./KÜMMEL, J./SCHULZ, R., DCF-Verfahren, S. 377.

486 Vgl. BAETGE, J./KRAUSE, C., Berücksichtigung des Risikos, S. 447; WÜSTEMANN, J., Basiszinssatz und Risikozuschlag, S. 2226; BALLWIESER, W., Unternehmensbewertung, S. 98; WIDMANN, B./SCHIESZL, S./JEROMIN, A., Kapitalisierungszinssatz, S. 804; REESE, R., Schätzung von Eigenkapitalkosten, S. 30.

487 Vgl. BALLWIESER, W., DCF-Verfahren, S. 83; METZ, V., Kapitalisierungszinssatz, S. 214. Auch wird in der Bewertungsliteratur und -praxis häufig davon abgesehen, laufzeitspezifische Marktrisikoprämien zu verwenden, was bei variablem Basiszins zu Konsistenzproblemen führt. Vgl. hierzu OBERMAIER, R., Basiszins, S. 505 m. w. N.

488 Vgl. KOELEN, P., Investitionstheoretische Bewertungskalküle, S. 149.

489 Vgl. METZ, V., Kapitalisierungszinssatz, S. 215.

490 Vgl. Abschn. 322.1.

491 Vgl. WIDMANN, B./SCHIESZL, S./JEROMIN, A., Kapitalisierungszinssatz, S. 806. Einem kurzen Beobachtungszeitraum wird der Vorteil der Aktualität bzw. besseren Repräsentativität der Daten zugeschrieben, während ein längerer Beobachtungszeitraum besser mögliche Schwankungen zwischen Einzeleffekten glätten kann. Vgl. METZ, V., Kapitalisierungszinssatz, S. 215 m. w. N.; BORN, K., Unternehmensanalyse, S. 117. BAETGE/KRAUSE weisen darauf hin, dass der Kapitalisierungszins durch alleinige Variation des Beobachtungszeitraums zwischen 1 % und 17 % schwanken kann. Vgl. BAETGE, J./KRAUSE, C., Berücksichtigung des Risikos, S. 453. REESE zeigt für unterschiedliche Startjahre variierende Risikoprämien zwischen 3,97 % und 11,85 % (arithmetisches Mittel) bzw. 1,14 % und 7,45 % (geometrisches Mittel). Vgl. REESE, R., Schätzung von Eigenkapitalkosten, S. 33 f.

Renditeintervalle[492] oder die Art der Mittelwertbildung[493] das Ergebnis signifikant beeinflussen.[494] Entsprechend spricht OBERMAIER den vergangenheitsorientierten Verfahren einen Objektivierungsvorteil ab.[495] Trotz der zuvor angeführten Kritik an der vergangenheitsorientierten Ableitung der Marktrisikoprämie ist diese Vorgehensweise in der Praxis dominierend und soll daher im Folgenden hinsichtlich der impliziten Berücksichtigung von Insolvenzrisiken analysiert werden.

322.4 Analyse der Berücksichtigung von Insolvenzrisiken in der Marktrisikoprämie

322.41 Berücksichtigung systematischer Insolvenzrisiken

Durch den Risikozuschlag soll die Risikoäquivalenz zwischen Bewertungsobjekt und Alternativanlage hergestellt werden.[496] **Risiko** wird im Rahmen der Unternehmensbewertung, anders als im allgemeinen Sprachgebrauch, als (positive wie negative) Streuung vom erwarteten Wert interpretiert.[497] Dieses in der Volatilität der Aktienkurse ausgedrückte Risiko ist dabei auf verschiedene Faktoren zurückzuführen, bspw. auf Kursschwankungen, erwartete Dividendenzahlungen oder Insolvenzrisiken.[498] Im CAPM wird indes nicht die gesamte Streuung als entscheidungsrelevant angesehen, sondern nur der systematische Teil der Volatilität.[499] Dem CAPM liegt die Annahme eines vollständig **diversifizierten Investors** zugrunde, der das Marktportfolio, das theoretisch sämtliche risikobehafteten Anlageklassen umfasst, hält.[500] Das **systematische** Risiko bildet den Teil des gesamten Aktienrisikos ab, der sich durch Diversifikation nicht eliminieren lässt und somit den gesamten Markt betrifft.[501] Abzugrenzen hiervon ist das **unsystematische** Risiko, welches durch Diversifikation eliminiert werden kann, da das unsystematische Risiko auf unternehmensindividuellen

492 Vgl. DÖRSCHELL, A./FRANKEN, L./SCHULTE, J., Kapitalisierungszinssatz, S. 91; HACHMEISTER, D./WIESE, J., Zinsfuß, S. 58.

493 Vgl. BAETGE, J./KRAUSE, C., Berücksichtigung des Risikos, S. 450; WIDMANN, B./SCHIESZL, S./JEROMIN, A., Kapitalisierungszinssatz, S. 804; ANTONCZYK, R. C./MARK, K., Reduktion von Schätzproblemen, S. 478. Vgl. ausführlich zur Diskussion der Mittelwertbildung METZ, V., Kapitalisierungszinssatz, S. 217-219; MUNKERT, M. J., Kapitalisierungszinssatz, S. 235 f.; WAGNER, W./JONAS, M./BALLWIESER, W./TSCHÖPEL, A., Unternehmensbewertung in der Praxis, S. 1017 f.

494 Vgl. DÖRSCHELL, A./FRANKEN, L./SCHULTE, J., Kapitalisierungszinssatz, S. 91; HACHMEISTER, D./WIESE, J., Zinsfuß, S. 58; DAMODARAN, A., Equity Risk Premiums, S. 20-24; WIDMANN/SCHIESZL/JEROMIN bescheinigen der Ermittlung der Marktrisikoprämie in Deutschland indes relativ stabile Ergebnisse zwischen 6 % und 8 % (arithmetisches Mittel) bzw. 4 % und 5,5 % (geometrisches Mittel). Vgl. WIDMANN, B./SCHIESZL, S./JEROMIN, A., Kapitalisierungszinssatz, S. 804 f. Vgl. kritisch hierzu METZ, V., Kapitalisierungszinssatz, S. 216. Vgl. für einen tabellarischen Überblick über empirische Schätzungen der Marktrisikoprämie BALLWIESER, W., Kalkulationszinsfuß, S. 97.

495 Vgl. OBERMAIER, R., Basiszins, S. 504.

496 Vgl. DÖRSCHELL, A./FRANKEN, L./SCHULTE, J., Kapitalisierungszinssatz, S. 12.

497 Im allgemeinen Sprachgebrauch wird unter Risiko die Nichterfüllung von Erwartungen, also die Gefahr von Verlusten verstanden. Die Übererfüllung von Erwartungen wird üblicherweise als Chance bezeichnet. Vgl. BAETGE, J./KRAUSE, C., Berücksichtigung des Risikos, S. 435; METZ, V., Kapitalisierungszinssatz, S. 77-79. Vgl. zur abweichenden Risikokonzeption bei ausschließlichen Verlustrisiken, z. B. bei Insolvenzrisiken auch Abschn. 211.1.

498 Vgl. WIDMANN, B./SCHIESZL, S./JEROMIN, A., Kapitalisierungszinssatz, S. 807.

499 Vgl. RUDOLPH, B., Kapitalkostenkonzepte, S. 892 f.; METZ, V., Kapitalisierungszinssatz, S. 78 f.; MANDL, G./RABEL, K., Unternehmensbewertung, S. 290.

500 Vgl. IDW (Hrsg.), WP Handbuch, Rn. A 192.

501 Vgl. MUNKERT, M. J., Kapitalisierungszinssatz, S. 226 f.

Faktoren beruht.[502] Innerhalb des Marktportfolios gleichen sich die unsystematischen Risiken der einzelnen Unternehmen aus, sodass nur das systematische, den Gesamtmarkt betreffende Risiko verbleibt.[503] Die folgende Abbildung veranschaulicht den Zusammenhang zwischen der Aktienanzahl im Portfolio und der Risikoreduktion:

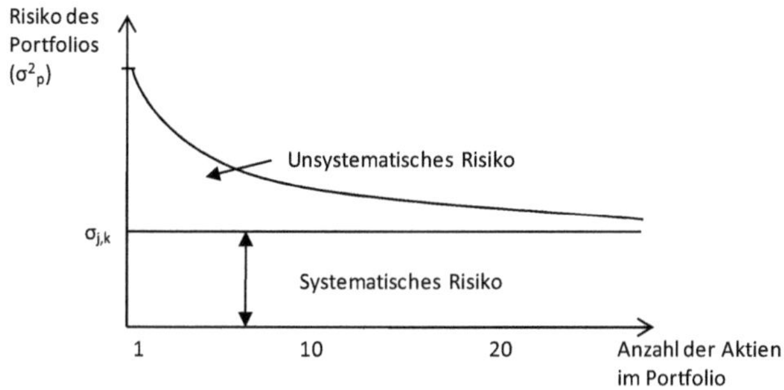

Abbildung 3-2: Systematisches und unsystematisches Risiko[504]

Da unter den Annahmen des CAPM jeder Investor die Möglichkeit zur vollständigen Diversifikation über sämtliche Anlageklassen hat, wird das unsystematische Risiko nicht entgolten.[505] Der Investor kann dieses Risiko vermeiden, folglich wird nur das **systematische Risiko** im CAPM als **bewertungsrelevant** angesehen und dem Investor kompensiert.[506]

Aus der Risikotrennung im CAPM resultiert die Frage, welcher Risikoart **Insolvenzrisiken** zuzuordnen sind.[507] Ausgehend von den unterschiedlichen Gründen für Unternehmensinsolvenzen ist anzunehmen, dass sie sowohl auf marktbeeinflussende Parameter zurückzuführen sind, bspw. wenn ein Konjunkturabschwung oder Branchenentwicklungen zur Insolvenz führen oder wenn das Zins-

502 Vgl. BAETGE, J./KRAUSE, C., Berücksichtigung des Risikos, S. 437; BAETGE, J./NIEMEYER, K./KÜMMEL, J./SCHULZ, R., DCF-Verfahren, S. 371; DÖRSCHELL, A./FRANKEN, L./SCHULTE, J., Kapitalisierungszinssatz, S. 14; HEURUNG, R.-O., Spaltungsprozesse, S. 208.

503 Vgl. BAETGE, J./KRAUSE, C., Berücksichtigung des Risikos, S. 438.

504 In Anlehnung an HIELSCHER, U., Investmentanalyse, S. 60; BREALEY, R. A./MYERS, S. C./ALLEN, F., Corporate Finance, S. 163; KRUSCHWITZ, L./HUSMANN, S., Finanzierung und Investition, S. 223.

505 Vgl. BALZ, U./BORDEMANN, H.-G., Eigenkapitalkosten bei KMU, S. 739.

506 Vgl. PERRIDON, L./STEINER, M./RATHGEBER, A. W., Finanzwirtschaft, S. 268; BAETGE, J./NIEMEYER, K./KÜMMEL, J./SCHULZ, R., DCF-Verfahren, S. 371; TIMMRECK, C., ß-Faktoren, S. 301.

507 In der älteren Unternehmensbewertungsliteratur wurde das Unternehmensrisiko in allgemeines und spezielles Unternehmensrisiko kategorisiert. Unter den speziellen Unternehmensrisiken wurden solche Risiken gefasst, die in unregelmäßig wiederholenden Abständen zu Aufwendung führen. Die allgemeinen Unternehmensrisiken stellen hingegen sich nicht wiederholende, außerordentliche Risiken dar. Hierzu wurde bspw. das Insolvenzrisiko zugeordnet. Die speziellen Risiken sollten dabei im Zähler, die allgemeinen Risiken im Nenner berücksichtigt werden. Kritisiert wurde hieran, dass die Risikoarten kaum trennscharf zu unterscheiden sind. Auch das IDW lehnt inzwischen eine solche Risikokategorisierung ab. Vgl. hierzu IDW (Hrsg.), IDW S 1 (2008), Rn. 90 und ausführlich METZ, V., Kapitalisierungszinssatz, S. 91-97.

niveau steigt und infolge dessen das Unternehmen zahlungsunfähig wird, als auch auf unternehmensindividuellen Gegebenheiten beruhen, bspw. auf Organisations- und Planungsfehlern.[508] BAETGE/NIEMEYER/KÜMMEL/SCHULZ weisen darauf hin, dass unsystematische Risiken auch aus **überdurchschnittlichen** Insolvenzrisiken resultieren können, womit sie folglich systematische Risiken u. a. auf **durchschnittliche** Insolvenzrisiken zurückführen.[509] Empirische Studien zeigen ebenso ein uneinheitliches Bild. ALMEIDA/PHILIPPON weisen aufgrund der erhöhten Zahl von Insolvenzen in Krisenzeiten einen bedeutenden **systematischen Anteil** der Insolvenzrisiken nach.[510] DICHEV stellt hingegen keinen signifikanten Einfluss von Insolvenzrisiken auf die erwartete Rendite fest und folgert, dass Insolvenzrisiken **nicht als systematische Risiken** entgolten werden.[511] Die unterschiedlichen Insolvenzursachen und empirischen Ergebnisse deuten darauf hin, dass Insolvenzrisiken sowohl systematischer als auch unsystematischer Natur sein können. Dies ist konform zu der Aussage von STEINER/HEINKE, die betonen, dass eine Risikoart im CAPM nie als ausschließlich systematisch oder unsystematisch klassifiziert werden kann.[512] Vielmehr enthält jede Risikoart in unterschiedlicher Ausprägung sowohl systematische als auch unsystematische Aspekte, die das Gesamtrisiko des Unternehmens beeinflussen und durch Diversifizierung auf die systematischen Komponenten begrenzt werden.

Somit ist festzuhalten, dass Insolvenzrisiken, die auf **marktbeeinflussenden** Ereignissen beruhen, durch die Marktrisikoprämie erfasst werden,[513] während die „unternehmensindividuellen" Insolvenzrisiken unsystematische Insolvenzrisiken darstellen, die nicht in der Marktrisikoprämie enthalten sind bzw. diversifiziert werden können. Die Quantifizierung des implizit berücksichtigten, systematischen Anteils ist dabei kaum möglich, da das systematische Insolvenzrisiko nur einen Bestandteil des gesamten systematischen Risikos darstellt. Für Anlässe der **objektivierten Unternehmensbewertung** ist eine solche Differenzierung und Quantifizierung der systematischen und unsystematischen Insolvenzrisiken indes nicht erforderlich, da das Bewertungssubjekt annahmegemäß vollständig diversifiziert ist. Im Rahmen von **subjektiven Bewertungen** kann aber von dieser Annahme abgewichen werden, da die tatsächlichen Verhältnisse des Bewertungssubjekts entscheidend sind und ggf. trotz Orientierung am CAPM die Diversifikationsannahme nicht erfüllt ist.[514] In diesem Fall wäre eine weitere Risikoanpassung denkbar, um den fehlenden Diversifikationsvorteil auszugleichen und die Insolvenzrisiken vollständig im Bewertungskalkül zu erfassen.[515] Bei der Bestimmung dieser zusätzlichen Risikoanpassung ist daher zu berücksichtigen, dass das CAPM bereits einen Teil der Insolvenzrisiken, den systematischen Teil, berücksichtigt.

---

508 Vgl. zu den Insolvenzgründen CREDITREFORM, Insolvenzen 2004, S. 18-22.

509 Vgl. BAETGE, J./NIEMEYER, K./KÜMMEL, J./SCHULZ, R., DCF-Verfahren, S. 371.

510 Vgl. ALMEIDA, H./PHILIPPON, T., Cost of Financial Distress, S. 2558. So auch DENIS, D. J./DENIS, D. K., Causes of Financial Distress, S. 151; LIOU, D.-K./SMITH, M., Financial Distress, S. 28.

511 Vgl. DICHEV, I. D., Bankruptcy Risk, S. 1138.

512 Vgl. STEINER, M./HEINKE, V. G., Rating, S. 679 f.

513 Vgl. EVERLING, O., Credit rating, S. 280; STEINER, M./HEINKE, V. G., Rating, S. 679.

514 Vgl. zur subjektiven Unternehmensbewertung Abschn. 222.2.

515 Vgl. hierzu ausführlich Abschn. 44.

Die Irrelevanz unsystematischer Risiken basiert auf der Annahme der Kompensation dieser Risiken innerhalb des Marktportfolios.[516] Damit sich die unsystematischen Risiken im Marktindex ausgleichen können, ist eine dynamische Anpassung des Portfolios notwendig, da permanent Anlagemöglichkeiten erscheinen, während andere verschwinden.[517] Auf den das Marktportfolio approximierenden Aktienindex bezogen bedeutet das, dass auch hier eine kontinuierliche Anpassung des Portfolios stattfinden muss. Verbunden mit dem Rückgriff auf einen Aktienindex ist das Problem des Survivorship Bias, das im Folgenden analysiert wird.

322.42 Einfluss des Survivorship Bias

Der Alternativenvergleich in der Unternehmensbewertung unterstellt üblicherweise eine **Buy-and-hold-Strategie.**[518] Zur Ermittlung der Marktrisikoprämie wird indes regelmäßig auf die Wertentwicklung eines Performance-Indizes zurückgegriffen.[519] Unterstellt wird dabei implizit eine kontinuierliche Investition in den entsprechenden Index anstelle einer Investition in einzelne Wertpapiere. Dies wird durch den Vergleich der historischen Indexrendite mit der historischen Rendite der Einzelwerte deutlich. Das Ergebnis weicht ab, was auf den Survivorship Bias-Effekt zurückzuführen ist. Der **Survivorship Bias** beschreibt die Tatsache, dass die historischen Indexrenditen regelmäßig zugunsten überlebender Unternehmen verzerrt werden.[520] Einerseits sind historische **Indexrenditen** als **bedingte Werte** zu interpretieren, d. h., dass die Renditen unter der Prämisse des Fortbestandes des entsprechenden Marktes ermittelt werden.[521] Andererseits sind in den auf Basis von Kapitalmarktdaten ermittelten Renditen die negativen Renditen von aus dem Markt ausgeschiedenen Unternehmen nur unzureichend berücksichtigt,[522] was durch die dynamische Anpassung des Indizes bedingt ist.[523] Auch wenn der Indexname i. d. R. gleich bleibt, ändert sich das zugrunde liegende Portfolio.[524] **Insolvente Unternehmen** werden aus dem entsprechenden Index gestrichen und durch andere Unternehmen ersetzt. Dies führt dazu, dass die negativen Ergebnisbeiträge der insolventen Unternehmen nicht adäquat im Index abgebildet werden.

Die Verzerrung der Indexrendite setzt indes schon vor dem endgültigen Ausscheiden des Unternehmens an. Da die Renditeperformance einzelner Wertpapiere im Portfolio üblicherweise anhand

---

516 Vgl. BAETGE, J./KRAUSE, C., Berücksichtigung des Risikos, S. 438.

517 Vgl. STEINER, M./KLEEBERG, J., Indexauswahl im CAPM, S. 174.

518 Vgl. METZ, V., Kapitalisierungszinssatz, S. 220.

519 Bei einem Performance-Index wird angenommen, dass sämtliche Erträge aus Dividendenzahlungen und Bezugsrechten reinvestiert werden. Vgl. STEINER, M./BRUNS, C., Wertpapiermanagement, S. 219.

520 Vgl. METZ, V., Kapitalisierungszinssatz, S. 219; SCHNELLER, T./SCHWENDENER, P./ELSAESSER, P., Risiken von Aktienanlagen, Fn. 19.

521 Vgl. JORION, P./GOETZMANN, W. N., Global Stock Markets, S. 954; BROWN, S. J./GOETZMANN, W. N./ROSS, S. A., Survival, S. 854.

522 Vgl. WIDMANN, B./SCHIESZL, S./JEROMIN, A., Kapitalisierungszinssatz, S. 809. Der Survivorship Bias tritt zudem häufig bei der Performancemessung von Fonds auf. Vgl. hierzu bspw. SIGNER, A., Verzerrungen, S. 32 f.

523 Vgl. KAT, H. M., Indexation Doesn't Make Sense, S. 2.

524 Vgl. KAT, H. M., Indexation Doesn't Make Sense, S. 6.

der Marktkapitalisierung gewichtet wird,[525] führen bereits **rückläufige Kursentwicklungen** eines Wertpapiers c. p. zu einer Untergewichtung der entsprechenden (negativen) Rendite im Portfolio.[526] Da sich die negative Entwicklung bei insolventen Unternehmen üblicherweise bereits vor dem Insolvenzzeitpunkt im Aktienkurs widerspiegelt, ist die negative Rendite aufgrund der abnehmenden Marktkapitalisierung bzw. aufgrund eines Ausscheidens aus dem Index nur unzureichend abgebildet.[527]

Wird für die Alternativanlage eine Buy-and-hold-Strategie unterstellt, sind die zuvor beschriebenen Renditen hierfür nicht repräsentativ,[528] da die Rendite der Alternativanlage durch den Survivorship Bias verzerrt wird. Werden die Insolvenzrisiken somit in der Alternativanlage nicht adäquat berücksichtigt, wird eine **zu hohe Rendite** unterstellt, was letztlich in einem zu geringen Unternehmenswert resultiert.[529] Die Marktrisikoprämie soll eine unsichere Anlage in das Marktportfolio abbilden. Sie erfüllt dies aber nur insoweit, als dass sie sich auf die Volatilität der Aktienkurse bezieht, nicht aber auf einen möglichen Totalausfall, da die entsprechende Anlage in dem Fall nicht mehr im Index repräsentiert wird. Unter der Annahme, dass die künftigen Cashflows des Bewertungsobjekts Insolvenzrisiken adäquat widerspiegeln, ist die **Risikoäquivalenz** zwischen den beiden Anlageformen daher **nicht vollständig gegeben**.

Um Verzerrungen aufgrund des Survivorship Bias zu vermeiden, sollte daher auf einen Index abgestellt werden, der auch ausgefallene Unternehmen berücksichtigt.[530] Dies wäre gegeben, wenn der Index auf Basis einer Buy-and-hold-Strategie berechnet wird. Alternativ wird z. T. ein Abschlag auf die Marktrendite vorgeschlagen.[531] Indes ist unklar, in welcher Höhe ein solcher Abschlag angesetzt werden sollte. Am Beispiel von Investmentfonds stellen BU/LACEY fest, dass der Renditeeffekt des Survivorship Bias ca. 1 % p. a. ausmacht.[532] JORION/GOETZMANN weisen diesen Effekt im Vergleich nationaler Aktienindizes nach.[533] Dies bedeutet folglich, dass die ex post-Ermittlung zu höhe-

---

525 Die Aktienindizes der Deutschen Börse AG sind kapitalgewichtet und basieren auf dem im Streubesitz befindlichen Anteil der Aktien. Vgl. DEUTSCHE BÖRSE AG, Aktienindizes der Deutschen Börse, S. 29; KAT, H. M., Indexation Doesn't Make Sense, S. 2; METZ, V., Kapitalisierungszinssatz, S. 219 f.

526 Vgl. METZ, V., Kapitalisierungszinssatz, S. 220.

527 Um diesen Verzerrungen vorzubeugen, müsste, anstatt der in der Unternehmensbewertung üblicherweise unterstellten Buy-and-hold-Strategie, von einer konsequenten Anpassung des Portfolios ausgegangen werden. Vgl. METZ, V., Kapitalisierungszinssatz, S. 220.

528 Vgl. METZ, V., Kapitalisierungszinssatz, S. 220. Wird anstelle der Buy-and-hold-Strategie von einem Alternativinvestment in ein veränderbares Portfolio ausgegangen, sind Transaktionskosten aufgrund der Umschichtung zu berücksichtigen.

529 Vgl. DAMODARAN, A., Equity Risk Premiums, S. 23.

530 Vgl. DAMODARAN, A., Equity Risk Premiums, S. 23.

531 WIDMANN/SCHIESZL/JEROMIN diskutieren diesen Problembereich bei der Ableitung des Wachstumsabschlags aus Bundesbankinformationen. Vgl. WIDMANN, B./SCHIESZL, S./JEROMIN, A., Kapitalisierungszinssatz, S. 809.

532 Vgl. BU, Q./LACEY, N., Exposing Survivorship Bias, S. 26. Die Untersuchung bezieht sich auf die Performance von Fondsgesellschaften. Hier tritt der Survivorship Bias in der Form auf, dass in der Gesamtperformancemessung der Gesellschaft schlechte oder aufgegebene Fonds nicht adäquat berücksichtigt werden.

533 Vgl. JORION, P./GOETZMANN, W. N., Global Stock Markets, S. 978 f.

ren Renditen führt, als sie ex ante zu erwarten sind.[534] Studien für den Survivorship Bias innerhalb einzelner Indizes sind derzeit nicht verbreitet, sodass der Korrekturposten nur durch individuelles Ermessen bestimmt werden kann, was im Rahmen der objektivierten Unternehmensbewertung aufgrund der unzureichenden Nachprüfbarkeit abzulehnen ist. Festzuhalten bleibt aber, dass die Ableitung der Marktrisikoprämie aufgrund des Survivorship Bias durch Insolvenzrisiken verzerrt sein kann. Eine Berechnung der Marktrendite auf Basis einer Buy-and-hold-Strategie oder die Berücksichtigung einer Korrekturgröße könnten die Verzerrungen vermeiden. Daten für Ersteres sind indes regelmäßig nicht verfügbar, Letzteres ist nicht zuletzt im Hinblick auf zusätzliche Ermessensspielräume abzulehnen.

323. Betafaktor

323.1 Ermittlung des Betafaktors

Der Betafaktor stellt die zweite Komponente der Risikoprämie dar. Während die Marktrisikoprämie die Überrendite für eine Investition in risikobehaftete Anlageklassen im Vergleich zu einer risikolosen Anlage abbildet, wird dieses Risiko durch den Betafaktor spezifisch auf das Bewertungsobjekt bezogen.[535] Der Betafaktor ist damit der einzige **unternehmensindividuelle Parameter** im CAPM.[536]

Das unternehmensindividuelle Risiko wird aus dem Verhältnis der Renditevolatilität des Bewertungsobjekts[537] zur Renditevolatilität des Marktportfolios bestimmt.[538] Das Risikomaß für das unternehmensindividuelle Risiko ergibt sich demnach nicht aus der Varianz der Renditen, sondern aus deren **Kovarianz** zur Rendite des Marktportfolios.[539] Somit gibt der Betafaktor an, wie sich die Aktienrendite bei Veränderung der Marktrendite verhält.[540] Da der Markt nur systematische Risiken vergütet,[541] wird so aus dem gesamten Aktienrisiko der systematische Teil ermittelt. Der Betafaktor stellt daher das **Maß für das systematische Risiko** des Unternehmens dar.[542] Bezogen auf die Insolvenzrisiken werden also die im Markt enthaltenen systematischen Insolvenzrisiken an die **unternehmensindividuellen systematischen Insolvenzrisiken** angepasst.

---

534 Vgl. JORION, P./GOETZMANN, W. N., Global Stock Markets, S. 966.

535 Vgl. IDW (Hrsg.), WP Handbuch, Rn. A 300.

536 Vgl. TIMMRECK, C., ß-Faktoren, S. 301.

537 Bzw. einer repräsentativen Alternativanlage, wenn das Bewertungsobjekt selber nicht börsennotiert ist. Vgl. BALZ, U./BORDEMANN, H.-G., Eigenkapitalkosten bei KMU, S. 738 m. w. N.; METZ, V., Kapitalisierungszinssatz, S. 210-212 m. w. N.; MUNKERT, M. J., Kapitalisierungszinssatz, S. 228.

538 Vgl. MUNKERT, M. J., Kapitalisierungszinssatz, S. 226 f.

539 Vgl. WIESE, J., Komponenten des Zinsfußes, S. 36; BALLWIESER, W., Unternehmensbewertung, S. 93.

540 Vgl. BALLWIESER, W., Unternehmensbewertung, S. 94.

541 Die unsystematischen Risiken kompensieren sich im Marktportfolio, vgl. Abschn. 322.41.

542 Vgl. BAETGE, J./KRAUSE, C., Berücksichtigung des Risikos, S. 438; MANDL, G./RABEL, K., Unternehmensbewertung, S. 297; WIDMANN, B., Bewertung, Rn. 337; SCHULTE, J./FRANKEN, L./KOELEN, P./LEHMANN, D., Debt Beta, S. 14.

Die Schwankung der Aktienrendite, die sich durch den Markt erklären lässt, wird somit als systematisches Risiko, der unerklärte Teil als unsystematisches Risiko bezeichnet.[543] Durch den Betafaktor wird das Aktienrisiko zwar auf den Markt bezogen, indes findet keine Normierung auf eine bestimmte Bandbreite statt. Der Betafaktor kann demnach beliebige Werte annehmen, i. d. R. bewegen sich die Werte aber zwischen null und zwei. Ein Betafaktor größer eins würde dabei darauf hinweisen, dass die Aktie volatiler ist als der Gesamtmarkt, während ein Betafaktor von eins auf eine erwartete Rendite in gleicher Höhe hinweist.[544] Auch ein Betafaktor unter null ist denkbar. Dies ist dann der Fall, wenn sich Aktie und Markt gegenläufig entwickeln. In diesem Fall wäre sogar eine Reduktion des Portfoliorisikos aufgrund der gegenläufigen Veränderung möglich.[545]

Formal wird der Betafaktor als Quotient der Kovarianz zwischen Aktien- und Marktrendite und der Varianz der Marktrendite ermittelt:[546]

Formel 3-1	$\beta_j = \frac{\sigma_{j,m}}{\sigma_m^2}$

Die ausschließliche Berücksichtigung des systematischen Risikos wird an folgender alternativen Darstellung des Betafaktors deutlich:[547]

Formel 3-2	$\beta_j = \frac{\rho_{j,m} * \sigma_j}{\sigma_m}$

Hierbei wird das unternehmensspezifische Gesamtrisiko, ausgedrückt durch die Volatilität σ_j (Standardabweichung) der Aktienrenditen, durch Multiplikation mit dem Korrelationskoeffizienten $\rho_{j,m}$ auf den systematischen Teil beschränkt. Das Gesamtrisiko umfasst folglich das systematische und unsystematische Risiko:

Formel 3-3	$\sigma_j = \underbrace{\rho_{j,m} * \sigma_j}_{\text{systematisches Risiko}} + \underbrace{(1 - \rho_{j,m}) * \sigma_j}_{\text{unsystematisches Risiko}}$

Wie für die anderen Parameter des CAPM gilt auch für die Ableitung des Betafaktors prinzipiell der **Grundsatz der Zukunftsorientierung.**[548] Da indes kein adäquates zukunftsorientiertes Verfahren existiert, beruht die Ermittlung des Betafaktors, ähnlich wie die Ableitung der Marktrendite, i. d. R.

543 Vgl. SCHULZ, R., Größenabhängige Risikoanpassungen, S. 50.

544 Vgl. WIDMANN, B., Bewertung, Rn. 337.

545 Vgl. TIMMRECK, C., ß-Faktoren, S. 301.

546 Vgl. TIMMRECK, C., ß-Faktoren, S. 301; NOWAK, K., Marktorientierte Unternehmensbewertung, S. 72.

547 Vgl. BALZ, U./BORDEMANN, H.-G., Eigenkapitalkosten bei KMU, S. 738; WOLLNY, C., Unternehmenswert, S. 427; SCHULZ, R., Größenabhängige Risikoanpassungen, S. 49 m. w. N.

548 Vgl. METZ, V., Kapitalisierungszinssatz, S. 205.

auf historischen **Kapitalmarktdaten**.[549] In der Praxis wird der Betafaktor üblicherweise durch das **Marktmodell** operationalisiert.[550] Das Marktmodell basiert dabei auf der Regression realisierter Renditen des Wertpapiers und des Marktportfolios.[551]

Die Ableitung des Betafaktors aus historischen Kapitalmarktdaten führt indes zu ähnlichen Problemen wie die vergangenheitsorientierte Ableitung der Marktrisikoprämie, da auch für die Ermittlung des Betafaktors diverse Spielräume bestehen bzw. **Ermessensentscheidungen** zu treffen sind.[552] Der häufig angeführte Vorteil der Objektivierung[553] durch kapitalmarktbezogene Daten wird entsprechend kritisiert.[554] Durch das Marktmodell kann nun das Gesamtrisiko des Unternehmens in seine beiden Komponenten, das systematische und das unsystematische Risiko aufgespalten werden.[555] Da das CAPM nur das systematische Risiko kompensiert, wird im folgenden Abschnitt näher auf dessen Einflussfaktoren eingegangen.

323.2 Risikofaktoren des systematischen Risikos

Das auf das Unternehmen bezogene systematische Risiko, das durch den Betafaktor ausgedrückt wird, besteht grundsätzlich aus drei Risikofaktoren.[556] Unter dem **Marktrisiko** wird die spezifische Konjunktur- und Marktabhängigkeit des Unternehmens verstanden, also Umsatzschwankungen, die sich aufgrund mikro- und makroökonomischer Faktoren ergeben.[557] Diese exogenen Risikofaktoren stellen das originäre Risiko dar.[558] Das **leistungswirtschaftliche Risiko** bezeichnet die unternehmensendogene Gefahr schwankender Renditen aufgrund der vorhandenen (Fix-)Kostenstruktur bei

---

549 Vgl. BALLWIESER, W., Kalkulationszinsfuß, S. 739; LANGENKÄMPER, C., Unternehmensbewertung, S. 141. Neben der Ableitung aus historischen Daten kommt dabei auch die Ermittlung auf Basis fundamentaler Unternehmensdaten in Betracht. Vgl. METZ, V., Kapitalisierungszinssatz, S. 205; HACHMEISTER, D., Unternehmenswertsteigerung, S. 202-205; BAETGE, J./KRAUSE, C., Berücksichtigung des Risikos, S. 448. Kritisiert wird hieran indes u. a. die willkürliche Auswahl von Einflussfaktoren. Zudem beeinflussen die fundamentalen Faktoren z. T. neben dem systematischen auch das unsystematische Risiko. Vgl. BEAVER, W./KETTLER, P./SCHOLES, M., Risk Measures, S. 659; BILDERSEE, J. S., Measures of Risk, S. 96. Vgl. ausführlich zur Kritik an fundamentalen Betafaktoren ZIMMERMANN, P., Betawerte, S. 330-334.

550 Das Marktmodell ermöglicht anders als das CAPM sowohl eine ex ante- als auch eine ex post-Betrachtung. Zudem ist es nicht als Gleichgewichtsmodell konzipiert. Vgl. weiterführend zu den Unterschieden von CAPM und Marktmodell bspw. PODDIG, T./DICHTL, H./PETERSMEIER, K., Statistik, Ökonometrie, Optimierung, S. 269-271.

551 Vgl. DÖRSCHELL, A./FRANKEN, L./SCHULTE, J., Kapitalisierungszinssatz, S. 120; SCHULZ, R., Größenabhängige Risikoanpassungen, S. 35.

552 Ähnlich wie bei der Marktrisikoprämie sind auch hier Annahmen zur Länge der Schätzperiode, zum Renditeintervall und zum Vergleichsindex zu treffen. Vgl. sehr ausführlich BERNER, C./ROJAHN, J./KIEL, O./DREIMANN, M., Risiko, S. 711-718. Vgl. auch METZ, V., Kapitalisierungszinssatz, S. 209; BAETGE, J./NIEMEYER, K./KÜMMEL, J./SCHULZ, R., DCF-Verfahren, S. 377; DÖRSCHELL, A./FRANKEN, L./SCHULTE, J., Kapitalisierungszinssatz, S. 121; BALLWIESER, W., Kalkulationszinsfuß, S. 739; BÖCKING, H.-J./NOWAK, K., Typisierungsproblematik, S. 690.

553 Vgl. BORN, K., Unternehmensanalyse, S. 114.

554 Vgl. BÖCKING, H.-J./NOWAK, K., Typisierungsproblematik, S. 690.

555 Vgl. hierzu ausführlich PODDIG, T./DICHTL, H./PETERSMEIER, K., Statistik, Ökonometrie, Optimierung, S. 271-273.

556 Vgl. BAUER, C., Das Risiko von Aktienanlagen, S. 69-74.

557 Vgl. STEINER, M./BEIKER, H./BAUER, C., Aktienrisiken, S. 103; BREID, V., Erfolgspotentialrechnung, S. 113.

558 Vgl. ADERS, C./WAGNER, M., Kapitalkosten in der Bewertungspraxis, S. 31.

exogenen Marktveränderungen.[559] Das leistungswirtschaftliche Risiko ist als Multiplikator des Marktrisikos zu verstehen.[560] Diese beiden Risikofaktoren werden üblicherweise zum **operativen Risiko** zusammengefasst,[561] unter dem das Geschäftsrisiko des Unternehmens zu verstehen ist, also das gesamte Risiko der Cashflow-Schwankungen, das sich bei einer unterstellten vollständigen Eigenfinanzierung ergibt.[562]

Bei einer teilweisen Fremdfinanzierung ist für den Eigenkapitalgeber als dritter Risikofaktor auch das **Kapitalstrukturrisiko** relevant.[563] Dieses finanzwirtschaftliche Risiko bezieht sich auf das Schwankungsrisiko der Unternehmensergebnisse, das sich aus der Fixkostenbelastung aufgrund der Kapitalstruktur ergibt.[564] Da Fremdkapital mit festen Zahlungsansprüchen verbunden ist, die vorrangig vor den Eigenkapitalansprüchen aus den Cashflows zu bedienen sind, verbleibt den Eigenkapitalgebern nur der residuale Cashflow.[565] Aufgrund der festgelegten Zins- und Tilgungszahlungen bleibt das Risiko künftiger Ergebnisschwankungen unter der Annahme **ausfallsicheren Fremdkapitals** vollständig bei den Eigenkapitalgebern.[566] Das Risiko der den Eigenkapitalgebern zustehenden Cashflows steigt somit mit dem Grad der Fremdfinanzierung.[567] Neben der **Prämie für das operative Risiko** verlangt der Eigenkapitalgeber also eine zusätzliche Risikoprämie für das **Kapitalstrukturrisiko.** Diesen Zusammenhang zwischen Eigenkapitalrendite und Verschuldungsgrad beschreiben MODIGLIANI/MILLER formal wie folgt, wobei der zweite Summand die Prämie für das Kapitalstrukturrisiko widerspiegelt:[568]

Formel 3-4	$r_{EK}^{v} = r_{EK}^{u} + (r_{EK}^{u} - r_{FK}) * \frac{FK^{MW}}{EK^{MW}}$

Übertragen auf den Betafaktor ist auch hier die Verschuldung zu berücksichtigen. Der Betafaktor des unverschuldeten Unternehmens (Asset-Beta) bildet dabei das operative Risiko ab, während der

559 Vgl. STEINER, M./BEIKER, H./BAUER, C., Aktienrisiken, S. 103.

560 Vgl. ADERS, C./WAGNER, M., Kapitalkosten in der Bewertungspraxis, S. 31.

561 Vgl. IDW (Hrsg.), WP Handbuch, Rn. A 304; ADERS, C./WAGNER, M., Kapitalkosten in der Bewertungspraxis, S. 31.

562 Vgl. WOLLNY, C., Unternehmenswert, S. 340; ADERS, C./WAGNER, M., Kapitalkosten in der Bewertungspraxis, S. 31.

563 Vgl. MÜLLER, W., Bilanzinformation und Aktienbewertung, S. 133 f.

564 Vgl. ADERS, C./WAGNER, M., Kapitalkosten in der Bewertungspraxis, S. 31.

565 Vgl. Fn. 11.

566 Vgl. BAETGE, J./NIEMEYER, K./KÜMMEL, J./SCHULZ, R., DCF-Verfahren, S. 384.

567 Vgl. IDW (Hrsg.), WP Handbuch, Rn. A 229.

568 Vgl. zur ursprünglichen Formel MODIGLIANI, F./MILLER, M. H., Corporate Income Taxes, S. 439; HERING, T., Unternehmensbewertung, S. 175 f.; BALLWIESER, W., Unternehmensbewertung, S. 150; SCHULZ, R., Größenabhängige Risikoanpassungen, S. 40; ADERS, C./WAGNER, M., Kapitalkosten in der Bewertungspraxis, S. 32. Die hier abgebildete Formel bezieht sich auf den Fall unsichererer Tax Shields, d. h. einer atmenden Finanzierungspolitik, vgl. ADERS, C./WAGNER, M., Kapitalkosten in der Bewertungspraxis, S. 41.

verschuldete Betafaktor (Equity-Beta) zusätzlich das Kapitalstrukturrisiko berücksichtigt.[569] Zwischen verschuldetem und unverschuldetem Betafaktor besteht bei atmender Finanzierungspolitik[570] folgende Beziehung:[571]

Formel 3-5	$\beta_{EK}^{u} = \frac{\beta_{EK}^{v}}{\left(1 + \frac{FK^{MW}}{EK^{MW}}\right)}$
Formel 3-6	$\beta_{EK}^{v} = \beta_{EK}^{u} * \left(1 + \frac{FK^{MW}}{EK^{MW}}\right)$

Die Umrechnung des Betafaktors ist regelmäßig dann erforderlich, wenn die Betafaktoren auf Basis von Vergleichsunternehmen bestimmt wurden oder sich die Kapitalstruktur in Zukunft verändert.[572] Da am Kapitalmarkt die verschuldeten Betafaktoren beobachtbar sind, sind diese in einem ersten Schritt in den unverschuldeten Betafaktor umzurechnen (*unlevern*).[573] Im zweiten Schritt wird dieser Betafaktor über das sog. *relevern* an die künftigen Verhältnisse angepasst.[574]

Nachdem die systematischen Risikofaktoren des Unternehmens dargestellt wurden, soll deren Bedeutung für die **Insolvenzrisiken** untersucht werden. Die Zahlungsströme zwischen Unternehmen und Umwelt werden regelmäßig entweder dem Leistungs- oder dem Finanzierungsbereich zugeordnet.[575] Die Zahlungen des **Leistungsbereichs** umfassen die Zahlungsströme des Unternehmens, die sich aus der Leistungserstellung und der Leistungsverwertung ergeben. Den Zahlungsströmen des **Finanzierungsbereichs** sind die Zahlungen an die Kapitalgeber zuzuordnen.[576] Verbunden mit den Zahlungen des Finanzierungsbereichs ist stets der Erwerb bzw. die Erfüllung von bestimmten Rechtstiteln.[577] Fremdkapitalgeber erwerben durch die Geldleihe Forderungstitel, die die Zins- und Tilgungspflicht des Unternehmens bedingen. Aus diesen vorrangigen Zahlungspflichten des Unternehmens resultiert letztlich das Kapitalstrukturrisiko.

---

569 Vgl. ADERS, C./WAGNER, M., Kapitalkosten in der Bewertungspraxis, S. 33; SCHULZ, R., Größenabhängige Risikoanpassungen, S. 41 f.; KOELEN, P., Investitionstheoretische Bewertungskalküle, S. 159.

570 Vgl. zur autonomen Finanzierungspolitik bspw. DÖRSCHELL, A./FRANKEN, L./SCHULTE, J., Kapitalisierungszinssatz, S. 40-44. Ein *unlevern* bei autonomer Finanzierungspolitik setzt dabei nicht gleichzeitig ein autonomes *relevern* voraus, vielmehr ist differenziert die vergangene sowie künftige Finanzierungspolitik zu berücksichtigen.

571 Die Formel basiert auf der Ableitung der unverschuldeten Eigenkapitalrendite nach HARRIS/PRINGLE, vgl. HARRIS, R. S./PRINGLE, J. J., Risk-Adjusted Discount Rates, S. 240. Vgl. auch ADERS, C./WAGNER, M., Kapitalkosten in der Bewertungspraxis, S. 33; SCHULTE, J./FRANKEN, L./KOELEN, P./LEHMANN, D., Debt Beta, S. 14 f. Unter der Annahme, dass das Risiko der Tax Shields dem operativen Risiko des Unternehmens gleicht, sind die Umrechnungsformeln bei atmender Finanzierungspolitik identisch zu denen in einer Welt ohne Steuern.

572 Vgl. IDW (Hrsg.), WP Handbuch, Rn. A 304; WOLLNY, C., Unternehmenswert, S. 381 f.

573 Vgl. SCHULTE, J./FRANKEN, L./KOELEN, P./LEHMANN, D., Debt Beta, S. 14.

574 Vgl. WOLLNY, C., Unternehmenswert, S. 382 f.

575 Vgl. MANDL, G./RABEL, K., Unternehmensbewertung, S. 312.

576 Vgl. HACHMEISTER, D., Unternehmenswertsteigerung, S. 59 f.; FRANKE, G./HAX, H., Finanzwirtschaft, S. 11; BAETGE, J./NIEMEYER, K./KÜMMEL, J./SCHULZ, R., DCF-Verfahren, S. 353.

577 Vgl. FRANKE, G./HAX, H., Finanzwirtschaft, S. 11.

Wie bereits oben dargelegt, resultiert auch die Insolvenzgefahr aus der **Fremdfinanzierung** des Unternehmens, während ein vollständig eigenfinanziertes Unternehmen hiervon i. d. R. nicht betroffen ist.[578] Zwar tangieren sowohl das Marktrisiko als auch das leistungswirtschaftliche Risiko die Zahlungsüberschüsse eines unverschuldeten Unternehmens, allerdings nur insoweit, als dass sie Schwankungen auslösen, nicht aber zum Ausfall führen. Die Insolvenzgefahr wird erst durch die mit dem Kapitalstrukturrisiko verbundene Fremdfinanzierung ausgelöst.

In der Praxis werden dem Finanzierungsbereich aber oftmals nur zinstragende Fremdkapitaltitel zugeordnet.[579] So werden bspw. Verbindlichkeiten aus Lieferung und Leistung teilweise dem operativen Bereich zugerechnet, obwohl hier zweifellos eine Finanzierung vorliegt, was dem Finanzierungsbereich zuzuordnen wäre.[580] Daher existiert oftmals keine eindeutige **Abgrenzung** in Leistungs- und Finanzierungsbereich. Bei dieser ungenauen Abgrenzung des Finanzierungsbereichs können Insolvenzrisiken also bereits aus dem leistungswirtschaftlichen Bereich resultieren, bspw. wenn Verbindlichkeiten aus Lieferung und Leistung nicht gezahlt werden können.

Ausgehend von der korrekten Abgrenzung hängen Insolvenzrisiken aber von der Fremdfinanzierung und damit dem Kapitalstrukturrisiko ab. Die Insolvenzrisiken werden dabei aber nicht nur durch das Kapitalstrukturrisiko beeinflusst. Dieses bildet einerseits zwar die Voraussetzung für eine mögliche Insolvenz und beeinflusst durch seine Höhe auch die Insolvenzwahrscheinlichkeit, andererseits können Insolvenzrisiken auch aus dem Marktrisiko und dem leistungswirtschaftlichen Risiko resultieren. Durch das **Marktrisiko** wird die spezielle Konjunkturabhängigkeit des Unternehmens abgebildet, sodass bspw. konjunkturelle Abschwungphasen die Insolvenz bedingen können. Durch das **leistungswirtschaftliche Risiko** werden die systematischen Insolvenzrisiken des Unternehmens verstärkt, z. B. kann eine hohe Fixkostenbelastung in Krisenzeiten die Insolvenzwahrscheinlichkeit erhöhen. Zusammenfassend bedeutet dies, dass das Kapitalstrukturrisiko bzw. die Fremdfinanzierung Voraussetzung für eine Insolvenz sind, das Insolvenzrisiko dann aber sowohl vom Marktrisiko, vom leistungswirtschaftlichen Risiko und vom Kapitalstrukturrisiko beeinflusst werden kann.

Bislang wurde nur betrachtet, wie der Betafaktor bei ausfallsicherem Fremdkapital abgeleitet wird, was indes regelmäßig als unrealistische Annahme anzusehen ist. Wie sich ausfallgefährdetes Fremdkapital auf den Betafaktor auswirkt, ist Gegenstand des folgenden Abschnitts.

---

578 Vgl. hierzu auch Fn. 13.

579 Vgl. MANDL, G./RABEL, K., Unternehmensbewertung, S. 313; BAETGE, J./NIEMEYER, K./KÜMMEL, J./SCHULZ, R., DCF-Verfahren, S. 354.

580 Vgl. FRANKE, G./HAX, H., Finanzwirtschaft, S. 12; MANDL, G./RABEL, K., Unternehmensbewertung, S. 352.

323.3 Betafaktor bei ausfallgefährdetem Fremdkapital

In den Bewertungskalkülen wird oftmals risikoloses Fremdkapital unterstellt. Vor dem Hintergrund von Unternehmensinsolvenzen erscheint indes fraglich, ob das Fremdkapital tatsächlich als risikolos angenommen werden kann. In der Realität verlangen Fremdkapitalgeber Risikozuschläge, die das **Ausfallrisiko des Fremdkapitals** widerspiegeln, sodass die Annahme ausfallsicheren Fremdkapitals als kritisch einzuschätzen ist.[581] Die Existenz von Insolvenzrisiken führt daher zwangsläufig dazu, dass das **Fremdkapital** als **riskant** anzusehen ist.

Die Ableitung des Kapitalisierungszinssatzes kann somit im Fall von Insolvenzrisiken nicht mehr auf dem risikolosen Fremdkapitalzins basieren. Stattdessen ist hier ein ausfallrisikobehafteter Fremdkapitalzins zu verwenden. Die Annahme ausfallriskanten Fremdkapitals impliziert, dass der Fremdkapitalgeber nun einen Teil des Risikos, das zuvor vollständig durch die Eigenkapitalgeber getragen wurde, übernimmt.[582] Durch das Ausfallrisiko des Fremdkapitals ist die Befriedigung der Zins- und Tilgungsansprüche abhängig von den unsicheren operativen Überschüssen. Das Risiko der operativen Überschüsse drückt sich in deren Schwankungsbreite aus, sodass im Fall hoher negativer Ausschläge die Rückzahlung der Fremdkapitalansprüche nicht garantiert ist. Für diese teilweise Übernahme des operativen Risikos verlangen die Fremdkapitalgeber einen Teil der Marktrisikoprämie.[583] Da die Fremdkapitalgeber somit einen Teil des Risikos übernehmen, verringert sich der von den Eigenkapitalgebern zu tragende Risikoanteil,[584] sodass die **Risikoprämie der Eigenkapitalgeber** anzupassen ist. Diese Anpassung, d. h. die Berücksichtigung des Ausfallrisikos des Fremdkapitals, wird über den Betafaktor des Fremdkapitals (**Debt Beta**) vorgenommen:[585]

Formel 3-7	$\beta_{EK}^{u} = \dfrac{\beta_{EK}^{v} + \beta_{FK} * \dfrac{FK^{MW}}{EK^{MW}}}{1 + \dfrac{FK^{MW}}{EK^{MW}}}$
Formel 3-8	$\beta_{EK}^{v} = \beta_{EK}^{u} + (\beta_{EK}^{u} - \beta_{FK}) * \dfrac{FK^{MW}}{EK^{MW}}$

Bei einem Debt Beta von null, d. h. bei ausfallsicherem Fremdkapital, entsprechen Formel 3-7 bzw. Formel 3-8 der Formel 3-5 bzw. Formel 3-6. Das Debt Beta wird in der Bewertungspraxis regelmäßig über folgenden Zusammenhang ermittelt:[586]

---

581 Vgl. SCHULTE, J./FRANKEN, L./KOELEN, P./LEHMANN, D., Debt Beta, S. 13.

582 Vgl. ADERS, C./WAGNER, M., Kapitalkosten in der Bewertungspraxis, S. 33.

583 Vgl. DÖRSCHELL, A./FRANKEN, L./SCHULTE, J., Kapitalisierungszinssatz, S. 44.

584 Vgl. DÖRSCHELL, A./FRANKEN, L./SCHULTE, J., Kapitalisierungszinssatz, S. 44.

585 Vgl. RUBACK, R. S., Capital Cash Flows, S. 99; ADERS, C./WAGNER, M., Kapitalkosten in der Bewertungspraxis, S. 33-35.

586 Vgl. ADERS, C./WAGNER, M., Kapitalkosten in der Bewertungspraxis, S. 34 f.; SCHULTE, J./FRANKEN, L./KOELEN, P./LEHMANN, D., Debt Beta, S. 17. Die Formel ergibt sich durch Umstellung der auf die Fremdkapitalrendite bezogenen CAPM-Gleichung.

Formel 3-9	$\beta_{FK} = \frac{r_{FK} - r_f}{r_m - r_f} = \frac{cs}{MRP}$

Das Debt Beta ist zudem zu berücksichtigen, um die **Konsistenz des Bewertungsmodells** zu gewährleisten. Während im WACC oftmals der tatsächliche Fremdkapitalzins angesetzt wird, der einen Risikozuschlag der Fremdkapitalgeber enthält, wird bei der Ableitung der Eigenkapitalrendite trotzdem von einem risikolosen Fremdkapitalzins ausgegangen. Diese gleichzeitige Annahme risikolosen und risikobehafteten Fremdkapitals im Bewertungskalkül ist inkonsistent und führt zu Verzerrungen bei der Ermittlung der Eigenkapitalrendite,[587] was durch das Debt Beta vermieden werden kann.

323.4 Übertragbarkeit von Insolvenzrisiken durch Analogieansätze

Für **nicht börsennotierte Unternehmen** ist die Ermittlung des Betafaktors auf Basis historischer Unternehmensrenditen nur mittelbar unter Rückgriff auf Vergleichsobjekte möglich.[588] Üblicherweise wird dazu auf sog. **Analogieansätze** zurückgegriffen,[589] die unterschiedliche Verfahren zur Auswahl des Vergleichsobjekts beschreiben.[590] Als Vergleichsobjekte kommen hierbei sowohl einzelne Unternehmen (Pure Play-Beta), Unternehmensgruppen (Peer Group-Beta) oder ganze Branchen (Industry-Beta) infrage.[591] In Bezug auf die Insolvenzrisiken ist dabei entscheidend, ob die hierdurch übertragenen Betafaktoren auch hinsichtlich der systematischen Insolvenzrisiken dem Risiko des Bewertungsobjekts entsprechen.

Im Pure Play-Ansatz ist je Geschäftsbereich ein **Vergleichsunternehmen** zu ermitteln, das möglichst in jeglicher Hinsicht vergleichbar zum Bewertungsobjekt ist.[592] Dieses Verfahren ist indes in der Praxis mangels identischer Unternehmen kaum anwendbar.[593] In der Praxis wird regelmäßig auf eine **Peer Group** zurückgegriffen, die möglichst viele zum Bewertungsobjekt vergleichbare Unter-

[587] Vgl. hierzu SCHULTE, J./FRANKEN, L./KOELEN, P./LEHMANN, D., Debt Beta, S. 14-16.

[588] Vgl. BAETGE, J./NIEMEYER, K./KÜMMEL, J./SCHULZ, R., DCF-Verfahren, S. 380.

[589] Vgl. ARBEITSKREIS „FINANZIERUNG" DER SCHMALENBACH-GESELLSCHAFT FÜR BETRIEBSWIRTSCHAFT E.V., Wertorientierte Unternehmenssteuerung, S. 552.

[590] Vgl. DINSTUHL, V., Unternehmensbewertung, S. 236.

[591] Vgl. ZIMMERMANN, P., Betawerte, S. 351 f.; DINSTUHL, V., Unternehmensbewertung, S. 236; KRUSCHWITZ, L./LÖFFLER, A., Kapitalkosten, S. 808.

[592] Vgl. ARBEITSKREIS „FINANZIERUNG" DER SCHMALENBACH-GESELLSCHAFT FÜR BETRIEBSWIRTSCHAFT E.V., Wertorientierte Unternehmenssteuerung, S. 552.

[593] Vgl. BAETGE, J./NIEMEYER, K./KÜMMEL, J./SCHULZ, R., DCF-Verfahren, S. 380 f. m. w. N.

nehmen umfasst.[594] Hierbei wird aufgrund der konkreten Auswahl von Unternehmen auf eine relativ gute Vergleichbarkeit des Betafaktors geschlossen.[595]

Durch Bezugnahme auf einzelne oder mehrere Vergleichsunternehmen ergeben sich indes **Ermessensspielräume**,[596] da zur Bestimmung des bzw. der Vergleichsobjekte keine einheitlichen Auswahlkriterien bestehen.[597] Mit der objektivierten Unternehmensbewertung sind Ermessensspielräume aber nur schwer vereinbar, sodass zur Vermeidung von Ermessensspielräumen grundsätzlich auf **Normierungen** zurückzugreifen ist.[598] Allerdings widersprechen Normierungen der Funktion des Betafaktors, der das unternehmensspezifische systematische Risiko abbilden soll.[599] Normierungen sind daher v. a. beim Pure Play- sowie Peer Group-Ansatz kritisch zu sehen, da die Auswahl der Vergleichsunternehmen grundsätzlich von den spezifischen Verhältnissen des Bewertungsobjekts abhängt, was durch Normierungen nicht mehr sichergestellt werden kann. Im Gegensatz zu diesen Verfahren stellt der Rückgriff auf **Branchenbetas** an sich bereits eine Art Normierung dar, sodass sich das Ermessen auf die Wahl der Branche reduziert.[600] Durch diese Normierung wird folglich unterstellt, dass sich das Risiko der Branche und des Bewertungsobjekts annähernd entsprechen, das **systematische Risiko** also **durch Branchenspezifika determiniert** wird.[601] Bei einer abweichenden Kapitalstruktur ist der Betafaktor wie im vorigen Abschnitt beschrieben anzupassen.[602] Das durch den Asset-Betafaktor ausgedrückte operative Risiko wird damit als identisch innerhalb der Branche angenommen.[603]

Kritisiert wird indes, dass **Branchenbetas** unternehmensspezifische Risikofaktoren nicht adäquat abbilden.[604] Legt man die Risikofaktoren des systematischen Risikos zugrunde, sollte sich dieser

---

594 Vgl. ARBEITSKREIS „FINANZIERUNG" DER SCHMALENBACH-GESELLSCHAFT FÜR BETRIEBSWIRTSCHAFT E.V., Wertorientierte Unternehmenssteuerung, S. 554; DINSTUHL, V., Unternehmensbewertung, S. 236.

595 Vgl. BAETGE, J./NIEMEYER, K./KÜMMEL, J./SCHULZ, R., DCF-Verfahren, S. 381; FREYGANG, W., Kapitalallokation, S. 259; ARBEITSKREIS „FINANZIERUNG" DER SCHMALENBACH-GESELLSCHAFT FÜR BETRIEBSWIRTSCHAFT E.V., Wertorientierte Unternehmenssteuerung, S. 554.

596 Vgl. MUNKERT, M. J., Kapitalisierungszinssatz, S. 242. Zusätzlich bestehen die bei der vergangenheitsbezogenen Ermittlung der Betafaktoren erwähnten Spielräume, vgl. Fn. 552.

597 Vgl. METZ, V., Kapitalisierungszinssatz, S. 202; RICHTER, F., Unternehmensbewertung, S. 141 f.

598 Vgl. KOELEN, P., Investitionstheoretische Bewertungskalküle, S. 155 f.

599 Vgl. KIRSCH, H.-J./KOELEN, P./KÖHLING, K., Management Approach, S. 205.

600 Vgl. KOELEN, P., Investitionstheoretische Bewertungskalküle, S. 156.

601 Vgl. METZ, V., Kapitalisierungszinssatz, S. 211; ARBEITSKREIS „FINANZIERUNG" DER SCHMALENBACH-GESELLSCHAFT FÜR BETRIEBSWIRTSCHAFT E.V., Wertorientierte Unternehmenssteuerung, S. 553; WOLLNY, C., Unternehmenswert, S. 377.

602 Vgl. BAETGE, J./NIEMEYER, K./KÜMMEL, J./SCHULZ, R., DCF-Verfahren, S. 381.

603 Vgl. ARBEITSKREIS „FINANZIERUNG" DER SCHMALENBACH-GESELLSCHAFT FÜR BETRIEBSWIRTSCHAFT E.V., Wertorientierte Unternehmenssteuerung, S. 553; BAETGE, J./NIEMEYER, K./KÜMMEL, J./SCHULZ, R., DCF-Verfahren, S. 381.

604 Vgl. METZ, V., Kapitalisierungszinssatz, S. 202; MUNKERT, M. J., Kapitalisierungszinssatz, S. 242; ARBEITSKREIS „FINANZIERUNG" DER SCHMALENBACH-GESELLSCHAFT FÜR BETRIEBSWIRTSCHAFT E.V., Wertorientierte Unternehmenssteuerung, S. 554. BALLWIESER weist zudem darauf hin, dass die geringe Anzahl börsennotierter Unternehmen bestimmter Branchen die Aussagefähigkeit der jeweiligen Branchenbetas einschränkt, vgl. BALLWIESER, W., DCF-Verfahren, S. 83; MUNKERT, M. J., Kapitalisierungszinssatz, S. 242.

Kritikpunkt nur auf das **leistungswirtschaftliche Risiko** oder das **Marktrisiko** beziehen, da das **Kapitalstrukturrisiko** durch die Anpassung des Betafaktors an die unternehmensspezifischen Verhältnisse angeglichen wird. In der praktischen Umsetzung gestaltet sich das *unlevern* des Branchenbetafaktors aber schwierig, da hierzu umfangreiche Informationen über die zugrunde liegenden Unternehmen notwendig sind. Eine einfache Verwendung von Durchschnittswerten würde hier die theoretische Fundierung beeinträchtigen.

Für die Übertragbarkeit von Branchenbetas ist im Hinblick auf **Insolvenzrisiken** zudem entscheidend, ob das operative Risiko der Branche die Insolvenzrisiken adäquat reflektiert. Das **leistungswirtschaftliche Risiko** basiert u. a. auf der Fixkostenstruktur und bezieht sich somit auf die hierdurch verstärkten Schwankungen des Marktrisikos. Die Frage, ob das leistungswirtschaftliche Risiko der Branche auf das zu bewertende Unternehmen übertragbar ist, kann nicht allgemein beantwortet werden, da anzunehmen ist, dass es je nach Branche unterschiedlich ausgeprägt ist. Allerdings wird die unternehmensindividuelle Ausprägung regelmäßig nicht identisch zum Durchschnittswert sein. Jedoch ist festzuhalten, dass hierdurch das durchschnittliche leistungswirtschaftliche Risiko der entsprechenden Branche auf das Unternehmen übertragen wird. Wird angenommen, dass die Unternehmen innerhalb einer Branche **vergleichbare Kostenstrukturen** aufweisen bzw. diese sich angleichen werden, kann die Übertragbarkeit durchaus gerechtfertigt sein. Auch DINSTUHL betont die näherungsweise Übertragbarkeit des leistungswirtschaftlichen Risikos durch Branchenbetas.[605] Entscheidend ist hierbei die **Abgrenzung der Branche**[606], die in relativ engen Grenzen vorgenommen werden sollte, um eine vergleichbare Kostenstruktur plausibel unterstellen zu können.[607] Umfasst die Branche verschiedene **Wertschöpfungsstufen**, ist die Annahme einer einheitlichen Fixkostenstruktur nur schwer übertragbar. Gerade diese weite Branchendefinition ist indes in der Praxis häufig anzutreffen,[608] bspw. umfasst die Automobilindustrie neben den Herstellern auch System-, Modul- sowie Teilelieferanten.[609]

Das **Marktrisiko** spiegelt die unternehmensspezifische Abhängigkeit von der allgemeinen Marktsituation wider. Auch wenn die Konjunkturabhängigkeit innerhalb einzelner Branchen grundsätzlich als gleichgerichtet eingestuft werden kann, ist die Abhängigkeit der einzelnen Unternehmen einer Branche jedoch regelmäßig unterschiedlich stark ausgeprägt, sodass Unternehmen von Konjunktureinbrüchen unterschiedlich tangiert werden. Beispielsweise kann eine abweichende Produktpolitik oder Unternehmensstrategie dazu führen, dass Unternehmen ungleich auf Konjunktureinbrüche reagieren. Solche strategischen Entscheidungen können zu einer strategischen Krise führen, die

605 Vgl. DINSTUHL, V., Unternehmensbewertung, S. 236; ROSENBERG, B./RUDD, A., The Corporate Uses of Beta, S. 64 f.

606 PORTER versteht unter einer Branche eine Gruppe von Unternehmen mit substituierbaren Produkten. Vgl. PORTER, M. E., Wettbewerbsstrategie, S. 37. Vgl. zur Abgrenzung der Branche auch HABBEL, M./KRAUSE, J./OLLMANN, M., Branchenanalysen, S. 10 m. w. N.

607 Vgl. ZIMMERMANN, P., Betawerte, S. 351; HABBEL, M./KRAUSE, J./OLLMANN, M., Branchenanalysen, S. 10.

608 Vgl. HABBEL, M./KRAUSE, J./OLLMANN, M., Branchenanalysen, S. 10.

609 Vgl. POHL, M./THIELEN, B., Bewertung von Zulieferunternehmen, S. 22 f.

letztlich in der Unternehmensinsolvenz münden kann.[610] Dies deutet darauf hin, dass Unternehmen derselben Branche **unterschiedlichen Marktrisiken** unterliegen können, sodass diese Risiken nur schwer auf andere Unternehmen übertragbar sind.[611]

Ist also eine enge Branchenabgrenzung nicht möglich, ist anzunehmen, dass das systematische Insolvenzrisiko nur unzureichend durch das Branchenbeta wiedergegeben wird, sodass dieser Ansatz abzulehnen ist. Da regelmäßig davon ausgegangen werden kann, dass ein perfektes Vergleichsunternehmen (**Pure Play**) nicht vorhanden ist, ist alternativ auf eine **Peer Group** zurückzugreifen. Durch den Vergleich mit mehreren Unternehmen kann das spezifische Geschäftsfeld des Unternehmens besser abgebildet werden. Zudem verringert sich hier der Einfluss von Ausreißern im Vergleich zum Pure Play-Ansatz. Bei der Zusammenstellung der Peer Group ist einerseits darauf zu achten, dass sich die Unternehmen hinsichtlich der Produkt- und Preispolitik sowie strategischer Ausrichtung entsprechen und andererseits **vergleichbaren Insolvenzwahrscheinlichkeiten** unterliegen. Wie die Insolvenzwahrscheinlichkeit von Unternehmen sachgerecht bestimmt werden kann, wird in Abschnitt 43 detailliert untersucht.

Zusammenfassend zeigt die Analyse, dass systematische Insolvenzrisiken nur bedingt durch Analogieansätze auf das Bewertungsobjekt übertragen werden können. Der so ermittelte Betafaktor kann sich insbesondere hinsichtlich der unternehmensspezifischen Konjunkturabhängigkeit von der tatsächlichen Unternehmenssituation unterscheiden. Um mögliche Ermessensspielräume einzuschränken, empfiehlt sich bei einer sehr engen Branchenabgrenzung der Rückgriff auf Branchenbetas, da diese dann zumindest hinsichtlich des leistungswirtschaftlichen Risikos als Näherungslösung angesehen werden können.[612] Zudem wird durch den Branchenbezug gewährleistet, dass das durchschnittliche, der Branche zugrunde liegende Insolvenzrisiko berücksichtigt wird, sodass der Einfluss von Ausreißern reduziert wird. Ist indes keine enge Branchenabgrenzung gegeben, ist auf eine Peer Group abzustellen. Um hierbei das Insolvenzrisiko adäquat abbilden zu können, ist darauf zu achten, dass die Vergleichsunternehmen und das Bewertungsobjekt identische Insolvenzwahrscheinlichkeiten aufweisen.

33 Zwischenfazit

Mit der vorangegangenen Analyse sollte untersucht werden, welche Auswirkungen die Annahme einer endlichen Lebensdauer auf die Alternativanlage hat und inwiefern Insolvenzrisiken hierin abgebildet werden, da die Berücksichtigung von Insolvenzrisiken des Bewertungsobjekts voraussetzt, dass die Alternativanlage der gleichen Risikodimension unterliegt wie das Bewertungsobjekt.

---

610 Vgl. Abschn. 211.2.

611 Vgl. BAETGE, J./NIEMEYER, K./KÜMMEL, J./SCHULZ, R., DCF-Verfahren, S. 381.

612 Vgl. KOELEN, P., Investitionstheoretische Bewertungskalküle, S. 157 m. w. N.

Differenziert nach den einzelnen CAPM-Komponenten lässt sich an verschiedenen Stellen ein Einfluss der Insolvenzrisiken feststellen. Bei der Ableitung des **risikolosen Basiszinssatzes** werden bereits **Insolvenzrisiken** berücksichtigt, da die zugrunde liegende quasi-risikolose Staatsanleihe nicht frei von Ausfallrisiken ist. Somit stellt der risikolose Zins nicht ausschließlich auf die zeitliche Transformation der Zahlungsströme ab, sondern enthält auch eine gewisse **Risikoprämie**, die aufgrund des möglichen Ausfalls der Staatsanleihen verlangt wird.

Die **Marktrisikoprämie** bildet den Risikoaufschlag für eine Investition in das Marktportfolio im Vergleich zur risikolosen Anlage ab. Annahmegemäß ist im Marktportfolio nur das systematische Risiko enthalten, da sich die unsystematischen Risiken im Portfolio kompensieren. Wie alle Risikoarten weisen auch Insolvenzrisiken sowohl einen systematischen als auch einen unsystematischen Charakter auf. Grundsätzlich sollten daher die systematischen Insolvenzrisiken in der Marktrendite abgebildet sein. Indes nimmt das Problem des **Survivorship Bias** Einfluss auf die Risikoberücksichtigung, da die negativen Ergebnisbeiträge von insolventen Unternehmen nicht adäquat im Index und somit in der Marktrendite abgebildet werden.

Durch den **Betafaktor** wird die Marktrisikoprämie an die unternehmensspezifischen Risiken angepasst, wobei nur der systematische Teil der Risiken aufgrund der unterstellten Diversifikation der Investoren bewertungsrelevant ist. Die Annahme von Insolvenzrisiken geht mit der Annahme ausfallriskanten Fremdkapitals einher, was die Berücksichtigung des **Debt Beta** erforderlich macht. Problematisch hinsichtlich der Berücksichtigung von Insolvenzrisiken erscheint die Ableitung des Betafaktors aus **Vergleichsunternehmen**. Durch den Rückgriff auf Vergleichsunternehmen kann nicht sichergestellt werden, dass die Risikoäquivalenz zwischen Bewertungsobjekt und Alternativanlage gewährleistet ist. Der Rückgriff auf ein nahezu identisches Vergleichsunternehmen scheidet regelmäßig mangels Existenz aus. Der Rückgriff auf Branchenbetafaktoren geht zwar mit vergleichsweise geringen Ermessensspielräumen einher und zumindest das leistungswirtschaftliche Risiko wird z. T. approximativ als identisch angesehen. Dennoch verbleibt auch hier die Unsicherheit, dass das Marktrisiko der Branche dem des Bewertungsobjekts nicht adäquat entspricht. Daher erscheint der Peer Group-Ansatz vorteilhaft, da hierdurch besser auf die unternehmensspezifischen Risikofaktoren und somit auf das systematische Insolvenzrisiko eingegangen werden kann.

Die Analyse hat gezeigt, dass in der Alternativrendite grundsätzlich systematische Insolvenzrisiken berücksichtigt werden, was hinsichtlich der **Risikoäquivalenz** positiv zu beurteilen ist, sofern auch bei der Zahlungsreihe des Bewertungsobjekts Insolvenzrisiken berücksichtigt werden. Somit ist kein zusätzlicher Risikozuschlag im Kapitalisierungszins erforderlich, um Risikoäquivalenz zum insolvenzgefährdeten Bewertungsobjekt herzustellen. Zwar bestehen durch die praktische Umsetzung z. T. **Verzerrungen**, sodass die Risikoäquivalenz nicht in jedem Fall als vollständig erfüllt anzusehen ist. Anpassungen sind indes im Sinne der Objektivierung abzulehnen, zumal hierdurch die Gleichgewichtsbedingungen des CAPM zerstört würden.[613] Ausgehend von der Erkenntnis, dass systematische Insolvenzrisiken in der Alternativanlage berücksichtigt werden, soll nun im folgenden Kapitel untersucht werden, wann und wie Insolvenzrisiken beim Bewertungsobjekt zu berücksichtigen sind. Da das CAPM von einem vollständig diversifizierten Investor ausgeht, für den nur der systematische Teil der Insolvenzrisiken relevant ist, resultiert die Frage, ob und wie bei unzureichender Diversifizierung auch unsystematische Insolvenzrisiken berücksichtigt werden sollten. Auch diese Frage soll im folgenden Kapitel untersucht werden.

613 Vgl. BAETGE, J./KIRSCH, H.-J./KOELEN, P./SCHULZ, R., Corporate Valuation, S. 3. Ähnlich SCHULZ, R., Größenabhängige Risikoanpassungen, S. 64 f.

4 Kritische Analyse der expliziten Berücksichtigung von Insolvenzrisiken in der Unternehmensbewertung

41 Erfordernis der expliziten Berücksichtigung von Insolvenzrisiken

411. Vorbemerkung

Die Analyse im vorigen Kapitel hat gezeigt, dass in der durch das CAPM ausgedrückten Alternativrendite implizit systematische Insolvenzrisiken berücksichtigt werden. Hieran anknüpfend soll in diesem Kapitel untersucht werden, wann und wie Insolvenzrisiken explizit in der Unternehmensbewertung berücksichtigt werden sollten, um der Risikoäquivalenz gerecht zu werden. Da die Unternehmensbewertung stets zweckabhängig ist, kann eine allgemeine Antwort hierauf indes nicht sachgerecht sein. Entsprechend soll die folgende Analyse vor den beiden Wertkonzeptionen des IDW, der objektivierten und der subjektiven Bewertung, beurteilt werden. Da Insolvenzrisiken das Bewertungskalkül an verschiedenen Stellen tangieren können, erscheint es sinnvoll, zunächst allgemein die Berücksichtigung von Insolvenzrisiken der Cashflows und Tax Shields und anschließend speziell die Relevanz von Insolvenzrisiken im Fall eines unterdiversifizierten Investors zu untersuchen.

412. Insolvenzrisiken bei der Ermittlung der Cashflows und Tax Shields

Für das Bewertungssubjekt ist der künftige Nutzen, der aus dem Bewertungsobjekt gezogen werden kann, wertrelevant. Der künftige Nutzen wird dabei durch die künftig entziehbaren Zahlungsüberschüsse beschrieben. Neben den (operativen) Cashflows hängen die künftig entziehbaren Zahlungsüberschüsse auch von den künftigen Tax Shields ab. Wie in Kapitel 233.2 angesprochen, ist die Verwendung künftiger Daten mit einer Prognoseunsicherheit verbunden. Um der Unsicherheit in der Prognose der künftigen Cashflows gerecht zu werden, ist im Bewertungskalkül auf den Erwartungswert der künftigen Cashflows abzustellen,[614] sodass die Mehrwertigkeit adäquat berücksichtigt wird.[615] Diese Unsicherheit umfasst auch den Wertbeitrag der **Tax Shields**. Da aus unsicheren Zahlungen an Fremdkapitalgeber auch unsichere Tax Shields folgen, können auch die Tax Shields von Insolvenzrisiken beeinflusst werden.[616] Grundsätzlich ist zu beachten, dass die künftigen Entwicklungen **angemessen** im Bewertungskalkül abgebildet werden.[617] Auch im IDW S 1 wird gefordert, alle **realistischen** Zukunftserwartungen in der Bewertung zu beachten.[618] Da die Beendigung der Unternehmensexistenz eine realistische Zukunftserwartung darstellt, ist sie v. a. aufgrund der hohen Wertrelevanz für das Bewertungssubjekt entscheidungsrelevant. Um die Mehrwertigkeit der künfti-

---

[614] Vgl. ZIEGER, M./SCHÜTTE-BIASTOCH, S., Bewertung von KMU, S. 595.

[615] Vgl. MOXTER, A., Grundsätze, S. 117; KÜNNEMANN, M., Objektivierte Unternehmensbewertung, S. 242 m. w. N.

[616] Vgl. STEPHAN, J., Finanzielle Kennzahlen, S. 99.

[617] Vgl. KOELEN, P., Investitionstheoretische Bewertungskalküle, S. 75.

[618] Vgl. IDW (Hrsg.), IDW S 1 (2008), Rn. 29.

gen Zahlungsströme also adäquat abbilden zu können, sind Insolvenzrisiken bei der Ableitung der Cashflows und Tax Shields zu berücksichtigen.[619]

In der Unternehmensbewertung wird, wie in Kapitel 3 ausführlich beschrieben, regelmäßig auf Kapitalmarktdaten zurückgegriffen. Während dies für kapitalmarktorientierte Unternehmen bspw. hinsichtlich der Objektivierbarkeit vorteilhaft ist, ergeben sich indes Probleme, wenn das Bewertungsobjekt nicht börsennotiert ist. Auch für die Berücksichtigung von Insolvenzrisiken kann dieser Sachverhalt relevant sein, sofern die Parameter der Insolvenzrisiken marktbasiert bestimmt werden. Daher soll im Folgenden nicht nur die Berücksichtigung von Insolvenzrisiken bei börsennotierten Unternehmen, sondern auch bei nicht börsennotierten Unternehmen untersucht werden. Zu diesen nicht börsennotierten Unternehmen ist ein Großteil der KMU zu zählen,[620] sodass unter dem Begriff KMU im Folgenden nicht börsennotierte kleine und mittlere Unternehmen verstanden werden. Die Bedeutung der KMU ist in Deutschland als hoch anzusehen, da der überwiegende Teil der deutschen Unternehmen als KMU und somit als nicht börsennotiert zu charakterisieren ist. Gleichzeitig weisen empirische Studien darauf hin, dass KMU einem höheren Insolvenzrisiko ausgesetzt sind als größere (börsennotierte) Unternehmen.[621] Dies zeigt, dass die Vergleichbarkeit von börsennotierten und kleinen und mittleren nicht börsennotierten Unternehmen z. T. eingeschränkt ist. Daher erscheint es sachgerecht, die folgende Analyse dahingehend zu differenzieren, ob die nichtbörsennotierten Unternehmen vergleichbar oder nicht vergleichbar zu börsennotierten Unternehmen sind.

Während Insolvenzrisiken also grundsätzlich in der Erwartungswertermittlung berücksichtigt werden sollten, wird in der Bewertungsliteratur und -praxis regelmäßig vom *worst case*-Szenario der Insolvenz abstrahiert.[622] Teilweise wird dies mit dem Verweis auf Komplexitätsreduktionsziele begründet, was anhand der in Abschnitt 24 erarbeiteten Kriterien gewürdigt werden soll. Allerdings werden in der Literatur z. T. auch Situationen angeführt, in denen die **Abstraktion von Insolvenzrisiken** auch unabhängig von Komplexitätsreduktionszielen als sachgerecht erachtet wird. Dies ist einerseits dann der Fall, wenn Unternehmen tatsächlich **keinerlei Ausfallrisiko** aufweisen und andererseits, wenn der **Zugang zum Kapital unbeschränkt** ist.[623] Dass das erste Kriterium keinen

---

619 Vgl. METZ, V., Kapitalisierungszinssatz, S. 98.

620 Eine einheitliche Definition von KMU existiert nicht, indes sind u. a. fehlender Börsenzugang, eingeschränkter Eigentümerkreis, Verbindung von Eigentum und Unternehmensführung, begrenzte Finanzierungsmöglichkeiten, geringe Diversifikation sowie flexible Strukturen charakteristisch für KMU. Gleichwohl ist eine fehlende Börsennotierung keine hinreichende Bedingung für das Vorliegen eines KMU, da auch größere Unternehmen nicht zwangsläufig börsennotiert sind. Vgl. hierzu KIRSCH, H.-J./METH, D., Mittelständische Unternehmen, S. 9; HELBLING, C., Bewertung von KMU, S. 935 f.; KRATZ, N./WANGLER, C., Unternehmensbewertung, S. 170; ZIEGER, M./SCHÜTTE-BIASTOCH, S., Bewertung von KMU, S. 591; BROCKMANN, H., KMU, S. 39 f.; KELLER, M., KMU, S. 12; NEUS, W., Finanzierung kleinerer Unternehmungen, S. 2 f.; HACKSPIEL, T., Unternehmensbewertung von KMU, S. 131 f.

621 Vgl. CREDITREFORM, Insolvenzen 2010, S. 18; LODERER, C./WÄLCHLI, U., Handbuch der Bewertung (II), S. 436. Ähnlich BERENS, W./WÜLLER, F., Strategisches Controlling, S. 393; BEIKER, H., Überrenditen und Risiken, S. 100.

622 Vgl. Abschn. 242.

623 Vgl. STEPHAN, J., Finanzielle Kennzahlen, S. 90; DAMODARAN, A., The Dark Side of Valuation, S. 383; WECKBACH, S., Corporate Financial Distress, S. 56.

realistischen Sachverhalt abbildet, wird dadurch deutlich, dass selbst Unternehmen mit höchster Bonität zwar eine sehr geringe, aber dennoch über null liegende Insolvenzwahrscheinlichkeit aufweisen.[624] Auch die Tatsache, dass selbst die (quasi-) sichere Anlagemöglichkeit einem gewissen Ausfallrisiko unterliegt, unterstreicht dies nochmal. Die Gültigkeit der zweiten Prämisse wird z. T. für aufstrebende sowie entwickelte Kapitalmärkte akzeptiert,[625] ist aber eher als theoretisches Konstrukt zu verstehen. Auch sprechen hier die tatsächlichen Insolvenzfälle gegen eine allgemeine Gültigkeit. Zudem ist nicht nur der Status quo relevant, sondern auch die Entwicklung der Märkte zu berücksichtigen. Hier hat sich gezeigt, dass in konjunkturellen Krisenzeiten der Kapitalmarktzugang z. T. stark eingeschränkt sein kann.[626] Als weiteren Sachverhalt zur Nichtberücksichtigung von Insolvenzrisiken führt DAMODARAN den Fall an, in dem Unternehmen trotz Ausfall- bzw. Insolvenzgefahr in der Lage sind, die geplanten Cashflows durch den **Verkauf** sämtlicher Vermögensgegenstände zu erzielen.[627] Diese Annahme impliziert einerseits, dass das Unternehmen auch in Krisenstadien noch die Möglichkeit hat, Vermögenswerte zu ihren fairen Marktwerten zu verkaufen, und andererseits, dass auch potentielle Wachstumsannahmen durch den Verkauf des vorhandenen Vermögens kompensiert werden.[628] Da dies regelmäßig nicht der Fall sein dürfte, kann auch diese Annahme als realitätsfern angesehen werden, sodass insgesamt festzuhalten ist, dass die Ausnahmesachverhalte in der Praxis kaum Relevanz besitzen. Entsprechend sollten Insolvenzrisiken regelmäßig in der **Erwartungswertermittlung** der Überschüsse berücksichtigt werden. Dabei setzt die Berücksichtigung von Insolvenzrisiken voraus, dass eine vollständige Verteilung der Zahlungsüberschüsse in den Erwartungswerten berücksichtigt wird.[629] Nur in diesem Fall werden die erwarteten künftigen Cashflows und Tax Shields sachgerecht ermittelt.[630]

Grundsätzlich ist also davon auszugehen, dass jedes Unternehmen Insolvenzrisiken unterliegt und nur in ganz bestimmten Situationen hiervon abgesehen werden kann. Daher verwundert die Empfehlung des AK BEWERTUNG NBU DES IACVA, Insolvenzrisiken lediglich bei Unternehmen im oberen Bereich des ***Speculative Grades***[631] und dort zumindest für die **ewige Rente** zu berücksichtigen.[632] Die grundsätzliche Forderung nach der Berücksichtigung von Insolvenzrisiken bei der Ermittlung der Cashflows ist zwar zu unterstützen, indes ist die Beschränkung auf die genannten Fälle nicht nachvollziehbar. Die Beschränkung auf den oberen Bereich des ***Speculative Grades*** begründet der Arbeitskreis damit, dass für Unternehmen des unteren Bereichs grundsätzlich die Annahme der

624 Vgl. MÜNSTERMANN, H., Wert und Bewertung, S. 61; STEPHAN, J., Finanzielle Kennzahlen, S. 90.

625 Vgl. DAMODARAN, A., The Dark Side of Valuation, S. 383.

626 Vgl. WECKBACH, S., Corporate Financial Distress, S. 56; DAMODARAN, A., The Dark Side of Valuation, S. 383.

627 Vgl. DAMODARAN, A., The Dark Side of Valuation, S. 385.

628 Vgl. DAMODARAN, A., The Dark Side of Valuation, S. 385.

629 D. h., dass auch Insolvenzszenarien in der Überschussprognose berücksichtigt werden, vgl. METZ, V., Kapitalisierungszinssatz, S. 98.

630 Vgl. METZ, V., Kapitalisierungszinssatz, S. 98.

631 Der *Speculative Grade* bezieht sich auf die Klassifizierung von Ratings und umfasst Unternehmen mit vergleichsweise geringerer Bonität. Vgl. hierzu auch Abschn. 432.211.

632 Vgl. ARBEITSKREIS BEWERTUNG NICHT BÖRSENNOTIERTER UNTERNEHMEN DES IACVA E.V., Bewertung nicht börsennotierter Unternehmen, S. 21.

Unternehmensfortführung zu hinterfragen ist und Liquidationswertszenarien zu berücksichtigen sind.[633] Wird die Unternehmensfortführung bejaht, ist aber auch bei diesen Unternehmen die Insolvenzwahrscheinlichkeit zu berücksichtigen. Für Unternehmen des ***Investment Grades*** scheint der Arbeitskreis von einer geringen Bedeutung der Insolvenzrisiken auszugehen, sodass die Berücksichtigung unterbleiben kann. Allerdings ermittelt der Arbeitskreis in einer Beispielrechnung anhand historischer Ausfallraten von Ratingagenturen für Unternehmen mit A-Rating einen Werteinfluss der Insolvenzrisiken i. H. v. 2,2 % und für Unternehmen mit BBB-Rating einen Werteinfluss von 6,1 %.[634] Somit ist nicht nachvollziehbar, warum die Insolvenzrisiken in diesen Fällen zu vernachlässigen sind, da auch hier Zusatznutzen generiert werden kann. Insofern erscheint es durchaus sachgerecht, unabhängig von der Bonität Insolvenzrisiken in die Bewertung einzubeziehen. Lediglich in dem Fall, in dem die Zusatzkosten den Zusatznutzen übersteigen, bspw. bei äußerst geringer Insolvenzwahrscheinlichkeit, kann von der Berücksichtigung von Insolvenzrisiken abgesehen werden.

Wenig überzeugend ist zudem die Einschränkung, zumindest in der **ewigen Rente** die Insolvenzwahrscheinlichkeit zu berücksichtigen. Die Berücksichtigung von Insolvenzwahrscheinlichkeiten in der Phase der ewigen Rente setzt die Verfügbarkeit der Daten voraus. Wenn folglich die entsprechenden Daten vorliegen, ist es kaum begründbar, diese nicht auch schon in der Detailplanung zu verwenden. Einerseits entsteht hierdurch kaum Mehraufwand, andererseits besitzt die Insolvenzwahrscheinlichkeit auch in dieser Phase Wertrelevanz. Im Zuge einer konsistenten Bewertung ist daher zu fordern, dass **für sämtliche Unternehmen** eine sachgerechte Ermittlung des Erwartungswerts und damit die **Berücksichtigung von Insolvenzszenarien** vorzunehmen ist, und zwar unabhängig davon, ob die Detailphase oder die ewige Rente geplant wird.

Im Folgenden soll daher untersucht werden, wie die Insolvenzrisiken der Cashflows und der Tax Shields in der Bewertung zu berücksichtigen sind.[635] Aufgrund der unterschiedlichen Abbildung der Tax Shields in den DCF-Verfahren soll dabei differenziert nach den Bewertungsverfahren vorgegangen werden. Zunächst soll aber auf eine weitere Situation eingegangen werden, in der Insolvenzrisiken relevant sind, und zwar dann, wenn das Bewertungssubjekt auch unsystematischen Risiken ausgesetzt ist.

633 Vgl. ARBEITSKREIS BEWERTUNG NICHT BÖRSENNOTIERTER UNTERNEHMEN DES IACVA E.V., Bewertung nicht börsennotierter Unternehmen, S. 21.

634 Vgl. ARBEITSKREIS BEWERTUNG NICHT BÖRSENNOTIERTER UNTERNEHMEN DES IACVA E.V., Bewertung nicht börsennotierter Unternehmen, S. 19.

635 Eine unterschiedliche steuerliche Behandlung kann aus dem Forderungsverzicht und damit aus der Art des Insolvenzverfahrens resultieren, wovon im Weiteren aber abstrahiert werden soll. Vgl. hierzu ausführlich STEPHAN, J., Finanzielle Kennzahlen, S. 88-155.

413. Insolvenzrisiken bei Relevanz unsystematischer Risiken

Im CAPM wird typisierend von einem diversifizierten Investor ausgegangen, sodass nur systematische Risiken relevant sind. Bei Anlässen der subjektiven Unternehmensbewertung wird die Gültigkeit der restriktiven CAPM-Prämissen z. T. infrage gestellt. Speziell hinsichtlich der Relevanz von unsystematischen Risiken wird die Möglichkeit eines zusätzlichen Risikozuschlags stellenweise diskutiert.[636] Da Insolvenzrisiken sowohl systematischer als auch unsystematischer Natur sind, ist in diesem Zusammenhang v. a. die Frage der Berücksichtigung der unsystematischen Insolvenzrisiken relevant. Unsystematische Risiken können für das Bewertungssubjekt relevant sein, wenn die Diversifikationsannahme nicht erfüllt ist, was häufig bei Unternehmensbewertungen von KMU unterstellt wird, da deren Eigentümer regelmäßig einen Großteil ihres Vermögens in das Unternehmen investiert haben.[637]

Empirische Untersuchungen weisen teilweise darauf hin, dass das **Gesamtrisiko** von kleineren Unternehmen, also das systematische und unsystematische Risiko, **höher** ist als das von vergleichsweise größeren Unternehmen.[638] Gleichzeitig weisen KMU **geringere Betafaktoren** auf als große Unternehmen.[639] Die Betafaktoren repräsentieren das systematische Risiko. Die geringeren systematischen Risiken bei gleichzeitig höheren gesamten Risiken der KMU deuten darauf hin, dass unsystematischen Risiken bei KMU eine stärkere Bedeutung zukommt. Wenn der Investor diversifiziert ist, haben unsystematische Risiken keine Wertrelevanz. Wenn jedoch die Annahme des vollständig diversifizierten Investors nicht sachgerecht ist, bildet insbesondere bei KMU die Kompensation von unsystematischen Risiken einen relevanten Sachverhalt ab.

Die Bedeutung von Unternehmensbewertungen für KMU hat in den vergangenen Jahren u. a. aufgrund von Internationalisierungsbestrebungen und Nachfolgeregelungen zugenommen.[640] So können transaktionsbezogene Unternehmensbewertungen von KMU bspw. aus familien- und erbrechtlichen Auseinandersetzungen oder aus Gesellschafterwechseln von Personengesellschaften resultieren.[641] Nicht zuletzt aufgrund der steigenden Bedeutung von Unternehmensbewertungen kleiner

---

636 Vgl. bspw. JONAS, M., Unternehmensbewertung bei KMU, S. 120; PRATT, S. P./GRABOWSKI, R. J., Cost of Capital 2010, S. 288.

637 Vgl. DAMODARAN, A., Damodaran on Valuation, S. 57; ZIEGER, M./SCHÜTTE-BIASTOCH, S., Bewertung von KMU, S. 597.

638 Vgl. BALZ, U./BORDEMANN, H.-G., Eigenkapitalkosten bei KMU, S. 738. Hierbei wird zwischen Unternehmen verschiedener Börsenindizes unterschieden. BALZ/BORDEMANN stellen fest, dass das Gesamtrisiko von Unternehmen im Index SDAX und TecDAX höher ist als von Unternehmen aus dem DAX und MDAX. Das Gesamtrisiko messen sie dabei in Relation zum CDAX. Indes kann auch die hohe Gewichtung der DAX-Unternehmen bei der Entwicklung des CDAX die Ergebnisse beeinflussen, sodass die Ergebnisse nur eine begrenzte Aussagefähigkeit haben.

639 Vgl. BAETGE, J./KIRSCH, H.-J./KOELEN, P./SCHULZ, R., Corporate Valuation, S. 9; SCHULZ, R., Größenabhängige Risikoanpassungen, S. 191; BALZ, U./BORDEMANN, H.-G., Eigenkapitalkosten bei KMU, S. 739.

640 Vgl. KELLER, M., KMU, S. 12; WENZEL, K./HOFFMANN, A., Unternehmenstransaktionen, S. 634; HACKSPIEL, T., Unternehmensbewertung von KMU, S. 131.

641 Vgl. ZIEGER, M./SCHÜTTE-BIASTOCH, S., Bewertung von KMU, S. 590.

und mittlerer Unternehmen soll als weiterer Sachverhalt die Möglichkeit zur Berücksichtigung von Insolvenzrisiken bei **Relevanz unsystematischer Risiken** untersucht werden.

42 Modifizierung des Bewertungskalküls zur Berücksichtigung von Insolvenzrisiken

421. Vorbemerkung

Nachdem im vorigen Abschnitt relevante Sachverhalte zur Berücksichtigung von Insolvenzrisiken abgeleitet wurden, soll nun zunächst ein allgemeines Bewertungskalkül ermittelt werden, mit dem Insolvenzrisiken bei der Ermittlung des Erwartungswerts in der Detailplanung und der ewigen Rente umfassend berücksichtigt werden können. Ausgehend von diesem Basiskalkül werden konkrete Modifikationen hergeleitet, mit denen die Insolvenzrisiken der Cashflows und der Tax Shields sachgerecht in den einzelnen DCF-Verfahren berücksichtigt werden können. Anschließend werden spezifische Fragestellungen, die sich aus der Einbeziehung der Insolvenzrisiken in das Bewertungskalkül ergeben, untersucht.

422. Berücksichtigung von Insolvenzrisiken im Bewertungskalkül

422.1 Periodenspezifische Anpassung bedingter Erwartungswerte

Wie bereits beschrieben, besteht eine Möglichkeit Insolvenzrisiken in das Bewertungskalkül einzubeziehen darin, die bedingten Cashflows zu berechnen und ab einem bestimmten Zeitpunkt von einer Insolvenz auszugehen. Alternativ kann der bedingte Unternehmenswert mit einer über einen bestimmten Zeitraum kumulierten Insolvenzwahrscheinlichkeit gewichtet werden.[642] Nachteilig an den Ansätzen ist, dass ein konkreter Insolvenzzeitpunkt festgelegt werden muss, was je nach Zeitpunkt den Unternehmenswert erheblich beeinflussen kann.[643] Eine alternative Möglichkeit besteht darin, bereits bei der periodenspezifischen Ableitung der Erwartungswerte die Insolvenzwahrscheinlichkeit zu berücksichtigen. Hierdurch kann das Problem umgangen werden, einen konkreten Insolvenzzeitpunkt zu bestimmen, da in jeder Periode eine bestimmte Insolvenzwahrscheinlichkeit berücksichtigt wird. Die Erwartungswerte der künftigen Cashflows sind dabei als unbedingte Erwartungswerte zu berechnen.

In der Praxis wird indes häufig von der Insolvenzwahrscheinlichkeit abstrahiert, sodass die ermittelten Werte als **bedingte Erwartungswerte**, also als Erwartungswerte unter der Annahme der Nicht-Insolvenz zu interpretieren sind.[644] Wenn der Erwartungswert kein *worst case*-Szenario abdeckt, kann die Insolvenzwahrscheinlichkeit dennoch über eine nachträgliche Anpassung einbezogen wer-

[642] DAMODARAN schlägt ein solches Verfahren für die Bewertung von Unternehmen in finanzieller Notlage vor. Vgl. DAMODARAN, A., The Dark Side of Valuation, S. 388-401.

[643] Vgl. hierzu auch Abschn. 233.3.

[644] Vgl. GLEIẞNER, W., Insolvenzwahrscheinlichkeit, S. 244; GLEIẞNER, W., Unternehmenswert, S. 736.

den,[645] indem der bedingte Erwartungswert mit der Überlebenswahrscheinlichkeit $(1-p)$ gewichtet wird, wie Formel 4-1 für einen einperiodigen Anlagehorizont zeigt:[646]

Formel 4-1	$UW = \frac{(1-p) * CF^{bed.} + p * CF^{Ins.}}{1+i}$

Wird beispielhaft ein einjähriges Investitionskalkül mit einem bedingten Erwartungswert i. H. v. 1.000 GE betrachtet, ergibt sich bei einer Insolvenzwahrscheinlichkeit von 2 % und einem Diskontierungszins von 10 % ein Wert von:

Formel 4-2	$UW = \frac{(1-0{,}02) * 1.000 + 0{,}02 * 0}{1+0{,}1} = 890{,}9 \text{ GE}$

Hierbei wird unterstellt, dass den Eigenkapitalgebern im Insolvenzfall keine Cashflows verbleiben.[647] Der Unternehmenswert beträgt somit unter Berücksichtigung von Insolvenzrisiken 890,9 GE. Bei einer sicheren Rückzahlung, d. h. bei $p = 0$, würde der Barwert 909,1 GE betragen.

Wird nun anstelle einer einperiodigen Investition eine **mehrjährige Betrachtung** angenommen, ist jeweils die periodenspezifische **kumulierte Insolvenzwahrscheinlichkeit** relevant.[648] Dies resultiert daraus, dass die Cashflows der zweiten Periode wiederum bedingte Werte darstellen; sie sind nur dann relevant, wenn das Unternehmen in Periode 1 nicht ausgefallen ist. Zudem können die Cashflows auch in Periode 2 ausfallen, sodass sie wiederum mit der Überlebenswahrscheinlichkeit zu gewichten sind.[649] Die kumulierte Insolvenzwahrscheinlichkeit der Periode 2 ergibt sich somit als:

Formel 4-3	$p_2^{cum} = 1 - (1-p_1) * (1-p_2)$

Bei einer konstant angenommenen Insolvenzwahrscheinlichkeit beträgt die kumulierte Insolvenzwahrscheinlichkeit der zweiten Periode also:

Formel 4-4	$p_2^{cum} = 1 - (1-0{,}02) * (1-0{,}02) = 3{,}96\,\%$

Allgemein ergibt sich die **kumulierte Insolvenzwahrscheinlichkeit** der Periode n bei konstanter Insolvenzwahrscheinlichkeit als:

645 Vgl. SPREMANN, K., Finanzanalyse, S. 364 f. Auf diese Weise kann auch eine falsch eingeschätzte Insolvenzwahrscheinlichkeit korrigiert werden, vgl. GLEIẞNER, W., Unternehmenswert, S. 736.

646 Vgl. LODERER, C./WÄLCHLI, U., Handbuch der Bewertung (II), S. 436.

647 Auch fallen durch die Insolvenz keine Kosten für die Eigenkapitalgeber an. Für persönlich haftende Gesellschafter kann durch negative Cashflows im Insolvenzfall das Haftungsrisiko abgebildet werden.

648 Vgl. DAMODARAN, A., The Dark Side of Valuation, S. 384.

649 Vgl. hier und im Folgenden GLEIẞNER, W., Unternehmenswert, S. 736.

Formel 4-5	$p_n^{cum} = 1 - (1 - p)^n$

Für die Detailplanung in der Unternehmensbewertung können die Insolvenzrisiken wie gezeigt periodenindividuell durch die kumulierte Insolvenzwahrscheinlichkeit in das Bewertungskalkül integriert werden. Hingegen liegt der Wertermittlung regelmäßig ein Zweiphasenmodell zugrunde. Die Berücksichtigung der Insolvenzrisiken in der ewigen Rente wird im folgenden Abschnitt beschrieben.

422.2 Anpassung bedingter Erwartungswerte in der Phase der ewigen Rente

In der ewigen Rente wird von konstanten Bedingungen ausgegangen, sodass der Erwartungswert des Cashflows eines bestimmten Jahres *t* innerhalb der ewigen Rente unter Berücksichtigung der Insolvenzwahrscheinlichkeit stets wie folgt ermittelt werden kann:

Formel 4-6	$CF_t = (CF_1) * (1 - p)^t$

Die erwarteten Cashflows einer Periode setzen sich also aus den erwarteten Cashflows des ersten Jahres der Restwertphase multipliziert mit der kumulierten Überlebenswahrscheinlichkeit zusammen. Der Unternehmenswert ergibt sich anschließend als Summe der Cashflows:[650]

Formel 4-7	$UW = \sum_{t=1}^{\infty} \frac{CF_1 * (1 - p)^t}{(1 + i)^t}$

Diese Formel lässt sich umformen zu:[651]

---

650 Zur Veranschaulichung wird im Folgenden von einem Einphasenmodell ausgegangen, sodass von der Detailplanungsphase abstrahiert wird. Wenn die Detailplanung berücksichtigt und somit ein Zweiphasenmodell verwendet werden soll, wird durch die im Folgenden gezeigten Formeln lediglich der Wertbeitrag der ewigen Rente berechnet, der dann zusammen mit dem Wertbeitrag der einzelnen Detailplanungsperioden den Unternehmenswert bildet.

651 Die Summenformel ist äquivalent zu: $UW = \frac{CF_1*(1-p)}{1+i} + \frac{CF_1*(1-p)^2}{(1+i)^2} + \cdots$

Sei $a = \frac{CF_1*(1-p)}{1+i}$ und $x = \frac{(1-p)}{1+i}$ folgt:

(I) $UW = a + ax + ax^2 + \cdots$

Durch Multiplikation mit x ergibt sich Gleichung II:

(II) $UWx = ax + ax^2 + ax^3 + \cdots$

Nach Subtraktion der Gleichung II von Gleichung I folgt:

$UW(1 - x) = a$

Durch Einsetzen von a und x resultiert:

$UW\left(\frac{1+i}{1+i} - \frac{1-p}{1+i}\right) = \frac{CF_1*(1-p)}{1+i}$

Nach Multiplikation mit (1+i) und Umformung ergibt sich:

$UW = \frac{CF_1*(1-p)}{i+p}$

Formel 4-8	$UW = \frac{CF_1 * (1-p)}{i+p}$

Das Insolvenzrisiko kann somit als **negative Wachstumsrate** formuliert werden.[652] Ausgehend von den zuvor angeführten Beispieldaten ergibt sich folgender Unternehmenswert:

Formel 4-9	$UW = \frac{1.000 * (1-0{,}02)}{0{,}1+0{,}02} = \frac{1.000 * 0{,}98}{0{,}12} = 8.166{,}7 \text{ GE}$

Neben dieser integrierten Betrachtung der Insolvenzrisiken im Bewertungskalkül kann auch der **Barwert der Insolvenzrisiken** direkt bestimmt werden:[653]

Formel 4-10	$BW_{IR} = \frac{CF_1 * p * (1+i)}{i * (i+p)} = \frac{1.000 * 0{,}02 * 1{,}1}{0{,}1 * 0{,}12} = \frac{22}{0{,}012} = 1.833{,}3 \text{ GE}$

Die Bedeutung, die die Insolvenzrisiken einnehmen können, kann mitunter erheblich sein. Abbildung 4-1 zeigt den Wertanteil der Insolvenzrisiken bei verschiedenen Diskontierungszinssätzen:

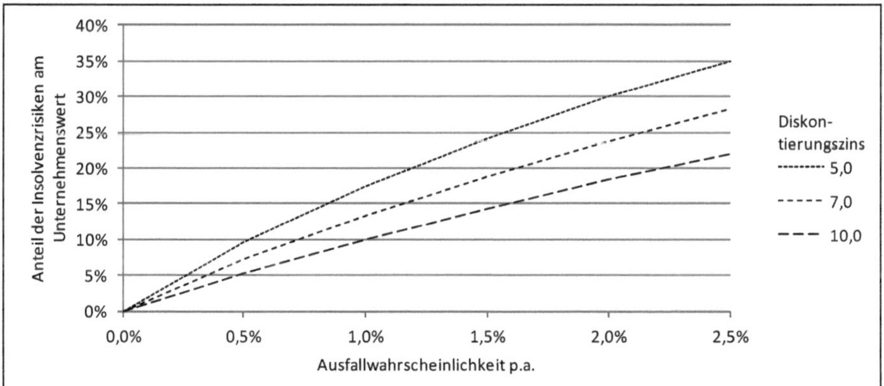

Abbildung 4-1: Ausmaß der Insolvenzrisiken in der ewigen Rente in Abhängigkeit vom Diskontierungszins und der Insolvenzwahrscheinlichkeit

Die Formeln können zudem hinsichtlich der Berücksichtigung von **Wachstum** erweitert werden:[654]

[652] Vgl. METZ, V., Kapitalisierungszinssatz, S. 101; GLEIẞNER, W., Unternehmenswert, S. 736 f.

[653] Die Formel ergibt sich durch das Gleichsetzen des Unternehmenswerts abzgl. des Wertbeitrags der Insolvenzrisiken und des Unternehmenswerts bei integrierter Berücksichtigung der Insolvenzrisiken:
$\frac{CF_1}{i} - BW_{IR} = \frac{CF_1 * (1-p)}{i+p}$

[654] Vgl. GLEIẞNER, W., Unternehmenswert, S. 736.

Formel 4-11	$UW = \frac{CF_1 * (1-p)}{i - w + p * (1+w)}$
Formel 4-12	$BW_{IR} = \frac{CF_1 * p * (1+i)}{(i-w) * (i - w + p + pw)}$

Unterstellt man zusätzlich zu den zuvor erwähnten Beispieldaten[655] eine konstante jährliche Wachstumsrate von 2 %, ergibt sich ein Unternehmenswert unter Berücksichtigung von Insolvenzrisiken i. H. v. 9.761 GE und ein negativer Wertbeitrag der Insolvenzrisiken i. H. v. 2.739 GE. Der Unternehmenswert ohne Insolvenzrisiko würde 12.500 GE betragen, sodass die Insolvenzrisiken einen Werteinfluss von 21,9 % aufweisen. Der **Anteil der Insolvenzrisiken steigt somit mit der Wachstumsrate**. Dies ist plausibel, da die späteren Cashflows, die einem höheren kumulierten Ausfallrisiko unterliegen, durch das Wachstum einen höheren Anteil zum Unternehmenswert beitragen.

Bei Abstrahierung von Wachstum und von Insolvenzrisiken beträgt der Unternehmenswert 10.000 GE. Bei **identischen Prozentsätzen** von Insolvenzrisiken und Wachstum (im obigen Beispiel 2 %), beträgt der Unternehmenswert indes nur 9.761 GE. Der Unterschied kann z. T. aus einem divergierenden **Ansatzzeitpunkt** der beiden Faktoren resultieren, bspw. wenn die Wachstumsrate im Nenner in Periode 2 greift, während bereits der Cashflow der ersten Periode Insolvenzrisiken unterliegt.[656] Zudem ist die **absolute Veränderung** durch die multiplikative Verknüpfung der relativen Größen nicht identisch (1.000*1,02*0,98=999,6).

Zu betonen ist, dass der ermittelte unbedingte Wert auf den Zeitpunkt zu **Beginn der ewigen Rente** abstellt. Wird die ewige Rente in einem Zweiphasenmodell verwendet, ist der ermittelte Wert noch an die kumulierte Insolvenzwahrscheinlichkeit der **Detailplanungsphase anzupassen**.

Vorteilhaft an der integrierten Berücksichtigung von Insolvenzrisiken ist, dass sie leicht in das bekannte Zweiphasenmodell der Unternehmensbewertung übertragen werden kann. Zudem wird anhand Formel 4-10 und Formel 4-12 direkt der negative Wertbeitrag der Insolvenzrisiken ersichtlich, sodass der Anteil der Insolvenzrisiken im Verhältnis zum sicheren Unternehmenswert beurteilt werden kann und hierdurch Transparenz für den negativen Wertbeitrag der Insolvenzrisiken geschaffen wird. Ähnlich wie bei der Wachstumsannahme ist aber auch bei der Berücksichtigung von Insolvenzrisiken in der ewigen Rente von einer konstanten Insolvenzwahrscheinlichkeit auszugehen. Bei Annahme einer schwankenden Insolvenzwahrscheinlichkeit müssten auch die Cashflows der zweiten Phase detailliert geplant werden.

655 Vgl. zu den Beispieldaten Abschn. 422.1.

656 Die Ausführungen beziehen sich auf den Beginn der ewigen Rente ab Periode 1. Wird auch in der ersten Periode von Wachstum ausgegangen, bspw. beim Übergang der Detailplanung in die ewige Rente, wird i. d. R. bereits der Cashflow der letzten Detailplanungsperiode mit der Wachstumsrate multipliziert. In diesem Fall wäre der Nenner multiplikativ um (1+w) zu erweitern, sodass ein identischer Ansatzzeitpunkt von Wachstum und Insolvenzrisiko resultiert.

Der vorgestellte Bewertungsansatz kann auf die FTE-, TCF- und FCF-Verfahren übertragen werden und dient somit als Basiskalkül, das je nach Bewertungsansatz entsprechend zu konkretisieren ist, was in den folgenden Abschnitten gezeigt wird. Der APV-Ansatz unterscheidet sich von den anderen DCF-Verfahren, da der Wert der Finanzierungseinflüsse vom Wert des unverschuldeten Unternehmens separiert wird. Daher soll zunächst die Berücksichtigung von Insolvenzrisiken im APV-Ansatz untersucht werden.

422.3 Berücksichtigung von Insolvenzrisiken im APV-Ansatz

Dem APV-Ansatz wird eine besondere Eignung zugesprochen, Insolvenzrisiken in der Unternehmensbewertung abzubilden, da in diesem Ansatz die Wertbeiträge der Finanzierungsentscheidungen explizit berücksichtigt werden. Somit werden neben dem Unternehmenswert auch dessen Quellen ersichtlich.[657] Während die Insolvenzrisiken in den vorigen Ansätzen z. T. stark aggregiert im Cashflow ausgewiesen werden, fließen sie im APV-Ansatz als separate Komponente ein.[658]

Im APV-Ansatz wird zunächst unterstellt, dass das operative Geschäft des Unternehmens ausschließlich eigenfinanziert ist.[659] Die tatsächliche Kapitalstruktur wird somit ausgeblendet und anschließend als separater Wertbeitrag der Verschuldung berücksichtigt.[660] Wie bereits diskutiert, können sowohl das operative Geschäft als auch die Tax Shields von Insolvenzrisiken beeinflusst sein, sodass der APV-Ansatz um die Insolvenzrisiken erweitert wird. Da mit der den Tax Shields zugrundeliegenden Fremdfinanzierung unmittelbar Insolvenzrisiken einhergehen, werden diese direkt bei der Ermittlung der Tax Shields berücksichtigt. Die zusätzliche Komponente IR_{FCF} zielt auf die Insolvenzrisiken der Cashflows. Für die ewige Rente ergibt sich der Unternehmenswert daher wie folgt:

Formel 4-13	$UW = \frac{FCF}{r_{EK}^{u}} + \frac{TS}{r_{TS}} - \frac{IR_{FCF}}{r_{IR,FCF}} - FK$

DAMODARAN beschreibt den **Barwert der Insolvenzrisiken** als Insolvenzwahrscheinlichkeit multipliziert mit dem Barwert der Insolvenzkosten, wobei die Insolvenzkosten durch die Differenz von Going Concern-Wert und Liquidationswert determiniert werden.[661] Um konsistent zu dem im vorigen Abschnitt abgeleiteten Basisansatz zu bleiben, soll auch hier auf den möglichen Verlust der künftigen Cashflows abgestellt werden. Somit sind die entsprechenden Wertbeiträge periodenspezifisch mit der Insolvenzwahrscheinlichkeit zu adjustieren. Die Umsetzung soll sich an der Prämisse der endlichen Unternehmensfortführung orientieren, d. h., es ist auf eine zahlungsstrombasierte Be-

[657] Vgl. BALLWIESER, W., Unternehmensbewertung, S. 135.

[658] Vgl. DAMODARAN, A., The Dark Side of Valuation, S. 401.

[659] Vgl. DRUKARCZYK, J./SCHÜLER, A., Unternehmensbewertung, S. 148; BALLWIESER, W., Unternehmensbewertung, S. 135.

[660] Vgl. BALLWIESER, W., Unternehmensbewertung, S. 135.

[661] Vgl. DAMODARAN, A., The Dark Side of Valuation, S. 402.

trachtung sowie einen zeitlich unbestimmten Insolvenzzeitpunkt abzustellen. Während dies im vorigen Abschnitt implizit über die Überlebenswahrscheinlichkeit berücksichtigt wurde, können die periodenspezifischen Insolvenzrisiken im APV-Ansatz explizit ausgewiesen werden:

Formel 4-14	$IR_{FCF,t} = FCF_t * (1 - (1 - p)^t)$

Auf Basis der o. g. Beispieldaten[662] und unter Abstraktion von Steuervorteilen[663] ergibt sich der Unternehmenswert nach dem APV-Ansatz als:[664]

Formel 4-15

$$UW = BW_{FCF_u} - BW_{IR}$$

$$\Leftrightarrow \quad UW = \frac{FCF}{i} - \frac{FCF * p * (1 + i)}{i(i + p)}$$

$$\Leftrightarrow \quad UW = \frac{1.000}{0{,}1} - \frac{1.000 * 0{,}02 * 1{,}1}{0{,}1 * 0{,}12}$$

$$\Leftrightarrow \quad UW = 10.000 - 1.833{,}3 = 8.166{,}7 \text{ GE}$$

Der APV-Ansatz weist durch die separate Berücksichtigung von Insolvenzrisiken Transparenzvorteile auf, da hierdurch unmittelbar der Werteffekt der Insolvenzrisiken ersichtlich wird.[665]

Während in diesem Abschnitt die Möglichkeit zur Berücksichtigung von Insolvenzrisiken im APV-Ansatz im Fokus steht, wurde im vorherigen Abschnitt eine allgemeine Formel für die weiteren DCF-Verfahren dargestellt, die je nach Ansatz zu konkretisieren ist. Da sich die Insolvenzgefahr aber nicht nur auf die Cashflows des Unternehmens, sondern auch auf die Tax Shields bezieht, soll im folgenden Abschnitt analysiert werden, wie die Insolvenzrisiken der Tax Shields im Bewertungskalkül abzubilden sind. Aufgrund der unterschiedlichen Berücksichtigung der Tax Shields in den einzelnen Bewertungsansätzen erscheint hierfür eine differenzierte Analyse sinnvoll.

---

662 Unter der Annahme, dass der Free Cashflow dem Cashflow von 1.000 GE entspricht. Von Wachstum wird hier abstrahiert.

663 Auch wird hier zur Veranschaulichung auf die Berücksichtigung von Fremdkapital verzichtet, was aber Voraussetzung für die Relevanz von Insolvenzrisiken ist. Vgl. detailliert zur Berücksichtigung des Fremdkapitals und der Insolvenzrisiken des Tax Shields Abschn. 423.24.

664 Hierbei wird nur der Fall der ewigen Rente betrachtet. Entsprechend bestimmen sich die Insolvenzrisiken nach Formel 4-10. Bei Annahme einer konstanten Wachstumsrate ist Formel 4-12 zu verwenden.

665 Vgl. HOMBURG, C./STEPHAN, J./WEIß, M., Unternehmensbewertung und Insolvenzrisiko, S. 278; DAMODARAN, A., The Dark Side of Valuation, S. 401.

423. Konkretisierung des Bewertungskalküls zur Berücksichtigung von Insolvenzrisiken der Tax Shields

423.1 Vorbemerkung

In den vorigen Abschnitten wurde analysiert, wie Insolvenzrisiken bei der Ermittlung der Cashflows zu berücksichtigen sind. Neben den Cashflows stellen die Tax Shields eine weitere Komponente des Unternehmenswerts dar. Grundsätzlich kann auch das Tax Shield der jeweiligen Periode von Insolvenzrisiken tangiert werden, sodass die Erzielung des Steuervorteils nicht als sicher angesehen werden kann.[666] Zwar wird auch in der Literatur zur Unternehmensbewertung regelmäßig in sichere und unsichere Tax Shields unterschieden, indes ist diese Beschreibung nicht mit der Ausfallgefährdung zu erklären, sondern basiert auf der **Finanzierungspolitik**, also auf der Annahme, ob die künftigen Steuervorteile bereits heute in absoluter Höhe bekannt sind (autonome Finanzierungspolitik) oder ob sie aufgrund der atmenden Finanzierungspolitik mit dem Fremdkapitalbestand schwanken.[667] Abhängig hiervon ist der Diskontierungszins zu wählen. Die in der Literatur gängige Unterscheidung in sichere und unsichere Tax Shields knüpft also an die Kenntnis über die absolute Höhe des Fremdkapitals an.

Im Falle einer Insolvenz gehen die Eigentumsrechte am Unternehmen annahmegemäß auf die Gläubiger über, sodass der Wertbeitrag der Tax Shields für die Eigenkapitalgeber nicht mehr realisierbar ist.[668] Durch die Berücksichtigung von Insolvenzrisiken wird **Unsicherheit** über die künftige **Höhe des Eigen- und des Fremdkapitals** in die Bewertung integriert. Da die Tax Shields vom unsicheren Fremdkapitalbestand abhängen, werden sie ebenfalls von Insolvenzrisiken tangiert,[669] was im Folgenden als **Insolvenzrisiko der Tax Shields** bezeichnet werden soll. Hierbei ist zu betonen, dass die Insolvenzrisiken der Tax Shields z. T. bereits implizit im Bewertungskalkül berücksichtigt werden. Bei atmender Finanzierungspolitik orientiert sich der Fremdkapitalbestand an der Höhe des Eigenkapitals. Da das Eigenkapital nun aber bereits unter Berücksichtigung von Insolvenzrisiken niedriger ausfällt, liegt auch den Tax Shields ein hiermit verbundener ausfalladjustierter Fremdkapitalbestand zugrunde. Allerdings bezieht sich diese Anpassung nicht auf das Tax Shield der jeweiligen Periode, sondern auf die Insolvenzwahrscheinlichkeit **bis** zur entsprechenden Periode. Zusätzlich ist die Insolvenzwahrscheinlichkeit der **jeweiligen Periode** ansatzspezifisch zu berücksichtigen. Während die Tax Shields im APV-Ansatz explizit als eigenständige Finanzierungskomponente in das Bewertungskalkül einbezogen werden, sind sie in den verbleibenden DCF-Verfahren implizit enthalten. Da die Tax Shields in den einzelnen DCF-Verfahren also unterschied-

---

[666] Vgl. BRENNAN, M. J./SCHWARTZ, E. S., Corporate Income Taxes, S. 104; LODOWICKS, A., Riskantes Fremdkapital, S. 2; GLEIẞNER, W., Insolvenzwahrscheinlichkeit, S. 248.

[667] Vgl. DRUKARCZYK, J./SCHÜLER, A., Unternehmensbewertung, S. 138-148; DÖRSCHELL, A./FRANKEN, L./SCHULTE, J., Kapitalisierungszinssatz, S. 39; ADERS, C./WAGNER, M., Kapitalkosten in der Bewertungspraxis, S. 30. Hierbei wird der Fremdkapitalbestand als einzige Unsicherheitskomponente unterstellt. Indes können auch Unsicherheiten hinsichtlich weiterer Faktoren, bspw. dem künftigen Steuersatz bestehen. Vgl. CASTEDELLO, M./DAVIDSON, R./SCHLUMBERGER, E., Unsichere Steuervorteile, S. 372.

[668] Vgl. Fn. 34.

[669] Vgl. STEPHAN, J., Finanzielle Kennzahlen, S. 99.

lich behandelt werden, ist zu untersuchen, wie die Berücksichtigung der Insolvenzrisiken der Tax Shields in den einzelnen Verfahren umzusetzen ist.

Ausgangspunkt für das FTE- sowie die WACC-Verfahren stellt dabei Formel 4-11 dar, in der das Insolvenzrisiko als negative Wachstumsrate interpretiert wird.[670] Die Formel ist hier in leicht veränderter Schreibweise abgebildet:[671]

Formel 4-11	$UW = \frac{CF^{IR}}{i - w + p * (1 + w)}$

Im Folgenden soll analysiert werden, wie diese Formel in den einzelnen Bewertungsansätzen anzupassen ist, d. h., wie die **Parameter** CF^{IR} und i zu wählen sind. Zur verständlichen Darstellung liegt der Analyse eine **atmende Finanzierungsstruktur** zugrunde.[672]

423.2 Kritische Analyse der Berücksichtigung von Insolvenzrisiken in den DCF-Bewertungsansätzen

423.21 TCF-Ansatz

Den vermeintlich einfachsten Fall zur Abbildung des Insolvenzrisikos des Tax Shields stellt der TCF-Ansatz dar. Bei der Ermittlung der periodenspezifischen **Cashflows** wird hier zunächst der **fiktive Steueraufwand** bei vollständiger Eigenfinanzierung subtrahiert und anschließend der Wert des **Tax Shields** korrigierend addiert.[673] Während der fiktive Gesamtsteueraufwand im Free Cashflow enthalten ist und mit der Ausfallwahrscheinlichkeit adjustiert wird, ist auch die spätere Addition des Tax Shields mit der Ausfallwahrscheinlichkeit zu gewichten, sodass der Parameter CF_{IR} neben dem Free Cashflow auch das Tax Shield ausfalladjustiert erfasst. Subtraktion und Addition weisen dabei die **gleiche Unsicherheitsdimension** auf. Im TCF-Ansatz ist der Parameter CF_{TCF}^{IR} daher definiert als $(FCF + TS) * (1 - p)$. Der Parameter i im Nenner wird durch den Gesamtkapitalkos-

---

[670] Die folgenden Ausführungen werden aus Darstellungsgründen lediglich auf ein Einphasenmodell bezogen. Gleichwohl lassen sich die Ausführungen auch in einem Zweiphasenmodell auf die Detailplanungsphase übertragen, wobei zu berücksichtigen ist, dass für die Insolvenzrisiken des Tax Shields nur die jährliche und nicht die kumulierte Insolvenzwahrscheinlichkeit zu verwenden ist, sofern der Fremdkapitalbestand bereits ausfalladjustiert ermittelt wird.

[671] Der Ausdruck $CF_1 * (1 - p)$ wurde zur besseren Verständlichkeit der folgenden Ausführungen durch CF^{IR} ersetzt. CF^{IR} bezeichnet den Cashflow unter Berücksichtigung von Insolvenzrisiken, d. h. den unbedingten Erwartungswert der Cashflows.

[672] Vgl. zur atmenden sowie zur autonomen Finanzierungsstruktur bspw. DRUKARCZYK, J./SCHÜLER, A., Unternehmensbewertung, S. 138-148. Insbesondere für die Phase der ewigen Rente wird üblicherweise auf die atmende Finanzierungspolitik zurückgegriffen, da für diesen Zeitraum kaum detaillierte Finanzierungskonzepte vorliegen und davon ausgegangen werden kann, dass sich die Fremdkapitalentwicklung langfristig an der Unternehmensentwicklung orientiert. Vgl. dazu bspw. KRUSCHWITZ, L./LÖFFLER, A./CANEFIELD, D., Hybride Finanzierungspolitik, S. 427; DIERKES, S./GRÖGER, H.-C., Hybride Finanzierungspolitiken, S. 59.

[673] Vgl. zur indirekten Ermittlung des Cashflow auch Tabelle 2-2.

tensatz WACC konkretisiert, in dem durch das Debt Beta das Ausfallrisiko des Fremdkapitals berücksichtigt wird.[674]

Anhand eines Beispiels sollen die Ausführungen verdeutlicht werden. Die folgenden Annahmen gelten dabei auch für die im Weiteren noch zu erläuternden Bewertungsansätze:

Parameter	**Wert**	**Bezeichnung**
Free Cashflow p. a.	1.000 GE	FCF
Insolvenzwahrscheinlichkeit p. a.	2 %	p
Wachstumsrate p. a.	2 %	w
Risikoloser Basiszins	4 %	r_f
Fremdkapitalzins	6 %	r_{FK}
Marktrendite	10 %	r_m
Unverschuldeter Betafaktor	1	β_{EK}^{u}
Steuersatz	30 %	s
Fremdkapitalquote	40 %	FKQ

Tabelle 4-1: Datengrundlage des Beispiels

Auf Basis dieser Annahmen ergibt sich das Debt Beta wie folgt:

Formel 3-9	$\beta_{FK} = \frac{cs}{MRP} = \frac{r_{FK} - r_f}{r_m - r_f} = \frac{0{,}06 - 0{,}04}{0{,}1 - 0{,}04} = 0{,}\overline{3}$

Durch Einsetzen der Werte in die CAPM-Gleichung ergibt sich unter Berücksichtigung von Formel 3-8 die verschuldete Eigenkapitalrendite als:

Formel 4-16	$r_{EK}^{v} = r_f + MRP * \beta_{EK}^{v}$ $\Leftrightarrow \quad r_{EK}^{v} = r_f + MRP * (\beta_{EK}^{u} + (\beta_{EK}^{u} - \beta_{FK}) * VG)$ $\Leftrightarrow \quad r_{EK}^{v} = 0{,}04 + 0{,}06 * \left(1 + (1 - 0{,}\overline{3}) * \left(\frac{0{,}4}{0{,}6}\right)\right) = 0{,}12\overline{6}$

Hiermit berechnet sich der WACC als:

Formel 4-17	$WACC = FKQ * r_{FK} + EKQ * r_{EK}$ $\Leftrightarrow \quad WACC = 0{,}4 * 0{,}06 + 0{,}6 * 0{,}12\overline{6} = 0{,}1$

Eingesetzt in Formel 4-11 mit $i = i_{TCF} = WACC$ folgt als Unternehmenswert:[675]

[674] Vgl. zum Debt Beta ausführlich Abschn. 323.3.

[675] Der Wert der Tax Shields ergibt sich aus der rekursiven Berechnung des Unternehmenswerts: $TS = GUW_{TCF} * FKQ * s * r_{FK}$.

Formel 4-18	$$GUW_{TCF} = \frac{CF_{TCF}^{IR}}{i_{TCF} - w + p * (1 + w)}$$ $$\Leftrightarrow \quad GUW_{TCF} = \frac{(FCF + TS) * (1 - p)}{WACC - w + p * (1 + w)}$$ $$\Leftrightarrow \quad GUW_{TCF} = \frac{(1.000 + 75{,}59) * (1 - 0{,}02)}{0{,}1 - 0{,}02 + 0{,}02 * (1 + 0{,}02)}$$ $$\Leftrightarrow \quad GUW_{TCF} = \frac{1.054{,}08}{0{,}1004} = 10.498{,}80 \text{ GE}$$

Als Wert des Eigenkapitals resultiert:

Formel 4-19	$EK_{TCF} = GUW_{TCF} * EKQ = 10.498{,}80 * 0{,}6 = \mathbf{6.299\ GE}$

423.22 FCF-Ansatz

Anders als im TCF-Ansatz wird im FCF-Ansatz der Wertbeitrag der Tax Shields im Nenner berücksichtigt, sodass sich der Cashflow als $CF^{IR} = CF_{FCF}^{IR} = FCF * (1 - p)$ ergibt.

Da die Tax Shields im Nenner erfasst werden, muss nun auch hier die Insolvenzwahrscheinlichkeit berücksichtigt werden, da ansonsten der jeweilige fiktive Steuerabzug und das Tax Shield einer unterschiedlichen Risikodimension unterliegen, was zu einem konzeptionellen **Widerspruch** führt. Während der fiktive Steueraufwand an die Insolvenzwahrscheinlichkeit angepasst wäre, würde das Tax Shield für die jeweilige Periode als ausfallsicher angenommen. Entsprechend ist auch das Tax Shield an die Insolvenzwahrscheinlichkeit anzupassen, sodass die WACC-Formel 2-3 zu modifizieren ist. Um das Ausfallrisiko sachgerecht zu berücksichtigen, ist daher s multiplikativ um $(1 - p)$ zu erweitern, sodass sich der $WACC_{FCF}^{IR}$ wie folgt berechnet:

Formel 4-20	$$WACC_{FCF}^{IR} = FKQ * r_{FK} * \left(1 - s * (\mathbf{1} - \boldsymbol{p})\right) + EKQ * r_{EK}$$ $$\Leftrightarrow \quad WACC_{FCF}^{IR} = 0{,}4 * 0{,}06 * (1 - 0{,}3 * 0{,}98) + 0{,}6 * 0{,}12\bar{6}$$ $$\Leftrightarrow \quad WACC_{FCF}^{IR} = 0{,}092944$$

Mit $i = i_{FCF} = WACC_{FCF}^{IR}$ ergibt sich der Gesamtunternehmenswert als:

Formel 4-21	$$GUW_{FCF} = \frac{1.000 * (1 - 0{,}02)}{0{,}092944 - 0{,}02 + 0{,}02 * (1 + 0{,}02)}$$ $$\Leftrightarrow \quad GUW_{FCF} = \frac{980}{0{,}093344} = 10.498{,}80 \text{ GE}$$

und der Wert des Eigenkapitals als:

Formel 4-22	$EK_{FCF} = GUW_{FCF} * EKQ = 10.498{,}80 * 0{,}6 = \mathbf{6.299}$ **GE**

Das Beispiel verdeutlicht, dass beim FCF-Ansatz eine zusätzliche Anpassung im Nenner erforderlich ist, um den Unternehmenswert konsistent zu bestimmen. Die Gewichtung des Steuersatzes mit der Ausfallwahrscheinlichkeit ist notwendig, damit der vollständige Steuerabzug im Zähler und die Korrektur des Tax Shields im Nenner stets die **gleiche Unsicherheitsdimension** aufweisen.

Diese Erkenntnis ist nicht zuletzt deswegen bedeutend, da häufig argumentiert wird, dass der Erwartungswert der Cashflows bereits ein *worst case*-Szenario einbezieht und somit keine weitere Berücksichtigung von Insolvenzrisiken notwendig ist.[676] Formel 4-20 zeigt aber, dass es im FCF-Ansatz nicht ausreicht, den Erwartungswert zu adjustieren, sondern dass es auch erforderlich ist, das im Diskontierungszins berücksichtigte Tax Shield an das Insolvenzrisiko anzupassen.

423.23 FTE-Ansatz

Anders als bei den beiden vorherigen Ansätzen sind die Fremdkapitaleinflüsse im Flow to Equity-Ansatz explizit zu berücksichtigen, da hier der Wert des Eigenkapitals direkt berechnet wird. Entsprechend sind Cashflow und Diskontierungszins wiederum ansatzspezifisch zu bestimmen. Ausgangspunkt bildet der zuvor bereits hergeleitete ausfalladjustierte Total Cashflow CF^{IR}_{TCF}. Um den Flow to Equity hieraus zu berechnen, sind die Fremdkapitaleinflüsse explizit zu berücksichtigen. Diese setzen sich u. a. aus der Fremdkapitalaufnahme bei Wachstumsannahme, dem Ausfallrisiko des Fremdkapitals und der Zinszahlung an die Fremdkapitalgeber zusammen.[677]

Wird im Bewertungsmodell **Wachstum** unterstellt, so ist der Fremdkapitalbestand hieran anzupassen, um im unterstellten Modellrahmen der atmenden Finanzierungspolitik eine konstante Fremdkapitalquote beizubehalten. Hierzu ist der Fremdkapitalbestand mit der Wachstumsrate zu multiplizieren, was als Fremdkapitalaufnahme zu interpretieren ist und den Flow to Equity entsprechend erhöht.[678] Sowohl der Fremdkapitalbestand als auch die wachstumsbedingte Fremdkapitalaufnahme unterliegt indes aufgrund des Insolvenzrisikos einer **Unsicherheit**. Das Fremdkapital ist daher für die Folgeperioden an diese Ausfallgefahr anzupassen. Dies geschieht, indem der Fremdkapitalbestand sowie die Fremdkapitalaufnahme mit der Insolvenzwahrscheinlichkeit multipliziert werden. Hieraus ergibt sich der ausfallangepasste Fremdkapitalbestand für die Folgeperiode.[679] Hierbei wird auch deutlich, dass der Fremdkapitalbestand bereits die Insolvenzrisiken bis zur jeweiligen Periode

[676] Vgl. DAMODARAN, A., The Dark Side of Valuation, S. 384.

[677] Ggf. sind weitere fremdkapitalinduzierte Zahlungsströme abzubilden, bspw. Tilgungszahlungen. Dies ist insbesondere bei Annahme eines sinkenden Fremdkapitalbestands relevant.

[678] Die Fremdkapitalaufnahme ist dabei als Nettokapitalaufnahme zu verstehen, d. h. als der Wert, der die Tilgungszahlungen übersteigt.

[679] Bei einer Detailplanung der Perioden wird ersichtlich, dass hierdurch die kumulierte Ausfallwahrscheinlichkeit des Fremdkapitals abgebildet wird.

umfasst und dass somit die Insolvenzrisiken des Tax Shields nur für die aktuelle Periode zu berücksichtigen sind. Ferner sind im Flow to Equity-Ansatz die **Zinszahlungen** an die Fremdkapitalgeber explizit zu berücksichtigen.[680] Die genannten Anpassungen sind in den WACC-Ansätzen nicht explizit abgebildet, da hier zunächst der Gesamtunternehmenswert bestimmt und hieraus der Wert des Eigenkapitals ermittelt wird. Implizit berücksichtigen die WACC-Ansätze aber auch die Fremdkapitaleinflüsse, was bei einer periodenspezifischen Betrachtung deutlich wird.

Aus dem CF_{TCF}^{IR} sowie den Fremdkapitaleinflüssen ergibt sich der relevante Flow to Equity CF_{FTE}^{IR}, der nun mit dem Eigenkapitalkostensatz des verschuldeten Unternehmens r_{EK}^{v} zu diskontieren ist.[681] Anhand der nachfolgenden Beispieldaten ergibt sich der Flow to Equity unter Annahme eines Fremdkapitalbestands FK von 4.199,52 GE[682] wie folgt:

	Cashflow-Berechnung	Werte (in GE)	Formel
	CF_{FCF}	1.000,00	
-	Insolvenzrisiken des Cashflows	-20,00	$CF_{FCF} * p$
=	CF_{FCF}^{IR}	980,00	
+	Tax Shield	75,59	$FK * r_{FK} * s$
-	Insolvenzrisiken des Tax Shields	-1,51	$TS * p$
=	CF_{TCF}^{IR}	1.054,08	
-	Zinsen	-251,97	$FK * r_{FK}$
+	Wachstumsbedingte Fremdkapitalaufnahme	83,99	$FK * w$
-	Ausfallrisiko des Fremdkapitals	-85,67	$FK * (1 + w) * p$
=	CF_{FTE}^{IR}	800,43	

Tabelle 4-2: Beispielberechnung des Flow to Equity

Hieraus berechnet sich der Unternehmenswert als:

Formel 4-23

$$EK_{FTE} = \frac{CF_{FTE}^{IR}}{i_{FTE} - w + p * (1 + w)}$$

$$\Leftrightarrow \quad EK_{FTE} = \frac{CF_{TCF}^{IR} - FK * r_{FK} + FK * w - FK * (1 + w) * p}{r_{EK}^{v} - w + p * (1 + w)}$$

$$\Leftrightarrow \quad EK_{FTE} = \frac{CF_{TCF}^{IR} - FK * (r_{FK} - w + p + pw)}{r_{EK}^{v} - w + p * (1 + w)}$$

$$\Leftrightarrow \quad EK_{FTE} = \frac{1.054{,}08 - 4.199{,}52 * (0{,}06 - 0{,}02 + 0{,}02 + 0{,}0004)}{0{,}126\bar{6} - 0{,}02 + 0{,}02 * (1 + 0{,}02)}$$

$$\Leftrightarrow \quad EK_{FTE} = \frac{800{,}43}{0{,}12707} = \mathbf{6.299\ GE}$$

[680] Den Zinszahlungen liegt hierbei die Annahme zugrunde, dass die Zinsen auf den Fremdkapitalbestand zu Periodenbeginn zu zahlen sind. Vgl. zur Berücksichtigung des Ausfallrisikos der Zinszahlungen Abschn. 423.33.

[681] Vgl. Formel 4-16.

[682] Hieraus ergibt sich eine Fremdkapitalquote von 40 %.

Aus den Ausführungen wird ersichtlich, dass es im FTE-Ansatz nicht ausreicht, den Flow to Equity anhand des in Tabelle 2-2 gezeigten Schemas abzuleiten und anschließend mit der Insolvenzwahrscheinlichkeit zu adjustieren. Stattdessen sind die fremdkapitalinduzierten Zahlungsströme differenziert abzubilden.

423.24 APV-Ansatz

Wie bereits erwähnt ist der Vorteil des APV-Ansatzes darin zu sehen, dass die Finanzierungseinflüsse explizit abgebildet werden. Ausgehend von einem fiktiv unverschuldeten Unternehmenswert wird der Werteinfluss der Tax Shields addiert und der Werteinfluss der Insolvenzrisiken subtrahiert. Während in Abschnitt 422.3 bislang explizit nur auf die Insolvenzrisiken der Cashflows abgestellt wurde, sollen nun auch die Insolvenzrisiken der Tax Shields berücksichtigt werden.

Zunächst wird der (nicht um das Insolvenzrisiko angepasste) Free Cashflow mit dem Eigenkapitalkostensatz bei reiner Eigenfinanzierung r_{EK}^{u} diskontiert. Aufgrund der in dieser Arbeit unterstellten atmenden Finanzierungsstruktur wird der Wert der Tax Shields als unsicher angesehen, d. h., die Tax Shields unterliegen dem gleichen Risiko wie das operative Geschäft.[683] Entsprechend ist zur Diskontierung nicht der Fremdkapitalkostensatz, sondern die Eigenkapitalrendite des unverschuldeten Unternehmens heranzuziehen.[684]

Im APV-Ansatz wird deutlich, dass auch für die Insolvenzrisiken ein Diskontierungszins r_{IR} zu bestimmen ist. Hierbei stellt sich die Frage, mit welcher Unsicherheit die Insolvenzrisiken zu belegen sind. Bevor diese Frage im nächsten Abschnitt konkretisiert werden soll, wird zunächst unterstellt, dass der Diskontierungszins der Insolvenzrisiken r_{IR} der Eigenkapitalrendite des unverschuldeten Unternehmens entspricht. Der Wertbeitrag der **Tax Shields** wird direkt unter Berücksichtigung von Insolvenzrisiken ermittelt, da dieser unmittelbar mit der Fremdfinanzierung einhergeht. Daher wird hier darauf verzichtet, zunächst den Wert der Tax Shields ohne Insolvenzrisiko zu berechnen und die Insolvenzrisiken der Tax Shields separat auszuweisen.

Wie bereits erwähnt wirken Insolvenzrisiken bereits dadurch auf den Wertbeitrag der Tax Shields, dass sich diese auf einen ausfalladjustierten Fremdkapitalbestand beziehen. Um neben dieser kumulierten Berücksichtigung bis zur jeweiligen Periode aber auch die Insolvenzrisiken der jeweiligen Periode zu berücksichtigen, ist das entsprechende Tax Shield an die periodenspezifische Insolvenz-

683 Vgl. LANGENKÄMPER, C., Unternehmensbewertung, S. 76. Indes ist diese Annahme grundsätzlich kritisch zu sehen, da die Tax Shields nicht auf die gleichen Risikofaktoren wie das operative Risiko zurückzuführen sind. Bspw. hängen die Tax Shields an der Möglichkeit der steuerlichen Abzugsfähigkeit der Fremdkapitalzinsen. Streicht der Gesetzgeber diese Möglichkeit oder wird der Steuersatz verändert, tragen die Tax Shields nicht bzw. geringer zum Unternehmenswert bei, während das operative Geschäft hiervon unberührt bleibt. Die Annahme identischer Risiken ist daher eher als Vereinfachung zu interpretieren. Vgl. hierzu und zur Diskussion um den zu wählenden Diskontierungszins der Tax Shields CASTEDELLO, M./DAVIDSON, R./SCHLUMBERGER, E., Unsichere Steuervorteile, S. 372 f.; ADERS, C./WAGNER, M., Kapitalkosten in der Bewertungspraxis, S. 37 f.

684 Vgl. HACHMEISTER, D., Abbildung der Finanzierung, S. 259; RICHTER, F., DCF-Methoden, S. 230.

wahrscheinlichkeit anzupassen. Für die Phase der **ewigen Rente** wird der Diskontierungszins der Tax Shields modifiziert, um die Insolvenzwahrscheinlichkeit sowohl auf die Tax Shields als auch auf das künftige Wachstum der Tax Shields der jeweiligen Periode zu beziehen.[685] Der Wertbeitrag der **Insolvenzrisiken** der Cashflows IR_{FCF} basiert auf Formel 4-12, sodass sich der Gesamtunternehmenswert wie folgt ergibt:

Formel 4-24	$GUW_{APV} = \frac{FCF}{r_{EK}^{u} - w} + \frac{TS^{IR}}{r_{EK}^{u} - w + p + pw} - \frac{IR_{FCF}}{(r_{IR} - w) * (r_{IR} - w + p + pw)}$ $\Leftrightarrow \quad GUW_{APV} = \frac{FCF}{r_{EK}^{u} - w} + \frac{TS * (1 - p)}{r_{EK}^{u} - w + p + pw} - \frac{FCF * p * (1 + r_{EK}^{u})}{(r_{EK}^{u} - w) * (r_{EK}^{u} - w + p + pw)}$ $\Leftrightarrow \quad GUW_{APV} = \frac{1.000}{0{,}08} + \frac{75{,}59 * (1 - 0{,}02)}{0{,}1004} - \frac{1.000 * 0{,}02 * 1{,}1}{(0{,}08) * (0{,}1004)}$ $\Leftrightarrow \quad GUW_{APV} = \frac{1.000}{0{,}08} + \frac{74{,}08}{0{,}1004} - \frac{22}{0{,}008032}$ $\Leftrightarrow \quad GUW_{APV} = 12.500 + 737{,}84 - 2.739{,}04 = 10.498{,}80 \text{ GE}$

Der Wert des Eigenkapitals berechnet sich aus der Eigenkapitalquote als:

Formel 4-25	$EK_{APV} = GUW_{APV} * EKQ = 10.498{,}80 * 0{,}6 = \mathbf{6.299\ GE}$

423.3 Kritische Würdigung der Einflussparameter

423.31 Höhe der Insolvenzwahrscheinlichkeit

Wie im vorigen Abschnitt dargestellt ist der Wert der Tax Shields grundsätzlich als unsicher anzunehmen. Während das Risiko von Schwankungen um den Erwartungswert im Diskontierungszins abgebildet wird, soll in diesem Abschnitt untersucht werden, ob der Transformation der bedingten in unbedingte Erwartungswerte die gleiche Insolvenzwahrscheinlichkeit wie den Cashflows zugrunde zu legen ist. Im vorangehenden Abschnitt wurde implizit von einer identischen Insolvenzwahrscheinlichkeit der Tax Shields und des operativen Geschäfts ausgegangen. Fraglich ist, ob diese Annahme sachgerecht ist, oder ob auch abweichende Insolvenzwahrscheinlichkeiten der einzelnen Werttreiber vorstellbar sind.

Relevant für diesen Sachverhalt ist die Sicht der Eigenkapitalgeber, d. h., die Wahrscheinlichkeit, mit der die Tax Shields für die Eigenkapitalgeber realisierbar sind. Die Annahme divergierender Insolvenzwahrscheinlichkeiten für das operative Geschäft und die Tax Shields würde bedeuten, dass entweder das operative Geschäft oder die Tax Shields einer höheren Insolvenzwahrscheinlichkeit unterliegen. Da die **Tax Shields** auf der steuerlichen Abzugsfähigkeit von geleisteten Zinszahlungen basieren, sind sie unmittelbar **abhängig von den tatsächlichen Zinszahlungen**. Kann das

[685] Vgl. hierzu auch Formel 4-11.

Unternehmen die Fremdkapitalansprüche nicht bedienen, kann auch kein Tax Shield steuermindernd geltend gemacht werden. Somit sind die Zinszahlungen letztlich abhängig von den Cashflows des Unternehmens. Fallen die Cashflows aufgrund der Insolvenz aus, so ist das Unternehmen auch nicht in der Lage, die Steuervorteile aus den Zinszahlungen zu realisieren. Daher existieren Tax Shields nur für den Fall der Nichtinsolvenz. Bei Insolvenz gehen sowohl die operativen Zahlungsströme der Eigentümer als auch die Tax Shields unter. In diesem Fall wird das Unternehmen auf die Fremdkapitalgeber übertragen, sodass die Eigenkapitalgeber keinen Anspruch auf die zuvor vorhandenen Werttreiber haben. Aufgrund der Abhängigkeit der Tax Shields von den operativen Zahlungsüberschüssen erscheint die Annahme sachgerecht, dass die Tax Shields und das operative Geschäft dem gleichen Insolvenzrisiko unterliegen.

423.32 Diskontierungszins der Insolvenzrisiken

Nachdem im vorigen Abschnitt die **Höhe** der Insolvenzwahrscheinlichkeit diskutiert wurde, stellt sich nun die Frage, welcher **Unsicherheit** die Insolvenzrisiken ausgesetzt sind. Dies wird insbesondere in der APV-Methode ersichtlich, da hier die Komponenten einzeln zu diskontieren sind.

In der Unternehmensbewertung wird die Schwankungsbreite der erwarteten Zahlungen als Risiko angesehen. Je volatiler ein Wert ist, desto höher ist das Risiko. Die **Insolvenzrisiken der Cashflows** IR_{CF} ergeben sich, indem die künftig erwarteten Cashflows mit der Insolvenzwahrscheinlichkeit multipliziert werden. Sie stellen somit Mindereinzahlungen aufgrund der Insolvenzgefahr dar und sind daher abhängig von den künftigen Cashflows. Wird eine konstante Insolvenzwahrscheinlichkeit unterstellt, ist die relative Schwankungsbreite der Zahlungsströme und der Insolvenzrisiken um ihren Erwartungswert identisch. Hieraus folgt, dass die Insolvenzrisiken den gleichen Risiken unterliegen wie ihre Bezugsgröße, sodass der Diskontierungszins des operativen Risikos auch zur Diskontierung der Insolvenzrisiken zu verwenden ist.

Die Annahme konstanter Insolvenzwahrscheinlichkeiten bei abweichenden Cashflow-Realisationen ist indes nicht realistisch, da steigende Cashflows regelmäßig mit sinkenden Insolvenzrisiken einhergehen. Dies kann dazu führen, dass die Schwankungen der Cashflows und der Insolvenzrisiken um ihren Erwartungswert nicht mehr identisch sind, sodass sie letztlich unterschiedlichen Risiken unterliegen und entsprechend differenziert zu diskontieren sind. Bei einer Diskontierung mit identischen Zinssätzen wäre in diesem Fall die Risikoäquivalenz zur jeweiligen Alternativanlage nicht gegeben.

Durch die Separierung der Cashflows von den Insolvenzrisiken wird im APV-Ansatz unterstellt, dass die Cashflows frei von Insolvenzrisiken sind und somit hinsichtlich der Risikoäquivalenz auch mit Zinssätzen zu diskontieren sind, die keine Insolvenzrisiken berücksichtigen. Häufig wird hier auf die unverschuldete Eigenkapitalrendite abgestellt. Allerdings hat die Analyse in Kapitel 3 gezeigt, dass auch hierin Insolvenzrisiken enthalten sein können. So wird bspw. durch die Bezugnahme auf Staatsanleihen implizit das Ausfallrisiko von Staaten berücksichtigt. Auch sind in den auf Basis des CAPM abgeleiteten Eigenkapitalkosten systematische Insolvenzrisiken enthalten. Entsprechend ist nicht sichergestellt, dass die Eigenkapitalrendite frei von Insolvenzrisiken ist, sodass Zähler und Nenner nicht die gleiche Unsicherheitsdimension aufweisen.

Bei der separaten Behandlung müsste daher auch der **Diskontierungszins angepasst** werden, sodass die Cashflows mit einem um Insolvenzrisiken bereinigten Zins, die negativen Erfolgsbeiträge der Insolvenzrisiken hingegen mit einem die Insolvenzrisiken berücksichtigenden Zins diskontiert werden. Da diese beiden Diskontierungszinssätze indes **kaum sachgerecht zu ermitteln** sind, stellt die Verwendung der Eigenkapitalrendite bei reiner Eigenfinanzierung quasi als „**Durchschnittszinssatz**" eine im Rahmen der Komplexitätsreduktion konforme Vereinfachung dar. In den verbleibenden DCF-Verfahren erübrigt sich aufgrund der aggregierten Berücksichtigung die Bestimmung separater Diskontierungszinssätze, sodass hier implizit von der gleichen Risikoausprägung ausgegangen wird.

423.33 Erwartungswert der Fremdkapitalrendite

Ein weiterer Sachverhalt, der sich aus dem risikobehafteten Fremdkapital ergibt, liegt in der Wahl des Fremdkapitalzinses. Während in der Literatur üblicherweise auf den vertraglich vereinbarten Fremdkapitalzinssatz zurückgegriffen wird, basiert der WACC auf **erwarteten** Renditeforderungen.[686] Bei risikobehaftetem Fremdkapital entsprechen sich diese beiden Größen aber nicht.[687] Wenn eine gewisse Ausfallwahrscheinlichkeit angenommen wird, liegt der vertraglich vereinbarte Zinssatz $r_{FK}^{vertr.}$ über der erwarteten Fremdkapitalrendite $\overline{r_{FK}}$.[688] Die Höhe der erwarteten Rendite ist neben der Ausfallwahrscheinlichkeit auch abhängig von der *Recovery Rate* δ. Folgende Formel zeigt den Zusammenhang zwischen den beiden Größen:[689]

Formel 4-26	$\overline{r_{FK}} = (1 + r_{FK}^{vertr.}) * (1 - p) + \delta * p - 1$ $r_{FK}^{vertr.} = \frac{\overline{r_{FK}} - p * \delta + 1}{1 - p} - 1$

Die praktische Umsetzung gestaltet sich indes z. T. schwierig. Bereits die Ermittlung eines einheitlichen vertraglichen Zinssatzes ist mit Problemen verbunden, da Unternehmen regelmäßig **verschiedene Fremdkapitalpositionen** aufweisen. Zur Bestimmung des einheitlichen Zinssatzes ist daher ein gewichteter Durchschnitt der Fremdkapitalzinssätze zu bestimmen, der bspw. auf Basis der Nominalwerte der verschiedenen Fremdkapitaltitel gewichtet werden kann.[690] Allerdings ist das

686 Vgl. BREALEY, R. A./MYERS, S. C./ALLEN, F., Corporate Finance, S. 514 f.; VETTINGER, T./VOLKART, R., Kapitalkosten und Unternehmenswert, S. 754.

687 Vgl. BAECKER, P. N./GLEIßNER, W./HOMMEL, U., Unternehmensbewertung, S. 275.

688 Vgl. VETTINGER, T./VOLKART, R., Kapitalkosten und Unternehmenswert, S. 754; VOLKART, R., Kapitalkosten und Risiko, S. 204 f.

689 Vgl. GLEIßNER, W., Unternehmenswert, S. 738.

690 Vgl. LODERER, C./WÄLCHLI, U., Handbuch der Bewertung (II), S. 156 f.

Problem der Ermittlung eines einheitlichen Fremdkapitalzinssatzes kein spezielles Problem im Kontext von Insolvenzrisiken, sondern ein generelles Problem bei Bewertungen.[691]

Aus der Einbeziehung von Insolvenzrisiken entstehen indes weitere Probleme, die sich aus der **Umrechnung** des vertraglich vereinbarten Fremdkapitalzinssatzes in eine erwartete Fremdkapitalrendite ergeben. Dies ist problematisch, da die Fremdkapitaltitel ggf. besichert sind, d. h., dass die Fremdkapitalgeber von unterschiedlichen *Recovery Rates* ausgehen. Auch werden Darlehen regelmäßig zu unterschiedlichen Zeitpunkten aufgenommen, sodass sich die Einschätzung über die Insolvenzwahrscheinlichkeit zwischenzeitlich geändert haben kann, was sich auf die Kalkulation der vereinbarten Zinssätze auswirkt. Während also bereits bei der Ermittlung eines einheitlichen vertraglichen Fremdkapitalzinssatzes Probleme bestehen, werden diese durch die Umrechnung in eine einheitliche **erwartete** Fremdkapitalrendite zusätzlich erhöht. Als weiteren Ansatz zur Ableitung der Fremdkapitalrendite führen COOPER/DAVYDENKO den Debt Beta-Ansatz an.[692] Hiernach berechnet sich die Fremdkapitalrendite über das CAPM. Indes scheitert dieser Ansatz regelmäßig an der Verfügbarkeit der entsprechenden Kapitalmarktdaten, die für jeden Fremdkapitaltitel erforderlich sind.

Neben dieser Ermittlungsproblematik ist fraglich, wie sich die Verwendung der erwarteten Fremdkapitalrendite auf das Bewertungskalkül auswirkt. Wird der vertragliche Fremdkapitalzins einfach durch die erwartete Fremdkapitalrendite ersetzt, wirkt sich dies auf die Ableitung der **Tax Shields** aus. Dies resultiert daraus, dass der Steuervorteil nicht mehr anhand des vereinbarten Zinssatzes bestimmt wird, sondern auf Basis der erwarteten Fremdkapitalrendite, die geringer ist. Daher sinkt c. p. der Wert der Tax Shields, was einen geringeren Unternehmenswert bedingt. Anschaulich ist dies im APV-Ansatz, wenn anstelle des vereinbarten Zinssatzes nun die **erwartete Fremdkapitalrendite** berücksichtigt wird:[693]

Formel 4-27	$GUW_{APV} = \frac{FCF}{r_{EK}^{u}} + \frac{\overline{r_{FK}} * s * FK}{r_{EK}^{u}}$	mit $\overline{r_{FK}} < r_{FK}^{vertr.}$

Deutlich wird bereits hier, dass die erwartete Fremdkapitalrendite lediglich über die **Tax Shields** Wertauswirkungen entfaltet, da der Diskontierungszins unberührt bleibt.

Zu klären ist somit, ob die erwartete Fremdkapitalrendite tatsächlich den adäquaten Zinssatz zur Bestimmung der **Tax Shields** darstellt. Der Steuervorteil basiert nicht auf der erwarteten Fremdkapitalrendite, sondern auf den tatsächlich gezahlten Zinsen.[694] Wird **ausfallsicheres** Fremdkapital

691 Vgl. zur Ermittlung der Fremdkapitalkosten bspw. DÖRSCHELL, A./FRANKEN, L./SCHULTE, J., Kapitalisierungszinssatz, S. 228-239.

692 Vgl. COOPER, I./DAVYDENKO, S., The Cost of Debt, S. 91.

693 Der APV-Ansatz wird an dieser Stelle in einer einfachen Form dargestellt. Vgl. zum APV-Ansatz mit Berücksichtigung von Insolvenzrisiken und Wachstum Formel 4-24.

694 Vgl. WATRIN, C./STÖVER, R., Tax Shield, S. 71.

unterstellt, unterscheiden sich die beiden Größen nicht. Bei **ausfallriskantem** Fremdkapital sind auch die Tax Shields als unsicher anzusehen. Demnach stellt sich die Frage, wie diese Unsicherheit zu berücksichtigen ist. Hierbei ist zu beachten, dass sich dieser Sachverhalt auf die Berücksichtigung der Insolvenzrisiken des Tax Shields der jeweiligen Periode bezieht, da die Insolvenzwahrscheinlichkeit bis zur jeweiligen Periode über den ausfalladjustierten Fremdkapitalbestand erfasst wird. Entsprechend ist bei einer Detailplanung auch nicht die kumulierte, sondern die einperiodige Ausfallwahrscheinlichkeit zu verwenden.

Die Insolvenzrisiken des Tax Shields können nun einerseits direkt über den **Erwartungswert** berücksichtigt werden. Da sich die Tax Shields multiplikativ aus den Komponenten Fremdkapitalzins und nominalem Fremdkapitalbestand (sowie Steuersatz) zusammensetzen, kann das Insolvenzrisiko in *einer* dieser Komponenten berücksichtigt werden. Durch die erwartete Fremdkapitalrendite wird entsprechend der Fremdkapitalzins an die Unsicherheit angepasst, sodass der Fremdkapitalbestand der jeweiligen Periode nicht weiter anzupassen ist. Andererseits kommt die Berechnung eines bedingten Tax Shields in Betracht, der anschließend an die **Insolvenzwahrscheinlichkeit** angepasst wird. Dieses Vorgehen wird, wie in Abschnitt 423.2 beschrieben, in dieser Arbeit unterstellt.

Die Verwendung **beider** Anpassungen, also einer erwarteten Fremdkapitalrendite sowie einer expliziten Anpassung an die Insolvenzwahrscheinlichkeit führt indes zu einer **Doppelerfassung** des Risikos. Daher ist zu klären, welche Risikoerfassung aus Sicht der **Eigenkapitalgeber** vorzuziehen ist. Durch die Verwendung der **erwarteten Fremdkapitalrendite** wird auf die Sicht der Fremdkapitalgeber abgestellt. Die hierdurch ausgedrückte Einschätzung der Insolvenzwahrscheinlichkeit kann von derjenigen der Eigenkapitalgeber abweichen, da hierin neben Sicherheiten auch Annahmen hinsichtlich einer *Recovery Rate* berücksichtigt werden. Entsprechend ist auf eine Insolvenzwahrscheinlichkeit aus Eigentümerperspektive abzustellen. Somit ist die Anpassung an das **Insolvenzrisiko** über Formel 4-20 gegenüber einer Verwendung der erwarteten Fremdkapitalrendite auf die Tax Shields vorzuziehen. Da hierbei auf die ausfalladjustierten Fremdkapitalbestände der einzelnen Perioden zurückzugreifen ist, ist in der Detailplanung nicht die kumulierte Insolvenzwahrscheinlichkeit zu verwenden, da hieraus ansonsten eine Doppelerfassung der Insolvenzrisiken der Tax Shields resultiert.

Da das Tax Shield im FCF-Ansatz im Diskontierungszins abgebildet wird, ist dieser anzupassen, um die zuvor beschriebene Berücksichtigung der Insolvenzrisiken zu gewährleisten. Soll nun, was theoretisch richtig ist, der gewogene Kapitalkostensatz auf erwarteten Renditen basieren, ist einerseits die erwartete Fremdkapitalrendite im WACC zu berücksichtigen. Andererseits ist das Tax Shield auf den vertraglichen Fremdkapitalzins zu beziehen, sodass folgende Formel resultiert:[695]

Formel 4-28	$\overline{WACC_{FCF}} = FKQ * (\overline{r_{FK}} - s * r_{FK}^{vertr.}) + EKQ * r_{EK}$

[695] Vgl. VOLKART, R., Kapitalkosten und Risiko, S. 154.

Übertragen auf den hier betrachteten Fall der Insolvenzrisiken ist Formel 4-20 daher wie folgt zu erweitern:

Formel 4-20	$WACC_{FCF}^{IR} = FKQ * r_{FK} * (1 - s * (1 - p)) + EKQ * r_{EK}$
Formel 4-29	$\overline{WACC_{FCF}^{IR}} = FKQ * (\overline{r_{FK}} - s * r_{FK}^{vertr.} * (1 - p)) + EKQ * r_{EK}$

Im **FTE-**, **TCF-** sowie **APV-Ansatz** werden die **Tax Shields** im Zähler berücksichtigt und sind hier explizit auf den vertraglich vereinbarten Fremdkapitalzinssatz zu beziehen. Zudem wird im **FTE-Ansatz** die Rendite der Fremdkapitalgeber nicht über den Diskontierungszins abgebildet, sondern im Zähler berücksichtigt, sodass hier auch der Zähler an die erwarteten **Zinszahlungen** anzupassen ist. Durch die Anpassungen kann sichergestellt werden, dass sowohl die theoretisch richtige erwartete Fremdkapitalrendite verwendet wird, als auch die Tax Shields korrekt und übereinstimmend mit der Insolvenzwahrscheinlichkeit aus Eigenkapitalgebersicht ermittelt werden.

Die Unsicherheit des Fremdkapitals tangiert indes nicht nur die Fremdkapitalrendite, auch die Eigenkapitalrendite ist hierdurch betroffen, da das Unternehmensrisiko aufgrund der veränderten Risikoübernahme der Fremdkapitalgeber umverteilt wird. Dies wirkt sich auf das **Debt Beta** und somit auf die Eigenkapitalrendite aus.[696] Das Debt Beta wird häufig mangels ausreichender Kapitalmarktinformationen als Verhältnis von **Credit Spread** zu **Marktrisikoprämie** definiert.[697] Dem CAPM liegen erwartete Werte zugrunde und auch der Betafaktor basiert auf der erwarteten Beziehung zwischen Investment- und Marktrendite.[698] Da das Debt Beta ebenfalls über die CAPM-Beziehung hergeleitet werden kann,[699] ist dem Debt Beta auch die **erwartete** Fremdkapitalrendite zugrunde zu legen.

Wird der Credit Spread nun auf Basis der **erwarteten Fremdkapitalrendite** ermittelt, sinkt gem. Formel 3-9 der Credit Spread und damit auch das Debt Beta. Bei einem gegebenen unverschuldeten Betafaktor führt dies zu einem höheren verschuldeten Betafaktor. Die Verschiebung dieses finanzwirtschaftlichen Risikos tangiert indes nicht die Höhe des operativen Risikos, das folglich konstant

696 Vgl. hierzu auch Abschn. 323.3.

697 Vgl. Dörschell, A./Franken, L./Schulte, J., Kapitalisierungszinssatz, S. 44. Fraglich ist indes, inwiefern das tatsächliche Ausfallrisiko des Fremdkapitals in das Debt Beta einfließt. Der Debt Beta-Berechnung liegt der Credit Spread zugrunde, der als Differenz aus vertraglich vereinbartem Zinssatz und risikolosem Zins berechnet wird. Indes ist der Credit Spread nicht unmittelbar als Ausfallprämie zu interpretieren, da die Höhe des vereinbarten Zinssatzes auch von den anderen Kreditengagements des Fremdkapitalgebers abhängt sowie weitere Risikokomponenten umfassen kann. Auch kann allein aus einer Veränderung des risikolosen Zinssatzes ein veränderter Credit Spread resultieren, was implizit zu einer höheren Ausfallwahrscheinlichkeit des Fremdkapitals führen würde. Vgl. hierzu auch Abschn. 433.22.

698 Vgl. Dörschell, A./Franken, L./Schulte, J., Kapitalisierungszinssatz, S. 22; Pratt, S. P./Grabowski, R. J., Cost of Capital 2010, S. 160.

699 Vgl. Mandl, G./Rabel, K., Unternehmensbewertung, S. 300; Aders, C./Wagner, M., Kapitalkosten in der Bewertungspraxis, S. 34 f.

bleibt. Es drückt nur die **Verteilung** des **operativen Risikos** auf die Eigenkapital- und Fremdkapitalgeber aus.[700] Folglich gleichen sich die Veränderungen im Gesamtkapitalkostensatz wieder aus.

Anschaulich kann dies durch den **APV-Ansatz** erklärt werden, da dieser Ansatz auf der unverschuldeten Eigenkapitalrendite basiert und somit unabhängig vom Debt Beta ist. Die Tax Shields werden konsistent zu der vorigen Diskussion auf Basis des **vereinbarten** Fremdkapitalzinssatzes ermittelt und anschließend an das Insolvenzrisiko angepasst. Daher fließt die **erwartete Fremdkapitalrendite** nicht in den APV-Ansatz ein und der Wert des Unternehmens bleibt identisch. Da die Betafaktoren der Wertkomponenten in folgendem Zusammenhang stehen,[701] wird ersichtlich, dass sich Veränderungen innerhalb der Komponenten ausgleichen:

Formel 4-30	$\beta_{GK} = \beta_{EK}^{v} * \frac{EK_v}{GK} + \beta_{FK} * \frac{FK}{GK} = \beta_{EK}^{u} * \frac{EK_u}{GK} + \beta_{TS} * \frac{TS}{GK}$

Wie beschrieben bleiben im APV-Ansatz β_{EK}^{u} und β^{TS} konstant, da diese Größen nicht von der erwarteten Fremdkapitalrendite tangiert werden, sodass sich der Betafaktor des Gesamtunternehmens nicht verändert. Übertragen auf die weiteren DCF-Ansätze bedeutet das, dass bei einem sinkenden β^{FK} der verschuldete Betafaktor ansteigt, da hierdurch das finanzwirtschaftliche Risiko verschoben wird. Dieser Zusammenhang verdeutlicht, dass sich die Veränderungen von β_{EK}^{v} und β^{FK} stets ausgleichen. Das bedeutet, dass die erwartete Fremdkapitalrendite zwar eine Veränderung der Größen Eigenkapitalrendite und Fremdkapitalrendite bewirkt. Die erwartete Gesamtrendite des Unternehmens, also der WACC bleibt indes konstant. Dies zeigt, dass der Unternehmenswert unabhängig davon ist, ob der erwartete oder der vertraglich vereinbarte Zinssatz einbezogen wird, solange die **Tax Shields** weiterhin auf den **vereinbarten Zinssätzen** basieren und an das Insolvenzrisiko angepasst werden. Es findet nur eine Verschiebung innerhalb der Renditeforderungen der Kapitalgeber statt. Die folgende Tabelle stellt die Auswirkungen anhand der fortgeführten Beispieldaten[702] für das Free Cashflow-Verfahren gegenüber:

Formel	Formel 4-20: $WACC_{FCF}^{IR}$	Formel 4-20: $WACC_{FCF}^{IR}$	Formel 4-29: $\overline{WACC_{FCF}^{IR}}$
Fremdkapitalzins	$r_{FK}^{vertr.}$	$\overline{r_{FK}}$	$\overline{r_{FK}}$
Höhe	6,00 %	4,98 %	4,98 %
cs	2,00 %	0,98 %	0,98 %
r_{EK}^{v}	12,67 %	13,35 %	13,35 %
β_{EK}^{v}	1,44	1,56	1,56
β_{FK}	0,33	0,16	0,16
WACC	9,294 %	9,414 %	9,294 %

Tabelle 4-3: Berechnung des WACC auf Basis der vertraglichen und erwarteten Fremdkapitalrendite

[700] Vgl. ADERS, C./WAGNER, M., Kapitalkosten in der Bewertungspraxis, S. 31.

[701] Vgl. SHARPE, W. F./COOPER, G. M., Risk-Return Classes, S. 49; RUBACK, R. S., Capital Cash Flows, S. 97; SCHULTE, J./FRANKEN, L./KOELEN, P./LEHMANN, D., Debt Beta, S. 14.

[702] Vgl. zu den Beispieldaten Tabelle 4-1. Die erwartete Fremdkapitalrendite $\overline{r_{FK}}$ wird anhand von Formel 4-26 mit $p = 2$ % und $\delta = 55$ % bestimmt.

Der Vergleich zeigt, dass ein einfaches Ersetzen der vertraglichen durch die erwartete Rendite in Formel 4-20 zu einem abweichenden WACC führt. Werden hingegen wie in Formel 4-29 die Tax Shields auf den vereinbarten Fremdkapitalzins bezogen, gleichen sich die Effekte über ein verändertes Debt Beta in der Eigenkapitalrendite insgesamt aus.

Die Ausführungen haben gezeigt, dass grundsätzlich die Verwendung von erwarteten Renditen sachgerecht ist. Insbesondere vor dem Hintergrund der Äquivalenzprinzipien erscheint es daher konsistent, die erwarteten Zahlungsströme auch mit erwarteten Renditen zu diskontieren. Hinsichtlich der Objektivierbarkeit ergeben sich allerdings Ermessensspielräume in der Bestimmung des **relevanten** vertraglich vereinbarten **Fremdkapitalzinssatzes** sowie bei der Bestimmung einer *Recovery Rate*. Diese Problembereiche sind aber zu relativieren, da die Wahl des entsprechenden Zinssatzes nicht durch die Berücksichtigung der erwarteten Fremdkapitalrendite neu begründet wird, sondern im Rahmen jeglicher Bewertung von Bedeutung ist. Auch der Ermessensspielraum einer ***Recovery Rate*** kann durch empirische Beobachtungen begrenzt werden. Hilfestellung kann bspw. die Regulierung von Bankrisiken leisten, bei der im Rahmen der Kreditrisikobemessung typisierend von einer *Recovery Rate* i. H. v. 55 % ausgegangen wird.[703]

Indes resultieren **Probleme**, wenn der vereinbarte Fremdkapitalzinssatz in Formel 4-20 durch die erwartete Fremdkapitalrendite ersetzt wird. In diesem Fall würde das Ausfallrisiko der Tax Shields doppelt und zudem ggf. in unterschiedlicher Höhe erfasst. Somit sind die DCF-Verfahren so anzupassen, dass die Tax Shields weiterhin auf der vertraglich vereinbarten Rendite basieren. Die Höhe des Steuervorteils ändert sich daher nicht. Insofern wirkt die erwartete Fremdkapitalrendite nur innerhalb des Diskontierungszinssatzes.

Insgesamt zeigt die Analyse, dass die erwartete Fremdkapitalrendite die sachgerechte Diskontierungsgröße abbildet. Um diese zu verwenden, sind indes Anpassungen im Bewertungskalkül vorzunehmen, die die Tax Shields betreffen. Der Unternehmenswert ändert sich nicht, da sich die Einflüsse auf den Diskontierungszins ausgleichen. Somit liegt durch die Berücksichtigung der erwarteten Fremdkapitalrendite grundsätzlich kein zusätzlicher Erkenntnisgewinn vor, die **Komplexität** des Bewertungskalküls steigt hingegen an, da die DCF-Modelle zu modifizieren sind und weitere Informationen erforderlich sind. Aufgrund praktischer Schwierigkeiten in der Bestimmung der erwarteten Fremdkapitalrendite wird daher teilweise auch argumentiert, dass der vertraglich vereinbarte Zinssatz als Approximation herangezogen werden kann, wenn das Unternehmen nur geringen Ausfallrisiken unterliegt.[704] Die Analyse hat gezeigt, dass diese Aussage dahingehend zu relativieren ist, dass bei expliziter Modellierung der Insolvenzrisiken der Tax Shields kein Werteinfluss aus der Wahl des Fremdkapitalzinssatzes resultiert. Vor diesem Hintergrund kann bei Schwierigkeiten in der Bestimmung der relevanten Größen von der Verwendung der erwarteten Fremdkapitalrendite

[703] Vgl. HARTMANN-WENDELS, T./PFINGSTEN, A./WEBER, M., Bankbetriebslehre, S. 618. Vgl. zu weiteren Ausführungen zu der Regulierung von Bankrisiken auch Abschn. 442.1 und 442.2.

[704] Vgl. BREALEY, R. A./MYERS, S. C./ALLEN, F., Corporate Finance, S. 515; MANDL, G./RABEL, K., Unternehmensbewertung, S. 300; LODERER, C./WÄLCHLI, U., Handbuch der Bewertung (II), S. 185.

abgesehen werden, wenn hierdurch die Komplexität der Bewertung stark ansteigt. Grundsätzlich ist aufgrund der Konsistenz innerhalb des Bewertungskalküls aber auf erwartete Renditen abzustellen.

424. Zwischenfazit

In den vorigen Abschnitten wurde eine allgemeine Basisformel zur Berücksichtigung von Insolvenzrisiken in den DCF-Verfahren abgeleitet und differenziert nach den einzelnen Verfahren ausgestaltet. Grundsätzlich gehen die konkretisierten Formeln von einer unbegrenzten Lebensdauer der Unternehmen aus, berücksichtigen indes die kumulierte Insolvenzwahrscheinlichkeit, sodass die oftmals bedingten Erwartungswerte in unbedingte Erwartungswerte transformiert werden. Der Vorteil des grundsätzlich unbegrenzten Bewertungshorizonts liegt darin, dass so die Problematik der Bestimmung des Insolvenzzeitpunkts umgangen wird. Dies wäre mit erheblichen Ermessensspielräumen behaftet, was mit der Bewertungskonzeption des objektivierten Unternehmenswerts nicht vereinbar ist. Auch in der subjektiven Bewertung wäre die alleinige Berücksichtigung eines subjektiv bestimmten Insolvenzzeitpunkts nicht sachgerecht, da so von der theoretischen Möglichkeit einer Insolvenz vor dem erwarteten Insolvenzzeitpunkt abstrahiert wird. Entsprechend würde zunächst von bedingten Erwartungswerten ausgegangen, was die Aussagefähigkeit des ermittelten Entscheidungswerts einschränkt.

Die DCF-Verfahren unterscheiden sich darin, wie die Parameter unter Berücksichtigung von Insolvenzrisiken zu ermitteln sind. In Bezug auf die Transparenz der Bewertungsverfahren eignet sich insbesondere der APV-Ansatz, da hier der negative Wertbeitrag der Insolvenzrisiken als eigene Wertkomponente abgebildet wird. Die folgende Tabelle zeigt abschließend die Parameter der jeweiligen DCF-Ansätze zur Berücksichtigung von Insolvenzrisiken:

TCF-Ansatz	CF_{TCF}^{IR}	$(FCF + TS) * (1 - p)$
	i_{TCF}	$\overline{WACC} = FKQ * \overline{r_{FK}} + EKQ * r_{EK}$
FCF-Ansatz	CF_{FCF}^{IR}	$FCF * (1 - p)$
	i_{FCF}	$\overline{WACC_{FCF}^{IR}} = FKQ * \left(\overline{r_{FK}} - s * r_{FK}^{vertr.} * (1 - p)\right) + EKQ * r_{EK}$
FTE-Ansatz	CF_{FTE}^{IR}	$(FCF + TS) * (1 - p) - FK * \overline{r_{FK}} + FK * w - FK * (1 + w) * p$
	i_{FTE}	r_{EK}^{v}
APV-Ansatz	GUW_{APV}	$\frac{FCF}{r_{EK}^{u} - w} + \frac{TS^{IR}}{r_{EK}^{u} - w + p + pw} - \frac{FCF * p * (1 + r_{EK}^{u})}{(r_{EK}^{u} - w) * (r_{EK}^{u} - w + p + pw)}$

Tabelle 4-4: Zusammenfassende Darstellung der Bewertungsansätze

Unabhängig von der konkreten Umsetzung im Bewertungskalkül ist der entscheidende Einflussparameter der Insolvenzrisiken die **Insolvenzwahrscheinlichkeit**, da sich die Höhe der Insolvenzkosten aus der zugrunde liegenden Überschussprognose ergibt. Im folgenden Abschnitt wird analysiert, wie die Insolvenzwahrscheinlichkeit für Zwecke der Unternehmensbewertung ermittelt werden kann.

43 Kritische Analyse der Ableitung der Insolvenzwahrscheinlichkeit zur Berücksichtigung von Insolvenzrisiken

431. Klassifikation von Insolvenzprognoseverfahren

Grundsätzlich ist für die Bestimmung der **Insolvenzwahrscheinlichkeit** in der Unternehmensbewertung die Sicht der Eigenkapitalgeber einzunehmen. Hierfür existieren indes keine geeigneten Messverfahren,[705] sodass auf alternative Verfahren zurückzugreifen ist. Da Fremdkapitalgeber üblicherweise Ausfallwahrscheinlichkeiten in ihrer Renditeforderung berücksichtigen, sind verschiedene Verfahren zur Bestimmung der **Ausfallwahrscheinlichkeit** vorhanden.

Hervorzuheben ist hierbei, dass Ausfall- und Insolvenzwahrscheinlichkeit nicht identisch sind, sondern dass je nach Definition Unterschiede auftreten können.[706] Während die Insolvenz in Deutschland auf gesetzlichen Regelungen beruht, ist für den Ausfall keine gesetzlich normierte Definition verfügbar.[707] Zwar wird Ausfall weltweit weitgehend einheitlich definiert,[708] dennoch unterscheidet sich die Ausfalldefinition z. T. in den einzelnen Verfahren. Im jeweiligen Verfahren ist daher zu prüfen, ob die zugrunde liegende Ausfalldefinition auf Zwecke der Eigenkapitalgeber übertragbar ist und demnach zumindest näherungsweise die relevante Insolvenzwahrscheinlichkeit bestimmt werden kann. Entscheidend ist somit letztlich die **Übertragbarkeit** der Verfahren für Zwecke der Eigenkapitalgeber.

Die Verfahren zur Ermittlung der Ausfallwahrscheinlichkeit werden auch als sog. **Kreditrisikomodelle** bezeichnet.[709] Eine mögliche Klassifizierung dieser Verfahren kann sich nach den Inputparametern richten.[710] WINGENROTH unterscheidet vier Arten von Inputparametern und gruppiert die Verfahren entsprechend in folgende Kategorien:[711]

- Scoringmodelle (Bilanzdaten),

[705] Vgl. ARBEITSKREIS BEWERTUNG NICHT BÖRSENNOTIERTER UNTERNEHMEN DES IACVA E.V., Bewertung nicht börsennotierter Unternehmen, S. 15.

[706] Vgl. SCHLECKER, M., Credit Spreads, S. 34; ARBEITSKREIS BEWERTUNG NICHT BÖRSENNOTIERTER UNTERNEHMEN DES IACVA E.V., Bewertung nicht börsennotierter Unternehmen, S. 16.

[707] Vgl. hierzu auch Abschn. 211.2.

[708] Vgl. Abschn. 211.2.

[709] Vgl. SCHIFFEL, S., Implizite Ausfallwahrscheinlichkeiten, S. 64.

[710] Alternativ können die Verfahren nach der methodischen Vorgehensweise klassifiziert werden, vgl. hierzu BEMMANN, M., Unternehmensinsolvenzen, S. 5-61 sowie GÜNTHER, T./GRÜNING, M., Insolvenzprognoseverfahren, S. 40 f.

[711] Vgl. WINGENROTH, T., Risikomanagement, S. 100. Die Klassifizierung von WINGENROTH bezieht sich auf Kreditrisikomodelle, indes werden die gleichen Verfahren auch als Insolvenzprognoseverfahren verwendet. Vgl. hierzu BEMMANN, M., Unternehmensinsolvenzen, S. 6.

- ratingbasierte Modelle (Ratings),
- spreadbasierte Modelle (Credit Spreads) und
- Strukturmodelle (Aktienkurse).

Neben dieser Kategorisierung ist in der Literatur auch eine aggregierte Einteilung in nur zwei Kategorien, Strukturmodelle und Reduktionsmodelle, geläufig. Hierbei werden Ratings z. T. auch als Inputparameter in die Reduktionsmodelle einbezogen.[712] Da im Folgenden Ratings nicht nur als Inputparameter der anderen Verfahren untersucht werden, erscheint eine Kategorisierung in drei Gruppen sachgerecht. Aufgrund der inhaltlichen Nähe von Scoringmodellen und ratingbasierten Modellen werden diese beiden Verfahren zusammengefasst. Abbildung 4-2 zeigt die Struktur der weiteren Analyse:

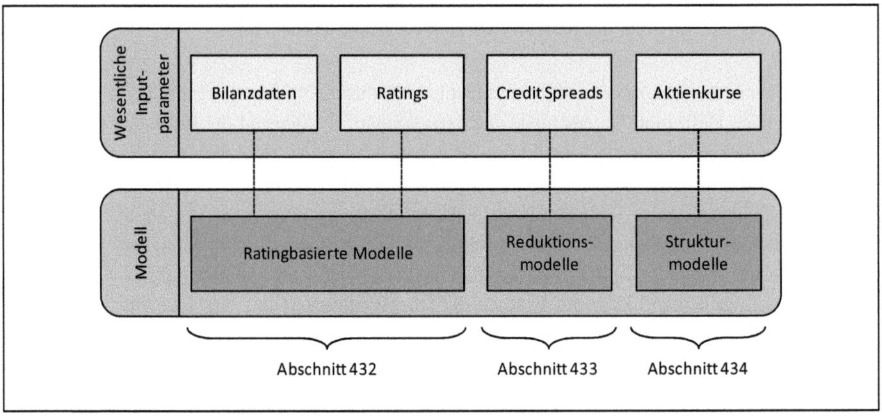

Abbildung 4-2: Struktur der folgenden Untersuchung

Eine überlegene Methode zur Erklärung von Unternehmensinsolvenzen existiert nicht, sodass unterschiedliche Modelle zur Ermittlung von Insolvenzwahrscheinlichkeiten herangezogen werden können.[713] Für die Unternehmensbewertung ist daher neben der grundsätzlichen Übertragbarkeit der einzelnen Verfahren auch zu analysieren, ob die Anforderungen der Bewertungskonzeptionen erfüllt werden. Die Berücksichtigung von Insolvenzrisiken soll dabei vor dem Kosten-Nutzen-Vergleich beurteilt werden. Der Nutzen ergibt sich je nach Bewertungskonzeption aus der **Objektivierbarkeit** der Einflussparameter und bzw. oder aus deren **Zukunftsbezug**. Beides ist stets vor dem Hintergrund der **Wirtschaftlichkeit** zu sehen.

[712] Vgl. SCHIFFEL, S., Implizite Ausfallwahrscheinlichkeiten, S. 64. LANDO teilt die Modelle entsprechend in drei Kategorien ein, vgl. LANDO, D., Credit Risk Modeling, S. 145-168.

[713] Vgl. BEMMANN, M., Unternehmensinsolvenzen, S. 5.

Bei der Analyse ist zudem zu beachten, dass der Unternehmensbewertung **Bewertungsobjekte** mit verschiedenen Eigenschaften zugrunde liegen können. So wird regelmäßig zwischen börsennotierten und nicht börsennotierten Unternehmen unterschieden. Diese Differenzierung kann auch für die Ableitung der Insolvenzwahrscheinlichkeit bedeutend sein, da nicht jedes Insolvenzprognoseverfahren für jedes Bewertungsobjekt direkt umsetzbar ist. Beispielsweise sind für nicht börsennotierte Unternehmen regelmäßig keine kapitalmarktbezogenen Daten verfügbar. Daher soll im Folgenden auch dahingehend differenziert werden, ob die jeweiligen Inputparameter für das Unternehmen **direkt** verfügbar sind, oder ob sie **indirekt** über Vergleichsobjekte übertragen werden. Bei der indirekten Ableitung ist die Äquivalenz zwischen den Unternehmen zu beachten. Wie bereits erwähnt ist aber insbesondere bei KMU regelmäßig nur von einer geringen Vergleichbarkeit zu börsennotierten Unternehmen auszugehen. Daher erscheint es sachgerecht, bei der indirekten Ableitung auch zwischen **vergleichbaren** und **nicht vergleichbaren** Unternehmen zu unterscheiden.

Somit soll die Analyse im Folgenden auf drei **typisierte Bewertungsobjekte** bezogen werden: Bewertungsobjekte, für die die Inputparameter der Verfahren direkt verfügbar sind, Bewertungsobjekte, für die die Inputparameter nicht direkt verfügbar sind, aber über vergleichbare Unternehmen abgeleitet werden können und Bewertungsobjekte, für die die Daten ebenfalls nicht direkt verfügbar sind, aber auch keine adäquaten Vergleichsunternehmen existieren.

432. Ableitung der Insolvenzwahrscheinlichkeit durch ratingbasierte Modelle

432.1 Darstellung der ratingbasierten Modelle

432.11 Definition und Funktionen des Ratings

Als **Rating** wird allgemein ein **Beurteilungsverfahren** bezeichnet, mit dem Ratingobjekte hinsichtlich einer bestimmten Zielsetzung in eine **ordinale Rangfolge** gebracht werden.[714] Bezogen auf die Unternehmensfinanzierung werden Ratings üblicherweise aus der Perspektive von Fremdkapitalgebern generiert,[715] sodass als Zielsetzung die **Prüfung der Bonität** des Bewertungsobjekts dominiert.[716] Durch das Rating soll somit eine Einschätzung des Ratingerstellers über die Fähigkeit und rechtliche Bindung des Bewertungsobjekts abgegeben werden, künftige Zins- und Tilgungszahlungen termingerecht zu erfüllen.[717] Die Einschätzung der Bonität wird üblicherweise verdichtet in

[714] Vgl. SERFLING, K., Credit Rating, S. 713.

[715] Hingegen stellt das Aktienrating auf die Bewertung von Eigenkapitaltiteln, d. h. auf die Perspektive der Eigenkapitalgeber ab. Hierbei wird die Ertragsqualität bewertet, wobei eine mit den Fremdkapitaltiteln vergleichbare Risikoeinschätzung nicht möglich ist. Das Aktienrating kann sich zudem auf die Feststellung von Fehlbewertungen beziehen. Hierbei steht anders als beim Rating von Fremdkapitaltiteln nicht der Ausfall bzw. das Insolvenzrisiko im Fokus. Vgl. SERFLING, K., Credit Rating, S. 713; HOFFMANN, P., Bonitätsbeurteilung, S. 21. Vgl. zu den verschiedenen Ratingobjekten ausführlich BERBLINGER, J., Marktakzeptanz des Ratings, S. 33-44; AUBEL, P. VAN, Anleiherating und Bonitätsrisiko, S. 17-19.

[716] Vgl. AUBEL, P. VAN, Anleiherating und Bonitätsrisiko, S. 7.

[717] Vgl. HOFFMANN, P., Bonitätsbeurteilung, S. 17 f.; FISCHER, J./HOLZKÄMPER, H., Rating Advisory, S. 70; DIMITRAKOPOULOS, D./SPAHR, R., Ratingverfahren, S. 152; MÜLLER, M., Unternehmensstrategie und Rating, S. 309.

einer einzigen Kennzahl, dem Ratingsymbol, ausgedrückt.[718] Auch wenn die Zielsetzung der Ratings weitgehend einheitlich ist, gibt es nicht das eine Rating. Vielmehr können Ratings hinsichtlich verschiedener Dimensionen klassifiziert werden. Ein wesentliche Dimension liegt dabei bereits im zugrunde liegenden Verfahren, was Gegenstand des folgenden Abschnitts ist.

432.12 Klassifizierung von Ratingverfahren

Die Einschätzung der Bonität kann auf verschiedene Weise generiert und somit hinsichtlich des **Verfahrens** unterschieden werden. Grundsätzlich lassen sich quantitative und qualitative Ratingverfahren unterscheiden.[719]

Quantitative Ratingverfahren basieren auf der formalen Verknüpfung von quantitativen Ratingkriterien und weisen ein standardisiertes Vorgehen auf.[720] Hierbei wird nicht auf die subjektive Einschätzung von Analysten abgestellt, sondern regelmäßig durch mathematisch-statistische Verfahren eine objektivierte Ratingeinschätzung generiert.[721] Zu den quantitativen Verfahren zählen u. a. die Multivariate Diskriminanzanalyse, die Künstliche Neuronale Netzanalyse und die Logistische Regression.[722] Die Verfahren beruhen i. d. R. auf öffentlich verfügbaren Jahresabschlussinformationen und werden daher auch als **Bilanzbonitätsratings** bezeichnet.[723] Häufig werden solche Verfahren von Kreditinstituten oder anderen Investoren für interne Zwecke entwickelt.[724] Neben dem Zweck Ausfallwahrscheinlichkeiten zu ermitteln, dienen sie auch der Kreditportfoliosteuerung.[725] Entsprechend sind solche Ratings üblicherweise auf die spezifischen Gegebenheiten des Erstellers angepasst, sodass sich regelmäßig Unterschiede zwischen den Rating-Verfahren ergeben.[726] Auf Basis der einbezogenen Informationen werden Einzelscores ermittelt, die gewichtet zu einem Gesamtur-

---

[718] Vgl. STEINER, M., Rating, S. 509; EVERLING, O., Credit Rating, S. 23; WAMBACH, M./KIRCHMER, T., Unternehmensrating, S. 402.

[719] Vgl. OELERICH, A./PODDIG, T., Evaluation of Rating Systems, S. 438; HEINKE, V. G., Bonitätsrisiko, S. 24-26.

[720] Vgl. HEINKE, V. G., Bonitätsrisiko, S. 24 f.; EIGERMANN, J., Quantitatives Credit-Rating, S. 33.

[721] Vgl. BAETGE, J./KEITZ, I. VON/WÜNSCHE, B., Bilanzbonitäts-Rating von Unternehmen, S. 481; HEINKE, V. G., Bonitätsrisiko, S. 25.

[722] Vgl. bspw. BAETGE, J./KIRSCH, H.-J./THIELE, S., Bilanzanalyse, S. 535-589; BAETGE, J./KEITZ, I. VON/WÜNSCHE, B., Bilanzbonitäts-Rating von Unternehmen, S. 480-485.

[723] Vgl. EVERLING, O., Credit Rating, S. 128; BAETGE, J./KEITZ, I. VON/WÜNSCHE, B., Bilanzbonitäts-Rating von Unternehmen, S. 478.

[724] Vgl. KRAHNEN, J. P., Internes Rating, Sp. 1767 f.

[725] Vgl. HEINKE, V. G., Bonitätsrisiko, S. 49 f.; GLEIßNER, W./FÜSER, K., Leitfaden Rating, S. 57-64; THUN, C., Moody's KMV RiskCalc®, S. 126; REICHLING, P./BIETKE, D./HENNE, A., Praxishandbuch Risikomanagement, S. 94. Die Bedeutung der bankinternen Ratings ist im Zusammenhang mit den Basler Eigenkapitalvorschriften (Basel II) stark gestiegen. Basel II verlangt von den Kreditgebern eine risikoangepasste Eigenkapitalunterlegung, die auf Basis von Ratings ermittelt wird. Vgl. HARTMANN-WENDELS, T./PFINGSTEN, A./WEBER, M., Bankbetriebslehre, S. 437 f.; HARTMANN, W./SCHWARZHAUPT, O., Bedeutung des Ratings, S. 31; KÜTING, K./RANKER, D./WOHLGEMUTH, F., Basel II, S. 93-97; OELERICH, A., Robuste Ratingverfahren, S. 63-69. Vgl. zur Entwicklung von Basel II und der Bankregulierung SPREMANN, K./GANTENBEIN, P., Zinsen, Anleihen, Kredite, S. 367-384 sowie zu Basel III bspw. BACHER, U., Baseler Eigenkapitalakkord, S. 1029 f.; SCHMITT, C., Basel III, S. 105-107.

[726] Vgl. EWERT, R./SZCZESNY, A., Risikoindikatoren, S. 587.

teil zusammengefasst und in eine Ratingklasse transformiert werden. Die Ratingklassen werden anschließend mit Ausfallraten verknüpft.[727] Der Aufbau eines eigenen Ratingsystems erfordert daher eine umfangreiche Datenbasis ausgefallener Unternehmen, die nach empirischen Untersuchungen regelmäßig mindestens zehn Jahre umfassen sollte.[728] Hingegen können die zugrunde liegenden *Scores* der Bilanzbonitätsratings auch mit Ausfallraten von Ratingagenturen verknüpft werden. Auf die Unternehmensbewertung übertragen dürften Bewerter regelmäßig nicht über eine umfangreiche Datenbank ausgefallener Unternehmen verfügen, sodass im Folgenden v. a. diese sog. **synthetischen Ratingverfahren** betrachtet werden sollen, die keinen eigenen Datenbestand voraussetzen.

Auch **simulationsbasierte Ratingverfahren** können zu den quantitativen Ratingverfahren gezählt werden.[729] Sie unterscheiden sich indes von den Bilanzbonitätsratings darin, dass eine Zuordnung zu gesunden oder kranken Unternehmen nicht über Bilanzkennzahlen vorgenommen wird. Simulationsbasierte Ratingverfahren greifen stattdessen auf die Unternehmensplanung zurück und errechnen durch die stetige Variation der Einflussparameter verschiedene Szenarien, die mögliche künftige Umweltzustände abbilden.[730] Auf diese Weise wird die Wahrscheinlichkeit ermittelt, dass die Insolvenz des Unternehmens eintritt.[731]

Abzugrenzen von den quantitativen Verfahren sind die **qualitativen Ratingverfahren**, bei denen auch solche Ratingkriterien berücksichtigt werden, die nur bedingt objektivierbar und quantifizierbar sind.[732] Hierzu zählen z. B. zukunftsbezogene Informationen und Einschätzungen über das Management.[733] Mögliche Ausprägungen dieser Verfahren sind Fragebögen oder Experteneinschätzungen.[734] Aber auch Ratingeinschätzungen internationaler Ratingagenturen, die sog. **externen Ratings**[735], werden üblicherweise den qualitativen Verfahren zugeordnet.[736] Die Ratingagenturen greifen regelmäßig auf interne Unternehmensdaten zurück und beziehen auch Länder-, Branchen- und

[727] Vgl. GÜTTLER, A./WAHRENBURG, M., Bankinterne versus externe Ratings, S. 60 f.

[728] Vgl. OELERICH, A./PODDIG, T., Evaluation of Rating Systems, S. 438; CAREY, M./HRYCAY, M., Credit Risk Models, S. 248-253.

[729] Vgl. GLEIßNER, W., Unternehmenswert, S. 741.

[730] Vgl. KNACKSTEDT, H. W., KMU, S. 189 f.; GLEIßNER, W., Wertorientierte Analyse, S. 420.

[731] Vgl. GLEIßNER, W., Unternehmenswert, S. 742.

[732] Vgl. EVERLING, O., Credit Rating, S. 125; HEINKE, V. G., Bonitätsrisiko, S. 25 f.

[733] Vgl. EVERLING, O., Credit Rating, S. 125.

[734] Vgl. REICHLING, P./BIETKE, D./HENNE, A., Praxishandbuch Risikomanagement, S. 47-49; THUN, C., Moody's KMV RiskCalc®, S. 126.

[735] Ratings können hinsichtlich des Ratingerstellers in externe und interne Ratings unterschieden werden. Unter externen Ratings werden allgemein Ratings verstanden, die durch Ratingagenturen erstellt und i. d. R. veröffentlicht werden. Abzugrenzen hiervon sind interne Ratings, die von Kreditinstituten erstellt werden und u. a. der internen Steuerung und Regulierungsanforderungen dienen. Diese Ratingeinschätzungen werden grundsätzlich nicht veröffentlicht. Im Folgenden steht indes nicht die Abgrenzung nach dem Ratingersteller sondern nach dem Verfahren im Vordergrund. Vgl. SCHIFFEL, S., Implizite Ausfallwahrscheinlichkeiten, S. 46; GÜTTLER, A./WAHRENBURG, M., Bankinterne versus externe Ratings, S. 56 f.; KRAHNEN, J. P., Internes Rating, Sp. 1771; OEHLER, A./UNSER, M., Finanzwirtschaftliches Risikomanagement, S. 249.

[736] Vgl. EVERLING, O., Credit Rating, S. 127.

allgemeine Unternehmensrisiken in die Ratingeinschätzung ein.[737] Zwar berücksichtigen die Ratingagenturen neben qualitativen auch quantitative Informationen,[738] entscheidend für die Zuordnung zu den qualitativen Verfahren ist aber die subjektive Auswahl und Verknüpfung der einfließenden Informationen.[739]

In den folgenden Abschnitten soll nun differenziert analysiert werden, ob externe, synthetische sowie simulationsbasierte Ratingverfahren zur Ermittlung von Insolvenzwahrscheinlichkeiten geeignet sind. Hierbei soll auch hinsichtlich des Bewertungsobjekts dahingehend differenziert werden, ob das Bewertungsobjekt über ein externes Rating verfügt, ob vergleichbare Unternehmen existiert oder ob keine Vergleichsobjekte vorhanden sind.

432.2 Kritische Analyse der Ableitung von Ausfallraten aus Ratings

432.21 Ableitung von Ausfallraten auf Basis externer Ratings

432.211. Vorbemerkung

Externe Ratings werden von (internationalen) Ratingagenturen[740] erstellt und sind öffentlich und kostenlos verfügbar.[741] Durch diese sog. **Credit Ratings**[742] soll die **künftige Bonität** des Ratingob-

[737] Vgl. WAGNER, W.-C., Rating mittelständischer Unternehmungen, S. 93-95; STEINER, M., Rating, S. 511; HEINKE, V. G., Bonitätsrisiko, S. 26-30 m. w. N.; STANDARD & POOR'S, Principles of Credit Ratings, Tz. 28. Vgl. zum Standardprozess einer Ratingerstellung auch JÄCKLE, J./ACKERMANN, U., Ratingverfahren aus Emittentensicht, S. 882 und FISCHER, J./HOLZKÄMPER, H., Rating Advisory, S. 80 f. Die Ratingagenturen berücksichtigen dabei nicht nur Informationen, die das Bewertungsobjekt zur Verfügung stellt, sondern greifen bspw. für die Branchenanalyse auch auf andere Informationsquellen zurück. Vgl. HIELSCHER, U., Investmentanalyse, S. 221. Indes ist die Verwendung interner Daten letztlich abhängig von der Beauftragung durch den Emittenten. Wird das Rating ohne Auftrag durchgeführt (*Unsolicited Rating*), basiert es i. d. R. nur auf unternehmensexternen Daten. *Unsolicited Ratings* haben in der Praxis entsprechend eine geringere Bedeutung als *Solicited Ratings*. Vgl. hierzu JÄCKLE, J./ACKERMANN, U., Ratingverfahren aus Emittentensicht, S. 883; DIMITRAKOPOULOS, D./SPAHR, R., Ratingverfahren, S. 151 f.; HIELSCHER, U., Investmentanalyse, S. 219.

[738] Vgl. DIMITRAKOPOULOS, D./SPAHR, R., Ratingverfahren, S. 154. Die Beurteilungskriterien bei Industrieunternehmen beziehen sich sowohl auf Geschäftsrisiken wie auch auf finanzielle Risiken. Zu den Geschäftsrisiken zählen u. a. die Wettbewerbsposition, Branchencharakteristika und Eigenschaften des Managements. Vgl. hierzu bspw. FISCHER, J./HOLZKÄMPER, H., Rating Advisory, S. 81 f.; DIMITRAKOPOULOS, D./SPAHR, R., Ratingverfahren, S. 157 f.

[739] Vgl. EIGERMANN, J., Quantitatives Credit-Rating, S. 31 f.; EVERLING, O., Credit Rating, S. 125.

[740] Vgl. zum Begriff Ratingagentur bspw. AUBEL, P. VAN, Anleiherating und Bonitätsrisiko, S. 5-7. Zu den international tätigen Ratingagenturen werden üblicherweise Moody's, Standard & Poor's und Fitch gezählt, vgl. EVERLING, O./TRIEU, M. L., Ratingagenturen weltweit, S. 98; PERRIDON, L./STEINER, M./RATHGEBER, A. W., Finanzwirtschaft, S. 185. Vgl. zur Darstellung und Geschichte der internationalen Ratingagenturen REICHLING, P./BIETKE, D./HENNE, A., Praxishandbuch Risikomanagement, S. 62-68.

[741] Vgl. DEIPENBROCK, G., Externes Rating, S. 1849; FISCHER, J./HOLZKÄMPER, H., Rating Advisory, S. 70 f. Erläuterungen und detaillierte Analysen zu den Ratingurteilen sind indes regelmäßig kostenpflichtig. Vgl. SCHLECKER, M., Credit Spreads, S. 39 f.

[742] Der Begriff Credit Rating wird in der Literatur nicht einheitlich verwendet. EVERLING versteht hierunter allgemein Bonitätsbeurteilungen, vgl. EVERLING, O., Credit rating. So auch HIELSCHER, der den Fremdkapitalcharakter von Credit Ratings betont. Vgl. HIELSCHER, U., Investmentanalyse, S. 209. SERFLING benutzt den Begriff restriktiver und beschränkt Credit Ratings auf Bonitätsbeurteilungen von Emissionen. Vgl. SERFLING, K., Credit Rating, S. 713. Unter Credit Ratings sollen im Folgenden mit BAETGE Ratings externer Ratingagenturen verstanden wer-

jekts beurteilt werden.[743] Da für die künftige Bonität auch die Unternehmensplanung relevant ist, werden Credit Ratings grundsätzlich als **zukunftsorientiert** charakterisiert.[744] Entsprechend berücksichtigen die Ratingagenturen zur Ratingerstellung die Unternehmensplanung, strategische Ziele und geplante Maßnahmen.[745] Hierbei sind insbesondere solche Zukunftsszenarien relevant, die als potentiell gefährdend für die Gläubigerpositionen angesehen werden, während Wachstumsszenarien von geringerer Bedeutung für das Ratingurteil sind.[746]

Das Rating übernimmt für **Investoren** die Funktion, Transparenz und Vergleichbarkeit zwischen verschiedenen Anlagemöglichkeiten herzustellen.[747] Externe Ratings geben dabei v. a. die relative Stellung im Vergleich zu anderen Bewertungsobjekten an.[748] Für den **Emittenten** sind Ratings regelmäßig erforderlich, um faktischen Zugang zum Kapitalmarkt zu erhalten.[749] Hierdurch können Emittenten u. a. die Finanzierungskosten senken[750] und die Bekanntheit des Unternehmens steigern.[751]

Die Ratingskalen der internationalen Agenturen umfassen grundsätzlich sieben Kategorien, die ggf. um Modifikatoren, sog. *Notches*, erweitert werden.[752] Die Kategorien werden in *Investment Grade* und *Speculative Grade* unterteilt.[753] Den jeweiligen Kategorien werden ferner Ratingdefinitionen zugeordnet.[754] Die folgende Tabelle zeigt die Ratingklassen der großen internationalen Agenturen:

den, die sowohl Emissions- als auch Emittentenratings darstellen können. Vgl. BAETGE, J./KEITZ, I. VON/WÜNSCHE, B., Bilanzbonitäts-Rating von Unternehmen, S. 478, ebenso STANDARD & POOR'S, Rating Definitions, S. 4. Vgl. zu den Emissions- und Emittentenratings auch Abschn. 432.212.

743 Vgl. EVERLING, O., Credit Rating, S. 135 f.

744 Vgl. HOFFMANN, P., Bonitätsbeurteilung, S. 54; STANDARD & POOR'S, Principles of Credit Ratings, Tz. 22. SCHIFFEL beschreibt den Ratingprozess auf drei Zeitebenen. Auf Basis vergangenheitsorientierter Informationen werden aus einer Grundgesamtheit Zusammenhänge zwischen Risikofaktoren bestimmt und zu einem Ratingurteil verdichtet. In der Gegenwart vollzieht sich auf dieser statistischen Grundlage der Ratingprozess unter Berücksichtigung aktueller Informationen. Die gegenwärtigen Informationen werden um Zukunftserwartungen ergänzt, um die künftige Bonität des Unternehmens zu bewerten. Vgl. SCHIFFEL, S., Implizite Ausfallwahrscheinlichkeiten, S. 48.

745 Vgl. HIELSCHER, U., Investmentanalyse, S. 221.

746 Vgl. HIELSCHER, U., Investmentanalyse, S. 222.

747 Vgl. FISCHER, J./HOLZKÄMPER, H., Rating Advisory, S. 70. Vgl. detailliert zu den Funktionen aus Investorensicht EVERLING, O., Credit Rating, S. 218-252.

748 Vgl. HIELSCHER, U., Investmentanalyse, S. 228 f. Die absolute Bonität soll dagegen Aussagen über die ex ante zu erwartende Ausfallwahrscheinlichkeit treffen, vgl. HEINKE, V. G., Bonitätsrisiko, S. 37 f.; AUBEL, P. VAN, Anleiherating und Bonitätsrisiko, S. 9.

749 Vgl. HIELSCHER, U., Investmentanalyse, S. 230; HEINKE, V. G., Bonitätsrisiko, S. 55. Vgl. ausführlich zu den Funktionen des Ratings aus Emittentensicht EVERLING, O., Credit Rating, S. 252-274.

750 Vgl. BACHMANN, U., Kreditspread, S. 31.

751 Vgl. DIMITRAKOPOULOS, D./SPAHR, R., Ratingverfahren, S. 152; EVERLING, O., Credit Rating, S. 270-272.

752 Vgl. WINGENROTH, T., Risikomanagement, S. 21-23; SERFLING, K., Credit Rating, S. 717; BACHMANN, U., Kreditspread, S. 25. Sieben Ratingklassen ergeben sich, da die Klassen CCC-C bzw. Caa-Ca regelmäßig zusammengefasst werden.

753 Vgl. EVERLING, O., Credit Rating, S. 48 f.; HIELSCHER, U., Investmentanalyse, S. 214 f.

754 Vgl. EVERLING, O., Credit Rating, S. 39-41.

	S&P	Moody's	Fitch	Beschreibung
Investment Grade	AAA	Aaa	AAA	Sehr gut: Höchste Bonität, praktisch kein Ausfallrisiko.
	AA*	Aa*	AA*	Sehr gut bis gut: Hohe Zahlungswahrscheinlichkeit.
	A*	A*	A*	Gut bis befriedigend: Angemessene Deckung von Zins und Tilgung, viele gute Investmentattribute, aber auch Elemente, die sich bei einer Veränderung der wirtschaftlichen Lage negativ auswirken können.
	BBB*	Baa*	BBB*	Befriedigend: Angemessene Deckung von Zins und Tilgung, aber auch spekulative Charakteristika oder mangelnder Schutz gegen wirtschaftliche Veränderungen.
Speculative Grade	BB*	Ba*	BB*	Ausreichend: Sehr mäßige Deckung von Zins und Tilgung, auch in gutem wirtschaftlichem Umfeld.
	B*	B*	B*	Mangelhaft: Geringe Sicherung von Zins und Tilgung.
	CCC*	Caa*	CCC	Ungenügend: Niedrigste Qualität, geringster Anlegerschutz, in akuter Gefahr eines Zahlungsverzugs.
	CC-C	Ca-C	CC-C	Hochgradige Ausfallgefährdung.

* - Ratingklassen werden um drei Modifikatoren erweitert

Tabelle 4-5: Ratingklassen der internationalen Ratingagenturen[755]

Die Ratingsymbole drücken indes nur die Einschätzung über das relative Bonitätsrisiko aus, d. h., neben der Ratingnote wird keine Einschätzung der künftigen Ausfallwahrscheinlichkeit angegeben.[756]

432.212. Ratingobjekt

Mit einem Rating wird üblicherweise das Ziel verfolgt die Bonität des Ratingobjekts aus der Perspektive von Fremdkapitalgebern zu beurteilen. Hinsichtlich des Ratingobjekts kann dabei zwischen Emissions- und Emittentenrating differenziert werden.[757] Das **Emissionsrating** (*issue rating*) bezieht sich auf einen genau spezifizierten **Finanztitel.**[758] Hierbei werden neben den mit dem Titel verbundenen Risiken u. a. auch die Besicherung oder Kündigungsrechte in die Bonitätsbeurteilung einbezogen.[759] Finanztitel unterschiedlicher Emissionen können somit unterschiedliche Ratingnoten aufweisen.[760] Das **Emittentenrating** (*issuer rating*, Unternehmensrating) gibt hingegen eine Einschätzung über die Fähigkeit des **Unternehmens** ab, Zahlungsverpflichtungen rechtzeitig und un-

755 In Anlehnung an BACHMANN, U., Kreditspread, S. 24.

756 Vgl. AUBEL, P. VAN, Anleiherating und Bonitätsrisiko, S. 28.

757 Vgl. BAETGE, J./HOLLMANN, S., BBR-Bilanz-Rating, S. 337; EVERLING, O., Credit Rating, S. 29-35; DIMITRAKOPOULOS, D./SPAHR, R., Ratingverfahren, S. 152; HOFFMANN, P., Bonitätsbeurteilung, S. 20.

758 Vgl. HIELSCHER, U., Investmentanalyse, S. 212; EVERLING, O., Credit Rating, S. 29.

759 Vgl. EIGERMANN, J., Quantitatives Credit-Rating, S. 29 f.; SERFLING, K., Credit Rating, S. 714; DIMITRAKOPOULOS, D./SPAHR, R., Ratingverfahren, S. 152.

760 Vgl. HEINKE, V. G., Bonitätsrisiko, S. 24 und 30.

eingeschränkt zu erfüllen und bezieht sich entsprechend auf eine Institution.[761] Zudem bildet es regelmäßig die Grundlage und Obergrenze für Emissionsratings.[762]

Hinsichtlich ihrer **zeitlichen Dimension** lassen sich Ratings in kurz- und langfristig unterscheiden.[763] Kurzfristige Ratings beziehen sich auf ursprüngliche Laufzeiten von unter einem Jahr während langfristige Ratings auf eine Laufzeit von mindestens einem Jahr abstellen.[764] Beispielhaft sind für die RWE AG u. a. folgende Ratings bei Standard & Poor's abrufbar:

Ratingobjekt	Rating	Datum
Issuer Credit Rating		
Foreign Long Term	A-	08.06.11
Foreign Short Term	A-2	08.06.11
Local Long Term	A-	08.06.11
Local Short Term	A-2	08.06.11
Senior Unsecured		
EUR100 mil fltg rate nts due 11/15/2017	A-	08.06.11
EUR5 bil med-term note Prog 03/26/2001: sr unsecd	A-	08.06.11
¥20 bil 3.31% reverse dual currency med-term nts ser 11097 due 02/17/2040	A-	18.08.11
EUR750 mil 5.75 % bnds due 02/14/2033	A-	08.06.11
Commercial Paper		
GLOBAL CP prog auth amt US$5 bil	A-2	08.06.11
Junior Subordinated		
EUR1.75 bil var/fixed rate hybrid due 09/28/2015	BBB	08.06.11
CHF250 mil var/fixed rate resettable due 04/04/2072	BBB	20.10.11

Tabelle 4-6: Ratings der RWE AG[765]

Wie bereits erwähnt wird grundsätzlich zwischen Emissions- und Emittentenratings unterschieden. Im Rahmen der Unternehmensbewertung erscheint die Verwendung der **Emittentenratings** sachgerecht, da hierbei auf die Bonität des Unternehmens abgestellt und von spezifischen Ausgestaltungen, bspw. von Sicherheiten oder Rangfolgen bestimmter Finanztitel abstrahiert wird. Zwar bezieht sich die Unternehmensbewertung auch auf einen spezifischen Finanztitel, nämlich das Eigenkapital des Unternehmens. Indes wird hierdurch gleichzeitig die grundsätzliche Fähigkeit des Unternehmens erfasst, Zahlungsverpflichtungen nachzukommen. Da die Eigenkapitalgeber Anspruch auf den Residualgewinn haben, also nur dann Dividenden erhalten bzw. ihre Einlage zurückerhalten, wenn die Ansprüche der Fremdkapitalgeber vollständig bedient worden sind,[766] liegt das Risiko der Eigenkapitalgeber über dem Risiko der Fremdkapitalgeber. Daher ist nicht auf einen speziellen

[761] Vgl. EVERLING, O., Credit Rating, S. 31; SCHIFFEL, S., Implizite Ausfallwahrscheinlichkeiten, S. 45; HIELSCHER, U., Investmentanalyse, S. 212. Kritisiert wird hieran der im Vergleich zu Emissionsratings geringere Informationsgehalt. Vgl. EVERLING, O., Credit Rating, S. 34.

[762] Vgl. DIMITRAKOPOULOS, D./SPAHR, R., Ratingverfahren, S. 152; STANDARD & POOR'S, 2010 Annual Global Corporate Default Study, S. 63 f.

[763] Vgl. DIMITRAKOPOULOS, D./SPAHR, R., Ratingverfahren, S. 152.

[764] Vgl. HIELSCHER, U., Investmentanalyse, S. 213; AUBEL, P. VAN, Anleiherating und Bonitätsrisiko, S. 8.

[765] Abgerufen über http://www.standardandpoors.com/home/en/us, Stand: 15.01.2012.

[766] Vgl. Fn. 11.

Fremdkapitaltitel abzustellen, sondern auf die grundsätzliche Fähigkeit des Unternehmens, Zahlungsansprüche zu bedienen. Zudem bilden die Emittentenratings regelmäßig die Obergrenze der Ratings eines Unternehmens.[767] Ist ein Emittentenrating eines Unternehmens nicht vorhanden, kann ersatzweise das Rating unbesicherter, nicht-nachrangiger Anleihen herangezogen werden, da sich die Ratingnoten grundsätzlich entsprechen.[768]

Auch bei der Wahl der **Laufzeit** besteht Ermessensspielraum. Kurzfristige Ratings reflektieren die Bonitätseinschätzung für Laufzeiten bis zu einem Jahr, langfristigen Ratings liegen darüber hinausgehende Laufzeiten zugrunde. Im Rahmen der Unternehmensbewertung sind grundsätzlich die künftig erzielbaren Cashflows bewertungsrelevant, wobei regelmäßig von einer unendlichen Existenz des Unternehmens ausgegangen wird. Entsprechend sind auch Risikofaktoren relevant, die die Cashflows späterer Perioden tangieren können, was in kurzfristigen Ratings nicht berücksichtigt wird, sodass die Verwendung von langfristigen Ratings vorzuziehen ist. Zudem beziehen sich langfristige Ratings auf den gesamten Konjunkturzyklus, sodass das konjunkturelle Risiko berücksichtigt wird.[769]

432.213. Wahl der Ratingagentur

Zur Ableitung der Insolvenzwahrscheinlichkeit stehen dem Bewerter regelmäßig Ratings verschiedener Agenturen zur Verfügung. Hieraus kann Ermessensspielraum resultieren, falls die Agenturen zu unterschiedlichen Einschätzungen über das Bewertungsobjekt kommen.[770] Üblicherweise liegen aber keine sog. ***Split Ratings*** vor, d. h., es besteht grundsätzlich eine hohe Übereinstimmung der Ratingurteile der Agenturen,[771] sodass Ermessensspielräume eher als gering einzuschätzen sind. Auch hinsichtlich der zugeordneten **Insolvenzwahrscheinlichkeiten** der einzelnen Ratingklassen ist eine weitgehende Übereinstimmung der Ratingagenturen, v. a. im *Investment Grade*-Bereich festzustellen, wie Tabelle 4-7 zeigt. Allerdings ist eine Tendenz zu einer stärkeren Berücksichtigung von **qualitativen Informationen** in Ratings festzustellen,[772] sodass aufgrund der steigenden Subjektivierung der Ratings z. T. eine Zunahme der Split-Ratings erwartet wird.[773]

---

[767] Vgl. STANDARD & POOR'S, 2010 Annual Global Corporate Default Study, S. 63 f.

[768] Vgl. SCHULTE, R., Kursänderungsrisiken, S. 98; HEINKE, V. G., Bonitätsrisiko, S. 20.

[769] Vgl. AUBEL, P. VAN, Anleiherating und Bonitätsrisiko, S. 33.

[770] Unterschiedliche Ratingeinschätzungen können indes auch durch abweichende Ausfalldefinitionen der Ratingagenturen bedingt sein, vgl. WINGENROTH, T., Risikomanagement, S. 67; AUBEL, P. VAN, Anleiherating und Bonitätsrisiko, S. 51.

[771] Vgl. HOFFMANN, P., Bonitätsbeurteilung, S. 103 f.; SERFLING, K., Credit Rating, S. 735; STEINER, M./HEINKE, V. G., Rating, S. 665. GÜTTLER zeigt, dass die Ratings von Standard & Poor's und Moody's zu 80,9 % übereinstimmen, bzw. nur eine *Notch* voneinander abweichen. Vgl. GÜTTLER, A., Rate the Raters, S. 285 f. Nach BACHMANN sind die Ratings von Standard & Poor's und Moody's zu 64 % identisch. Vgl. BACHMANN, U., Kreditspread, S. 28.

[772] Vgl. WAMBACH, M./KIRCHMER, T., Unternehmensrating, S. 402.

[773] Vgl. SERFLING, K., Credit Rating, S. 735.

(in %)	Standard & Poor's 1981-2010	Moody's 1983-2010	Fitch 1990-2010
AAA / Aaa	0,00	0,00	0,00
AA / Aa	0,02	0,02	0,04
A / A	0,08	0,06	0,09
BBB / Baa	0,25	0,20	0,24
BB / Ba	0,95	1,20	1,28
B / B	4,70	4,47	2,37
CCC/C / Caa	27,39	n/a	25,48
Investment Grade	0,13	0,10	0,13
Speculative Grade	4,36	4,94	3,37
Total	1,61	1,82	0,80

Tabelle 4-7: Durchschnittliche jährliche Ausfallraten nach Ratingagenturen[774]

432.214. Ausfallwahrscheinlichkeit

432.214.1 Vorbemerkung

Da Ratings keine absoluten Risikomaße darstellen, sondern die Bonität relativ, d. h., im Verhältnis zu anderen Ratingobjekten beurteilt wird, ist hiermit keine eindeutige ex ante-Ausfallwahrscheinlichkeit verbunden.[775] Der Zusammenhang zwischen Rating und Ausfallwahrscheinlichkeit beruht daher auf den empirischen **Ausfallraten.**[776] Die Ausfallraten bilden die Übergangswahrscheinlichkeit einer Ratingklasse in die Kategorie „Ausfall" ab.[777] Somit basiert die Ermittlung der Ausfallraten der einzelnen Ratingklassen auf einer ex post-Betrachtung.[778] Allerdings existiert nicht nur eine einzige Ausfallrate, da Ratingagenturen oftmals die Ausfallraten weiter differenzieren. Neben diesem Sachverhalt soll im folgenden Abschnitt auch die Ermittlungsmethodik der Ausfallraten kritisch analysiert werden.

432.214.2 Branchen- und länderspezifische Ausfallraten

Bei der Erstellung der Ratings werden neben Unternehmensinformationen üblicherweise auch **Länder- sowie Brancheninformationen** in der Ratingnote berücksichtigt,[779] was darauf hindeutet, dass auch regionale und branchenspezifische Gegebenheiten Einfluss auf die Bonität des Bewertungsobjekts ausüben. Die Ratingagenturen unterstellen regelmäßig eine enge Verflechtung von Ratingob-

[774] Vgl. STANDARD & POOR'S, 2010 Annual Global Corporate Default Study, S. 54 f.; MOODY'S INVESTORS SERVICE, Corporate Default and Recovery Rates 2010, S. 33; FITCHRATINGS, Credit Market Research, S. 9. Die Ausfallraten sind nicht eindeutig vergleichbar, da den Werten abweichende Betrachtungszeiträume zugrunde liegen.

[775] Vgl. Abschn. 432.211.

[776] Vgl. SCHIFFEL, S., Implizite Ausfallwahrscheinlichkeiten, S. 47.

[777] Übergangswahrscheinlichkeiten stellen die Wahrscheinlichkeit dar, dass sich das Rating innerhalb eines bestimmten Zeitraums verändert. Vgl. zu den Übergangswahrscheinlichkeiten auch Abschn. 432.214.5.

[778] Vgl. BACHMANN, U., Kreditspread, S. 17; REICHLING, P./BIETKE, D./HENNE, A., Praxishandbuch Risikomanagement, S. 77 und 81.

[779] Vgl. Fn. 737; HOFFMANN, P., Bonitätsbeurteilung, S. 45-49.

jekt und seiner ökonomischen Umwelt, sodass die länder- bzw. branchenspezifische Risikoanalyse üblicherweise die Obergrenze des Ratings determiniert.[780]

Aufgrund des Ratingeinflusses der Branche bzw. der Region veröffentlichen Ratingagenturen entsprechend differenzierte Ausfallraten. Dabei unterscheiden die Ratingagenturen z. T. nach **Unternehmenssektor** in Finanzinstitutionen, Versicherungen und sonstige Unternehmen,[781] sowie nach **Branche**.[782] Allerdings sind Informationen zu den branchenspezifischen Ausfallraten nur auf aggregiertem Niveau verfügbar, sodass keine Differenzierung nach Ratingklasse ersichtlich ist, sondern nur Durchschnittswerte über alle Klassen angegeben werden.

Eine grobe Differenzierung nach der **Region** ist hingegen häufig vorhanden. Standard & Poor's stellt bspw. Studien zu Ausfallraten aus Europa und Amerika bereit, wobei nicht auf Länderebene differenziert wird.[783] Die folgende Tabelle zeigt die Ausfallraten nach Regionen sowie weltweit:

(in %)	Europa	USA	Global
AAA	0,00	0,00	0,00
AA	0,00	0,04	0,02
A	0,06	0,09	0,08
BBB	0,13	0,27	0,25
BB	0,70	1,00	0,95
B	4,04	4,77	4,70
C/CCC	37,93	28,31	27,39

Tabelle 4-8: Durchschnittliche jährliche Ausfallrate nach Regionen von 1981-2010[784]

Grundsätzlich sollten Ratings vergleichbar sein, sodass sich keine regionalen oder branchenspezifischen Unterschiede ergeben. Dabei stellt die **Komparabilität** darauf ab, dass identische Ratings verschiedener Ratingobjekte die gleiche Bonität signalisieren.[785] Die in Tabelle 4-8 dargestellte ex post-Betrachtung zeigt indes, dass sich trotz gleicher Ratingnote regional unterschiedliche Ausfallrisiken einstellen, was auf eine eingeschränkte Vergleichbarkeit der Ratingurteile hindeutet. Die europäischen Ausfallraten weisen im Vergleich zu den amerikanischen durchweg geringere Werte auf, nur bei den konkret ausfallgefährdeten Unternehmen der Ratingklassen C/CCC übersteigen sie die amerikanischen Werte. Ursächlich hierfür kann einerseits sein, dass europäische Unternehmen strenger beurteilt werden, sodass sie ggf. grundsätzlich geringeren Ratingklassen zugeordnet wer-

[780] Vgl. HOFFMANN, P., Bonitätsbeurteilung, S. 44.

[781] Vgl. STANDARD & POOR'S, 2010 Annual Global Corporate Default Study, S. 40 f.

[782] Vgl. STANDARD & POOR'S, 2010 Annual Global Corporate Default Study, S. 43.

[783] Die Studien sind über folgende Internetadresse abrufbar: http://www.standardandpoors.com/ratings/gfir/en/eu, Stand: 15.01.2012. Auch bei Moody's sind keine detaillierteren Informationen öffentlich verfügbar.

[784] Vgl. STANDARD & POOR'S, 2010 Annual Global Corporate Default Study, S. 50-52.

[785] Vgl. EVERLING, O., Credit Rating, S. 301; AUBEL, P. VAN, Anleiherating und Bonitätsrisiko, S. 51. Darüber hinaus soll auch die Kontinuität der Ratings sichergestellt sein, d. h., die Ratingnote soll über den Zeitablauf die gleiche Bonität abbilden. Vgl. EVERLING, O., Credit Rating, S. 299-305; SERFLING, K., Credit Rating, S. 736. Kritisch hierzu BACHMANN, U., Kreditspread, S. 34 f.

den. Andererseits ist die grundsätzlich höhere Ausfallrate amerikanischer Unternehmen aber auch z. T. auf unterschiedliche Finanzierungsstrukturen der Unternehmen zurückzuführen, da US-amerikanische Unternehmen häufig in stärkerem Maße fremdfinanziert sind.[786] Unterschiede können zudem aus der unterschiedlichen insolvenzrechtlichen Gesetzgebung resultieren.[787]

Bezüglich der Transformation der Ratingnote in die Ausfallwahrscheinlichkeit ist daher zu entscheiden, ob die allgemeine oder die länder- bzw. branchenspezifische Ausfallwahrscheinlichkeit zu wählen ist. Grundsätzlich sind **regional- und branchenspezifische Ausfallwahrscheinlichkeiten** vorzuziehen, da hierdurch die spezifischen Gegebenheiten des Bewertungsobjekts besser abgebildet werden können und so ggf. auch die relevante Rechtsprechung besser berücksichtigt wird. Indes sind hier Restriktionen in der Datenverfügbarkeit zu berücksichtigen, da die von den Ratingagenturen veröffentlichten Studien regelmäßig nur aggregierte Daten zu den jeweiligen Branchen enthalten. Hingegen ist nach Region eine grobe Differenzierung möglich, sodass für deutsche Unternehmen zumindest auf europäische Daten zurückzugreifen ist. Grundsätzlich wäre es aber wünschenswert, wenn die Ratingagenturen detailliertere Informationen, bspw. die länderspezifische und branchenspezifische Ausfallrate je Ratingklasse, veröffentlichen würden.

432.214.3 Static Pool Methodology

Die Ableitung der Insolvenzwahrscheinlichkeiten basiert regelmäßig auf der sog. ***Static Pool Methodology***.[788] Ausgangspunkt hierfür bildet die Zahl der ausgefallenen Unternehmen (*Issuer Default*).[789] Die gerateten Unternehmen werden jeweils zu Beginn eines Jahres entsprechend ihrem Rating in Pools zusammengefasst, deren Entwicklung in den folgenden Perioden beobachtet wird.[790] Die Pools sind dabei als Buy-and-hold-Strategie zu interpretieren, da die Unternehmen in den entsprechenden Pools verbleiben.[791] Ein Unternehmen ist dabei regelmäßig in mehreren Pools vertreten. Wurde ein Unternehmen bspw. im Jahr 2008 mit BBB gerated, ist es im BBB-Pool 2008 enthalten. Wenn das Rating Anfang 2009 nur noch BB beträgt, ist das Unternehmen zudem im Be-

786 Vgl. FREY, F., Ratingmethodik, S. 155 f.

787 So ist die Unternehmenssanierung nach Chapter 11 in den USA weiter verbreitet als das hieran orientierte Insolvenzplanverfahren gem. InsO, wobei die Verfahren nicht gleichzusetzen sind. Vgl. Fn. 92 sowie JOSTARNDT, P., Equity Offerings in Financial Distress, S. 86 f.; ICKS, A./KRANZUSCH, P., Sanierungen in Insolvenzverfahren, S. 10-12; DAUSEND, F./BRUDER, F., Distressed M&A, S. 237; KRANZUSCH, P., Insolvenzverfahren, S. 906 und 908; KÖCHLING, M., Insolvenzplan, S. 13. Vgl. zur Diskussion um die Vereinfachung der Rahmenbedingungen zur Sanierung von Unternehmen in Deutschland bspw. PAPE, G., Erleichterung der Sanierung, S. 2155-2162; WIMMER, K., Sanierungschancen, M 1; SEIDL, A., Unternehmenssanierung, S. 92 f.

788 Vgl. STANDARD & POOR'S, 2010 Annual Global Corporate Default Study, S. 65; FITCHRATINGS, Credit Market Research, S. 10; MOODY'S INVESTORS SERVICE, Corporate Default and Recovery Rates 2010, S. 62 f. Alternativ wird z. T. der Begriff Kohorte bzw. *Cohort-Methodology* verwendet.

789 Die *Issuer Default Rate* ergibt sich demnach aus dem Anteil der aufgefallenen Emittenten an der Gesamtzahl aller Emittenten. Im Gegensatz hierzu ermittelt die *Dollar Default Rate* die Ausfallrate als Anteil der ausgefallenen Nominalwerte an den gesamten Nominalwerten. Vgl. BACHMANN, U., Kreditspread, S. 20.

790 Vgl. WINGENROTH, T., Risikomanagement, S. 68 f.

791 Vgl. WINGENROTH, T., Risikomanagement, S. 69.

stand des BB-Pools des Jahres 2009. Entsprechend ist es nun gleichzeitig im BBB-Pool 2008 für die Zweijahresbetrachtung und im BB-Pool 2009 für die Einjahresbetrachtung. Mit der Anzahl der Jahre steigt somit auch die Anzahl der Pools, denen das Unternehmen zugeordnet ist. Die Zugehörigkeit des Unternehmens zu den jeweiligen Pools wird nachverfolgt und im Fall eines Ausfalls wird dieser den entsprechenden Pools mit dem jeweiligen Zeithorizont zugerechnet.[792] Die **Ausfallwahrscheinlichkeit** ergibt sich daher aus einer ex post-Betrachtung, indem die ausgefallenen Unternehmen eines Pools ins Verhältnis zur ursprünglichen Größe des Pools gesetzt werden. Im folgenden Abschnitt soll nun untersucht werden, welche Ausfallrate für Zwecke der Unternehmensbewertung sachgerecht erscheint.

432.214.4 Die Ableitung der jährlichen Ausfallrate

432.214.41 Aktuelle oder durchschnittliche Ausfallrate

Basierend auf der *Static Pool Methodology* veröffentlichen die Ratingagenturen regelmäßig durchschnittliche kumulierte Ausfallraten. Tabelle 4-9 zeigt dies beispielhaft für Standard & Poor's:

n	1	2	3	4	5	6	7	8	9	10	11	12	13	14	15
AAA	0,00	0,03	0,14	0,26	0,38	0,50	0,56	0,66	0,72	0,79	0,83	0,87	0,91	1,00	1,09
AA	0,02	0,07	0,15	0,26	0,37	0,49	0,58	0,67	0,74	0,82	0,90	0,97	1,04	1,10	1,15
A	0,08	0,19	0,33	0,50	0,68	0,89	1,15	1,37	1,60	1,84	2,05	2,23	2,40	2,55	2,77
BBB	0,25	0,70	1,19	1,80	2,43	3,05	3,59	4,14	4,68	5,22	5,78	6,24	6,72	7,21	7,71
BB	0,95	2,83	5,03	7,14	9,04	10,87	12,48	13,97	15,35	16,54	17,52	18,39	19,14	19,78	20,52
B	4,70	10,40	15,22	18,98	21,76	23,99	25,82	27,32	28,64	29,94	31,09	32,02	32,89	33,70	34,54
CCC/C	27,39	36,79	42,12	45,21	47,64	48,72	49,72	50,61	51,88	52,88	53,71	54,64	55,67	56,55	56,55
Total	1,61	3,19	4,60	5,80	6,79	7,64	8,38	9,02	9,62	10,18	10,67	11,08	11,47	11,82	12,20

Tabelle 4-9: Durchschnittliche kumulierte Ausfallrate weltweit in %, 1981-2010[793]

Zudem werden regelmäßig die jährlichen Ausfallraten je Ratingklasse angegeben:

(in %)	AAA	AA	A	BBB	BB	B	CCC/C
2001	0,00	0,00	0,35	0,33	3,13	11,24	44,55
2002	0,00	0,00	0,00	1,01	2,81	8,11	44,12
2003	0,00	0,00	0,00	0,23	0,56	4,01	32,93
2004	0,00	0,00	0,08	0,00	0,53	1,56	15,33
2005	0,00	0,00	0,00	0,07	0,20	1,73	8,94
2006	0,00	0,00	0,00	0,00	0,30	0,81	12,38
2007	0,00	0,00	0,00	0,00	0,19	0,25	15,09
2008	0,00	0,38	0,38	0,48	0,78	3,98	26,26
2009	0,00	0,00	0,22	0,54	0,72	10,38	48,68
2010	0,00	0,00	0,00	0,00	0,55	0,80	22,27
Gewichteter Durchschnitt	0,00	0,02	0,08	0,25	0,95	4,70	27,39

Tabelle 4-10: Jährliche Ausfallrate nach Ratingkategorie[794]

[792] Vgl. STANDARD & POOR'S, 2010 Annual Global Corporate Default Study, S. 65. Vgl. hierzu auch das Beispiel in Abschn. 432.214.42.

[793] In Anlehnung an STANDARD & POOR'S, 2010 Annual Global Corporate Default Study, S. 54 f.

Der in Tabelle 4-10 abgebildete **gewichtete Durchschnitt** basiert auf der Gewichtung der jährlichen Ausfallraten mit der Anzahl der gerateten Unternehmen und entspricht der in Tabelle 4-9 angegebenen durchschnittlichen einjährigen Ausfallrate.

Aus Tabelle 4-10 wird ersichtlich, dass die jährlichen Ausfallraten im Zeitablauf starken **Schwankungen** unterworfen sind.[795] Vor allem in Jahren globaler Wirtschaftskrisen, z. B. der Dot-Com Krise 2001/2002 und der Finanzkrise 2008/2009, reißen die Ausfallraten z. T. stark nach oben aus. Dennoch versuchen Ratingagenturen, die Urteile unabhängig von der konjunkturellen Lage abzugeben. Das sog. ***Through-the-Cycle-Rating*** berücksichtigt daher den gesamten Konjunkturzyklus bei der Ratingvergabe und liegt i. d. R. der langfristigen Ratingprognose von Ratingagenturen zugrunde.[796] Entsprechend ist dieses Rating gegen wirtschaftliche Schwankungen weniger anfällig als das kurzfristige ***Point-in-Time-Rating***.[797] Mit dem Emittentenrating ist also eine langfristige durchschnittliche Ausfallrate verbunden, die nicht auf die aktuelle konjunkturelle Lage abstellt.[798] Ein grundsätzlicher **Kritikpunkt** an der Verwendung historischer Ausfallraten liegt in der impliziten Annahme, dass die **Vergangenheit** auch für die Zukunft **repräsentativ** ist. Auch wenn diese Annahme grundsätzlich kritisch zu sehen ist, sei an dieser Stelle darauf hingewiesen, dass diese Annahme auch bei der Bestimmung des Betafaktors und der Marktrisikoprämie regelmäßig akzeptiert wird. Wie auch bei der Bestimmung der CAPM-Parameter resultieren aus der vergangenheitsorientierten Ableitung aber bestimmte Ermessensspielräume. Vor allem hinsichtlich der Wahl der Ausfallrate ist zu klären, ob für die Zwecke der Unternehmensbewertung **aktuelle** oder **durchschnittliche Ausfallraten** zu verwenden sind.

Für dic Wahl der **aktuellen Rate** spricht, dass die aktuellen wirtschaftlichen Verhältnisse aufgegriffen werden. Indes hängt die Insolvenzwahrscheinlichkeit z. T. stark von der jeweiligen konjunkturellen Lage ab, sodass aktuelle Ausfallraten grundsätzlich nicht als repräsentativ für den **gesamten Konjunkturzyklus** anzusehen sind und daher nicht als Schätzer für die Ausfallrate der Zukunft geeignet sind.[799] Abbildung 4-3 verdeutlicht die Konjunkturabhängigkeit der jährlichen Ausfallrate:

---

794 In Anlehnung an STANDARD & POOR'S, 2010 Annual Global Corporate Default Study, S. 8 f.

795 Vgl. SCHIFFEL, S., Implizite Ausfallwahrscheinlichkeiten, S. 47 und 51 f.; GLEIßNER, W./FÜSER, K., Leitfaden Rating, S. 24.

796 Vgl. DEUTSCHE BUNDESBANK, Unternehmensanleihen, S. 23; FISCHER, J./HOLZKÄMPER, H., Rating Advisory, S. 72; HARTMANN, W./SCHWARZHAUPT, O., Bedeutung des Ratings, S. 34.

797 Vgl. HARTMANN-WENDELS, T./PFINGSTEN, A./WEBER, M., Bankbetriebslehre, S. 447. Das *Point-in-Time-Rating* bezieht sich i. d. R. auf einen Ratinghorizont von einem Jahr und bezieht somit die jeweils aktuelle wirtschaftliche Situation mit ein und ist nicht hinsichtlich der konjunkturellen Lage bereinigt bzw. geglättet. Diese Art kommt regelmäßig bei internen Ratings zur Anwendung. Vgl. hierzu bspw. FISCHER, J./HOLZKÄMPER, H., Rating Advisory, S. 72; HARTMANN-WENDELS, T./PFINGSTEN, A./WEBER, M., Bankbetriebslehre, S. 447; HARTMANN, W./SCHWARZHAUPT, O., Bedeutung des Ratings, S. 34.

798 Vgl. WINGENROTH, T., Risikomanagement, S. 80.

799 Vgl. AUBEL, P. VAN, Anleiherating und Bonitätsrisiko, S. 33; STANDARD & POOR'S, Rating Definitions, S. 8. Ähnlich wird in der Unternehmensbewertung bei der Auswahl der einzubeziehenden Perioden bei der Vergangenheitsbereinigung der Cashflows argumentiert. Vgl. bspw. BALLWIESER, W., Unternehmensbewertung, S. 23 f.

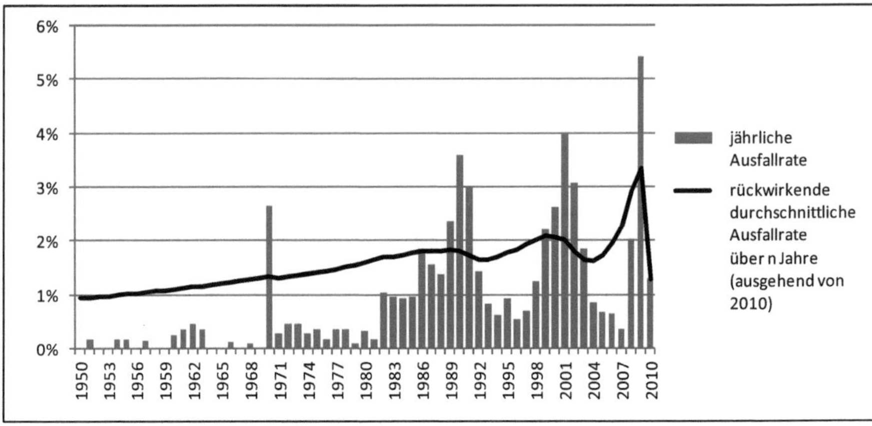

Abbildung 4-3: Jährliche und durchschnittliche Ausfallrate[800]

Der Unternehmensbewertung liegt regelmäßig eine **unbegrenzte Lebensdauer** des Unternehmens zugrunde, die sich somit implizit über alle konjunkturellen Phasen erstreckt. Für die Verwendung einer **durchschnittlichen Ausfallrate** spricht, dass sich hierbei Konjunkturschwankungen ausgleichen und die Ausfallrate somit als repräsentativ für den gesamten konjunkturellen Zyklus angenommen werden kann.

Die Wahl zwischen der aktuellen oder durchschnittlichen Ausfallrate ist vor dem Hintergrund des Phasenmodells differenziert zu betrachten. Da die einzelnen Ausfallraten stark schwanken, sind Durchschnittswerte grundsätzlich vorteilhaft. Wenn anzunehmen ist, dass die aktuellen wirtschaftlichen Verhältnisse für die näheren Phasen der Detailplanung repräsentativ sind, kann zur Betonung der Aktualität auf Durchschnitte kürzerer Zeiträume, bspw. den Durchschnitt über die vergangenen zwei Jahre zurückgegriffen werden. Für die späteren Phasen der Detailplanung und v. a. für die ewige Rente ist indes eine längerfristige durchschnittliche Ausfallrate relevant, die den gesamten Konjunkturzyklus berücksichtigt.

Ermessensspielräume ergeben sich bei Rückgriff auf Durchschnittsgrößen hinsichtlich der einzubeziehenden Perioden. Abbildung 4-3 stellt auch die durchschnittliche Ausfallrate in Abhängigkeit des Betrachtungshorizonts dar. Es wird deutlich, dass die durchschnittliche Ausfallrate stark vom Umfang des Betrachtungshorizonts abhängt. Langfristig sinkt die durchschnittliche Ausfallrate, wenn mehr Perioden einbezogen werden. Während sie im Zeitraum von 2010 bis 2000 um zwei Prozent pendelt, sinkt sie mit zunehmenden Jahren und beträgt bei einer rückwirkenden Durchschnittsbildung von 2010 bis 1980 nur noch ca. 1,6 %.

---

800 Eigene Darstellung, vgl. zur Datengrundlage MOODY'S INVESTORS SERVICE, Corporate Default and Recovery Rates 2010, S. 27-29. Die Durchschnittswerte stellen aufgrund der Datenverfügbarkeit nur einfache, d. h. ungewichtete Durchschnitte dar. Verglichen zu Standard & Poor's weist Moody's eine längere Datenhistorie auf.

Je mehr Perioden in die Durchschnittsbildung einbezogen werden, desto geringer wird der Einfluss der aktuellen Verhältnisse. Die durchschnittliche historische Ausfallrate sollte sich daher nicht auf einen zu langen Zeithorizont beziehen, da weit in der Vergangenheit liegende Ausfallraten z. T. nicht mehr für die aktuelle Wirtschaft repräsentativ sind und ggf. abweichende rechtliche Verhältnisse vorgelegen haben. Idealerweise sollte der Durchschnitt somit alle konjunkturellen Phasen umfassen und gleichzeitig keine strukturellen Veränderungen enthalten. Um den Anforderungen der Aktualität und der „Konjunkturunabhängigkeit" der Ausfallrate gerecht zu werden, erscheint eine Durchschnittsbildung über den letzten oder die letzten beiden Konjunkturzyklen vertretbar.

432.214.42 Durchschnittsbildung auf Basis einjähriger oder kumulierter Ausfallraten

Nachdem die durchschnittliche Ausfallrate als sachgerecht für die Unternehmensbewertung erachtet wurde, soll nun analysiert werden, wie diese zu bestimmen ist. Dabei kann der Durchschnitt direkt oder indirekt aus den kumulierten Ausfallraten ermittelt werden.

Um die durchschnittliche Ausfallrate einer Ratingklasse **direkt** ermitteln zu können, sind Informationen über die Anzahl der ausgefallenen Unternehmen sowie der insgesamt gerateten Unternehmen der entsprechenden Ratingklasse erforderlich. Über die Perioden hinweg kann so ein **gewichteter Durchschnitt** je Ratingklasse ermittelt werden. Bei Moody's ist die Anzahl jährlich gerateter Unternehmen nach Ratingkategorie ab 1970 verfügbar, sodass gewichtete Durchschnitte auf Basis globaler Zahlen ermittelbar sind.[801] Differenziert nach **Regionen** sind zwar die jährlichen Ausfallraten pro Ratingklasse, nicht aber die Anzahl der jeweils gerateten Unternehmen vorhanden, sodass eine Durchschnittsberechnung nicht möglich ist. Nur die jährlichen Ausfallraten sowie die durchschnittlichen kumulierten Ausfallraten sind abrufbar.[802] Auch bei Standard & Poor's sind die Daten nur in Form aggregierter durchschnittlicher kumulierter Ausfallraten verfügbar.[803] Somit scheitert die direkte Durchschnittsbildung regelmäßig an der Datenverfügbarkeit.

Ein **alternativer Ansatz** zur Berechnung der durchschnittlichen Ausfallrate setzt daher an den durchschnittlichen kumulierten Ausfallraten an.[804] Hierbei kann eine durchschnittliche jährliche Ausfallwahrscheinlichkeit auf Basis des geometrischen Mittels der kumulierten Ausfall- bzw. Überlebenswahrscheinlichkeit berechnet werden.[805] Auch hier stellt sich die Frage nach den einzubeziehenden Perioden, da die Betrachtungszeiträume regelmäßig von einem bis zehn[806] bzw. 15 Jahren

[801] Vgl. Moody's Investors Service, Corporate Default and Recovery Rates 2010, S. 39-59.

[802] Vgl. Moody's Investors Service, European Corporate Default and Recovery Rates, S. 13 f. und 18 f.

[803] Vgl. Standard & Poor's, 2010 Annual European Corporate Default Study, Tabelle 16 auf Basis der Jahre 1996-2010 sowie Tabelle 17 und 22-27 für den Zeitraum 1981-2010.

[804] Vgl. Aubel, P. van, Anleiherating und Bonitätsrisiko, S. 30.

[805] Vgl. Arbeitskreis Bewertung nicht börsennotierter Unternehmen des IACVA e.V., Bewertung nicht börsennotierter Unternehmen, S. 18; Aubel, P. van, Anleiherating und Bonitätsrisiko, S. 30.

[806] Bis zu zehn Jahre umfassen die kumulierten Ausfallraten nach Regionen, während die globalen Ausfallraten regelmäßig größere Zeiträume berücksichtigen.

reichen. Der AK BEWERTUNG NBU des IACVA spricht sich dafür aus, dass nachhaltige Daten verwendet werden sollen, als die die „langfristigsten verfügbaren Daten“ angeführt werden.[807] Dabei verweist der Arbeitskreis auf die globalen durchschnittlichen kumulierten Ausfallraten von Standard & Poor's, die sich auf den Zeitraum von 1981 bis zum aktuellen Jahr beziehen. Hierbei ist indes einerseits zu kritisieren, dass die Ableitung auf den **weltweiten** Ausfallraten basiert. Hier erscheint für deutsche Unternehmen regelmäßig eine Orientierung an europäischen Daten sachgerechter. Andererseits werden die langfristigsten Daten nicht von Standard & Poor's, sondern von Moody's bereitgestellt, die bis zum Jahr 1920 zurückreichen,[808] wobei hier sehr fraglich ist, inwieweit diese historischen Daten noch als repräsentativ angesehen werden können. Tabelle 4-11 stellt die jährlichen Ausfallraten auf Basis der über 20 Jahre kumulierten durchschnittlichen Ausfallraten verschiedener Zeiträume nach Moody's dar:

(in %)	1920-2010	1970-2010	1983-2010
Aaa	0,09	0,05	0,01
Aa	0,28	0,13	0,14
A	0,37	0,31	0,34
Baa	0,71	0,66	0,68
Ba	1,86	2,51	2,39
B	3,29	4,81	5,24
Caa-C	5,83	7,51	8,89
Total	0,98	0,93	1,00

Tabelle 4-11: Durchschnittliche jährliche Ausfallrate auf Basis kumulierter zwanzigjähriger Ausfallraten verschiedener Betrachtungszeiträume[809]

Dies zeigt, dass die historischen Daten z. T. von den aktuelleren Daten abweichen. Entsprechend scheint, wie zuvor schon angeführt, eine Datengrundlage über ein bis zwei Konjunkturzyklen sachgerecht.

Die beiden Ansätze zur Durchschnittsbildung unterscheiden sich insbesondere in der Frage der Zurechnung von Ausfällen zu den entsprechenden Ratingklassen. Der Ansatz der **direkten Durchschnittsbildung** einjähriger Ausfallraten bezieht sich auf den Anteil ausgefallener Unternehmen am Unternehmensbestand der jeweiligen Ratingklasse zu Periodenbeginn. Hierfür ist **nur die aktuelle Ratingklasse** des Unternehmens relevant, Migrationen in andere Ratingklassen werden i. d. R. nicht berücksichtigt.[810] Im Unterschied dazu wird dem auf **kumulativen Ausfallraten** basierenden Ansatz ein längerfristiger Beobachtungszeitraum zugrunde gelegt, sodass implizit Ratingmigrationen berücksichtigt werden. Dies soll am Beispiel eines Unternehmens mit folgender Ratinghistorie erläutert werden:

807 ARBEITSKREIS BEWERTUNG NICHT BÖRSENNOTIERTER UNTERNEHMEN DES IACVA E.V., Bewertung nicht börsennotierter Unternehmen, S. 18.

808 Vgl. MOODY'S INVESTORS SERVICE, Corporate Default and Recovery Rates 2010, S. 32.

809 Vgl. zur Datengrundlage MOODY'S INVESTORS SERVICE, Corporate Default and Recovery Rates 2010, S. 32 f.

810 Eine Ausnahme bilden unterjährige Migrationen innerhalb des Einjahreszeitraums.

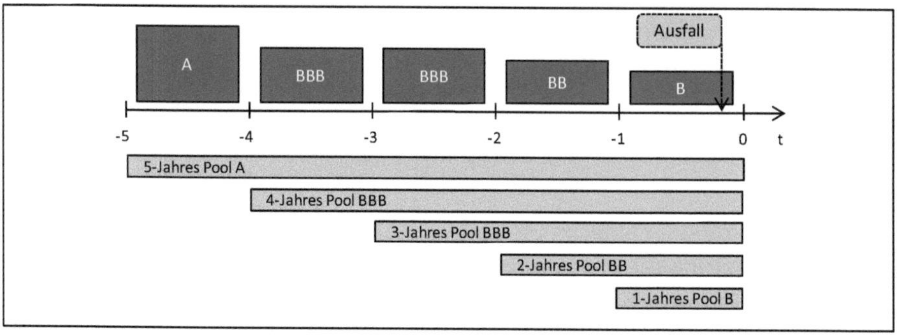

Abbildung 4-4: Ratingentwicklung des Beispielunternehmens

Nach der direkten Durchschnittsbildung würde der Ausfall des Unternehmens der Ratingklasse B zugeordnet werden, da hier die Ratingklasse im Ausfallzeitpunkt relevant ist. Im indirekten Ansatz, der auf kumulierten Ausfallraten basiert, wird der Ausfall indes fünf Klassen zugeordnet:

- (Kumulierte) einjährige Ausfallrate B,
- kumulierte zweijährige Ausfallrate BB,
- kumulierte dreijährige Ausfallrate BBB,
- kumulierte vierjährige Ausfallrate BBB sowie
- kumulierte fünfjährige Ausfallrate A.

Während die einjährige (kumulierte) Ausfallrate identisch zu der direkten Durchschnittsbildung ist, wird aus dem Beispiel ersichtlich, dass die längerfristigen kumulierten Ausfallraten die **Ratingmigration** abbilden, was bei der direkten Durchschnittsbetrachtung nicht der Fall ist.[811]

Insbesondere für die Anwendung der Ausfallwahrscheinlichkeit in der **Phase der ewigen Rente** stellt dies einen relevanten Sachverhalt dar. Für diese Phase wird grundsätzlich ein **Beharrungszustand**[812] unterstellt, d. h., es wird angenommen, dass die Verhältnisse zu Beginn der ewigen Rente auch für die folgenden Perioden gelten.[813] Der AK BEWERTUNG NBU DES IACVA betont, dass dies auch für die Ratingeinschätzung sowie die hieraus abgeleitete Ausfallrate gilt. Daher empfiehlt der Arbeitskreis, dass die Ableitung jährlicher Ausfallraten auf möglichst nachhaltigen, d. h. den lang-

[811] Eine Ausnahme ist in dem Fall zu sehen, in dem das Unternehmen innerhalb eines Jahres zunächst herabgestuft wird und anschließend ausfällt.

[812] Synonym werden regelmäßig auch die Begriffe Gleichgewichtszustand, eingeschwungener Zustand oder Steady State verwendet, vgl. dazu bspw. TINZ, O., Abbildung von Wachstum, S. 136.

[813] Vgl. HAYN, M., Bewertung junger Unternehmen, S. 270; TINZ, O., Abbildung von Wachstum, S. 32. Vgl. für die Charakteristika des Beharrungszustands COPELAND, T. E./KOLLER, T./MURRIN, J., Unternehmenswert, S. 326; KOLLER, T./GOEDHART, M. H./WESSELS, D., Valuation, S. 186. Die Formel der ewigen Rente setzt die Annahme eines konstanten Zustands voraus, vgl. STELLBRINK, J., Restwert, S. 71; TINZ, O., Abbildung von Wachstum, S. 135 f. m. w. N.

fristigsten verfügbaren **kumulierten Ausfallraten** basiert.[814] Indes ist gerade bei den kumulierten Ausfallraten eine implizite Ratingmigration enthalten.

Im **Beharrungszustand** ist aber allein die Ratingklasse maßgeblich, die das Unternehmen am Anfang dieses Zustandes aufweist.[815] Entsprechend ist auch nur die mit dieser Ratingklasse verknüpfte Ausfallrate relevant, sodass nur solche Insolvenzen zu berücksichtigen sind, die sich unmittelbar aus der entsprechenden Ratingklasse, d. h. ohne weitere (implizite) Ratingabstufungen, ergeben. Dadurch, dass bei den kumulierten Ausfallraten auch Ausfälle späterer Ratingklassen der ursprünglichen Klasse zugerechnet werden, ist keine konstante Ratingeinschätzung gegeben. Somit verstößt die Ableitung der jährlichen Ausfallrate auf Basis kumulierter Ausfallraten gegen die Annahme des Beharrungszustandes. Um der Annahme des Beharrungszustands gerecht zu werden, ist also auf die **direkte Durchschnittsbildung** der jährlichen Ausfallrate bzw. auf die identische **durchschnittliche einjährige** (kumulierte) **Ausfallrate** abzustellen.

Neben der Inkonsistenz zur Annahme des Beharrungszustands weist der indirekte Ansatz weitere Nachteile auf. Eine Schwäche liegt darin, dass **neu geratete Unternehmen** nicht in die Betrachtung eingeschlossen werden. Für die Jahre t-1 bis t-14 liegen offensichtlich keine 15-jährigen kumulierten Ausfallwahrscheinlichkeiten vor, sodass bei Rückgriff auf langfristig verfügbare Ausfallraten nur Unternehmen in die Betrachtung einfließen, die über eine entsprechend lange Ratinghistorie verfügen. Dies hat zur Folge, dass neu geratete Unternehmen der vergangenen 14 Jahre gar nicht im Datenpool enthalten sind und die über 15 Jahre kumulierten durchschnittlichen Ausfallraten (vgl. Tabelle 4-9) auf Unternehmen, die schon 1996 gerated wurden, basieren. Es erscheint somit fraglich, inwieweit solche Ausfallraten für Unternehmen neuer Branchen repräsentativ sind. Auch hinsichtlich des **Stichtagsprinzips** ist dies kritisch zu sehen, da die ermittelten Ausfallraten zwar mitunter aktuell sein können, diese indes auf einem ggf. nicht mehr aktuellen Unternehmensbestand basieren.

Die Argumentation, die nachhaltige Ausfallwahrscheinlichkeit durch historisch möglichst weit zurückgreifende Daten zu operationalisieren weist darüber hinaus die Schwäche auf, dass Strukturbrüche und **aktuelle Gegebenheiten** z. B. in der Rechtsprechung in den Hintergrund treten. Je mehr Perioden der Beobachtungszeitraum umfasst, desto geringer ist das Gewicht der einzelnen Perioden, sodass aktuelle Verhältnisse an Bedeutung verlieren.

---

814 Vgl. ARBEITSKREIS BEWERTUNG NICHT BÖRSENNOTIERTER UNTERNEHMEN DES IACVA E.V., Bewertung nicht börsennotierter Unternehmen, S. 18.

815 Die Ratingklasse hängt indes auch von länder- oder branchenspezifischen Faktoren ab, sodass sich die Ratingklasse eines Unternehmens auch allein auf Basis unternehmensexogener Faktoren ändern kann. In diesem Fall wäre trotz unveränderten Unternehmensfaktoren keine Konstanz der Ratingklasse gewährleistet, vgl. EVERLING, O., Rating, S. 223-225.

Die folgende Tabelle stellt die jährlichen Ausfallraten auf Basis der (kumulierten) einjährigen Durchschnitte (bzw. der direkten Durchschnittsermittlung) und auf Basis mehrjähriger kumulierter Durchschnitte gegenüber:

n	1	5	10	15
AAA	0,00	0,08	0,08	0,07
AA	0,02	0,07	0,08	0,08
A	0,08	0,14	0,19	0,19
BBB	0,25	0,49	0,53	0,53
BB	0,95	1,88	1,79	1,52
B	4,70	4,79	3,50	2,79
CCC/C	27,39	12,14	7,25	5,41
Total	1,61	1,40	1,07	0,86

Tabelle 4-12: Durchschnittliche jährliche Ausfallrate in % auf Basis kumulierter Daten von 1981-2010[816]

Aus der Tabelle wird ersichtlich, dass die Entwicklung der Durchschnitte tendenziell im *Investment Grade* und im *Speculative Grade* unterschiedlich ist. Während in Ratingklassen des *Investment Grades* die durchschnittliche einjährige Ausfallwahrscheinlichkeit tendenziell mit dem Beobachtungszeitraum steigt, ist für Klassen des *Speculative Grades*, mit Ausnahme der Klasse BB, langfristig eine sinkende Ausfallwahrscheinlichkeit festzustellen. Dies ist dadurch zu erklären, dass Unternehmen des *Investment Grades* tendenziell später ausfallen, d. h., nachdem ggf. weitere Ratingherabstufungen stattgefunden haben, und Unternehmen des *Speculative Grade* tendenziell zu Beginn des Beobachtungszeitraums ausfallen.

Insgesamt hat die Analyse gezeigt, dass v. a. in der Phase der **ewigen Rente** die Ausfallrate auf Basis **durchschnittlicher einjähriger Ausfallraten** zu ermitteln ist. Dies hat den Vorteil, dass Ratingmigrationen weitgehend vermieden werden und dass dennoch aktuelle Verhältnisse adäquat abgebildet werden. Typisierend sollte der Beobachtungszeitraum hierbei ein bis zwei Konjunkturphasen abdecken. Wie die Insolvenzrisiken in den einzelnen Phasen des Bewertungskalküls konkret abzuleiten sind, wird im folgenden Abschnitt untersucht.

432.214.5 Dynamik des Ratings

Nachdem im vorangehenden Abschnitt analysiert wurde, welche Ermittlung der Ausfallrate grundsätzlich für die Unternehmensbewertung geeignet erscheint, knüpft hieran die Frage an, für **welche Perioden** diese Ausfallrate zu verwenden ist. Während die Verwendung der durchschnittlichen einjährigen Ausfallrate für die erste Periode sachgerecht ist, ist fraglich, inwieweit dies auch für die **Folgeperioden** gilt. Konkret stellt sich bspw. die Frage, welche Ausfallraten bei einem dreijährigen Detailplanungszeitraum für die Perioden 2 und 3 sowie für die Phase der ewigen Rente anzusetzen sind.

[816] Basierend auf den Daten der Tabelle 4-9 wurden die durchschnittlichen jährlichen Ausfallraten als geometrisches Mittel bestimmt. Vgl. hierzu auch ARBEITSKREIS BEWERTUNG NICHT BÖRSENNOTIERTER UNTERNEHMEN DES IACVA E.V., Bewertung nicht börsennotierter Unternehmen, S. 18.

Die Verwendung der aktuellen, für die erste Periode gültigen Ausfallrate ist dabei für spätere Perioden kritisch zu sehen, da dies unterstellen würde, dass die Ausfallgefahr konstant bleibt.[817] Diese Annahme ist **innerhalb** der **ewigen Rente** sachgerecht, da hier von einem **Beharrungszustand** ausgegangen wird. Eine konstante Ausfallrate im Detailplanungszeitraum würde indes unterstellen, dass das Unternehmen keine Entwicklung vollzieht, die sich auf das Rating bzw. die Ausfallwahrscheinlichkeit auswirkt und somit zumindest in dieser Hinsicht bereits in der ersten Periode der Beharrungszustand erreicht ist. Wie im vorigen Abschnitt aber schon angedeutet wurde, sind Ratingurteile nicht konstant, sondern verändern sich über die Zeit, bspw. aufgrund der konjunkturellen Lage.[818] Eine konstante Ausfallrate scheint daher nicht in jedem Fall sachgerecht zu sein.

Grundsätzlich kann überlegt werden, ob die Verwendung **laufzeitspezifischer Ratings** sachgerecht ist. Der Vorteil kurzfristiger Ratings besteht darin, dass nicht auf eine *Through-the-Cycle*-Betrachtung abgestellt wird. Da für die nahe Zukunft eher ein *Point-in-Time-Rating* sachgerecht ist, kann die Ausfallwahrscheinlichkeit ggf. durch kurzfristige Ratings besser abgebildet werden. In diesem Fall müsste für Cashflows des Jahres 1 das kurzfristige Rating herangezogen werden, Cashflows des Jahres 2 unter Berücksichtigung eines Ratings mit zweijährigem Horizont ermittelt werden. Solche laufzeitspezifischen Ratings sind indes auf Emittentenbasis grundsätzlich nicht vorhanden, da regelmäßig nur zwischen kurz- und langfristig unterschieden wird. Gegen die Verwendung **laufzeitspezifischer Emissionsratings** spricht neben der höheren Datenanforderung auch die titelspezifische Berücksichtigung von Besicherungen, sodass dieses Vorgehen abzulehnen ist.

Hinweise auf die Entwicklung der Ratings und damit der Ausfallwahrscheinlichkeit können aus verschiedenen Quellen gewonnen werden. Hat der Bewerter Einblick in die **Unternehmensplanung** des Bewertungsobjekts, können hieraus ggf. Schlüsse auf die Ratingentwicklung gezogen werden. Wenn bereits im Detailplanungszeitraum von konstanten Verhältnissen ausgegangen wird, kann ggf. auch ein konstantes Rating verwendet werden. Hierbei ist aber zu beachten, dass die Ratingagenturen ihre Ratingmethode nicht offenlegen und die Methode zudem auch auf qualitativen Faktoren basiert. Ebenso spielen bspw. Brancheneinflüsse eine Rolle, sodass eine konstante Unternehmensplanung die möglichen Einflussfaktoren des Ratings nicht umfassend abdeckt.

Neben den konkreten Ratings der Unternehmen veröffentlichen Ratingagenturen zudem regelmäßig **Einschätzungen** zur Entwicklung des jeweiligen Ratings. Die Ausprägungen „positiv", „stabil" und „negativ" deuten dabei auf die von der Ratingagentur eingeschätzte Ratingentwicklung hin. Bei einer stabilen Ratingeinschätzung kann davon ausgegangen werden, dass das Unternehmen das aktuelle Rating beibehält. Nachteilig an diesen Einschätzungen ist aber, dass sie sich auf die aktuellen Verhältnisse beziehen und daher keine unvorhergesehenen Konjunkturveränderungen oder sonstige Einflüsse abbilden. Zudem ist der Zeithorizont dieser Einschätzungen zu berücksichtigen. Regelmäßig stellen die Ratingeinschätzungen auf ein bis zwei Jahre ab, der Zeitraum kann dabei schwan-

[817] Vgl. zu dieser statischen Betrachtung auch SCHIERENBECK, H., Ertragsorientiertes Bankmanagement, S. 320-323.

[818] Vgl. AUBEL, P. VAN, Anleiherating und Bonitätsrisiko, S. 32.

ken.[819] Eine Abschätzung zur Entwicklung des Ratings bis zur Phase der ewigen Rente ist hiermit also regelmäßig nicht abgedeckt.

Um periodenindividuelle Ratingklassen zu ermitteln, bietet sich daher ein Rückgriff auf Migrationsmatrizen an. Diese werden von den Ratingagenturen veröffentlicht, um historische Bonitätsänderungen anzuzeigen.[820] Migrationsmatrizen geben die Wahrscheinlichkeit von Ratingänderungen, d. h. die Übergangswahrscheinlichkeiten innerhalb eines bestimmten Zeitfensters an und basieren üblicherweise auf Emittentenratings.[821] Hieraus können entsprechend erwartete Ausfallwahrscheinlichkeiten für die folgenden Perioden abgeleitet werden.

Tendenziell weisen höhere Ratingklassen dabei eine höhere zeitliche Konstanz auf als niedrigere Ratingklassen.[822] Die Veränderungen sind indes ungleich verteilt, da Rating-Abstufungen häufiger vorkommen als Hochstufungen.[823] Ebenso sind Übergangswahrscheinlichkeiten nicht statisch, sondern unterliegen im Zeitablauf sowie innerhalb der einzelnen Konjunkturphasen Schwankungen,[824] sodass wiederum eine Durchschnittsbildung vorteilhaft ist. Die folgende Tabelle bildet die durchschnittlichen einjährigen Übergangswahrscheinlichkeiten ab:

von/zu (in %)	AAA	AA	A	BBB	BB	B	CCC/C	D	NR
AAA	87,91	8,08	0,54	0,05	0,08	0,03	0,05	0,00	3,25
AA	0,57	86,48	8,17	0,53	0,06	0,08	0,02	0,02	4,06
A	0,04	1,90	87,29	5,37	0,38	0,17	0,02	0,08	4,75
BBB	0,01	0,13	3,70	84,55	3,98	0,66	0,15	0,25	6,56
BB	0,02	0,04	0,17	5,22	75,75	7,30	0,76	0,95	9,79
B	0,00	0,04	0,14	0,23	5,48	73,23	4,47	4,70	11,71
CCC/C	0,00	0,00	0,19	0,28	0,83	13,00	43,82	27,39	14,48

Tabelle 4-13: Durchschnittliche einjährige Migrationsmatrix, 1981-2010[825]

Hieraus ist erkennbar, dass Unternehmen, die derzeit mit BBB geratet sind, zu 84,55 % auch im kommenden Jahr der gleichen Ratingklasse zugeordnet werden. Die Prozentwerte in Spalte D stellen die Wahrscheinlichkeit dar, dass ein Emittent einer bestimmten Klasse innerhalb eines Jahres ausfällt.[826] Die Ausfallrate ist somit als spezieller Fall der Übergangswahrscheinlichkeiten zu interpretieren.[827]

819 Vgl. STANDARD & POOR'S, Outlooks.

820 Vgl. AUBEL, P. VAN, Anleiherating und Bonitätsrisiko, S. 41.

821 Vgl. BACHMANN, U., Kreditspread, S. 17 und 26; REICHLING, P./BIETKE, D./HENNE, A., Praxishandbuch Risikomanagement, S. 81.

822 Vgl. EVERLING, O., Mehr als nur zwei Ratings, S. 257; SCHLECKER, M., Credit Spreads, S. 43.

823 Vgl. STANDARD & POOR'S, 2010 Annual Global Corporate Default Study, S. 13 f.

824 Vgl. BACHMANN, U., Kreditspread, S. 19.

825 In Anlehnung an STANDARD & POOR'S, 2010 Annual Global Corporate Default Study, S. 72 f. Die Spalte NR stellt den Anteil der Unternehmen dar, die nicht weiter gerated wurden.

826 Diese Wahrscheinlichkeit ist identisch zu der einjährigen Ausfallrate aus Tabelle 4-9.

827 Vgl. BACHMANN, U., Kreditspread, S. 19.

Ratingagenturen veröffentlichen solche **Migrationsmatrizen** sowie **kumulierte Ausfallraten** für verschiedene Zeiträume.[828] Da die kumulierten mehrjährigen Ausfallraten bereits implizit die Ratingmigration berücksichtigen, ist für die Detailplanungsphase der Rückgriff auf Migrationsmatrizen nicht notwendig. Stattdessen kann bspw. die **kumulierte Ausfallwahrscheinlichkeit** der Cashflows der **zweiten Periode** direkt aus Tabelle 4-9 abgelesen werden.

Für die Phase der **ewigen Rente** ist ein differenziertes Vorgehen notwendig. Wie oben beschrieben ist hierbei der **Beharrungszustand** zu berücksichtigen, sodass in der Ausfallwahrscheinlichkeit keine implizite Ratingmigration zu berücksichtigen ist. Durch Verwendung der jährlichen Ausfallwahrscheinlichkeit auf Basis der kumulierten fünfjährigen Ausfallwahrscheinlichkeit würde indes genau dies geschehen. Entsprechend ist wiederum direkt auf die durchschnittliche einjährige Ausfallwahrscheinlichkeit zurückzugreifen und die Ratingmigration **bis** zur ewigen Rente anhand der Migrationsmatrizen nachzuvollziehen. Ausgehend von der derzeitigen Ratingeinstufung ist die Veränderung bis zur ewigen Rente zu berücksichtigen. Ziel ist die Ermittlung eines **erwarteten Ratings** zu Beginn der ewigen Rente, was im Folgenden exemplarisch für einen fünfjährigen Detailplanungszeitraum gezeigt wird. Grundlage bildet die in Tabelle 4-14 gezeigte Fünfjahres-Migrationsmatrix von Standard & Poor's:

von/zu (in %)	AAA	AA	A	BBB	BB	B	CCC/C	D	NR
AAA	53,65	23,55	5,06	0,89	0,15	0,12	0,09	0,33	16,17
AA	1,64	51,42	23,89	3,98	0,59	0,39	0,05	0,32	17,73
A	0,12	5,70	53,87	15,07	2,26	0,88	0,18	0,67	21,25
BBB	0,04	0,70	10,78	47,50	7,95	2,83	0,44	2,44	27,32
BB	0,02	0,10	1,39	12,44	28,06	11,06	1,46	9,32	36,17
B	0,02	0,05	0,44	2,01	10,90	22,19	2,94	21,71	39,75
CCC/C	0,00	0,00	0,26	1,03	3,43	11,96	3,23	45,77	34,32

Tabelle 4-14: Durchschnittliche fünfjährige Migrationsmatrix, 1981-2010[829]

Für ein aktuell BBB geratetes Unternehmen beträgt die Wahrscheinlichkeit, dass das Unternehmen nach fünf Jahren noch ein BBB-Rating aufweist 47,5 %. Ausgehend von der derzeitigen Ratingklasse ist somit festzustellen, mit welcher Wahrscheinlichkeit das Unternehmen in fünf Jahren einer anderen Ratingklasse zuzuordnen ist. Durch Gewichtung der Migrationswahrscheinlichkeiten kann nun ein erwartetes Rating nach fünf Jahren ermittelt werden. Dieses Rating kann anschließend mit der durchschnittlichen Ausfallrate auf Einjahresbasis gewichtet werden, sodass eine erwartete Ausfallwahrscheinlichkeit für die Phase der ewigen Rente ermittelt wird, die keine implizite Ratingmigration in der ewigen Rente enthält.

Für die **Detailplanungsphase** der ersten fünf Jahre wird für das Unternehmen die jeweilige kumulierte Ausfallwahrscheinlichkeit angesetzt, die Tabelle 4-9 zu entnehmen ist. Entsprechend wird der

---

[828] Vgl. bspw. STANDARD & POOR'S, 2010 Annual Global Corporate Default Study, S. 72-76 sowie für europäische Daten STANDARD & POOR'S, 2010 Annual European Corporate Default Study, Tabelle 22-27.

[829] In Anlehnung an STANDARD & POOR'S, 2010 Annual Global Corporate Default Study, S. 74.

Cashflow der Periode 1 mit einer Überlebenswahrscheinlichkeit von 99,75 % gewichtet, Periode 2 mit 99,3 %, Periode 3 mit 98,81 %, Periode 4 mit 98,2 % und Periode 5 mit 97,57 %.

Für die anschließende **Phase der ewigen Rente** ist entscheidend, welches Rating zu Beginn der ewigen Rente zu erwarten ist. Hierzu ist zunächst die Migrationsmatrix zu modifizieren, damit die zurückgezogenen Ratings (Spalte NR) sowie die Ausfälle nicht weiter berücksichtigt werden.[830] Anschließend ist die modifizierte Matrix zu normieren, sodass die einzelnen Werte nun auf die neue Zeilensumme bezogen werden. Hieraus resultiert eine bedingte Migrationsmatrix, die anzeigt, mit welcher Wahrscheinlichkeit ein Unternehmen in fünf Jahren in einer entsprechenden Ratingklasse ist, und zwar unter der Bedingung, dass das Unternehmen nicht ausfällt und das Rating nicht zurückgezogen wird:

von/zu (in %)	AAA	AA	A	BBB	BB	B	CCC/C	Summe
AAA	64,24	28,20	6,06	1,07	0,18	0,14	0,11	100,00
AA	2,00	62,74	29,15	4,86	0,72	0,48	0,06	100,00
A	0,15	7,30	68,99	19,30	2,89	1,13	0,23	100,00
BBB	0,06	1,00	15,35	67,63	11,32	4,03	0,63	100,00
BB	0,04	0,18	2,55	22,81	51,46	20,28	2,68	100,00
B	0,05	0,13	1,14	5,21	28,27	57,56	7,63	100,00
CCC/C	0,00	0,00	1,31	5,17	17,23	60,07	16,22	100,00

Tabelle 4-15: Modifizierte fünfjährige Migrationsmatrix

Wird die Ratingwahrscheinlichkeit des derzeit mit BBB gerateten Unternehmens nun mit der jeweiligen durchschnittlichen einjährigen Ausfallrate multipliziert, erhält man eine erwartete jährliche Ausfallrate für das Jahr 5:

(in %)	Quelle	AAA	AA	A	BBB	BB	B	CCC/C	Summe
Rating BBB	Tabelle 4-15	0,06	1,00	15,35	67,63	11,32	4,03	0,63	100,00
ø Ausfallrate	Tabelle 4-9	0,00	0,02	0,08	0,25	0,95	4,70	27,39	
Produkt		0,00	0,00	0,01	0,17	0,11	0,19	0,17	0,65

Tabelle 4-16: Ermittlung der erwarteten Ausfallrate für die ewige Rente

Bei einem derzeitigen BBB-Rating ergibt sich für Periode fünf eine erwartete Ausfallwahrscheinlichkeit von 0,65 %. Durch die Kombination der Ratingmigration bis zur Periode fünf und der durchschnittlichen **einjährigen** Ausfallrate wird sichergestellt, dass die Ratingmigration der Detailplanungsphase nachvollzogen wird, in der ewigen Rente selber aber von einer Ausfallrate ohne Migration ausgegangen wird, sodass der Beharrungszustand berücksichtigt wird.

Zu betonen ist, dass die so ermittelte Ausfallrate nur als unbedingte Ausfallrate für die **ewige Rente** zu interpretieren ist. Der ermittelte Wert ist also als Barwert zu Beginn der ewigen Rente zu verste-

[830] Vgl. hierzu ähnlich BACHMANN, U., Kreditspread, S. 73-76.

hen,[831] sodass die **kumulierte Ausfallwahrscheinlichkeit** der Detailphase zusätzlich zu berücksichtigen ist. Folgende Tabelle verdeutlicht diesen Zusammenhang:

Periode		**1**	**2**	**3**	**4**	**5**	**ER**
bedingter Cashflow (in GE)		1.000	1.000	1.000	1.000	1.000	1.000
Ausfallrate p. a.							0,65 %
unbedingter Cashflow zu Beginn der ewigen Rente						9.328,6	⇐
Summe (in GE)		1.000	1.000	1.000	1.000	10.328,6	
kumulierte Ausfallrate		0,25 %	0,70 %	1,19 %	1,80 %	2,43 %	
Barwertfaktor (10 %)		0,91	0,83	0,75	0,68	0,62	
unbedingter diskontierter Cashflow (in GE)	9.398,0	906,8	820,7	742,4	670,7	6.257,4	

Tabelle 4-17: Anpassung der periodenspezifischen Cashflows an die Ausfallrate[832]

Das Beispiel zeigt, dass durch die Ausfallrate von 0,65 % der Wert der ewigen Rente zunächst als unbedingter Wert zu Beginn der ewigen Rente berechnet wird. Dieser ist zusammen mit den bedingten Cashflows der Periode fünf um die kumulierte fünfjährige Ausfallrate i. H. v. 2,43 % anzupassen, um einen aus Sicht des Bewertungszeitpunkts unbedingten Cashflow zu ermitteln. Dieses zweistufige Vorgehen ist erforderlich, da die Formel der ewigen Rente auf jährlichen Ausfallraten basiert und erst der hieraus ermittelte Wertbeitrag an die kumulierte Ausfallrate anzupassen ist.

Das Beispiel geht von einem Zweiphasenmodell aus. Teilweise kann auch der Rückgriff auf ein **Dreiphasenmodell** geboten sein.[833] Dies ist v. a. dann sinnvoll, wenn sich das Unternehmen in einer Anpassungsphase befindet, die durch den Detailplanungszeitraum nicht vollständig abgedeckt wird, sodass der eingeschwungene Zustand nach der Detailplanung noch nicht erreicht ist.[834] Denkbar ist dies in Situationen der Sanierung oder Umstrukturierung. Für diesen Fall kann in der **Konvergenzphase** der Übergang von der Detailplanung zur ewigen Rente modelliert werden.[835] Die grundsätzliche Ableitung der Insolvenzwahrscheinlichkeit wird hiervon nicht tangiert.

Das beschriebene Vorgehen zur Ableitung der periodenspezifischen Ausfallrate bietet sich insbesondere dann an, wenn die **Objektivierung** zu betonen ist. Wenn indes für Zwecke der subjektiven Bewertungen individuelle Einschätzungen über die Ausfallrate der künftigen Perioden vorhanden sind, so sind diese vorzuziehen. Dies kann bspw. dann der Fall sein, wenn das Bewertungssubjekt

---

831 Vgl. zu dieser Sichtweise auch IDW (Hrsg.), IDW S 1 (2008), Rn. 130.

832 Der Cashflow der ewigen Rente berechnet sich nach Formel 4-8. Als Diskontierungszins wird im Beispiel ein Zinssatz von 10 % unterstellt.

833 Vgl. WOLLNY, C., Unternehmenswert, S. 201-212; HENSELMANN, K./WEILER, A., Restwertverläufe, S. 354 f.

834 Das Dreiphasenmodell wird regelmäßig in Verbindung mit der Modellierung von Wachstum angeführt. Der Vorteil der Konvergenzphase ist dabei insbesondere in der differenzierten Betrachtung der einzelnen Wachstumskomponenten zu sehen, vgl. TINZ, O., Abbildung von Wachstum, S. 182-194; DINSTUHL, V., Unternehmensbewertung, S. 117. Auch das IDW hat im HFA 2/1983 noch das Dreiphasenmodell präferiert, vgl. hierzu SIEPE, G./DÖRSCHELL, A./SCHULTE, J., Der neue IDW Standard, S. 947.

835 Vgl. TINZ, O., Abbildung von Wachstum, S. 182-185 m. w. N.

plant, die Fremdkapitalquote des Bewertungsobjekts zu reduzieren und hieraus eine Ratingverbesserung abgeleitet werden kann.

432.215. Ordinalität des Ratings

Auf Basis der realisierten Ausfälle kann den Ratingklassen wie im vorigen Abschnitt beschrieben jeweils eine entsprechende historische Ausfallrate zugeordnet werden. Dabei ist zu beachten, dass sich die Ausfallwahrscheinlichkeit stets auf die gesamte Ratingklasse bezieht.[836] Eine genaue Zuordnung der jeweiligen Ausfallwahrscheinlichkeit eines Unternehmens ist nicht möglich. Somit sind die Ratingurteile stets als relative Einschätzungen zu interpretieren, bei denen Ratingobjekte im Verhältnis zueinander bewertet werden, nicht jedoch als absolutes Risikomaß.[837] Die **Ordinalität der Ratingskala** wirkt daher grundsätzlich einschränkend, da dem Bewertungsobjekt keine exakte Risikomaßzahl zugeordnet werden kann.[838] Die von den Ratingagenturen verwendeten Ratingklassen umfassen i. d. R. sieben bzw. inkl. Modifikatoren 15 Klassen. Hierdurch wird suggeriert, dass Unternehmen, die derselben Klasse zugeordnet werden, das gleiche Ausfallrisiko aufweisen.[839] Dies ist aber grundsätzlich problematisch, da regelmäßig auch bei Unternehmen der gleichen Klasse Bonitätsunterschiede vorliegen.[840] Eine präzise Ermittlung der Ausfallwahrscheinlichkeit ist folglich nicht möglich, vielmehr wird die durchschnittliche Ausfallrate von Unternehmen der jeweiligen Ratingklasse ermittelt. Um eine weitgehende Differenzierung zu erreichen, sollte daher auf die um Modifikatoren erweiterte Ratingkategorisierung abgestellt werden.

Insgesamt wird Ratings dennoch eine hohe Prognosegenauigkeit zur Einschätzung der Bonität von Unternehmen zugesprochen.[841] Allerdings ist zu betonen, dass Ratings aus Sicht der Fremdkapitalgeber generiert werden und sich daher auf die risikoaverse Perspektive der Fremdkapitalgeber und nicht auf die (auch) chancenorientierte Sichtweise der Eigenkapitalgeber beziehen.[842] Im folgenden Abschnitt soll daher analysiert werden, inwieweit eine Übertragbarkeit von ratingbasierten Ausfallraten für Zwecke der Unternehmensbewertung sachgerecht ist.

---

[836] Zudem ist anzumerken, dass die Ratingklassen gleichmäßige Abstände zueinander suggerieren. Dies ist indes nicht der Fall, da die Ausfallwahrscheinlichkeit mit abnehmender Ratingklasse exponentiell ansteigt. Vgl. SERFLING, K./PRIES, A., Rating, S. 383.

[837] Vgl. SERFLING, K., Credit Rating, S. 732; SERFLING, K./PRIES, A., Rating, S. 383.

[838] Vgl. STEINER, M., Rating, S. 509; SCHIFFEL, S., Implizite Ausfallwahrscheinlichkeiten, S. 52; AUBEL, P. VAN, Anleiherating und Bonitätsrisiko, S. 43; STRAUß, S., Determinanten von Credit Spreads, S. 16; PERRIDON, L./STEINER, M./RATHGEBER, A. W., Finanzwirtschaft, S. 185. Vgl. zu den verschiedenen Skalentypen auch JERSCHENSKY, A., Bonitätsrisiko, S. 48.

[839] Vgl. HOFFMANN, P., Bonitätsbeurteilung, S. 91.

[840] Vgl. AUBEL, P. VAN, Anleiherating und Bonitätsrisiko, S. 43.

[841] Vgl. GLEIßNER, W., Unternehmenswert, S. 740; BEMMANN, M., Unternehmensinsolvenzen, S. 74-78.

[842] Vgl. FISCHER, J./HOLZKÄMPER, H., Rating Advisory, S. 70.

432.216. Übertragbarkeit der ratingbasierten Ausfallwahrscheinlichkeit auf die Eigenkapitalgebersicht

432.216.1 Abgrenzung von Insolvenz und ratingbasiertem Ausfallbegriff

Ein wichtiger Aspekt zur Beurteilung der Übertragbarkeit von ratingbasierten Ausfallraten für Zwecke der Unternehmensbewertung ist die zugrunde liegende Ausfalldefinition. Für das Bewertungssubjekt, d. h., für die Eigenkapitalgeber ist die **Insolvenz** des Unternehmens relevant, für die die Vorschriften der InsO maßgeblich sind.[843] Hiernach kann das Insolvenzverfahren durch die Zahlungsunfähigkeit, die drohende Zahlungsunfähigkeit oder die Überschuldung ausgelöst werden. Anders als bei den Eigenkapitalgebern ist für die Fremdkapitalgeber nicht die Insolvenzwahrscheinlichkeit ausschlaggebend, sondern die **Ausfallwahrscheinlichkeit**. Die Ausfallwahrscheinlichkeit ist im Gegensatz zur Insolvenzwahrscheinlichkeit nicht mit einer bestimmten Rechtshandlung verbunden.[844] Während die Insolvenzwahrscheinlichkeit von der Eröffnung des Insolvenzverfahrens abhängt, kann die Ausfallwahrscheinlichkeit hiervon losgelöst betrachtet werden. HEINKE weist darauf hin, dass eine Orientierung an der Insolvenzwahrscheinlichkeit für die gläubigerorientierte Erfassung des Bonitätsrisikos nicht als sachgerecht anzusehen ist.[845] Für den Fall der Unternehmensbewertung stellt sich die Frage indes in umgekehrter Richtung. Es ist zu klären, ob die gläubigerorientierte Ableitung der Ausfallwahrscheinlichkeit auch für die Perspektive der Eigenkapitalgeber geeignet ist.

Im Folgenden wird dabei zunächst die ratingbasierte Ausfallrate betrachtet. Die Definition der gläubigerorientierten **Ausfallwahrscheinlichkeit** wird von den Ratingagenturen festgelegt und kann entsprechend zwischen den Ratingagenturen divergieren. Standard & Poor's verwendet folgende Ausfalldefinition: „*A default is recorded on the* ***first occurrence of a payment default*** *on any financial obligation, rated or unrated, other than a financial obligation subject to a bona fide commercial dispute; an exception occurs when an interest payment missed on the due date is made* ***within the grace period****. Preferred stock is not considered a financial obligation; thus, a missed preferred stock dividend is not normally equated with default*"[846]. Der Begriff des ***payment default*** ist nicht weiter beschrieben, allerdings ist anzunehmen, dass sich dieser analog zur InsO auf fällige Zahlungsverpflichtungen bezieht. Der Verweis auf die ***grace period*** weist auf Ähnlichkeiten mit dem Konzept der Fristsetzung und der Zeitraumilliquidität der InsO hin, bezieht sich aber nur auf eine Frist von ca. fünf Tagen.[847] Dagegen wird bei Standard & Poor's explizit auf das **erstmalige Auftreten** einer Zahlungsunfähigkeit abgestellt, während gem. InsO die Zahlungsunfähigkeit erst dann vorliegt, wenn 90 % der fälligen Zahlungsverpflichtungen nicht erfüllt werden können.

---

843 Vgl. zur InsO ausführlich Abschn. 211.2.

844 Vgl. HEINKE, V. G., Bonitätsrisiko, S. 9.

845 Vgl. HEINKE, V. G., Bonitätsrisiko, S. 9.

846 STANDARD & POOR'S, 2010 Annual Global Corporate Default Study, S. 64.

847 Vgl. WINGENROTH, T., Risikomanagement, S. 66. Bei der Zahlungsunfähigkeit nach § 17 InsO wird regelmäßig von einer dreiwöchigen Frist ausgegangen. Vgl. hierzu auch Abschn. 211.2.

Dies deutet darauf hin, dass die bereits in Abbildung 2-3 beschriebene typisierte Reihenfolge auch auf die ratingbasierte Ausfallwahrscheinlichkeit übertragbar ist. Die Ausfalldefinition von Standard & Poor's greift früher als der Insolvenzgrund der Zahlungsunfähigkeit und liegt auch zeitlich vor der drohenden Zahlungsunfähigkeit, für die kurzfristige und geringe Liquiditätslücken ebenfalls nicht als maßgeblich angesehen werden. Die folgende Abbildung beschreibt typisiert den zeitlichen Verlauf der o. g. Ausfall- bzw. Insolvenzdefinitionen:

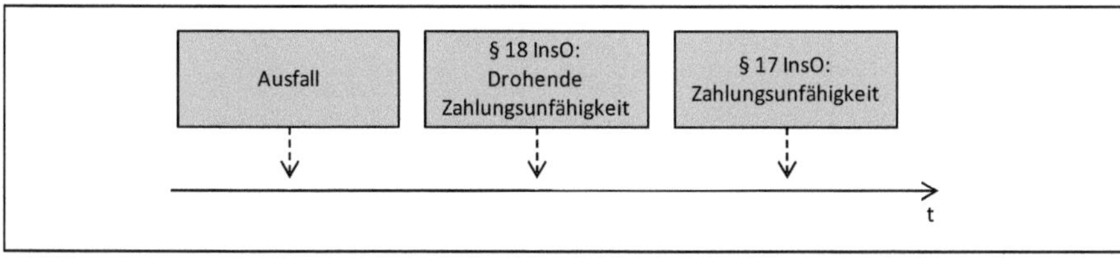

Abbildung 4-5: Typisierte zeitliche Reihenfolge der Ausfall- und Insolvenzdefinition

Ein Ausfall kann vorliegen, ohne dass gleichzeitig ein Insolvenztatbestand erfüllt ist, sodass folglich mehr Ausfälle anzunehmen sind als Insolvenzen aufgrund von Zahlungsunfähigkeit entstehen.[848] Allerdings kann auch der Fall eintreten, dass trotz Insolvenzverfahren die Fremdkapitalansprüche bedient werden, sodass kein *payment default* vorliegt,[849] bspw. beim Insolvenzgrund der Überschuldung, der durch die Ausfalldefinition von Standard & Poor's nicht erfasst wird. Die Ausfalldefinition von Moody's ist ähnlich der von Standard & Poor's, indes wird weiter differenziert und explizit „*bankruptcy filing*" als Ausfall erfasst,[850] sodass sämtliche Insolvenzgründe als Ausfall berücksichtigt werden. Somit kann der Ausfall nach Moody's ebenfalls zeitlich vor der Insolvenz liegen.

Die Ausfalldefinition der Ratingagenturen beziehen sich vornehmlich auf den Ausfall von Zahlungen, was in der InsO durch die Zahlungsunfähigkeit ausgedrückt wird. Hingegen wird der Insolvenzgrund der **Überschuldung** durch die Ausfalldefinition nur z. T. abgedeckt. Die Überschuldung spielt in der Praxis jedoch eine untergeordnete Rolle. Im Jahr 2010 betrug die Anzahl der Insolvenzen in Deutschland 31.998, wovon 30.925 Insolvenzen (96,6 %) auf Zahlungsunfähigkeit zurückzuführen waren.[851] Die Zahlungsunfähigkeit stellt damit den überwiegenden Insolvenzgrund dar, sodass der Fokus hierauf hinsichtlich der Übertragbarkeit durchaus zu akzeptieren ist. Auch wenn die Ausfalldefinitionen der Ratingagenturen z. T. voneinander abweichen, schließen sie doch den wichtigsten Insolvenzgrund ein. Entsprechend deutet auch BEMMANN darauf hin, dass die empirische

[848] Vgl. HEINKE, V. G., Bonitätsrisiko, S. 15.

[849] Vgl. SCHLECKER, M., Credit Spreads, S. 34.

[850] Vgl. MOODY'S INVESTORS SERVICE, Rating Symbols and Definitions, S. 38. Vgl. auch MOODY'S INVESTORS SERVICE, Corporate Default and Recovery Rates 2010, S. 73 f.

[851] Vgl. STATISTISCHES BUNDESAMT, Insolvenzverfahren 2010. Hiervon sind 5.788 Insolvenzen sowohl auf Zahlungsunfähigkeit als auch auf Überschuldung zurückzuführen.

Relevanz divergierender Ausfalldefinitionen der Ratingagenturen nicht als sehr groß anzusehen ist.[852]

Insgesamt bleibt festzuhalten, dass die gläubigerorientierte Ausfalldefinition nicht mit der für die Eigenkapitalgeber relevanten Insolvenzdefinition gem. InsO deckungsgleich ist. Insbesondere aufgrund der strengeren Auslegung des Zahlungsausfalls ist anzunehmen, dass die Ausfalldefinition tendenziell mehr Unternehmen erfasst als die Insolvenzdefinition, was im folgenden Abschnitt untersucht wird.

432.216.2 Vergleich von Insolvenzquote und Ausfallrate

Die folgende Abbildung zeigt die Entwicklung der jährlichen Insolvenzquote:[853]

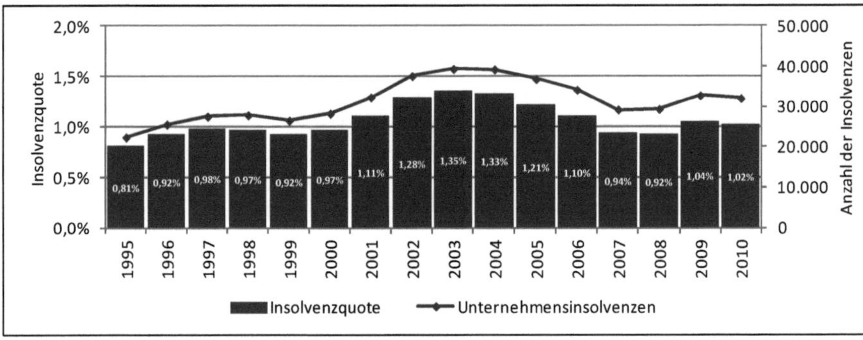

Abbildung 4-6: Insolvenzquote und Unternehmensinsolvenzen in Deutschland[854]

Auffällig ist, dass die Insolvenzquote von der in Abbildung 4-3 dargestellten ratingbasierten Ausfallrate regelmäßig abweicht und geringeren Schwankungen unterliegt. Neben der abweichenden Definition von Insolvenz und Ausfall ist die Vergleichbarkeit der Quoten auch dadurch beeinträchtigt, dass sie sich auf unterschiedliche Grundgesamtheiten beziehen. Von der Insolvenzstatistik werden mehr Unternehmen erfasst als der Berechnung der Ausfallraten der Ratingagenturen zugrunde liegen. Dies liegt daran, dass die Insolvenzquote auf der **Umsatzsteuerstatistik** basiert,[855]

[852] Vgl. BEMMANN, M., Unternehmensinsolvenzen, S. 70 f. m. w. N.

[853] Die Insolvenzquote wird hier zur besseren Vergleichbarkeit als Prozentzahl angegeben. Üblicherweise bezieht sich die Insolvenzquote bzw. Insolvenzhäufigkeit auf Insolvenzen pro 10.000 Unternehmen.

[854] Vgl. zur Datengrundlage ANGELE, J., Insolvenzen 2007, S. 309; STATISTISCHES BUNDESAMT, Insolvenzverfahren 2010, S. 4; STATISTISCHES BUNDESAMT, Insolvenzen nach Ländern.

[855] Vgl. ANGELE, J., Insolvenzen 2007, S. 308. In der Umsatzsteuerstatistik werden Unternehmen erfasst, die im entsprechenden Jahr Umsatzsteuer-Voranmeldungen abgegeben haben und die jährliche Lieferungen und Leistungen von mind. 17.500 € erzielen. Nicht erfasst werden Unternehmen mit geringerem Umsatz und Unternehmen, die nahezu ausschließlich steuerfreie Umsätze erzielen. Vgl. zur Erhebungsgesamtheit der Umsatzsteuerstatistik auch STATISTISCHES BUNDESAMT, Finanzen und Steuern, S. 5.

während in der Ausfallrate der Ratingagenturen nur geratete Unternehmen berücksichtigt werden. Ein Großteil der in der Umsatzsteuerstatistik ausgewiesenen Unternehmen sind Einzelunternehmen,[856] die ebenso wie neugegründete Unternehmen[857] üblicherweise über kein Rating verfügen. Diese Kleinstunternehmen stellen indes üblicherweise nicht das typische Bewertungsobjekt der Unternehmensbewertung dar.[858] Um eine bessere Vergleichbarkeit zwischen Insolvenzquote und Ausfallrate herzustellen, wird daher im Folgenden auf die Insolvenzquote der Kapitalgesellschaften abgestellt. Ratings beziehen sich tendenziell eher auf Unternehmen der Rechtsform der Kapitalgesellschaften,[859] sodass die Insolvenzquote der Kapitalgesellschaften einen besseren Vergleichsmaßstab darstellt:

Jahr	2006	2007	2008	2009
Unternehmensbestand				
Gesamt	3.099.493	3.140.509	3.186.878	3.135.542
davon KapG	462.359	465.849	473.556	481.721
davon AG	7.329	7.631	7.862	7.939
davon GmbH	455.030	458.218	465.694	473.782
Insolvenzen				
Gesamt	34.137	29.160	29.291	32.687
davon KapG	13.745	11.179	11.140	13.401
davon AG	289	232	211	296
davon GmbH	13.456	10.947	10.929	13.105
Insolvenzquote (in %)				
Gesamt	1,10	0,93	0,92	1,04
KapG	2,97	2,40	2,35	2,78
AG	3,94	3,04	2,68	3,73
GmbH	2,96	2,39	2,35	2,77

Tabelle 4-18: Insolvenzquote nach Rechtsform[860]

Tabelle 4-18 zeigt, dass die Insolvenzquote über alle Rechtsformen in 2009 1,04 % beträgt, die Quote für Kapitalgesellschaften indes zwischen zwei und drei Prozent und somit deutlich über dem Durchschnitt liegt. Für das Jahr 2010 stellt eine Studie von CREDITREFORM ebenfalls für Kapitalge-

856 Der Anteil der Einzelunternehmen, Kleingewerbe u. Ä. an der Gesamtzahl der in der Umsatzsteuerstatistik erfassten Unternehmen betrug im Jahr 2009 69,3 % (2.173.332 Unternehmen). Ca. 49,2 % der insgesamt 31.998 Unternehmensinsolvenzen in 2009 war auf diese Gruppe zurückzuführen. Die Insolvenzquote betrug somit in 2009 0,72 %.

857 Junge Unternehmen sind relativ häufig von Insolvenzen betroffen. In 2010 betrug der Anteil der Insolvenzen von Unternehmen mit einer Bestandsdauer von unter drei Jahren 22,8 % und von unter acht Jahren 51,1 %.

858 Hierbei ist zu betonen, dass Einzelunternehmen regelmäßig nicht mit KMU gleichzusetzen sind, sondern den Kleinstunternehmen zuzuordnen sind. Ca. 79 % der insolventen Einzelunternehmen u. Ä. in 2011 weisen maximal zehn Beschäftigte auf, vgl. STATISTISCHES BUNDESAMT, Insolvenzverfahren 2010, S. 18. Kleinstunternehmen sind nach der Europäischen Kommission als Unternehmen mit weniger als zehn Mitarbeitern sowie Umsatz und Bilanzsumme unter 2 Mio. € definiert. Vgl. BROCKMANN, H., KMU, S. 40.

859 Die internationalen Agenturen beurteilen i. d. R. große, internationale und kapitalmarktorientierte Unternehmen. V. a. nationale Ratingagenturen haben sich auf den Mittelstand spezialisiert. Vgl. SCHIFFEL, S., Implizite Ausfallwahrscheinlichkeiten, S. 47.

860 Vgl. zur Anzahl der Unternehmen nach Rechtsform STATISTISCHES BUNDESAMT, Finanzen und Steuern, S. 22. Vgl. zur Anzahl der Insolvenzen nach Rechtsform ANGELE, J., Insolvenzen 2007, S. 308; STATISTISCHES BUNDESAMT, Insolvenzverfahren 2008, Tabelle 5; STATISTISCHES BUNDESAMT, Insolvenzverfahren 2009, Tabelle 5.

sellschaften die höchste Insolvenzwahrscheinlichkeit fest. Hierbei liegt die Insolvenzquote bei Unternehmen der Rechtsform GmbH bei 1,56 % und bei Aktiengesellschaften bei 2,02 %.[861] Auch ANGELE schätzt für das Jahr 2007 die Insolvenzquote für Unternehmen in der Rechtsform der GmbH auf 1,22 % und für Aktiengesellschaften auf 1,33 %.[862] Ein Grund für die höhere Insolvenzquote kann in der Haftungsbeschränkung dieser Unternehmensform liegen. Die folgende Abbildung stellt die jährliche Insolvenzquote des Statistischen Bundesamts (DeStatis) über alle Rechtsformen sowie für Kapitalgesellschaften und die jährliche europäische Ausfallrate von Standard & Poor's gegenüber:

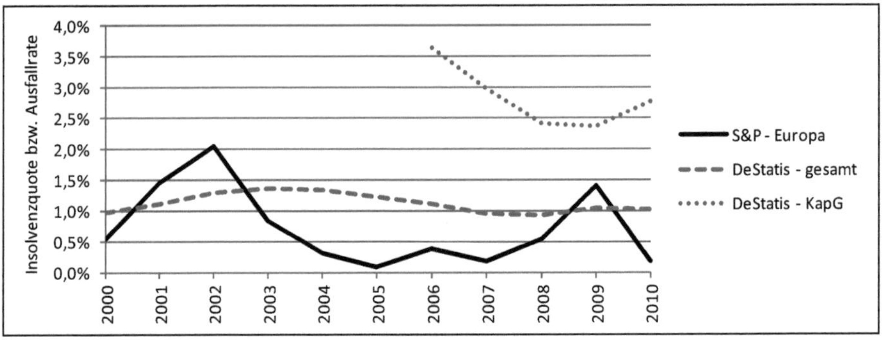

Abbildung 4-7: Vergleich von Insolvenzquote und Ausfallrate

Insgesamt wird deutlich, dass die Insolvenzquote der deutschen Kapitalgesellschaften regelmäßig und deutlich über den historischen Ausfallraten von Standard & Poor's liegt. Dies steht dem zuvor festgestellten Ergebnis entgegen, nach dem die Ausfalldefinition tendenziell früher greift als die Insolvenzdefinition und somit eine höhere Ausfallrate zu vermuten wäre. Eine Ursache dieses konträren Ergebnisses kann darin begründet sein, dass nur **vergleichsweise gute Unternehmen ein Rating** beantragen. Ebenso ist davon auszugehen, dass Ratings eher für große Unternehmen erstellt werden, bei denen Insolvenzen tendenziell seltener auftreten,[863] sodass ein positiver Bias die historischen Ausfallraten beeinflusst.

Ein Vergleich der tatsächlichen Ausfall- und Insolvenzquoten ist daher vor dem Hintergrund divergierender Grundgesamtheiten nur eingeschränkt aussagekräftig. Die Eignung der Ausfallrate als Approximation der Insolvenzwahrscheinlichkeit kann somit nicht eindeutig beurteilt werden. Be-

861 Vgl. CREDITREFORM, Insolvenzen 2010, S. 18. Abweichungen zu den Daten der Tabelle 4-18 können aus unterschiedlichen Grundgesamtheiten resultieren, da in der Umsatzsteuerstatistik nur Unternehmen mit jährlichen Lieferungen und Leistungen von mind. 17.500 € aufgeführt werden. Vgl. Fn. 855. Auf Basis von Daten der Deutschen Bundesbank ist die Anzahl der Aktiengesellschaften ca. doppelt so hoch wie nach der Umsatzsteuerstatistik, sodass eine hierauf basierende Insolvenzquote vergleichbare Werte zu denen von CREDITREFORM aufweist. Vgl. DEUTSCHE BUNDESBANK, Kapitalmarktstatistik, S. 46.

862 Vgl. ANGELE, J., Insolvenzen 2007, S. 311.

863 Vgl. für Daten von 2010 bspw. CREDITREFORM, Insolvenzen 2010, S. 19-23.

reits im vorigen Abschnitt wurde aber festgestellt, dass die Ausfalldefinition nicht mit dem Insolvenzverständnis gleichzusetzen ist, sodass insgesamt anzunehmen ist, dass die Verwendung der fremdkapitalgeberorientierten Ausfallrate nur bedingt geeignet ist, die Insolvenzwahrscheinlichkeit abzubilden. Einerseits erfasst die Ausfalldefinition grundsätzlich mehr Sachverhalte als die Insolvenz, andererseits können diesem Effekt Verzerrungen zugunsten großer und überdurchschnittlich guter Unternehmen in der Datengrundlage der historischen Ausfallraten entgegen stehen. Dennoch wird die Ausfallrate regelmäßig als Näherungslösung zur Ableitung der Insolvenzwahrscheinlichkeit für die Unternehmensbewertung verwendet.[864] Aufgrund der vorangehenden Ergebnisse erscheint dies indes nicht für alle Unternehmen sachgerecht zu sein. Während für **geratete Unternehmen** und **vergleichbare nicht geratete Unternehmen** hiermit approximativ eine Insolvenzwahrscheinlichkeit abgeleitet werden kann, erscheint dies bei **nicht vergleichbaren Unternehmen** und insbesondere bei KMU zweifelhaft, da hier neben der abweichenden Ausfalldefinition auch der Bias zugunsten großer Unternehmen verzerrend wirken kann.

Um nicht gerateten Unternehmen grundsätzlich eine Ausfallrate zuordnen zu können, ist die Ratingeinschätzung über alternative Methoden abzuleiten. Im folgenden Abschnitt soll daher untersucht werden, wie Ratingeinschätzungen der Agenturen approximiert werden können, wenn Unternehmen über kein Rating verfügen.

432.22 Ableitung von Ausfallraten auf Basis synthetischer Ratings

432.221. Vorbemerkung

Während Ratings üblicherweise auf große kapitalmarktorientierte Unternehmen abstellen ist fraglich, wie die Ausfallrate für Unternehmen zu ermitteln ist, die über kein Rating verfügen. Hierbei ist insbesondere zwischen nicht gerateten vergleichbaren und nicht vergleichbaren Unternehmen, was regelmäßig bei KMU anzunehmen ist, zu differenzieren. Diese Frage erscheint von besonderer Relevanz, da davon auszugehen ist, dass nur ein Bruchteil der Unternehmen überhaupt über ein Rating verfügt. Standard & Poor's hat im Jahr 2010 in Europa insgesamt 1.115 Unternehmen gerated, alleine die Anzahl der GmbHs in Deutschland liegt indes bei über 450.000.[865] Da die Bewertung von KMU zunehmend an Bedeutung gewinnt,[866] stellt sich auch die Frage, ob und wie Ratings für diese Unternehmen ableitbar sind. Denkbar ist grundsätzlich der Rückgriff auf Analogieansätze, auf finanzielle Kennzahlen und auf Risikoprofile. Diesen Ansätzen ist gemein, dass sie mit historischen Ausfallraten von Ratingagenturen verknüpft werden können, sodass kein eigener Datenbestand erforderlich ist. Da das Rating somit synthetisch erstellt wird, sollen diese Verfahren unter der Bezeichnung **synthetische Ratingverfahren** zusammengefasst werden. Hierbei wird versucht, die

---

864 Vgl. ARBEITSKREIS BEWERTUNG NICHT BÖRSENNOTIERTER UNTERNEHMEN DES IACVA E.V., Bewertung nicht börsennotierter Unternehmen, S. 16; HOMBURG, C./STEPHAN, J./WEIß, M., Bedeutung des Insolvenzrisikos, S. 200 f.

865 Vgl. Tabelle 4-18 sowie STANDARD & POOR'S, 2010 Annual European Corporate Default Study, Tabelle 3. Die GmbH ist eine typische Rechtsform des Mittelstandes, vgl. CREDITREFORM, Insolvenzen 2010, S. 18.

866 Vgl. KELLER, M., KMU, S. 12; WENZEL, K./HOFFMANN, A., Unternehmenstransaktionen, S. 634.

Bonitätseinschätzung der Ratingagenturen nachzubilden.[867] Hinsichtlich der Übertragbarkeit der abgebildeten Ausfallwahrscheinlichkeit auf die Eigenkapitalgebersicht kann grundlegend auf die Diskussion in Abschnitt 432.216 verwiesen werden, da synthetische Ratings an den historischen Ausfallraten der externen Ratings ansetzen.

432.222. Synthetische Ratings auf Basis von Analogieansätzen

Eine Möglichkeit zur Ableitung synthetischer Ratings bilden **Analogieansätze**, auf die schon bei der Bestimmung des Betafaktors zurückgegriffen wurde. Die Ratingklasse des Unternehmens kann dabei über geratete Vergleichsunternehmen bestimmt werden. Der **Pure Play**-Ansatz scheidet oft bereits bei der Bestimmung des Betafaktors, der nur auf systematischen Risiken basiert, aus. Da für die Ratingeinschätzung **auch unsystematische** Risiken relevant sind, verstärkt sich das Problem, da die unsystematischen Risiken börsennotierter Unternehmen regelmäßig nicht mit denen nicht börsennotierter Unternehmen vergleichbar sind und somit regelmäßig kein Unternehmen mit identischen Gesamtrisiken verfügbar ist.[868]

Alternativ kann analog zum Industry-Beta durch Rückgriff auf die gesamte Branche ein **durchschnittliches Branchenrating** ermittelt werden. Da Ratingagenturen auch auf Branchengegebenheiten zurückgreifen, die zudem regelmäßig die Ratingobergrenze bilden, kann eine Orientierung an der Branche durchaus sachgerecht sein. Durch das Branchenrating wird indes keine Obergrenze ermittelt, sondern ein Durchschnitt der Ratings aller einbezogenen, gerateten Unternehmen. Hierbei bilden sämtliche geratete Unternehmen der Branche die Grundlage zur Ableitung des Ratings.

Vorteilhaft ist dabei, dass einzelne Ausreißer kompensiert werden und die durchschnittliche Ausfallrate der Branche auf das Bewertungsobjekt übertragen wird, was in Bezug auf die Objektivierung zu befürworten ist. **Nachteilig** ist jedoch, dass analog zur Betafaktor-Ermittlung auch Unternehmen einbezogen werden, die mit dem Bewertungsobjekt eine nur relativ geringe Vergleichbarkeit aufweisen.[869] Da sich die Unternehmen innerhalb einer Branche mitunter stark unterscheiden können, ist das ermittelte Rating bzw. die hieraus abgeleitete Ausfallrate nicht zwangsläufig repräsentativ für das Bewertungsobjekt.

Dem **Peer Group-Ansatz** wird hingegen regelmäßig die Fähigkeit zugesprochen, die Risiken des Bewertungsobjekts am besten approximieren zu können. Übertragen auf Ratings bedeutet das, dass ein durchschnittliches Rating der Vergleichsunternehmen als approximatives Rating des Bewertungsobjekts angesehen werden kann.[870] Bei der Auswahl der Vergleichsunternehmen ist indes da-

---

867 Vgl. LODERER, C./WÄLCHLI, U., Handbuch der Bewertung (II), S. 179.

868 Vgl. SCHULZ, R., Größenabhängige Risikoanpassungen, S. 65.

869 Vgl. BAETGE, J./NIEMEYER, K./KÜMMEL, J./SCHULZ, R., DCF-Verfahren, S. 381.

870 Neben dem Durchschnitt hat der Median den Vorteil, besser von Ausreißern zu abstrahieren und auch direkt auf ordinale Daten, bspw. Ratingklassen, anwendbar zu sein. Vgl. SCHMID, F./TREDE, M., Finanzmarktstatistik, S. 26.

rauf zu achten, dass das **gesamte Insolvenzrisiko** der Vergleichsunternehmen, d. h. die systematischen und unsystematischen Insolvenzrisiken mit denen des Bewertungsobjekts möglichst übereinstimmen. Somit **unterscheiden** sich hierin die **Auswahlkriterien** der Vergleichsunternehmen von denen bei der Betafaktor-Ableitung, insbesondere da bei Letzterer Vergleichbarkeit hinsichtlich des gesamten systematischen Risikos vorausgesetzt wird. Im Ratingkontext wird hingegen nur auf das Insolvenzrisiko, hierbei aber sowohl auf die systematischen als auch die unsystematischen Komponenten abgestellt.[871] Beim Peer Group-Ansatz ist allerdings wiederum der **Ermessenspielraum** zu beachten, der sich aus der Auswahl der Unternehmen ergibt, da die Ausfallrate durch die Wahl der Vergleichsunternehmen beeinflusst werden kann.

432.223. Synthetische Ratings auf Basis finanzieller Kennzahlen

Neben den Analogieansätzen wird in der Literatur regelmäßig auf Verfahren verwiesen, bei denen durch Vergleich mit Kennzahlen gerateter Unternehmen ein Rating abgeleitet werden soll.[872] Grundsätzlich sind diese Verfahren als vereinfachte Ratingverfahren anzusehen,[873] da hier von einer Vielzahl von Einflussfaktoren abstrahiert wird. Letztlich wird anhand bestimmter Kennzahlen ein *Score* ermittelt, der mit der historischen Ausfallrate zu verknüpfen ist.

DAMODARAN führt ein einfaches Scoringverfahren an, das als einzige Kennzahl die *Interest Coverage Ratio*, also den **Zinsdeckungsgrad** berücksichtigt.[874] Der Zinsdeckungsgrad gibt als Verhältnis von EBIT zu Zinsaufwendungen Auskunft über die Fähigkeit des Unternehmens, aus den Erträgen des laufenden Geschäfts die Zinszahlungen bedienen zu können. Ein Wert kleiner als eins bedeutet, dass die operativen Erträge hierzu nicht ausreichen. Die **Eignung** der Kennzahl führt DAMODARAN darauf zurück, dass sie auf zwei Einflussfaktoren der Insolvenzwahrscheinlichkeit basiert, nämlich dem operativen Cashflow sowie der Höhe der Zahlungsansprüche der Fremdkapitalgeber.[875] Der ermittelte Zinsdeckungsgrad des Bewertungsobjekts wird mit den durchschnittlichen Kennzahlen der Ratingklassen verglichen, um hieraus das Rating abzuleiten. Tabelle 4-19 zeigt den durchschnittlichen Zinsdeckungsgrad ausgewählter Ratingklassen. Ein Zinsdeckungsgrad i. H. v. vier würde somit einem BBB-Rating entsprechen. DAMODARAN führt als **Kritikpunkt** an diesem Vorgehen zwar an, dass weitere Informationen nicht berücksichtigt werden und attestiert somit **Kennzahlensystemen** eine höhere Genauigkeit in der Bestimmung synthetischer Ratings. Er

[871] Vgl. EVERLING, O., Credit rating, S. 280; STEINER, M./HEINKE, V. G., Rating, S. 668.

[872] Vgl. ARBEITSKREIS BEWERTUNG NICHT BÖRSENNOTIERTER UNTERNEHMEN DES IACVA E.V., Bewertung nicht börsennotierter Unternehmen, S. 16 f.

[873] Vgl. ARBEITSKREIS BEWERTUNG NICHT BÖRSENNOTIERTER UNTERNEHMEN DES IACVA E.V., Bewertung nicht börsennotierter Unternehmen, S. 16.

[874] Vgl. DAMODARAN, A., Damodaran on Valuation, S. 65; BORN, K., Bilanzanalyse international, S. 293 f.; LODERER, C./WÄLCHLI, U., Handbuch der Bewertung (II), S. 179.

[875] Vgl. DAMODARAN, A., Damodaran on Valuation, S. 64.

bevorzugt letztlich dennoch den Zinsdeckungsgrad, da hierdurch einerseits die Komplexität gering bleibt und andererseits Ratingveränderungen besser erklärbar sein sollen.[876]

Zinsdeckungsgrad		Rating	Credit Spread
von	bis		
12,50	-	AAA	0,65 %
9,50	12,50	AA	1,15 %
7,50	9,50	A+	1,30 %
6,00	7,50	A	1,40 %
4,50	6,00	A-	1,65 %
4,00	4,50	BBB	2,50 %
3,50	4,00	BB+	3,75 %
3,00	3,50	BB	4,75 %
2,50	3,00	B+	5,50 %
2,00	2,50	B	6,00 %
1,50	2,00	B-	6,75 %
1,25	1,50	CCC	8,75 %
0,80	1,25	CC	9,50 %
0,50	0,80	C	10,50 %
-	0,50	D	12,00 %

Tabelle 4-19: Zuordnung von Zinsdeckungsgrad zu Ratingklasse[877]

Die ausschließliche Betrachtung des Zinsdeckungsgrads abstrahiert allerdings stark von der Realität, da hierdurch nur auf die Zahlungsunfähigkeit abgestellt wird. Aufgrund der großen Bedeutung der Zahlungsunfähigkeit als Insolvenzursache ist dies aber durchaus als sachgerecht anzusehen. Dennoch stehen hier nur Zinszahlungen im Fokus, während Zahlungsunfähigkeit letztlich auch aus unterlassenen Tilgungszahlungen resultieren kann.[878] Zudem wird auch gegen den Grundsatz der **Zukunftsorientierung** verstoßen, da die Kennzahl auf historischen Zinszahlungen basiert. Relevant sind aber der künftige Fremdkapitalbestand und die hieraus resultierenden Zahlungsansprüche der Fremdkapitalgeber. Ebenso kann nicht sichergestellt werden, dass die auf einer Gewinngröße basierende Kennzahl nicht bilanzpolitisch verzerrt wird, was die Aussagekraft weiter einschränkt.[879] Da die Auswahl der Kennzahl auf individuellen Einschätzungen basiert, liefern solche Modelle nur **quasi-objektivierte** Einschätzungen.[880]

Anders ist dies bei Modellen, die auf mathematisch-statistischen Verfahren basieren. Ein solches Modell, das auf mehreren Kennzahlen basiert und als **Bilanzbonitätsrating** zu verstehen ist, stellt der Z-Score von ALTMAN dar.[881] Hierbei werden mittels einer Multivariaten Diskriminanzanalyse[882]

876 Vgl. DAMODARAN, A., Damodaran on Valuation, S. 66 f.

877 Abrufbar unter http://pages.stern.nyu.edu/~adamodar/New_Home_Page/datafile/ratings.htm, Stand: 15.01.2012. Ähnlich auch JORION, P., Financial Risk Manager Handbook, S. 475.

878 Dabei sind nicht nur Darlehen relevant, sondern z. B. auch Lieferantenverbindlichkeiten.

879 Vgl. BORN, K., Bilanzanalyse international, S. 294.

880 Vgl. BAETGE, J./KIRSCH, H.-J./THIELE, S., Bilanzanalyse, S. 525.

881 Vgl. ALTMAN, E. I., Financial Ratios, S. 589-609.

Kennzahlen und Gewichtungen identifiziert, die eine bestmögliche Trennung von ausgefallenen und nicht ausgefallenen Unternehmen ermöglichen.[883] Als Ergebnis der Analyse resultiert folgende lineare Gleichung:[884]

Formel 4-31	$Z = 0{,}012 * X_1 + 0{,}014 * X_2 + 0{,}033 * X_3 + 0{,}006 * X_4 + 0{,}999 * X_5$

Neben dem ursprünglichen Modell bestehen Erweiterungen, die z. T. andere Gewichtungen oder Kennzahlen berücksichtigen.[885] Durch Zuordnung des Z-Scores zu Ratingklassen kann ein Rating für das Bewertungsobjekt bestimmt werden:[886]

Ratingklasse Standard & Poor's	**durchschnittlicher Z-Score**
AAA	5,02
AA	4,30
A	3,60
BBB	2,78
BB	2,45
B	1,67
CCC	0,95

Tabelle 4-20: Zuordnung durchschnittlicher Z-Scores zu Ratingklassen (1995-1999)

Auch das **Baetge-Bilanz-Rating** (BBR) beschreibt ein Bilanzbonitätsrating, also ein Rating, das auf Finanzkennzahlen bzw. Jahresabschlüssen basiert.[887] Das BBR wurde ursprünglich als Backpropagation-Netz BP-14 am Institut für Revisionswesen (IRW) der Westfälischen Wilhelms-Universität Münster entwickelt und basiert auf der Künstlichen Neuronalen Netzanalyse.[888] Das Verfahren wurde auf Basis von ca. 12.000 Jahresabschlüssen gesunder und kranker Unternehmen entwickelt, wobei eine optimale Trennung von gesunden und kranken Unternehmen auf Basis von

[882] Vgl. hierzu bspw. BAETGE, J./KIRSCH, H.-J./THIELE, S., Bilanzanalyse, S. 535-547; BAETGE, J./MELCHER, T./SCHMIDT, M., Moderne Bilanzanalyse, S. 147-149.

[883] Vgl. WINGENROTH, T., Risikomanagement, S. 103.

[884] Vgl. ALTMAN, E. I., Financial Ratios, S. 594. Die Variablen beziehen sich auf folgende Kennzahlen:
X_1 = *Working Capital / Bilanzsumme*,
X_2 = *Gewinnrücklage / Bilanzsumme*,
X_3 = *EBIT / Bilanzsumme*,
X_4 = *Marktwert Eigenkapital / Buchwert Verbindlichkeiten* sowie
X_5 = *Umsatz / Bilanzsumme.*

[885] Vgl. ALTMAN, E. I., Predicting Financial Distress, S. 20-22; ARBEITSKREIS BEWERTUNG NICHT BÖRSENNOTIERTER UNTERNEHMEN DES IACVA E.V., Bewertung nicht börsennotierter Unternehmen, S. 17.

[886] In Anlehnung an ARBEITSKREIS BEWERTUNG NICHT BÖRSENNOTIERTER UNTERNEHMEN DES IACVA E.V., Bewertung nicht börsennotierter Unternehmen, S. 17.

[887] Vgl. BAETGE, J./KEITZ, I. VON/WÜNSCHE, B., Bilanzbonitäts-Rating von Unternehmen, S. 478.

[888] Vgl. BAETGE, J./KIRSCH, H.-J./THIELE, S., Bilanzanalyse, S. 558 f.; BAETGE, J., Früherkennung, S. 2282 f. Vgl. zu einer früheren Version bspw. BAETGE, J., Rating, S. 1-10.

14 Kennzahlen erzielt wurde.[889] Die Kennzahlen decken dabei die Vermögens-, Finanz- und Ertragslage des Unternehmens ab und beziehen sich insgesamt auf acht Informationsbereiche.[890] Gleichzeitig werden bilanzpolitische Maßnahmen weitgehend neutralisiert.[891] Die Kennzahlen werden gewichtet und resultieren in einem sog. **N-Wert**, der Auskunft über die wirtschaftliche Lage und die **Bestandsfestigkeit** des Unternehmens geben soll.[892] Der entsprechende N-Wert ist einer Güte- bzw. Risikoklasse zuzuordnen, die jeweils spezifische Insolvenzwahrscheinlichkeiten aufweisen.[893] Die Insolvenzwahrscheinlichkeit gibt letztlich Auskunft über die Wahrscheinlichkeit, dass ein Unternehmen innerhalb der nächsten drei Jahre insolvent wird.[894] **Vorteilhaft** an den Bilanzbonitätsratings ist die objektive Ermittlung des *Scores*, der aufgrund der statistischen Methoden frei von subjektivem Ermessen ist.[895] **Kritik** an diesem Ansatz zielt z. T. auf den *Blackbox*-Charakter des Modells, durch den eine Reproduzierbarkeit der Ergebnisse nicht gewährleistet werden kann.[896]

432.224. Synthetische Ratings auf Basis von Risikoprofilen

Ein weiterer Ansatz zur Ableitung synthetischer Ratings kann sich am Ratingprozess von Ratingagenturen orientieren.[897] Die folgende Risikomatrix zeigt die Verknüpfung von Ratingnoten und typischen Risikoprofilen:

	Finanzielles Risikoprofil					
Operatives Risikoprofil	Minimal	Gering	Mittel	Signifikant	Aggressiv	Extrem
Ausgezeichnet	AAA	AA	A	A	BBB	-
Stark	AA	A	A-	BBB	BB	BB-
Befriedigend	A-	BBB+	BBB	BB+	BB-	B+
Fair	-	BBB-	BB+	BB	BB-	B
Schwach	-	-	BB	BB-	B+	B-
Gefährdet	-	-	-	B+	B	CCC+
Indikatoren des finanziellen Risikos						
operativer Cashflow / Verschuldung	> 60	45-60	30-45	20-30	12-20	< 12
Verschuldung / EBITDA	< 1,5	1,5-2	2-3	3-4	4-5	> 5
Verschuldungsgrad	< 25	25-35	35-45	45-50	50-60	> 60

Tabelle 4-21: Risikomatrix von Standard & Poor's[898]

[889] Vgl. BAETGE, J./KEITZ, I. VON/WÜNSCHE, B., Bilanzbonitäts-Rating von Unternehmen, S. 485. Moody's KMV RiskCalc® stellt eine Weiterentwicklung des BBR dar, vgl. hierzu bspw. BAETGE, J./MELCHER, T./SCHMIDT, M., Moderne Bilanzanalyse, S. 152; BAETGE, J./KEITZ, I. VON/WÜNSCHE, B., Bilanzbonitäts-Rating von Unternehmen, S. 488-493; THUN, C., Moody's KMV RiskCalc®, S. 125-138.

[890] Vgl. BAETGE, J./MANOLOPOULOS, P. R., Bilanz-Ratings, S. 356.

[891] Vgl. BAETGE, J./KIRSCH, H.-J./THIELE, S., Bilanzanalyse, S. 564 und 572.

[892] Vgl. BAETGE, J./HOLLMANN, S., BBR-Bilanz-Rating, S. 339. Vgl. detaillierter zur Entwicklung des Verfahrens BAETGE, J./MANOLOPOULOS, P. R., Bilanz-Ratings, S. 353-356.

[893] Vgl. BAETGE, J./KIRSCH, H.-J./THIELE, S., Bilanzanalyse, S. 573.

[894] Vgl. BAETGE, J./MANOLOPOULOS, P. R., Bilanz-Ratings, S. 358.

[895] Vgl. BAETGE, J./HOLLMANN, S., BBR-Bilanz-Rating, S. 338.

[896] Vgl. BAETGE, J./KEITZ, I. VON/WÜNSCHE, B., Bilanzbonitäts-Rating von Unternehmen, S. 493.

[897] Vgl. ähnlich ADERS, C./DODEL, K., Aktuelle Entwicklungen, S. 31.

Durch die Matrix ordnet Standard & Poor's den Ratingklassen typische Risikokombinationen zu und versucht so, die Transparenz des Ratingprozesses zu erhöhen.[899] Auf Basis der Risikoprofile können aber auch synthetische Ratings abgeleitet werden, indem das Bewertungsobjekt anhand der Kriterien einer bestimmten Ratingklasse zugeordnet wird. Zur Ableitung des operativen Risikoprofils sind u. a. das Länder- und Branchenrisiko, die Wettbewerbsposition sowie die Profitabilität zu berücksichtigen.[900] Im Anschluss daran kann das finanzielle Risiko über die entsprechenden Indikatoren abgeleitet werden. Indes betont Standard & Poor's, dass auch weitere quantitative und qualitative Faktoren zu berücksichtigen sind.[901] Aus der Kombination des operativen und finanziellen Risikoprofils kann letztlich eine Ratingklasse für das Bewertungsobjekt bestimmt werden.

Die grundsätzliche Idee, Transparenz über die Ratingkriterien zu schaffen, ist positiv zu beurteilen, allerdings erscheint es fraglich, inwieweit auf dieser Basis ein synthetisches Rating bspw. für KMU erstellt werden kann. Insbesondere hinsichtlich des operativen Risikoprofils fehlen quantitative Angaben, anhand derer das Bewertungsobjekt einer Risikoausprägung zuzuordnen ist. Allein auf Basis der von Standard & Poor's veröffentlichten qualitativen Kriterien ist die Zuordnung ermessensbehaftet. Dieser Ermessensspielraum kann ggf. durch den Rückgriff auf ein Vergleichsunternehmen eingeschränkt werden. Sofern ein geratetes Unternehmen mit vergleichbaren operativen Risikoeigenschaften existiert, kann dieses einem bestimmten operativen Risikoprofil zugeordnet werden. Im Anschluss daran kann für das Bewertungsobjekt, unter Berücksichtigung der finanziellen Indikatoren, aus der Risikomatrix ein Rating abgelesen werden. Hieran knüpft indes wiederum das Problem an, ein identisches Vergleichsunternehmen zu finden, sodass die praktische Umsetzbarkeit eingeschränkt ist. Insbesondere wenn kein vergleichbares geratetes Unternehmen existiert, erscheint der Ansatz ungeeignet.

432.23 Ableitung von Ausfallwahrscheinlichkeiten auf Basis simulationsbasierter Ratingverfahren

432.231. Vorbemerkung

Simulationsbasierte Ratingverfahren unterscheiden sich von den zuvor vorgestellten Ansätzen v. a. dahingehend, dass dem Unternehmen keine historische Ausfallrate zugeordnet wird, sondern dass versucht wird, eine zukunftsorientierte Ausfallwahrscheinlichkeit abzuleiten. Hierbei wird auf Simulationsverfahren[902] zurückgegriffen, die die Unternehmensentwicklung in verschiedenen Szenarien abbilden.[903] Auf diese Weise wird die Ausfallwahrscheinlichkeit nicht auf Basis einer Vertei-

[898] Vgl. Standard & Poor's, Risiko Matrix; Aders, C./Dodel, K., Aktuelle Entwicklungen, S. 31.

[899] Vgl. Standard & Poor's, Analytical Methodology, Abschn. *Business Risk/Financial Risk Matrix.*

[900] Vgl. Standard & Poor's, Analytical Methodology, Abschn. *Business Risk Considerations.*

[901] Vgl. Standard & Poor's, Analytical Methodology, Abschn. *Financial Risk Considerations.*

[902] Vgl. zur begrifflichen Abgrenzung von Simulationsverfahren Hinners-Tobrägel, L., Überlebensfähigkeit von Unternehmen, S. 35-37.

[903] Vgl. Gleißner, W., Wertorientierte Analyse, S. 421.

lungsfunktion bestimmt, sondern ausgehend von den simulierten Ergebnisausprägungen eine zugehörige Wahrscheinlichkeitsverteilung ermittelt.[904]

432.232. Darstellung simulationsbasierter Ratingverfahren

Ausgangspunkt der Simulationsverfahren stellt die **Unternehmensplanung** dar, die auch der Unternehmensbewertung zugrunde liegt.[905] So wird sichergestellt, dass Rating und Unternehmensbewertung auf der gleichen Datenkonstellation beruhen. Ausgehend von der integrierten Unternehmensplanung sind **Risiken** zu identifizieren und deren Einfluss auf die Planung zu analysieren.[906] Hierzu wird die Relevanz der identifizierten Risiken beurteilt und eine entsprechende Verteilungsfunktion zugeordnet. Die (bedeutenden) Einzelrisiken werden dabei mit den entsprechenden GuV- bzw. Bilanzposten verknüpft.

Schließlich werden auf Basis einer **Monte-Carlo-Simulation**[907] zahlreiche unabhängige **Simulationsläufe** durchgeführt, die die relevante Stichprobe darstellen.[908] In den jeweiligen Simulationsläufen wird geprüft, ob eine Insolvenz vorliegt. In einem solchen Fall wird die Simulation abgebrochen.[909] Auf Basis der möglichen Ausprägungen der Zielgröße (z. B. Cashflow oder Gewinn) lassen sich Insolvenzwahrscheinlichkeiten ableiten.[910] Durch den simulationsbasierten Ansatz ist es aber auch möglich, dass die Insolvenzwahrscheinlichkeit bereits bei der Ermittlung des Erwartungswerts der Cashflows erfasst wird, indem direkt ein unbedingter Erwartungswert ermittelt wird.[911]

Ein **Vorteil** dieser Verfahren wird dabei in der **konsistenten Ableitung** von Rating und Unternehmensplanung gesehen.[912] Es wird auch deutlich, dass simulationsbasierte Ratingverfahren von dem bisherigen Begriffsverständnis des Ratings z. T. abweichen. Ein bedeutender Unterschied liegt darin, dass die simulationsbasierten Ratingverfahren nicht über eine Ratingklasse auf historische Ausfallraten schließen, sondern dass direkt die **erwartete künftige Ausfallwahrscheinlichkeit** ermittelt wird. Dies bedeutet, dass es sich hierbei nicht um eine relative, sondern um eine absolute Bewertung handelt. Die simulationsbasierten Ratingverfahren sind entsprechend auch dann anwendbar, wenn **keine historischen Daten** des Unternehmens oder Ausfalldaten vergleichbarer Unter-

---

904 Vgl. WERTHSCHULTE, H., Risikosimulation, S. 69.

905 Vgl. GLEIẞNER, W., Unternehmenswert, S. 740.

906 Vgl. zum Prozess der Risikoidentifikation bspw. NIMWEGEN, S., Fraud, S. 90 f.

907 Durch die Monte-Carlo-Simulation können Verteilungsfunktionen für unsichere Parameter bestimmt werden. Vgl. COENENBERG, A. G., Monte-Carlo-Simulation, S. 799; MATSCHKE, M. J./BRÖSEL, G., Unternehmensbewertung, S. 259.

908 Vgl. WERTHSCHULTE, H., Risikosimulation, S. 70. Vgl. auch zur Vorgehensweise der Monte-Carlo-Simulation GLEIẞNER, W., Auf nach Monte Carlo, S. 32 f.

909 Vgl. GLEIẞNER, W., Unternehmenswert, S. 741 f.

910 Vgl. GLEIẞNER, W., Unternehmenswert, S. 741.

911 Vgl. GLEIẞNER, W., Unternehmenswert, S. 742.

912 Vgl. GLEIẞNER, W., Unternehmenswert, S. 740.

nehmen verfügbar sind.[913] Kritisiert wird an Simulationsmodellen indes, dass sie regelmäßig *Blackbox*-Modelle darstellen, d. h., dass die Ergebnisse für Dritte kaum nachvollziehbar sind.[914]

432.233. Unternehmensplanung und Risikoidentifizierung

Bedeutend für die Anwendbarkeit der Simulationsverfahren ist eine integrierte Unternehmensplanung, d. h. eine konsistente Planung von GuV und Bilanz. Die grundsätzliche Erstellung einer solchen integrierten Planung sollte kein Problem darstellen bzw. bereits für die Unternehmensbewertung vorhanden sein.[915] Kritischer ist hierbei die **Datenverfügbarkeit**. Je nach **Bewertungsanlass** kann dem Bewerter nur beschränkter Zugang zu den Unternehmensplanzahlen vorliegen.

Besonders relevant erscheint die Datenverfügbarkeit hinsichtlich der **Risikoanalyse**.[916] Da letztlich die Verteilungsfunktion des Eigenkapitals bestimmt werden soll, um hieraus die Insolvenzwahrscheinlichkeit abzuleiten, sind zunächst die Einflussfaktoren auf das Eigenkapital zu bestimmen.[917] Hierbei müssen alle **relevanten Einzelrisiken** identifiziert, ihre **Eintrittswahrscheinlichkeiten** abgeschätzt und die **Wertauswirkungen** quantifiziert werden.[918] Das Vorgehen setzt indes voraus, dass der Bewerter über die entsprechenden Informationen verfügt, d. h., dass er Kenntnis über die unternehmensspezifischen Risiken des Bewertungsobjekts hat, oder zumindest den Prozess der Unternehmensplanung kennt, um hier die relevanten, unsicheren Planannahmen identifizieren zu können.

Letztlich sind stets Annahmen zu den Risiken erforderlich, die v. a. die Intensitäts- sowie Quantitätsdimension der Risiken bzw. Verteilungsannahmen der einzelnen Risiken betreffen.[919] Die simulationsbasierten Ratingverfahren gehen folglich mit erheblichen **Ermessensspielräumen** einher, da eine objektivierte Ableitung der Input-Parameter regelmäßig kaum möglich ist. Auch die Zuordnung der identifizierten Einzelrisiken zu den entsprechenden GuV-, Bilanz- und Cashflow-Posten birgt Ermessensspielräume und erfordert eine hohe Kenntnis über den zugrunde liegenden Sachverhalt.

---

913 Vgl. GLEIßNER, W./BEMMANN, M., Die Rating-Qualität verbessern, S. 53.

914 Vgl. HINNERS-TOBRÄGEL, L., Überlebensfähigkeit von Unternehmen, S. 38 f.

915 Vgl. IDW (Hrsg.), IDW S 1 (2008), Rn. 27; GLEIßNER, W., Unternehmenswert, S. 741.

916 Vgl. ausführlich zum Risikomanagement KLEIN, M./HÖFNER, A., Risikomanagement, S. 8-10.

917 Vgl. GLEIßNER, W./LEIBBRAND, F., Indikatives Rating, S. 384.

918 Vgl. KLEIN, M./HÖFNER, A., Risikomanagement, S. 8 f. Dieser Ansatz wird auch als Risikomanagement-Ansatz bezeichnet, vgl. GLEIßNER, W., Wertorientierte Analyse, S. 420. Alternativ hierzu greift der Controlling-Ansatz auf die Unternehmensplanung zurück auf deren Basis unsichere Planungsannahmen identifiziert werden sollen. Diesen wird anschließend eine Verteilungsannahme zugeordnet.

919 Vgl. GLEIßNER, W./LEIBBRAND, F., Indikatives Rating, S. 387; GLEIßNER, W., Wertorientierte Analyse, S. 420.

432.234. Übertragbarkeit der simulationsbasierten Ausfallwahrscheinlichkeit auf die Eigenkapitalgebersicht

Der konzeptionelle Kritikpunkt an den klassischen Ratingverfahren, d. h. der Unterschied zwischen der Insolvenz- und der Ausfalldefinition, ist für simulationsbasierte Ratingverfahren nicht relevant. Vielmehr liegt der **Vorteil** der simulationsbasierten Ratingverfahren darin, dass direkt auf die für die Eigenkapitalgeber relevante Insolvenz des Unternehmens abgestellt werden kann. Auch kann hinsichtlich des Insolvenzgrunds in Überschuldung und Zahlungsunfähigkeit unterschieden werden.[920] Da im Simulationsmodell das Ereignis Insolvenz dann eintritt, wenn das Unternehmen überschuldet oder zahlungsunfähig ist, nehmen die simulationsbasierten Ratingverfahren, anders als die klassischen Ratingverfahren, die Perspektive der Eigenkapitalgeber ein.

Die Eignung der Modelle hängt indes von der **modelltechnischen Abbildung** der Insolvenz ab. Hierbei ist entscheidend, wie bspw. der Eigenkapitalbestand definiert wird, d. h., von welchen Parametern er beeinflusst wird. GLEIßNER beschreibt ein einfaches Modell zur Bestimmung der Überschuldungswahrscheinlichkeit, bei dem das Eigenkapital vom Bestand der Vorperiode sowie dem Jahresergebnis abhängt, das Jahresergebnis wiederum durch das EBIT sowie den Zinsaufwand des Unternehmens bestimmt wird.[921] In diesem vereinfachenden Beispiel wird u. a. von Steuereinflüssen sowie Eigenkapitalzuführungen und -entnahmen abstrahiert. Allerdings wird bereits in diesem Beispiel sichtbar, dass die Modellierung der Insolvenzgründe von zahlreichen Annahmen abhängt. Sobald von vereinfachenden Prämissen abstrahiert wird, um realistischere Umweltbedingungen abzubilden, steigt die **Komplexität** des Modells und mithin die Anzahl zu treffender Annahmen.

432.3 Kritische Würdigung

432.31 Vorbemerkung

Der IDW S 1 differenziert nach subjektiver und objektivierter Unternehmensbewertung. Auch wenn subjektive und objektivierte Unternehmensbewertung grundsätzlich auf dem gleichen Bewertungskalkül basieren, unterscheiden sie sich in mehrfacher Hinsicht. Während der **objektivierten Unternehmensbewertung** typisierende Annahmen zugrunde liegen und auf die Nachprüfbarkeit der Informationen abgestellt wird, hat die Objektivierung in der **subjektiven Unternehmensbewertung** eine geringere Bedeutung. So können in der subjektiven Unternehmensbewertung Parameter auch dann verwendet werden, wenn diese nicht intersubjektiv nachprüfbar sind.[922] Grundsätzlich kann aber auch für den Investor im subjektiven Bewertungsanlass eine objektivierte Ableitung der Bewertungsparameter vorteilhaft sein, da hierdurch sein Ermessen eingeengt wird, wodurch einer willkürlichen Parameterwahl vorgebeugt werden kann. Aufgrund der abweichenden Zwecksetzung der beiden Bewertungskonzeptionen sollen die Ratingverfahren im Folgenden hinsichtlich ihrer

[920] Vgl. GLEIßNER, W./BEMMANN, M., Die Rating-Qualität verbessern, S. 53.

[921] Vgl. GLEIßNER, W., Wertorientierte Analyse, S. 423 f.

[922] Vgl. IDW (Hrsg.), WP Handbuch, Rn. A 112.

Eignung sowohl für die objektivierte als auch für die subjektive Bewertung kritisch gewürdigt werden. Hierbei soll auch auf die unterschiedlichen Bewertungsobjekte eingegangen werden.

432.32 Kritische Würdigung der Ableitung von Insolvenzwahrscheinlichkeiten auf Basis externer Ratings

432.321. Grundsatz der Objektivierung

Als wichtige Anforderung der objektivierten Unternehmensbewertung gilt die Erfüllung der Objektivierbarkeit, d. h. die intersubjektive Nachprüfbarkeit des Bewertungsergebnisses und der Parameter. Entsprechend ist die Ermittlung ratingbasierter Ausfallraten vor diesem Kriterium zu würdigen.

Ratingagenturen betonen regelmäßig ihre **Unabhängigkeit** und **Objektivität**.[923] Für die Agenturen sind diese Eigenschaften wichtige Markenzeichen und stehen für die Glaubwürdigkeit der Ratingurteile.[924] Objektivierbarkeit i. S. v. intersubjektiver **Nachprüfbarkeit der Ratingurteile** ist dabei allerdings grundsätzlich nicht gegeben. Dies liegt an der fehlenden Transparenz der Ratingsysteme.[925] Die Ratingagenturen veröffentlichen zwar regelmäßig die wichtigsten Ratingkriterien, Informationen zur Erstellung des Urteils und zur Verknüpfung der Kriterien werden indes nicht kommuniziert.[926] Da bei Credit Ratings i. d. R. auch qualitative Informationen verarbeitet werden, ist der Prozess der Ratingerstellung zusätzlich von einer hohen Subjektivität geprägt.[927] Daher wird die Unabhängigkeit z. T. auch kritisch hinterfragt, v. a. da die Ratingagenturen i. d. R. von den Unternehmen **mandatiert** werden, die sie bewerten sollen.[928] Hieraus kann ein Interessenskonflikt zwischen sachgerechter Beurteilung und Kundenbindung resultieren. Ein schlechtes Rating für den Mandanten wird tendenziell die Wahrscheinlichkeit von Folgeaufträgen reduzieren. Auch das sog. ***Rating-Shopping*** kann die Unabhängigkeit tangieren.[929] In diesem Fall beauftragt das Unternehmen bei einem schlechten Rating eine andere Agentur mit der Ratingerstellung bzw. veröffentlicht nur das Rating mit der besten Einschätzung.[930] Beides kann dazu führen, dass sich der Wettbewerb zwischen den Ratingagenturen verschärft, die dann durch positive Ratingeinschätzungen versuchen können, Kunden zu halten bzw. neu zu gewinnen. Letztlich resultiert hieraus eine sinkende Ratingqualität, sodass das Ratingurteil ggf. verzerrt ist und damit nicht mehr die tatsächlichen Ausfallrisi-

---

[923] Vgl. STANDARD & POOR'S, Credit Rating, S. 6; BERBLINGER, J., Marktakzeptanz des Ratings, S. 45. Unabhängigkeit und Objektivität der Ratingagentur stellen auch Zulassungsvoraussetzungen für den Standardansatz nach Basel II dar. Vgl. hierzu KÜHNE, J., Rating und Rating-Prozess, S. 409 sowie Abschn. 442.11.

[924] Vgl. SERFLING, K., Credit Rating, S. 736.

[925] Vgl. HOFFMANN, P., Bonitätsbeurteilung, S. 94; SCHIFFEL, S., Implizite Ausfallwahrscheinlichkeiten, S. 53.

[926] Vgl. EVERLING, O., Credit Rating, S. 292 f.; SERFLING, K., Credit Rating, S. 734.

[927] Vgl. STEINER, M., Rating, S. 515. Indes kritisch zur Bedeutung der qualitativen Faktoren LEFFERS, B., Rating, S. 363 f.

[928] Vgl. STEINER, M., Rating, S. 515; STRAUß, S., Determinanten von Credit Spreads, S. 17; JORION, P., Financial Risk Manager Handbook, S. 496.

[929] Vgl. GÜTTLER, A., Rate the Raters, S. 285.

[930] Vgl. STEINER, M., Rating, S. 515; EVERLING, O., Mehr als nur zwei Ratings, S. 253 f.

ken abbildet.[931] Auch im Zusammenhang mit der Finanzkrise 2008/2009 ist die Unabhängigkeit bzw. Verlässlichkeit der Ratingagenturen stark kritisiert worden, da durch die gute Beurteilung bestimmter Finanzprodukte die hiermit verbundenen Risiken nicht adäquat widergespiegelt wurden.[932]

Die Intransparenz der externen Ratingsysteme und die hieraus ggf. resultierende Beeinträchtigung der Unabhängigkeit werden von den Nutzern der Ratings jedoch nicht als Nachteil empfunden.[933] Entscheidend ist eher die **Nachvollziehbarkeit**, d. h. die Plausibilität und Verständlichkeit der Ratingurteile, als deren Nachprüfbarkeit, was, abgesehen von der fehlenden Datenverfügbarkeit, auch nicht mit dem Komplexitätsreduktionszweck vereinbar wäre.[934] Für die objektivierte Unternehmensbewertung stellt diese **fehlende Nachprüfbarkeit** daher kein großes Problem dar, zumal für den **Bewerter** hierdurch **keine Ermessensspielräume** entstehen. Ermessensspielräume können indes für den Bewerter aus anderen Sachverhalten, bspw. der Wahl der Ratingagentur oder des Ratings resultieren.

Wie die Analyse zuvor gezeigt hat, weichen die Ausfallraten zwischen den Ratingagenturen z. T. leicht ab. Ebenso treten gelegentlich sog. *Split Ratings* auf, sodass die Wahl der Ratingagentur durchaus Einfluss auf die Bewertung ausüben kann. Um die Ermessensspielräume im Fall von divergierenden Ratings für die objektivierte Unternehmensbewertung einzuschränken, bietet es sich an, Durchschnittswerte aus den abweichenden Urteilen zu bilden, sodass das Ausfallrisiko als **Durchschnitt** auf Basis der divergierenden Ratingurteile berechnet wird.

Da letztlich nicht nur ein Rating bzw. eine historische Ausfallrate existiert, entstehen zusätzliche Ermessensspielräume für den Bewerter. Indes wurde bereits in der Analyse herausgestellt, dass als Rating grundsätzlich das **langfristige Emittentenrating** sachgerecht ist. Hinsichtlich der Ausfallrate wäre eine branchenbezogene Differenzierung wünschenswert, allerdings sind die entsprechenden Informationen regelmäßig nicht öffentlich verfügbar. Die **regionale Differenzierung** kann hingegen berücksichtigt werden, sodass für deutsche Unternehmen regelmäßig europäische Ausfallraten zu verwenden sind, da diese üblicherweise die Rahmenbedingungen des Unternehmens besser widerspiegeln als weltweite Daten. Ermessensspielräume können somit durch diese Standardisierungen weitgehend eingeschränkt werden.

Auch die **Ableitung der jährlichen Ausfallrate** wird von Ermessensspielräumen tangiert. In der Analyse wurde bereits herausgestellt, dass die Ausfallrate der ewigen Rente auf Basis von **einperiodigen Durchschnitten** zu berechnen ist. Spielräume ergeben sich hierbei aus der Wahl des Beobachtungszeitraums. Grundsätzlich erscheint es sachgerecht, ein bis zwei Konjunkturzyklen

931 Vgl. RANDOW, P. VON, Rating und Regulierung, S. 551.

932 Vgl. STRAUß, S., Determinanten von Credit Spreads, S. 17.

933 Vgl. HOFFMANN, P., Bonitätsbeurteilung, S. 95; SERFLING, K., Credit Rating, S. 743. Vielmehr wird die Subjektivität aufgrund der Einbeziehung der Erfahrung der Ratingagenturen als Vorteil empfunden. Vgl. STEINER, M., Rating, S. 513.

934 Vgl. SÖNNICHSEN, C., Versicherungsrating, S. 333.

zugrunde zu legen, um eine repräsentative Ausfallrate zu ermitteln. Sofern Angaben zu den Ausfallraten sowie den gerateten Unternehmen der jeweiligen Ratingklassen verfügbar sind, können die Durchschnitte direkt berechnet werden. Alternativ können sie auch aus den durchschnittlichen kumulierten Ausfallraten abgelesen werden. Für die Verwendung der (kumulierten) einjährigen Durchschnittswerte spricht die Tatsache, dass hierdurch bereits ein Zeitraum vorgegeben ist, sodass sich aus der Wahl der einzubeziehenden Perioden kein weiterer Spielraum ergibt. Auch kann so zur Abbildung der Ratingmigration auf bereits existierende Daten zurückgegriffen werden, die bei der direkten Durchschnittsbildung erst berechnet werden müssten, was indes wiederum an der Datenverfügbarkeit scheitert. Somit bietet der Rückgriff auf die von den **Ratingagenturen veröffentlichten Ausfallraten** insbesondere in der praktischen Umsetzung Vorteile. Um die Ausfallrate für die Phase der ewigen Rente zu ermitteln, bietet sich im Sinne der Objektivierung ebenfalls ein Rückgriff auf die von den Ratingagenturen veröffentlichten **Migrationsmatrizen** an, da hier von weiterem Ermessen abstrahiert werden kann. Allerdings sollte stets überprüft werden, ob der vorgegebene Zeitraum tatsächlich näherungsweise verwendet werden kann, oder ob hierdurch bestimmte, z. B. branchenspezifische Entwicklungen nur unzureichend abgebildet werden.

Ein weiterer Spielraum resultiert aus der **Wahl des Ratingobjekts**. Wird das Bewertungsobjekt von einem anderen Unternehmen gekauft, um es im Anschluss auf dieses zu verschmelzen, stellt sich die Frage, ob die Ratingklasse des bisherigen Unternehmens (des Bewertungssubjekts) oder die des Bewertungsobjekts für die Bestimmung der Insolvenzwahrscheinlichkeit herangezogen werden sollte.

Für die Verwendung der **Ratingklasse des Käufers** spricht, dass dieser bei guter Bonität das Bewertungsobjekt in Zukunft durch die eigene Finanzkraft unterstützen kann und somit die geplanten Cashflows des Bewertungsobjekts einem geringeren Ausfallrisiko unterliegen. Die Verwendung des bisherigen Ratings würde daher die künftigen Risiken mitunter überschätzen. Allerdings sprechen auch **Argumente gegen** die Verwendung des Ratings des Bewertungssubjekts. In der **objektivierten Unternehmensbewertung** ist grundsätzlich von der Ratingeinstufung des Bewertungsobjekts auszugehen, da hier unabhängig von einem konkreten Bewertungssubjekt der Wert bestimmt werden soll und daher keine spezifische Perspektive eingenommen werden kann. In der **subjektiven Unternehmensbewertung** ist die Ermittlung eines Entscheidungswerts das grundsätzliche Ziel der Bewertung, d. h., die Bewertung zielt auf die Ermittlung der **Grenze der Konzessionsbereitschaft** ab. Diese ist dadurch begrenzt, dass das Bewertungssubjekt nach der Transaktion nicht schlechter als vor der Transaktion stehen darf. Durch die Übernahme eines Unternehmens mit geringerem Rating kann jedoch auch das eigene Rating tangiert werden. Die Auswirkung auf die eigene Ratingnote hängt dabei bspw. von der eigenen Kapitalstruktur, der Größe des zu übernehmenden Unternehmens sowie vom Cashflow und der Finanzierungsstruktur der Transaktion ab.[935] So ist es möglich, dass das Gesamtunternehmen nach der Übernahme, bspw. aufgrund einer teilweisen Fremdfinanzierung der Transaktion, eine Ratingherabstufung im Vergleich zur vorigen Ratingnote des Käufers

[935] Vgl. FREY, F., Ratingmethodik, S. 141.

erfährt. In diesem Fall wäre die Verwendung des Ratings des Bewertungssubjekts nicht sachgerecht.

Als Orientierung kann in diesem Sachverhalt die Berücksichtigung von Synergien dienen. In der subjektiven Unternehmensbewertung sind sämtliche Synergien, also echte und unechte Synergien zu erfassen.[936] **Echte Synergien** sind solche, die nur zwischen dem Bewertungsobjekt und einem bestimmten Käufer entstehen. Die Insolvenzwahrscheinlichkeit kann daher u. U. als ein echter Synergieeffekt interpretiert werden, nämlich dann, wenn durch die Übernahme des Bewertungsobjekts die Insolvenzwahrscheinlichkeit des künftigen Gesamtunternehmens geringer (oder höher) als die Summe der Insolvenzrisiken der beiden einzelnen Unternehmen ist. Dies ist bspw. denkbar, wenn die beiden einzelnen Unternehmen zuvor um die gleichen Kunden konkurriert haben und durch den Zusammenschluss aufgrund der stärkeren Wettbewerbsposition geringeren Umsatzschwankungen unterliegen.

Eine allgemeine Aussage für den zuvor beschriebenen Fall ist aber nicht möglich, sodass je nach Bewertungskonzeption zu unterscheiden ist. Mit der **objektivierten** Unternehmensbewertung ist die Berücksichtigung eines konkreten Bewertungssubjekts nicht vereinbar. Für die **subjektive** Bewertung ist es indes denkbar, dass die Insolvenzrisiken des Gesamtunternehmens als echter Synergieeffekt in die Bewertung einbezogen werden. Das vorige Rating eignet sich in diesem Fall nur eingeschränkt, da hierdurch i. d. R. keine sachgerechte Abbildung der **künftigen Risiken**, d. h. der Risiken nach der Unternehmenstransaktion, möglich ist. Indes knüpft hier die Frage der Quantifizierung des neuen Ratings an. Nur die Durchführung eines Ratingverfahrens auf das neue Unternehmen könnte in einem solchen Fall eine adäquate Lösung bieten. In diesem Fall müsste allerdings die Ratingagentur in den Transaktionsprozess involviert werden und sämtliche ratingrelevanten Sachverhalte der Agentur offengelegt werden. Neben den zusätzlichen Kosten[937] der Ratingerstellung spricht wohl regelmäßig auch die nicht unerhebliche Dauer des Ratingprozesses gegen ein solches „Transaktionsrating".[938] Für die praktische Umsetzung in der subjektiven Unternehmensbewertung verbleiben daher Ermessensspielräume, die aber durch eine Orientierung an den bestehenden Ratings von Käufer und Bewertungsobjekt eingeschränkt werden können. So kann für die Bewertung eine durchschnittliche Ausfallwahrscheinlichkeit auf Basis der beiden einzelnen Ratingklassen ermittelt werden, indem die Ausfallraten der beiden Unternehmen bspw. anhand der Marktkapitalisierung gewichtet werden.[939]

Zusammenfassend können die beschriebenen Ermessensspielräume durch Standardisierungen weitgehend eliminiert werden, sodass auf externen Ratings basierende Ausfallraten grundsätzlich als

936 Vgl. Abschn. 233.1.

937 Vgl. HEINKE, V. G., Bonitätsrisiko, S. 35 f.

938 So wird der Zeitraum zur Ratingerstellung von den externen Ratingagenturen mit bis zu 90 Tagen angegeben. Vgl. hierzu FISCHER, J./HOLZKÄMPER, H., Rating Advisory, S. 72 und 80 f.; DIMITRAKOPOULOS, D./SPAHR, R., Ratingverfahren, S. 153 und 156 f.

939 Vgl. analog zu Aufteilungsverfahren in Verschmelzungsfällen bspw. IDW (Hrsg.), WP Handbuch, Rn. D 58-D 63.

vereinbar mit dem Grundsatz der Objektivierung der Unternehmensbewertung anzusehen sind. Konkret ist bei abweichenden Ratingurteilen die durchschnittliche Ausfallrate der verschiedenen Ratings zu ermitteln. Während für die Detailplanungsperioden auf die jeweiligen durchschnittlichen kumulierten Ausfallraten abzustellen ist, sollte die Ausfallrate für die ewige Rente typisierend auf Basis der durchschnittlichen einjährigen Ausfallraten ermittelt werden. Die Fortschreibung der Ratingklasse bis zum Beginn der ewigen Rente ist auf Basis der Migrationsmatrizen vorzunehmen. Um Ermessensspielräumen hinsichtlich des Beobachtungszeitraums vorzubeugen, sollte dabei auf die von den Ratingagenturen veröffentlichten Informationen zurückgegriffen werden. Da diese Daten regelmäßig auf längeren Zeiträumen basieren, bei Standard & Poor's umfasst die Durchschnittsbildung die Jahre 1981-2010, und daher ggf. die aktuellen Verhältnisse unterrepräsentieren, wäre es wünschenswert, wenn die Ratingagenturen regional differenzierte Durchschnittswerte über die vergangenen ein bis zwei Konjunkturzyklen veröffentlichen würden. Im folgenden Abschnitt wird nun die Vereinbarkeit mit dem Grundsatz der Zukunftsorientierung gewürdigt.

432.322. Grundsatz der Zukunftsorientierung

Zur Beurteilung des Zukunftsbezugs von Ratings ist zu differenzieren nach dem Zukunftsbezug der einbezogenen Informationen und der Aktualität des Ratingurteils. Hinsichtlich des Zukunftsbezugs der einbezogenen Informationen stellt sich die Frage, inwieweit die in der **Bewertung** berücksichtigte Unternehmensplanung adäquat im **Rating** abgebildet ist. Hierbei ist zu beachten, dass die dem Ratingurteil zugrunde liegenden Informationen von der **Unternehmensplanung** abweichen können.[940] In der Unternehmensbewertung wird die zum Bewertungsstichtag erwartete künftige Entwicklung des Unternehmens berücksichtigt, d. h., es werden regelmäßig Annahmen über ein bestimmtes Umsatzwachstum in das Bewertungsmodell integriert. Ebenso wird ggf. die geplante künftige Kapitalstruktur bei der Bewertung berücksichtigt.

Die **Ratingagenturen** beziehen bei der Urteilsbildung, wie bereits in Abschnitt 432.211 beschrieben, auch zukunftsbezogene Daten ein. Beispielsweise werden regelmäßig die **Unternehmensplanung** und strategische Sachverhalte erfasst.[941] Der Fokus liegt allerdings aufgrund der Fremdkapitalgeberorientierung auf der Sicherstellung der Bonität, d. h., Wachstumsszenarien sind von geringerer Relevanz.[942] Somit werden geplante Entwicklungen in den Ratingurteilen i. d. R. nur unzureichend berücksichtigt. Dies kann dazu führen, dass die der Unternehmensbewertung zugrunde liegende Planung eine andere Ratingnote ergeben würde, als das tatsächliche Ratingurteil abbildet, das diese Planung nicht berücksichtigt. In diesem Fall wären Ratingnote und Unternehmensbewertung nicht konsistent, da sie auf abweichenden Daten basieren.[943]

---

940 Vgl. GLEIßNER, W., Unternehmenswert, S. 740.

941 Vgl. HIELSCHER, U., Investmentanalyse, S. 222.

942 Vgl. HIELSCHER, U., Investmentanalyse, S. 222; STANDARD & POOR'S, Analytical Methodology, Abschn. *Business Risk Considerations*.

943 Vgl. GLEIßNER, W., Unternehmenswert, S. 740.

In der **objektivierten Unternehmensbewertung** wird regelmäßig auf die mittelfristige **Unternehmensplanung** zurückgegriffen.[944] Da hierbei die Sicht der Eigenkapitalgeber im Vordergrund steht, werden entsprechend Wachstumsszenarien adäquat berücksichtigt. Dennoch ist hierbei von einem unveränderten Unternehmenskonzept auszugehen, d. h., die Unternehmensplanung basiert auf den aktuellen Möglichkeiten des Unternehmens.[945] Dementsprechend berücksichtigen sowohl das Ratingverfahren als auch die Unternehmensbewertung die originäre Unternehmensplanung, setzen bei der Abschätzung der künftigen Szenarien aber z. T. unterschiedliche Schwerpunkte. Da die Ratingagenturen im Sinne der Fremdkapitalgeber einen stärkeren Fokus auf die Bestandsfestigkeit des Unternehmens legen, kann davon ausgegangen werden, dass eher eine vorsichtige Beurteilung des Unternehmens stattfindet. Damit wird das Ratingurteil tendenziell unter den Erwartungen der Eigenkapitalgeber liegen. Rating und Unternehmensbewertung berücksichtigen somit regelmäßig die Zukunftsannahmen in unterschiedlichem Maße. Da beiden Verfahren die Fortführung in unverändertem Konzept zugrunde liegt, sind die Abweichungen hieraus aber eher gering. Somit ist dem **Kritikpunkt der Inkonsistenz** von Rating und Unternehmensbewertung **grundsätzlich zuzustimmen**, indes ist dieser Problembereich vor dem Hintergrund der objektivierten Unternehmensbewertung zu relativieren, da die Unternehmensplanung nicht durch subjektive Vorstellungen beeinflusst ist. Der grundsätzlichen Verwendung von ratingbasierten Insolvenzwahrscheinlichkeiten steht dieser Problembereich in der **objektivierten Unternehmensbewertung** nicht entgegen.[946]

Bei der **subjektiven Unternehmensbewertung** sind die in der objektivierten Bewertung erforderlichen Typisierungen durch individuelle Konzepte und Vorstellungen zu ersetzen.[947] Hierbei können bspw. geplante, aber noch nicht eingeleitete sowie noch nicht hinreichend konkretisierte Maßnahmen bei der Bestimmung der bewertungsrelevanten Cashflows berücksichtigt werden.[948] Dies hat insbesondere dann bedeutende Auswirkungen, wenn das Bewertungssubjekt strukturelle Veränderungen des Unternehmens plant, die bspw. in umfassenden Investitionen oder Desinvestitionen liegen können. Diese Maßnahmen beeinflussen zudem üblicherweise auch die Ertragslage sowie die Kapitalstruktur des Unternehmens, was letztlich auch Auswirkungen auf die Ratingeinschätzung haben kann.

Plant das Bewertungssubjekt mit einem veränderten Unternehmenskonzept, ist davon auszugehen, dass dem Rating eine abweichende Informationsbasis zugrunde liegt. Somit basiert das Rating auf veralteten Daten, sodass die Einschätzung für die Zukunft nicht repräsentativ ist. Speziell im Rahmen der **subjektiven Unternehmensbewertung** spielt diese Inkonsistenz eine bedeutende Rolle, da

944 Vgl. IDW (Hrsg.), WP Handbuch, Rn. A 77.

945 Vgl. Abschn. 233.1.

946 Im Falle eines „*Unsolicited Ratings*“ fehlen den Ratingagenturen indes interne Informationen hinsichtlich der Unternehmensplanung, sodass die Entwicklung nur auf Basis öffentlich zugänglicher Informationen zu prognostizieren ist. Dies kann zu größeren Inkonsistenzen zwischen Ratingurteil und Unternehmensbewertung führen, sodass das Ratingurteil die künftigen Risiken des Unternehmens schlechter abbilden kann.

947 Vgl. IDW (Hrsg.), WP Handbuch, Rn. A 112; FELDHOFF, P., Der neue IDW-Standard, S. 1240.

948 Vgl. IDW (Hrsg.), WP Handbuch, Rn. A 115-A 117.

hierbei die individuellen Pläne und Möglichkeiten bei der Unternehmenswertermittlung zu berücksichtigen sind. Den Ratingagenturen ist diese Planung indes unbekannt, sodass die Ratingnote allenfalls auf einer aus der Vergangenheit abgeleiteten oder typisierten Entwicklungsprognose beruht. Dementsprechend sind die auf Basis von Ratingklassen abgeleiteten Insolvenzwahrscheinlichkeiten nicht geeignet, die individuellen Planungen adäquat abzubilden. Vor diesem Hintergrund ist die Verwendung von auf externen Ratings basierenden Insolvenzwahrscheinlichkeiten aufgrund des **mangelnden Zukunftsbezugs** für Anlässe der subjektiven Unternehmensbewertung nur eingeschränkt zu empfehlen. Nur in solchen Fällen, in denen das Bewertungssubjekt keine bedeutenden Veränderungen bei dem Bewertungsobjekt plant und die originäre Unternehmensplanung auch im Rahmen der Unternehmenstransaktion repräsentativ bleibt, erscheint dies sinnvoll.

Bedeutend für den zuvor diskutierten Aspekt ist zudem der Zeitpunkt der Ratingerstellung, d. h. die **Aktualität** des Ratings. Dieser Aspekt ist v. a. vor dem Hintergrund des Stichtagsprinzips der Unternehmensbewertung zu beleuchten. Nur wenn das Rating und die Unternehmensbewertung zeitlich nicht zu weit auseinanderliegen, kann von einer geringen Bedeutung der Planungsinkonsistenz für die objektivierte Bewertung ausgegangen werden, sodass der Informationsstand zum Bewertungsstichtag annähernd adäquat abgebildet werden kann. Kritisiert wird an Ratings indes häufig die **fehlende Aktualität**, da die Ratingurteile nur in unregelmäßigen Abständen erneuert werden.[949] Die Ratingagenturen versuchen hierbei, einen Ausgleich zwischen zeitgemäßen und zeitstabilen Ratings zu schaffen.[950] Veränderungen der Bonität werden daher nur dann erfasst, wenn diese als dauerhaft angesehen werden.[951] Diese zeitverzögerte Ratinganpassung (*Stickiness*) kann dazu führen, dass zwischenzeitliche Ereignisse nicht adäquat in der Ratingnote abgebildet sind.[952] Somit wird die Prognosefähigkeit von Ratings z. T. kritisiert.[953] Beispielhaft sei der Enron-Konzern erwähnt, der noch im Bereich *Investment Grade* gerated wurde, während die Anleihen am Kapitalmarkt bereits den Status von *Junk-Bonds* aufwiesen.[954] Somit wird das Stichtagsprinzip speziell bei älteren Ratings nicht umfassend beachtet. Allerdings weisen Studien darauf hin, dass Ratings bei einer ex post-Betrachtung grundsätzlich eine hohe Prognosegüte besitzen und somit langfristig korrekte Bonitätseinschätzungen gegeben werden.[955]

---

949 Vgl. SERFLING, K., Credit Rating, S. 732 f.; SCHIFFEL, S., Implizite Ausfallwahrscheinlichkeiten, S. 52 f.

950 Vgl. ALTMAN, E. I./RIJKEN, H. A., Rating Stability, S. 2680 f.

951 Vgl. STRAUß, S., Determinanten von Credit Spreads, S. 16; ALTMAN, E. I./RIJKEN, H. A., Rating Stability, S. 2681.

952 Vgl. zu empirischen Studien zum *Stickiness*-Effekt ALTMAN, E. I./KAO, D. L., Corporate Bond Rating Drift, S. 45 f. Vgl. auch DÜLLMANN, K./UHRIG-HOMBURG, M./WINDFUHR, M., Risk Structure of Interest Rates, S. 375.

953 Vgl. PERRIDON, L./STEINER, M./RATHGEBER, A. W., Finanzwirtschaft, S. 188.

954 Vgl. JÄCKLE, J./ACKERMANN, U., Ratingverfahren aus Emittentensicht, S. 883; STRAUß, S., Determinanten von Credit Spreads, S. 16 f.

955 Vgl. GLEIßNER, W./FÜSER, K., Leitfaden Rating, S. 15. Vgl. zu einem Überblick über empirische Studien zur Aussagekraft von Ratings bspw. SCHIFFEL, S., Implizite Ausfallwahrscheinlichkeiten, S. 53 f.

432.323. Grundsatz der Wirtschaftlichkeit

Unter wirtschaftlichen Gesichtspunkten sind externe Ratings regelmäßig positiv zu beurteilen. Die Ratings sowie die damit verknüpften Ausfallraten sind öffentlich zugänglich und können somit leicht in das Bewertungskalkül integriert werden. Indes beschränkt sich dies auf den Fall bereits existierender Ratings. Sollte ein Rating nicht vorhanden sein, sind insbesondere Zeit- und Kostenaspekte zu beachten, da die Ratingerstellung einen gewissen Zeitraum benötigt und die Ratingagenturen hierfür entlohnt werden.[956] Neben dem im vorigen Abschnitt beschriebenen Fall eines neuen „Transaktionsratings" trifft dies grundsätzlich auf Unternehmen zu, die über kein Rating verfügen.

432.324. Abschließende Beurteilung der Eignung externer Ratings für die Unternehmensbewertung

Die vorangegangene Analyse hat gezeigt, dass auf externen Ratings basierende Ausfallraten nicht vollständig den Grundsätzen der Unternehmensbewertung entsprechen. Während der Grundsatz der Objektivierung durch bestimmte Standardisierungen weitgehend berücksichtigt werden kann, ist v. a. die Zukunftsorientierung der Ratings kritisch zu sehen. Einerseits können sich Inkonsistenzen daraus ergeben, dass das Rating und die Unternehmensbewertung auf unterschiedlichen Unternehmensplanungen basieren, was speziell für die subjektive Unternehmensbewertung relevant ist, da hier regelmäßig individuelle Planungen in der Wertfindung berücksichtigt werden. Andererseits ist die mangelnde Aktualität der Ratings regelmäßiger Kritikpunkt, da nicht sichergestellt werden kann, dass durch das Rating tatsächlich die künftigen Risiken erfasst werden. Zwar wird das Rating als zukunftsbezogene Bonitätsbeurteilung charakterisiert, aufgrund fehlender Aktualität kann es zum Bewertungszeitpunkt aber schon überholt sein. Vor allem wenn das Rating seit längerer Zeit nicht überprüft wurde, ist hierauf zu achten. Dem Grundsatz der Wirtschaftlichkeit kann regelmäßig entsprochen werden, da dem zusätzlichen Erkenntnisgewinn kaum Kosten i. S. v. Datenbeschaffungsaufwand gegenüberstehen. Sollte indes kein Rating vorliegen, steigt dieser Aufwand erheblich an, da neben den monetären auch zeitliche Aspekte zu berücksichtigen sind.

Bezogen auf die Bewertungskonzeptionen des IDW S 1 scheinen externe Ratings v. a. für die **objektivierte Unternehmensbewertung** geeignet zu sein, da regelmäßig dem Grundsatz der Objektivierung entsprochen wird. Für die subjektive Bewertung sind externe Ratings weniger geeignet, da hier der mangelnde Zukunftsbezug in Verbindung mit individuellen Planungen einschränkend wirkt und ggf. gegen das Stichtagsprinzip verstoßen wird. Zu betonen ist allerdings, dass aus externen Ratings abgeleitete Ausfallraten zwar die Grundsätze der Unternehmensbewertung teilweise erfüllen, aber grundsätzlich die Fremdkapitalgebersicht eingenommen wird. Eine Übertragbarkeit der Ausfallraten auf die Eigenkapitalgeber ist daher stets als Näherungslösung zu interpretieren. Auch beziehen sich die Ausführungen auf Unternehmen, für die ein externes Rating bereits vorhanden ist. Wenn dies nicht der Fall ist, ist zu prüfen, inwieweit die Übertragbarkeit von externen Ratings

[956] Vgl. OELERICH, A./PODDIG, T., Evaluation of Rating Systems, S. 438; HEINKE, V. G., Bonitätsrisiko, S. 36.

sachgerecht ist. Dies soll im folgenden Abschnitt für Bewertungsobjekte, die vergleichbar bzw. nicht vergleichbar zu gerateten Unternehmen sind, beurteilt werden.

432.33 Kritische Würdigung der Ableitung von Insolvenzwahrscheinlichkeiten auf Basis synthetischer Ratings

432.331. Grundsatz der Objektivierung

Von den verschiedenen synthetischen Ratingverfahren sind v. a. Bilanzbonitätsratings hinsichtlich der Objektivierung hervorzuheben. Sofern die Modelle auf mathematisch-statistischen Verfahren basieren, ist die Wertermittlung frei von subjektiven Einflüssen und wird daher dem Grundsatz der Objektivierung gerecht.[957] Auch können bilanzpolitische Verzerrungen vermieden werden, wenn die Verfahren auf entsprechenden Kennzahlen basieren.[958] Lediglich bei der individuellen Auswahl von Kennzahlen, bspw. bei dem Ansatz von DAMODARAN, ergeben sich Ermessensspielräume aus der Wahl der Kennzahlen, sodass diese letztgenannten Verfahren nur als quasi-objektiv zu bezeichnen sind und daher dem Objektivierungserfordernis nicht ausreichend entsprechen.[959]

Die Analogieansätze sowie der Risikoprofil-Ansatz sind aber hinsichtlich der Objektivierung kritisch zu beurteilen. Innerhalb der **Analogieansätze** weist allein der branchenbezogene Ansatz Objektivierungsvorteile auf. Der Pure Play- sowie der Peer Group-Ansatz gehen mit Ermessensspielräumen durch die Wahl der zu berücksichtigenden Unternehmen einher. Indes besteht dieses Problem nicht nur, wenn die Ausfallrate abgeleitet wird, sondern ist schon relevant, um den Betafaktor zu bestimmen. Allerdings ist hierbei nicht automatisch auf eine identische Vergleichsgruppe abzustellen, da für den Betafaktor **sämtliche** systematischen **Risiken**, für die Ratingableitung indes systematische und unsystematische **Insolvenzrisiken** bedeutend sind. Im Sinne der Objektivierung ist zwar eine identische Vergleichsgruppe vorteilhaft, um weiterem Ermessen vorzubeugen, jedoch ist zu prüfen, ob die Vergleichsgruppe sowohl für die Ableitung des Betafaktors als auch der Insolvenzwahrscheinlichkeit geeignet ist. Wenn von einer Vergleichbarkeit ausgegangen werden kann, ist im Sinne der Objektivierung auf dieselben Vergleichsunternehmen zurückzugreifen. Dieses Vorgehen scheint auch für nicht unmittelbar vergleichbare Unternehmen vorteilhaft. Zwar wird so ggf. auf nicht vollständig identische Risikofaktoren abgestellt, sodass die hieraus abgeleitete Insolvenzwahrscheinlichkeit nicht vollständig repräsentativ für das Bewertungsobjekt ist, indes wird weiterem Ermessen entgegengewirkt, was hinsichtlich des Grundsatzes der Objektivierbarkeit zu befürworten ist.

Noch größer sind die Spielräume des **Risikoprofil-Ansatzes** einzuschätzen, da hier v. a. hinsichtlich des operativen Risikos keine standardisierten Ausprägungen der Kriterien gegeben sind und die Einordnung somit stark ermessenbehaftet ist. Lediglich durch den Rückgriff auf Vergleichsunter-

---

957 Vgl. BAETGE, J./HOLLMANN, S., BBR-Bilanz-Rating, S. 338.

958 Vgl. BAETGE, J./KIRSCH, H.-J./THIELE, S., Bilanzanalyse, S. 564.

959 Vgl. BAETGE, J./KIRSCH, H.-J./THIELE, S., Bilanzanalyse, S. 524-528.

nehmen kann eine gewisse Objektivierung in der Zuordnung des operativen Risikos erreicht werden, indes ergibt sich hier Ermessen durch die Wahl der Vergleichsunternehmen.

432.332. Grundsatz der Zukunftsorientierung

Der Grundsatz der Zukunftsorientierung ist bei den **Analogieansätzen** differenziert zu beurteilen. Einerseits wird der Zukunftsbezug dadurch beachtet, dass die Ratings der Vergleichsunternehmen als zukunftsorientiert erachtet werden.[960] Andererseits besteht das Problem, dass dem Stichtagsprinzip regelmäßig nicht entsprochen wird, da die Ratings mitunter nicht mehr die aktuellen Verhältnisse abbilden. Daher hat der Rückgriff auf mehrere Vergleichsunternehmen den Vorteil, dass hier die fehlende Aktualität ggf. ausgeglichen werden kann.

Auch bei der Ableitung synthetischer Ratings anhand von **Risikoprofilen** ist der Grundsatz der Zukunftsorientierung teilweise erfüllt. So können hier grundsätzlich zukunftsbezogene Ratingeinschätzungen abgeleitet werden, indem die Kriterien hinsichtlich der künftigen Unternehmensentwicklung beurteilt werden. Auch durch den Rückgriff auf Vergleichsunternehmen zur Einschätzung des operativen Risikos können zukunftsbezogene Daten berücksichtigt werden. Indes ist in diesem Fall zu beachten, dass die Ratingeinschätzung der Vergleichsunternehmen u. U. nicht mehr aktuell sein kann und so gegen das Stichtagsprinzip verstoßen wird. Auch ist zu berücksichtigen, dass die künftige Entwicklung im Rating vorsichtig beurteilt wird, während in der Unternehmensbewertung Wachstumsszenarien stärker betont werden. So ist trotz des Rückgriffs auf Vergleichsunternehmen die Zukunftsorientierung teilweise eingeschränkt.

Die **Kennzahlenmodelle** sind hingegen im Hinblick auf die Zukunftsorientierung kritisch zu betrachten. Generell wird hier auf Jahresabschlussdaten zurückgegriffen, die in zweifacher Hinsicht veraltet sind. Einerseits werden in den Jahresabschlüssen vergangenheitsorientierte Daten abgebildet und andererseits werden die Abschlüsse regelmäßig erst einige Monate nach Ablauf des Geschäftsjahres veröffentlicht.[961] Dem ist allerdings entgegenzuhalten, dass die Vergangenheit die Grundlage für die künftige Unternehmensentwicklung bildet und Bilanzbonitätsratings darauf abzielen, Kennzahlen zu identifizieren, die bereits einige Jahre vor der tatsächlichen Insolvenz auf diese hindeuten.[962] Dennoch werden mögliche künftige Entwicklungen nicht adäquat in den Jahresabschlusszahlen abgebildet, vielmehr gehen die Modelle implizit von der Annahme aus, dass die historischen Risiken auch für die Zukunft gelten, was indes regelmäßig zu bezweifeln ist.[963] Somit wird sowohl der für die Unternehmensbewertung relevante Zukunftsbezug als auch das

[960] Vgl. hierzu auch Abschn. 432.211.

[961] Vgl. BAETGE, J./KEITZ, I. VON/WÜNSCHE, B., Bilanzbonitäts-Rating von Unternehmen, S. 477 f.; EIGERMANN, J., Quantitatives Credit-Rating, S. 85; SCHLECKER, M., Credit Spreads, S. 38; MÜLLER, M., Unternehmensstrategie und Rating, S. 309; OELERICH, A./PODDIG, T., Evaluation of Rating Systems, S. 438.

[962] Vgl. BAETGE, J./KIRSCH, H.-J./THIELE, S., Bilanzanalyse, S. 57 und 498.

[963] Vgl. GLEIßNER, W., Insolvenzwahrscheinlichkeit, S. 251.

Stichtagsprinzip verletzt. Auch ist zu klären, ob die Zuordnung der *Scores* zu den historischen Ausfallraten auf relativ aktuellen oder veralteten Daten basiert, die ggf. nicht mehr repräsentativ sind.

Durch die Verknüpfung der *Scores* mit Ratingklassen der externen Ratingagenturen kann nun eine Ausfallrate für die erste Periode ermittelt werden. Für die **Folgeperioden** sowie die Phase der **ewigen Rente** kann analog zu den externen Ratingverfahren auf die **Migrationsmatrizen** zurückgegriffen werden, um die periodenspezifischen Ausfallraten zu ermitteln.[964]

432.333. Grundsatz der Wirtschaftlichkeit

In Bezug auf die Wirtschaftlichkeit sind die genannten Verfahren insgesamt positiv zu beurteilen. Speziell bei den **Analogieansätzen** ergibt sich kaum Mehraufwand, wenn auf dieselben Vergleichsobjekte wie bei der Betafaktor-Bestimmung zurückgegriffen werden kann. Auch der **Risikoprofil-Ansatz** ist hinsichtlich der Wirtschaftlichkeit positiv zu sehen, da die zusätzlichen Informationskosten als gering einzuschätzen sind. Die relevanten Informationen liegen üblicherweise bereits für die Unternehmensbewertung vor, sodass Mehraufwand lediglich aus der Zuordnung der Informationen zu den Kriterien resultiert.

Da **Bilanzbonitätsratings** auf öffentlich verfügbaren Jahresabschlusskennzahlen basieren, ist auch hier der zusätzliche Informationsaufwand gering, sofern auf bereits existierende Modelle zurückgegriffen wird. Voraussetzung hierfür ist allerdings, dass sowohl die Kennzahlen als auch deren Verknüpfungen und Gewichtungen bekannt sind und zudem eine Zuordnung der *Scores* zu Ausfallraten existiert. Ist dies nicht der Fall, sind die entsprechenden Informationen kostenpflichtig zu erwerben, bzw. die scoringbasierte Ausfallwahrscheinlichkeit direkt über externe Anbieter zu beziehen.[965]

432.334. Abschließende Beurteilung der Eignung synthetischer Ratings für die Unternehmensbewertung

Insgesamt hat die Analyse gezeigt, dass bei den einzelnen Ansätzen Limitationen zu beachten sind, sodass grundsätzlich keines der vorgestellten Verfahren für die Unternehmensbewertung als vollständig geeignet zu beurteilen ist. Um dennoch synthetische Ratings für nicht geratete Unternehmen abzuleiten, sind im Hinblick auf die **objektivierte Unternehmensbewertung** v. a. Analogieansätze sowie Bilanzbonitätsratings vorzuziehen. Insbesondere für Unternehmen, die vergleichbar zu gerateten Unternehmen sind, bietet sich der Rückgriff auf Analogieansätze an, da in diesem Fall von ähnlichen Risikofaktoren ausgegangen werden kann. Da hierbei dennoch Ermessen in der Auswahl des Vergleichsobjekts bzw. der Peer Group liegt, bietet es sich aus Standardisierungsgründen an, auf die gleichen Unternehmen zurückzugreifen, die auch der Ableitung des Betafaktors zugrunde

[964] Vgl. hierzu auch Abschn. 432.214.5.

[965] Vgl. zu Gründen der Nichtoffenlegung der Modellparameter KÜTING, K./WEBER, C.-P., Bilanzanalyse, S. 370 f.

liegen. Wenn indes keine Vergleichbarkeit vorliegt, was bei KMU regelmäßig aufgrund abweichender Risikofaktoren im Vergleich zu börsennotierten Unternehmen unterstellt wird, sollte auf Bilanzbonitätsratings zurückgegriffen werden, da hierdurch der Ermessensspielraum des Bewerters weitgehend eingeschränkt ist.

Indes wird v. a. durch die Bilanzbonitätsratings gegen den Grundsatz der Zukunftsorientierung verstoßen, sodass sie für die **subjektive Bewertung**, bei der der Zukunftsbezug das entscheidende Kriterium darstellt, nicht zu empfehlen sind. Hier ist bei gegebener Vergleichbarkeit ebenfalls auf Analogieansätze, ansonsten auf Risikoprofil-Ansätze zurückzugreifen, wobei durch letzteres Verfahren die individuelle Risikosituation des Unternehmens ggf. stärker berücksichtigt werden kann, was aber wiederum mit erhöhtem Ermessen einhergeht.

432.34 Kritische Würdigung der Ableitung von Insolvenzwahrscheinlichkeiten auf Basis simulationsbasierter Ratings

432.341. Grundsatz der Objektivierung

Der Grundsatz der Objektivierung kann von den simulationsbasierten Ratings kaum erfüllt werden. Vor allem der Entscheidungsspielraum bei der Festlegung zahlreicher Parameter lässt das Verfahren für Zwecke der **objektivierten Unternehmensbewertung** ungeeignet erscheinen.[966] Wie in der Darstellung des Verfahrens beschrieben, müssen Werttreiber identifiziert und anschließend Verteilungsfunktionen hierfür bestimmt werden. Beide Aspekte sind auch von subjektivem Ermessen abhängig,[967] sodass eine objektivierte Bestimmung der entsprechenden Parameter schwer möglich bzw. begründbar ist. Zudem ist zu beachten, dass die erforderlichen Unternehmensdaten mitunter nicht verfügbar sind. Insbesondere wenn der Bewerter keinen detaillierten Einblick in die Unterlagen des Bewertungsobjekts hat oder branchenfremd ist, ist die Identifizierung und Gewichtung sowie die Bestimmung von Verteilungsfunktionen kaum umsetzbar.[968]

432.342. Grundsatz der Zukunftsorientierung

Die simulationsbasierten Ratingmodelle basieren auf einer integrierten Planungsrechnung des Bewertungsobjekts. Diese Planungsrechnung kann an die Möglichkeiten und Planungen des Bewertungssubjekts angepasst werden, sodass entsprechend der **subjektiven Unternehmensbewertung** die individuellen Vorstellungen berücksichtigt werden können. Hiermit einher geht die Möglichkeit, die künftige Finanzierungsstruktur sowie mögliche Synergieeffekte zwischen Bewertungssubjekt und -objekt abzubilden. Auf Basis dieser angepassten Planung wird die Insolvenzwahrscheinlichkeit des Unternehmens durch Simulationsläufe ermittelt. Der Ratingerstellung und der Unterneh-

966 Vgl. KNACKSTEDT, H. W., KMU, S. 201; WECKBACH, S., Corporate Financial Distress, S. 57; ähnlich auch KNOLL, L., KMU-Bewertung, S. 367.

967 Vgl. KLEIN, M./HÖFNER, A., Risikomanagement, S. 12.

968 Vgl. KNACKSTEDT, H. W., KMU, S. 200 f.

mensbewertung liegt somit die gleiche Unternehmensplanung zugrunde, was sowohl hinsichtlich der Konsistenz von Ratingnote und Unternehmensbewertung als auch der Zukunftsorientierung positiv zu beurteilen ist.[969] Werden indes Korrelationen oder Margen der einzelnen Werttreiber auf Basis vergangenheitsbezogener Daten ermittelt, schränkt dies die Aussagekraft für den Investor teilweise ein.[970] Somit ist darauf zu achten, dass nicht nur Umsätze zukunftsbezogen geplant werden, während Margen oder Kostenquoten auf Basis historischer Zusammenhänge bestimmt werden, sondern dass die gesamte Unternehmensplanung zukunftsorientiert erstellt wird. Auch hinsichtlich des **Stichtagsprinzips** weisen simulationsbasierte Ratingverfahren Vorteile auf, da hierdurch die Aktualität der einbezogenen Daten regelmäßig sichergestellt ist. Somit erscheinen simulationsbasierte Verfahren geeignet, die geforderte Zukunftsorientierung der Unternehmensbewertung zu erfüllen.

432.343. Grundsatz der Wirtschaftlichkeit

Dem gesteigerten Nutzen für Zwecke der subjektiven Unternehmensbewertung durch die zukunftsbezogene Ermittlung von Ausfallwahrscheinlichkeiten steht indes eine erhöhte Komplexität entgegen.[971] Neben der Entwicklung eines geeigneten Simulationsmodells wird die Komplexität der Bewertung auch durch zusätzliche Informationserfordernisse hinsichtlich der zuvor beschriebenen Parameter erhöht. Daher stellt sich die Frage, ob dieses Verfahren für den Bewerter grundsätzlich umsetzbar ist bzw. ob die Fremdvergabe eines solchen Modells sachgerecht erscheint. Der **Umsetzbarkeit** des Simulationsmodells durch den Bewerter steht ggf. entgegen, dass sowohl die Planung als auch die Programmierung der Simulationsmodelle mit erheblichem Aufwand verbunden sind. Insofern kann es sinnvoll sein, das simulationsbasierte Rating durch einen **externen Anbieter** durchführen zu lassen.[972] Dennoch bleibt auch hierbei die Komplexität für den Bewerter hoch, da zwar das Modell extern bereitgestellt wird, aber der Input vom Bewerter geleistet werden muss.

Die Vorteilhaftigkeit der simulationsbasierten Ratingverfahren liegt für die subjektive Unternehmensbewertung in der zukunftsbezogenen Ableitung der Ausfallwahrscheinlichkeit. Indes ist auch hierbei stets die **Bewertungssituation** zu beachten. Die Vorteilhaftigkeit gegenüber den klassischen Ratings ist besonders evident, wenn die **individuelle Planung** von der originären Unternehmensplanung abweicht, also das Unternehmen unter verändertem Konzept fortgeführt wird. Dient die subjektive Bewertung der Ermittlung der Konzessionsbereitschaft bei **unverändertem** Unternehmenskonzept, stehen dem Zusatznutzen ggf. unverhältnismäßige Zusatzkosten entgegen. In diesem Fall kann sich die Ermittlung von Ausfallwahrscheinlichkeiten auf Basis von externen Ratings als vorteilhaft herausstellen.

---

969 Vgl. GLEIßNER, W., Unternehmenswert, S. 741; KNACKSTEDT, H. W., KMU, S. 199.

970 Vgl. KLEIN, M./HÖFNER, A., Risikomanagement, S. 12; KNACKSTEDT, H. W., KMU, S. 201.

971 Vgl. KNACKSTEDT, H. W., KMU, S. 200 f.; GLEIßNER, W., Insolvenzwahrscheinlichkeit, S. 251.

972 Vgl. KNACKSTEDT, H. W., KMU, S. 201 f.

432.344. Abschließende Beurteilung der Eignung simulationsbasierter Ratings für die Unternehmensbewertung

Ein entscheidender Vorteil der simulationsbasierten Ratingverfahren ist darin zu sehen, dass diese grundsätzlich auf alle Unternehmen anwendbar sind, sodass sowohl für Unternehmen mit externem Rating, für hierzu vergleichbare Unternehmen und auch für KMU die Insolvenzwahrscheinlichkeit bestimmt werden kann. Da simulationsbasierte Ratingverfahren aber kaum dem Grundsatz der Objektivierung gerecht werden und außerdem mit hohen Zusatzkosten in Form einer gesteigerten Komplexität einhergehen, sind simulationsbasierte Ratingverfahren für Zwecke der **objektivierten Unternehmensbewertung** kaum geeignet. Hingegen scheinen diese Verfahren insbesondere für die **subjektive Bewertung** vorteilhaft zu sein, bei der regelmäßig individuelle Planungen und Vorstellungen einbezogen werden. Durch simulationsbasierte Ratings ist daher eine konsistente Datengrundlage für Rating und Bewertung möglich. Indes ist auch hier einschränkend zu erwähnen, dass die Simulationsmodelle mit zahlreichen Annahmen einhergehen. So muss der Bewerter einerseits in der Lage sein, die Einflussfaktoren und Risiken zu bestimmen und quantifizieren. Auch hängt die Komplexität des Modells von der Modellierung der Insolvenzgründe ab. Je realistischer das Modell sein soll, desto komplexer werden die Beziehungen der Modellparameter, sodass hier der Rückgriff auf entsprechende Dienstleister sachgerecht erscheint.

432.4 Zwischenfazit

Die vorangehende Untersuchung hat gezeigt, dass die ratingbasierten Verfahren hinsichtlich des Bewertungszwecks und des Bewertungsobjekts differenziert zu beurteilen sind. Je nach Bewertungsobjekt bieten sich für Zwecke der **objektivierten Unternehmensbewertung** verschiedene Verfahren an. Wenn das Bewertungsobjekt über ein **externes Rating** verfügt, ist hierauf zurückzugreifen, da so der Ermessensspielraum weitestgehend eingeschränkt wird, was dem Grundsatz der Objektivierung entspricht. Verbleibende Ermessensspielräume sind durch **Standardisierungen** zu begrenzen. So sollte bei *Split Ratings* eine durchschnittliche Ausfallrate der verschiedenen Ratingagenturen bestimmt werden. Für die Detailplanungsphase ist auf durchschnittliche **kumulierte** Ausfallraten abzustellen, wobei eine Durchschnittsbildung auf Basis der jüngeren Vergangenheit hinsichtlich der Aktualität positiv zu beurteilen ist. Für die ewige Rente ist im Hinblick auf den Beharrungszustand auf die durchschnittliche **einjährige** Ausfallrate abzustellen. Der Betrachtungszeitraum sollte sich hierbei grundsätzlich auf vollständige Konjunkturzyklen beziehen, um etwaige Schwankungen auszugleichen. Da die direkte Durchschnittsbildung regelmäßig durch die Datenverfügbarkeit eingeschränkt ist, erscheint es v. a. hinsichtlich der Objektivierung sachgerecht, auf die von den Ratingagenturen veröffentlichten Zeiträume zurückzugreifen. Hierbei sollte allerdings stets hinterfragt werden, ob der angegebene Zeitraum auch repräsentativ für das Bewertungsobjekt ist. Wünschenswert wäre dabei, wenn die Ratingagenturen neben langfristigen Zeiträumen auch länderspezifische Durchschnitte über die letzten ein bis zwei Konjunkturzyklen veröffentlichen würden.

Wenn ein Unternehmen über **kein eigenes Rating** verfügt, aber **vergleichbar** zu gerateten Unternehmen ist, bietet es sich an, die Ratingeinschätzung auf Basis von **Analogieansätzen** zu übertragen. Wenn auch schon der Betafaktor auf Basis von Vergleichsunternehmen bestimmt wurde, sollte, um zusätzlichem Ermessensspielraum entgegenzuwirken, auf dieselben Vergleichsobjekte zurückgegriffen werden. Für **nicht vergleichbare** Unternehmen, bspw. KMU, ist die Eignung von Analogieansätzen eingeschränkt, da hierdurch ggf. abweichende Risikoausprägungen übertragen werden. Wenn von keiner weitgehenden Vergleichbarkeit auszugehen ist, sollte auf **Bilanzbonitätsratings** zurückgegriffen werden. Diese Verfahren entsprechen dem Grundsatz der Objektivierung, kritisch ist indes, dass der Grundsatz der Zukunftsorientierung nur unzureichend beachtet wird.

Für Zwecke der **subjektiven Bewertung** bietet sich grundsätzlich für alle Bewertungsobjekte die Ableitung der Insolvenzwahrscheinlichkeit durch simulationsbasierte Modelle an. Allerdings kann hier dahingehend differenziert werden, ob individuelle Planungen Auswirkungen auf die künftige Unternehmensentwicklung haben. Wenn dies der Fall ist, kann insbesondere die künftige Entwicklung durch simulationsbasierte Modelle sachgerecht abgebildet werden, was dem Grundsatz der Zukunftsorientierung entspricht. Wenn indes von einem weitgehend **unveränderten Unternehmenskonzept** ausgegangen wird, kann aus Wirtschaftlichkeitsgründen auf die bereits bei der objektivierten Bewertung beschriebenen Verfahren zurückgegriffen werden. Somit ist das externe Rating dann auch für die Zukunft als weitgehend repräsentativ einzuschätzen, sodass die hiermit verbundene Ausfallrate verwendet werden kann. Wenn kein externes Rating vorliegt, kann dies über die synthetischen Ratingverfahren abgeleitet werden. Um der stärkeren Zukunftsorientierung gerecht zu werden, erscheinen hier insbesondere die Analogieansätze oder die Ableitung des Ratings auf Basis von Risikoprofilen vorteilhaft. Die folgende Tabelle fasst die Ergebnisse zusammen:

	Bewertungskonzeption		
	objektiviert	subjektiv	
Bewertungsobjekt		unverändertes Konzept	verändertes Konzept
Unternehmen mit externem Rating	externes Rating	externes Rating	Simulationsbasierte Ratingverfahren
vergleichbares Unternehmen ohne externes Rating	synthetisches Rating: Analogieansätze	synthetisches Rating: Analogieansätze	Simulationsbasierte Ratingverfahren
nicht vergleichbares Unternehmen ohne Rating (bspw. KMU)	synthetisches Rating: Bilanzbonitätsrating	synthetisches Rating: Risikoprofil	Simulationsbasierte Ratingverfahren

Tabelle 4-22: Zuordnung der Ratingverfahren zu den jeweiligen Bewertungsobjekten

433. Ableitung der Insolvenzwahrscheinlichkeit durch Reduktionsmodelle

433.1 Einordnung und Funktionsweise von Reduktionsmodellen

Wie zuvor diskutiert, bezieht sich die Kritik an externen Ratings u. a. auf die mangelnde Beachtung des Stichtagsprinzips. So wird Ratings eine gewisse Statik unterstellt, da am Kapitalmarkt Ratingveränderungen häufig bereits vorweggenommen werden.[973] Der Markt reagiert somit auf Bonitätsänderungen, bevor diese zu Ratinganpassungen führen und weist so eine höhere Aktualität der Ausfallwahrscheinlichkeit auf.[974] Im Folgenden soll daher untersucht werden, inwieweit marktbasierte Ausfallwahrscheinlichkeiten für die Unternehmensbewertung geeignet sind.

Eine Möglichkeit, Ausfallwahrscheinlichkeiten unter direkter Bezugnahme auf Marktdaten zu ermitteln, stellen Reduktionsmodelle dar.[975] Mit den Reduktionsmodellen wird versucht, die implizit in den Marktdaten enthaltenen **Erwartungen zu explizieren**.[976] Während die ratingbasierten Ausfallraten explizit ermittelt werden, werden durch die Reduktionsmodelle **implizite Ausfallwahrscheinlichkeiten** berechnet.[977]

Anleihekurse bilden die Inputparameter der Reduktionsmodelle. Durch Transformation der Anleihekurse in Renditen lässt sich regelmäßig eine höhere Rendite von Unternehmensanleihen – verglichen zu (quasi-ausfallsicheren) Staatsanleihen – feststellen. Der Renditeunterschied wird als **Credit Spread** bezeichnet und bildet die geforderte Kompensation der Investoren für das höhere Risiko ab.[978] Den Reduktionsmodellen liegt dabei die Annahme zugrunde, dass das Ausfallrisiko durch den Credit Spread kompensiert wird.[979] Je niedriger die Ratingklasse ist, desto höher ist also der von den Investoren geforderte Credit Spread, durch den das Ausfallrisiko entgolten wird.[980]

Verglichen zu den später noch zu betrachtenden Strukturmodellen basieren Reduktionsmodelle auf **weniger Annahmen**.[981] So wird regelmäßig von einem vollständigen und vollkommenen Kapitalmarkt[982] und dem damit verbundenen Ausschluss von Arbitragemöglichkeiten ausgegangen.[983] Daher wird in den Reduktionsmodellen unterstellt, dass die Investoren **risikoneutral** sind, d. h., dass

973 Vgl. DELIANEDIS, G./GESKE, R. L., Credit Risk, S. 21; WINGENROTH, T., Risikomanagement, S. 199 f.

974 Vgl. BETZ, H., Corporate Bonds, S. 90 f.; MERTZ, A./HAGENSTEIN, F., Ratings, S. 195.

975 Vgl. SCHIFFEL, S., Implizite Ausfallwahrscheinlichkeiten, S. 66.

976 Vgl. HARTMANN-WENDELS, T./PFINGSTEN, A./WEBER, M., Bankbetriebslehre, S. 578.

977 Vgl. BETZ, H., Corporate Bonds, S. 53.

978 Vgl. SCHLECKER, M., Credit Spreads, S. 5 und 163.

979 Vgl. SCHIFFEL, S., Implizite Ausfallwahrscheinlichkeiten, S. 66.

980 Vgl. SCHIFFEL, S., Implizite Ausfallwahrscheinlichkeiten, S. 47; PERRIDON, L./STEINER, M./RATHGEBER, A. W., Finanzwirtschaft, S. 188.

981 Vgl. SÜNDERHAUF, R., Bewertung des Ausfallrisikos, S. 58; SCHIFFEL, S., Implizite Ausfallwahrscheinlichkeiten, S. 68. Vgl. zu den Strukturmodellen Abschn. 434.

982 Vgl. WINGENROTH, T., Risikomanagement, S. 174. Ein vollständiger Kapitalmarkt liegt vor, wenn ein beliebiger Zahlungsstrom gehandelt werden kann, unabhängig von der zeitlichen Struktur, der Höhe und des Risikos des Zahlungsstroms. Als vollkommener Kapitalmarkt wird ein Kapitalmarkt bezeichnet, an dem der Preis des Zahlungsstroms zu einem bestimmten Zeitpunkt für jeden Kapitalmarktteilnehmer gleich und gegeben ist, d. h., der Kapitalmarktteilnehmer tritt als Mengenanpasser auf. Vgl. SCHMIDT, R. H./TERBERGER, E., Investitions- und Finanzierungstheorie, S. 57 und 91-97 m. w. N.; PERRIDON, L./STEINER, M./RATHGEBER, A. W., Finanzwirtschaft, S. 180.

983 Eine arbitragefreie Bewertung ist möglich, wenn sowohl ein vollständiger als auch vollkommener Kapitalmarkt vorliegt und zudem vollständige Konkurrenz herrscht. In diesem Fall bildet sich ein Gleichgewicht am Kapitalmarkt, bei dem kein Marktteilnehmer in der Lage ist, sich durch Kombination von Geschäften Vorteile zu verschaffen, ohne gleichzeitig Nachteile einzugehen. Vgl. HERING, T., Unternehmensbewertung, S. 157 und 185 f.

sie bei identischem Erwartungswert indifferent zwischen einer ausfallsicheren und einer risikobehafteten Anlage sind.[984] Die arbitragefreie Bewertung ist Voraussetzung für die Bewertung von Finanzinstrumenten und insbesondere von Derivaten,[985] worin das ursprüngliche Anwendungsgebiet der Reduktionsmodelle liegt.[986]

433.2 Kritische Analyse der Ableitung von Ausfallwahrscheinlichkeiten aus Credit Spreads

433.21 Konkrete Verfahren der Reduktionsmodelle

433.211. Approximatives Reduktionsmodell

Reduktionsmodelle stellen direkt auf die Ausfallwahrscheinlichkeit ab und betrachten deren Höhe als exogen gegeben,[987] sodass das Ausfallereignis als unvorhergesehenes Ereignis modelliert wird.[988] Da den Verfahren kein ökonomisches Modell zugrunde liegt, ist das Ausfallereignis ökonomisch nicht interpretierbar.[989] Die Bezeichnung „Reduktionsmodell" ergibt sich daher aus dem bewussten Verzicht auf eine ökonomische Struktur.[990]

Hierbei wird angenommen, dass der Credit Spread (*cs*) nur auf das Ausfallrisiko zurückzuführen ist, und daher durch die Ausfallwahrscheinlichkeit $\boldsymbol{\lambda}$ und die Verlustquote **LGD** (*Loss given Default*) beschrieben werden kann.[991] Die Verlustquote stellt den uneinbringlichen Anteil der Gesamtforderung dar und ist als $1 - \delta$ definiert, wobei $\boldsymbol{\delta}$ die *Recovery Rate* beschreibt, d. h. den Anteil der Forderung, mit dem der Investor trotz Ausfall rechnet.[992] Durch Umformung kann aus dieser Beziehung näherungsweise eine implizite Ausfallwahrscheinlichkeit bestimmt werden:[993]

---

984 Bzw. bei identischem Barwert nach Diskontierung mit dem risikolosen Zins. Vgl. JONKHART, M. J. L., Term Structure, S. 256 f.

985 Vgl. MARTIN, M. R. W./REITZ, S./WEHN, C. S., Kreditderivate, S. 57.

986 Vgl. UHRIG-HOMBURG, M., Valuation of Defaultable Claims, S. 48.

987 Vgl. OEHLER, A./UNSER, M., Finanzwirtschaftliches Risikomanagement, S. 271; SÜNDERHAUF, R., Bewertung des Ausfallrisikos, S. 58; RUDOLPH, B./HOFMANN, B./SCHABER, A./SCHÄFER, K., Kreditrisikotransfer, S. 121; GRUNDKE, P., Modellierung und Bewertung von Kreditrisiken, S. 17.

988 Vgl. DUFFIE, D./SINGLETON, K. J., Credit Risk, S. 43; SCHIFFEL, S., Implizite Ausfallwahrscheinlichkeiten, S. 67; MARTIN, M. R. W./REITZ, S./WEHN, C. S., Kreditderivate, S. 98; BETZ, H., Corporate Bonds, S. 71.

989 Vgl. SÜNDERHAUF, R., Bewertung des Ausfallrisikos, S. 58; HARTMANN-WENDELS, T./PFINGSTEN, A./WEBER, M., Bankbetriebslehre, S. 579 f.; RUDOLPH, B./HOFMANN, B./SCHABER, A./SCHÄFER, K., Kreditrisikotransfer, S. 121; UHRIG-HOMBURG, M., Valuation of Defaultable Claims, S. 43.

990 Vgl. HARTMANN-WENDELS, T./PFINGSTEN, A./WEBER, M., Bankbetriebslehre, S. 580.

991 Vgl. MARTELLINI, L./PRIAULET, P./PRIAULET, S., Fixed-Income Securities, S. 448; WINGENROTH, T., Risikomanagement, S. 169; SCHIFFEL, S., Implizite Ausfallwahrscheinlichkeiten, S. 67. Somit wird das Verlustrisiko durch die Intensitäts- und die Quantitätsdimension bestimmt. Vgl. hierzu auch Abschn. 211.1.

992 Vgl. SCHIFFEL, S., Implizite Ausfallwahrscheinlichkeiten, S. 63.

993 Vgl. MARTELLINI, L./PRIAULET, P./PRIAULET, S., Fixed-Income Securities, S. 450; HULL, J. C./PREDESCU, M./WHITE, A., Bond Prices, S. 54; BETZ, H., Corporate Bonds, S. 53.

Formel 4-32	$$cs = \lambda * (1 - \delta)$$ $$\Leftrightarrow \quad \lambda = \frac{cs}{(1 - \delta)}$$

Die Ausfallwahrscheinlichkeit ist dabei als **durchschnittliche jährliche Ausfallwahrscheinlichkeit** über die Restlaufzeit der entsprechenden Anleihe zu interpretieren.[994] In der Literatur wurde eine Vielzahl von Reduktionsmodellen entwickelt.[995] Als eines der ersten Reduktionsmodelle gilt das Modell von JARROW/TURNBULL, das im folgenden Abschnitt betrachtet wird.[996]

433.212. Verfahren von JARROW/TURNBULL

Das Modell von JARROW/TURNBULL wurde Mitte der 1990er Jahre entwickelt. Als Inputparameter sind lediglich risikobehaftete und risikolose Diskontierungsfaktoren und eine exogen vorgegebene, konstante *Recovery Rate*[997] erforderlich.[998] Zudem gehen JARROW/TURNBULL von einer konstanten Ausfallwahrscheinlichkeit aus.[999] Folglich wird die Ausfallwahrscheinlichkeit unabhängig von konjunkturellen Schwankungen abgebildet.[1000] Die Grundidee des JARROW/TURNBULL-Modells basiert

---

994 Vgl. WINGENROTH, T., Risikomanagement, S. 169.

995 Vgl. für eine Übersicht der Reduktionsmodelle bspw. UHRIG-HOMBURG, M., Valuation of Defaultable Claims, S. 46. Die Unterschiede in den Reduktionsmodellen basieren u. a. auf abweichenden Modellierungen des Ausfallprozesses, Unterschieden in der Korrelation der Modellkomponenten oder auf divergierenden Annahmen hinsichtlich der *Recovery Rate*. Vgl. GRUNDKE, P., Modellierung und Bewertung von Kreditrisiken, S. 17; UHRIG-HOMBURG, M., Valuation of Defaultable Claims, S. 45.

996 Vgl. SCHLÖGL, L., Bewertungsmodelle für Ausfallrisiken, S. 625; SCHIFFEL, S., Implizite Ausfallwahrscheinlichkeiten, S. 67; GRUNDKE, P., Modellierung und Bewertung von Kreditrisiken, S. 17. Vgl. zu weiteren frühen Modellen auch HEINKE, V. G., Bonitätsrisiko, S. 97 m. w. N.

997 Die *Recovery Rate* kann im Wesentlichen auf drei Arten modelliert werden. Der auch dem JARROW/TURNBULL-Modell zugrunde liegende *Recovery-of-Treasury*-Ansatz sieht die Zahlung eines fixen Anteils einer vergleichbaren, aber ausfallsicheren Anleihe vor. Der *Recovery-of-Face-Value*-Ansatz stellt auf die Zahlung eines fixen Anteils des Nominalwerts ab. Eine Zahlung basierend auf dem Marktwert kurz vor dem Ausfallzeitpunkt entspricht dem *Recovery-of-Market-Value*-Ansatz. Vgl. HARTMANN-WENDELS, T./PFINGSTEN, A./WEBER, M., Bankbetriebslehre, S. 584; SCHIFFEL, S., Implizite Ausfallwahrscheinlichkeiten, S. 67 m. w. N.

998 Vgl. JARROW, R. A./TURNBULL, S. M., Pricing Derivatives, S. 57 f.

999 Die Wahrscheinlichkeit des Ausfalls hängt von der Definition der Intensitätsrate ab. Der Ausfallzeitpunkt wird dabei durch den ersten Sprung eines Sprungprozesses bestimmt, dieser hängt wiederum von der Intensitätsrate ab. Der Sprung wird über einen Poisson-Prozess abgebildet. Dem Modell liegt eine Exponentialverteilung des Ausfallereignisses zugrunde. Grundsätzlich ist eine konstante, zeitabhängige oder zufällige Modellierung der Intensität denkbar. Das JARROW/TURNBULL-Modell basiert auf der konstanten Modellierung der Intensität. Vgl. hierzu bspw. HARTMANN-WENDELS, T./PFINGSTEN, A./WEBER, M., Bankbetriebslehre, S. 582; GRUNDKE, P., Modellierung und Bewertung von Kreditrisiken, S. 17; UHRIG-HOMBURG, M., Valuation of Defaultable Claims, S. 45; SÜNDERHAUF, R., Bewertung des Ausfallrisikos, S. 58. Vgl. ausführlich zum Poisson-Prozess LÄGER, V., Kreditrisiken und Kreditderivate, S. 225 f.

1000 Vgl. HARTMANN-WENDELS, T./PFINGSTEN, A./WEBER, M., Bankbetriebslehre, S. 582. Spätere Modelle lösen diese restriktive Annahme und modellieren die Ausfallwahrscheinlichkeit bspw. in Abhängigkeit von der Ratingmigration oder vom Aktienkurs. Hierdurch wird dem Umstand Rechnung getragen, dass Ausfälle z. T. stark von exogenen, makroökonomischen Parametern abhängen. Vgl. SÜNDERHAUF, R., Bewertung des Ausfallrisikos, S. 59 m. w. N.; OEHLER, A./UNSER, M., Finanzwirtschaftliches Risikomanagement, S. 294.

auf der Bewertung einer einjährigen risikobehafteten Anleihe und soll im Folgenden für den diskreten Fall am Beispiel einer Nullkuponanleihe erläutert werden.[1001]

Für die Rückzahlung einer risikobehafteten einjährigen Nullkuponanleihe $\boldsymbol{v(0,1)}$ kommen nur zwei alternative Zustände in Betracht.[1002] Der Gläubiger erhält entweder nach einem Jahr eine Rückzahlung zum Nominalwert oder im Falle eines Ausfalls eine anteilige Rückzahlung in Abhängigkeit von der *Recovery Rate* $\boldsymbol{\delta}$.[1003] Der faire Wert der Anleihe entspricht dem Erwartungswert der beiden Zahlungsströme.[1004] Die risikoneutrale Ausfallwahrscheinlichkeit $\boldsymbol{\lambda}$ bzw. die Überlebenswahrscheinlichkeit $(\mathbf{1}-\boldsymbol{\lambda})$ bilden die Eintrittswahrscheinlichkeiten der beiden Zustände ab. Abbildung 4-8 zeigt die Rückzahlungsstruktur der Anleihe:

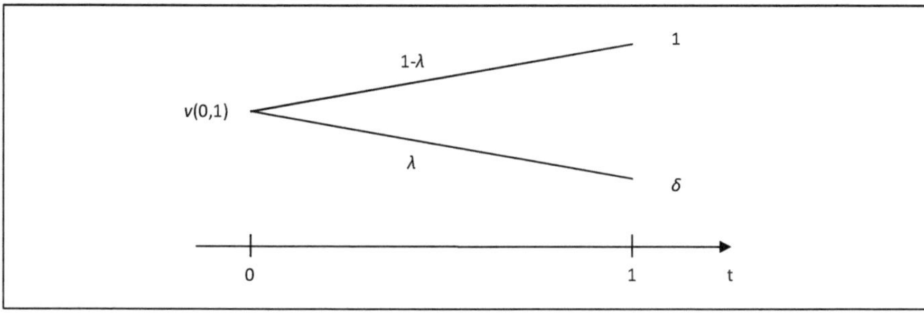

Abbildung 4-8: Binomialbaum der ausfallgefährdeten Nullkuponanleihe[1005]

Der Kurs der risikobehafteten Nullkuponanleihe in t = 0 ergibt sich dabei aus:

Formel 4-33	$v(0,1)=\dfrac{(1-\lambda)*1+\lambda*\delta}{1+r_f}$

Gleichzeitig weist eine risikolose Nullkuponanleihe in t = 0 folgenden Wert auf:

Formel 4-34	$p(0,1)=\dfrac{1}{1+r_f}$

Aufgrund der unterstellten Arbitragefreiheit kann der Wert der risikolosen Anleihe $\boldsymbol{p(0,1)}$ als risikoloser Diskontierungsfaktor interpretiert werden.[1006] Eingesetzt in Formel 4-33 resultiert folgende Beziehung:

[1001] Vgl. SCHIFFEL, S., Implizite Ausfallwahrscheinlichkeiten, S. 67.

[1002] Vgl. WINGENROTH, T., Risikomanagement, S. 172.

[1003] Vgl. JARROW, R. A./TURNBULL, S. M., Pricing Derivatives, S. 58.

[1004] Vgl. WINGENROTH, T., Risikomanagement, S. 173.

[1005] In Anlehnung an WINGENROTH, T., Risikomanagement, S. 173. Vgl. zur Darstellung eines zweiperiodigen Binomialbaums JARROW, R. A./TURNBULL, S. M., Pricing Derivatives, S. 59.

Formel 4-35	$v(0{,}1) = p(0{,}1) * \left((1-\lambda) * 1 + \lambda * \delta\right)$ $\Leftrightarrow \quad v(0{,}1) = p(0{,}1) * (\lambda * (\delta - 1) + 1)$

Durch Umformung ergibt sich aus dieser Gleichung die risikoneutrale Ausfallwahrscheinlichkeit als:[1007]

Formel 4-36	$\lambda = \frac{\left(\frac{v(0{,}1)}{p(0{,}1)}\right) - 1}{\delta - 1}$

Bei gegebener *Recovery Rate* und beobachtbaren Anleihekursen lässt sich die Ausfallwahrscheinlichkeit somit auf Basis von Marktdaten ermitteln.

Das beschriebene Einperiodenmodell kann sukzessive auf den **Mehrperiodenfall** ausgeweitet werden, indem die Rückzahlung zum Nennwert im Überlebensfall durch den Erwartungswert einer weiteren risikobehafteten Anleihe ersetzt wird.[1008] Hierdurch ist auch eine Überführung in ein stetiges Modell möglich.[1009]

Während der **Vorteil** der Reduktionsmodelle im Vergleich zu Ratings v. a. im Marktbezug gesehen wird, ist zu hinterfragen, welche Risiken tatsächlich durch den Marktbezug in die Modelle einfließen. Im folgenden Abschnitt sollen daher die Komponenten des Credit Spread sowie deren Bedeutung untersucht werden.

433.22 Komponenten des Credit Spreads

433.221. Risiken von Unternehmensanleihen

Grundsätzlich sind am Kapitalmarkt keine Renditen von Anleihen, sondern nur deren Kurse zu beobachten.[1010] Um den Credit Spread zu ermitteln, ist daher zunächst die Umrechnung des Anleihekurses in Renditen erforderlich.[1011] Die ermittelte Rendite stellt eine **Gesamtrendite** dar, die ver-

---

1006 Vgl. SCHIFFEL, S., Implizite Ausfallwahrscheinlichkeiten, S. 67; JARROW, R. A./TURNBULL, S. M., Pricing Derivatives, S. 63; SCHLECKER, M., Credit Spreads, S. 81. Aufgrund der risikoneutralen Bewertung sind im Diskontierungsfaktor keine Risikozuschläge zu berücksichtigen. Vgl. JORION, P., Financial Risk Manager Handbook, S. 502.

1007 Vgl. WINGENROTH, T., Risikomanagement, S. 173.

1008 Vgl. SÜNDERHAUF, R., Bewertung des Ausfallrisikos, S. 61; UHRIG-HOMBURG, M., Valuation of Defaultable Claims, S. 47.

1009 Vgl. WINGENROTH, T., Risikomanagement, S. 174 f.

1010 Vgl. SCHLECKER, M., Credit Spreads, S. 162.

1011 Vgl. SIEMES, A., Marktorientierte Bewertung, S. 245.

schiedene Komponenten enthält und von denen der Credit Spread nur einen Teil der Gesamtrendite der Anleihe darstellt.[1012]

Grundsätzlich setzt sich die Gesamtrendite aus dem risikolosen Zins und einem Risikozuschlag zusammen.[1013] Der **Risikozuschlag** umfasst verschiedene Risikokomponenten, die entweder marktabhängige oder anleihespezifische Risiken abbilden.[1014] Die folgende Abbildung zeigt eine Klassifizierung der Risiken:

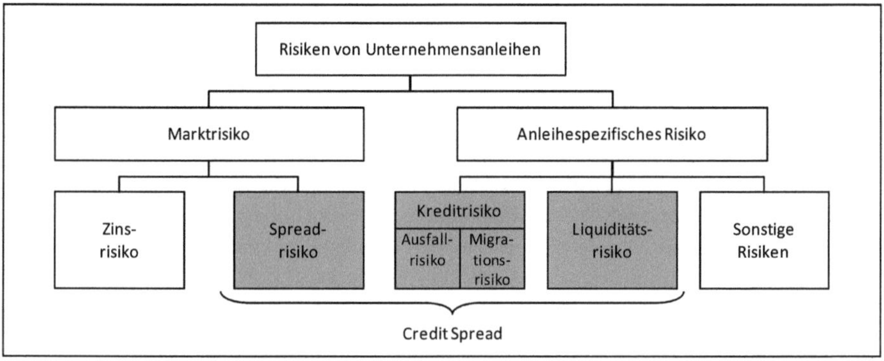

Abbildung 4-9: Risiken von Unternehmensanleihen[1015]

Das **Zinsrisiko** bezieht sich auf das Risiko von Änderungen der Zinsstrukturkurve, die sowohl Unternehmens- als auch Staatsanleihen beeinflussen. Da beide Anleiheformen hiervon tangiert werden, ist die Kompensation des Zinsrisikos nicht im Credit Spread abgebildet.[1016] Die **sonstigen Risiken** resultieren aus der spezifischen Ausstattung der Anleihen. Hierzu zählen u. a. Währungsrisiken, Inflationsrisiken und Risiken aufgrund von Kündigungsrechten des Emittenten.[1017] Da diese Risiken aus der Wahl der Anleihemerkmale resultieren oder den gesamten Markt betreffen, werden sie nicht dem Credit Spread zugeordnet.[1018] Der **Credit Spread** umfasst somit das Spread-, das Kredit- und das Liquiditätsrisiko[1019] und soll in den folgenden Abschnitten detaillierter dargestellt werden.

1012 Vgl. HULL, J. C./PREDESCU, M./WHITE, A., Bond Prices, S. 56.

1013 Vgl. SIEMES, A., Marktorientierte Bewertung, S. 245.

1014 Vgl. ANSON, M. J. P./FABOZZI, F. J./CHOUDHRY, M./CHEN, R.-R., Credit Derivatives, S. 41-43; SCHLECKER, M., Credit Spreads, S. 11; SIEMES, A., Marktorientierte Bewertung, S. 245.

1015 In Anlehnung an SCHLECKER, M., Credit Spreads, S. 12; WINGENROTH, T., Risikomanagement, S. 39.

1016 Vgl. SCHLECKER, M., Credit Spreads, S. 20. Vgl. zum Zinsrisiko auch BETZ, H., Corporate Bonds, S. 92.

1017 Vgl. SCHLECKER, M., Credit Spreads, S. 11 f.

1018 Vgl. zu den Risikokomponenten ausführlich DATTATREYA, R. F./FABOZZI, F. J., Fixed Income Securities, S. 20-27.

1019 Vgl. BETZ, H., Corporate Bonds, S. 93 f.

433.222. Spreadrisiko

Den einzigen marktabhängigen Bestandteil des Credit Spreads bildet das Spreadrisiko. Dieses beschreibt die marktinduzierte, also systematische Veränderung des Credit Spreads.[1020] Während das Zinsrisiko auch Staatsanleihen tangiert und daher grundsätzlich nicht im Credit Spread enthalten ist, werden darüber hinausgehende, unterschiedlich starke Reaktionen auf Zinsänderungen dem **Spreadrisiko** zugeordnet und sind daher im Credit Spread abgebildet.[1021] Weitere marktinduzierte Effekte können aus der **Risikoeinstellung** der Marktteilnehmer oder aus negativen **Konjunkturaussichten** resultieren.[1022] Diese Risiken sind nicht diversifizierbar und werden dem Investor entsprechend kompensiert.

433.223. Kreditrisiko

Das Kreditrisiko ist den titelspezifischen Risiken zuzuordnen und lässt sich in das Ausfall- sowie das Migrationsrisiko unterteilen.[1023] Das **Ausfallrisiko** beschreibt die Gefahr, dass der Emittent den Zins- und Tilgungsverpflichtungen nicht bzw. nicht vollständig oder rechtzeitig nachkommt.[1024] Es bezieht sich also auf die Unsicherheit eines Ausfalls während der Laufzeit.[1025]

Das **Migrationsrisiko** bildet hingegen die Gefahr einer **Bonitätsverschlechterung** und damit einhergehend einer erhöhten Ausfallwahrscheinlichkeit ab und drückt sich in Kursverlusten oder Risikoaufschlägen aus.[1026] Das Migrationsrisiko hängt mit dem Ausfallrisiko zusammen, da eine **veränderte Erwartungshaltung** der Marktteilnehmer über künftige Bonitätsverschlechterungen die **Bonitätsrisikoprämie** erhöht und zu steigenden Renditeforderungen führt,[1027] sodass hierdurch wiederum das Ausfallrisiko beeinflusst werden kann. Auf einen festen Zeitraum bezogen stellt das Ausfallrisiko die ursprünglich unterstellte, konstante Ausfallwahrscheinlichkeit über den gesamten Zeitraum dar. Das Migrationsrisiko bildet hingegen die Möglichkeit der Bonitätsverschlechterung

---

[1020] Vgl. WINGENROTH, T., Risikomanagement, S. 52; SCHLECKER, M., Credit Spreads, S. 20.

[1021] Vgl. SCHLECKER, M., Credit Spreads, S. 20 und 164.

[1022] V. a. im Zusammenhang mit Kapitalmarktkrisen sind starke Schwankungen des Credit Spreads festzustellen. Vgl. SCHLECKER, M., Credit Spreads, S. 20.

[1023] Vgl. BACHMANN, U., Kreditspread, S. 46; SCHLECKER, M., Credit Spreads, S. 33. In der Literatur wird das Kreditrisiko nicht einheitlich definiert. Das Kreditrisiko umfasst dabei i. d. R. das Ausfallrisiko und je nach Definition auch das Migrationsrisiko. Das Ausfallrisiko wird z. T. auch als Bonitäts- oder Kreditrisiko bzw. *Credit Default Risk* bezeichnet. Das Migrationsrisiko wird z. T. ebenfalls als Bonitätsrisiko, als Bonitätsänderungsrisiko oder *Credit Spread Risk* bezeichnet. Vgl. bspw. BACHMANN, U., Kreditspread, S. 46 f.; SCHIFFEL, S., Implizite Ausfallwahrscheinlichkeiten, S. 32.

[1024] Vgl. HEINKE, V. G., Bonitätsrisiko, S. 7.

[1025] Vgl. BACHMANN, U., Kreditspread, S. 46; SPREMANN, K./GANTENBEIN, P., Zinsen, Anleihen, Kredite, S. 254 und 256.

[1026] Vgl. ALBRECHT, P./MAURER, R., Investment- und Risikomanagement, S. 909; SPELLMANN, F./UNSER, M., Bonitätsänderungsrisiko, S. 263; BACHMANN, U., Kreditspread, S. 47 und 51; AUBEL, P. VAN, Anleiherating und Bonitätsrisiko, S. 39 f.; STRAUß, S., Determinanten von Credit Spreads, S. 8.

[1027] Vgl. SCHLECKER, M., Credit Spreads, S. 41.

während des Zeitraums ab.[1028] In Anlehnung an die Ratingterminologie stellt das Migrationsrisiko somit auf eine Herabstufung der Ratingklasse ab, während sich das Ausfallrisiko auf die Extremform, d. h. auf die Abstufung in die Default-Klasse bezieht.[1029]

Während also sowohl Ausfall- als auch Migrationsrisiko für den Anleihekurs von Bedeutung sind,[1030] ist dies bei der Unternehmensbewertung differenziert zu beurteilen. Bereits bei den ratingbasierten Verfahren wurde hervorgehoben, dass die Ratingmigration für die Zeit bis zu ewigen Rente relevant ist. Das **Migrationsrisiko** weist darauf hin, dass Investoren eine spätere Verschlechterung der Unternehmensbonität bereits antizipieren und im Kurs berücksichtigen. Durch das Migrationsrisiko wird daher die Dynamik des Kreditrisikos ersichtlich. Ähnlich wie in den Migrationsmatrizen der Ratingagenturen abgebildet, stellt das **Migrationsrisiko** somit auf eine mögliche Veränderung der Ausfallwahrscheinlichkeit ab.[1031] Für die Bewertung der Zahlungsströme der **Detailplanungsphase** ist daher die Berücksichtigung sowohl des Ausfall- als auch des Migrationsrisikos sachgerecht. In der Phase der **ewigen Rente** wird aber von einem Beharrungszustand ausgegangen. Das Migrationsrisiko wird allgemein dem anleihespezifischen Risiko zugeordnet, d. h., hierin werden unternehmensindividuelle, aber keine marktinduzierten Migrationsrisiken abgebildet. Da in der ewigen Rente ein konstantes Unternehmensumfeld unterstellt wird, sind unternehmensindividuelle Bonitätsänderungen nicht zu berücksichtigen. Somit ist, wie auch bei den ratingbasierten Ausfallraten, in der Phase der ewigen Rente vom Migrationsrisiko zu abstrahieren, da nur die zu Beginn der ewigen Rente relevante Ausfallwahrscheinlichkeit entscheidend ist. Entsprechend ist für die ewige Rente auf Anleihen mit einjähriger Laufzeit abzustellen, da das Risiko einer Bonitätsverschlechterung hier geringer einzuschätzen ist als bei langfristigen Anleihen.

433.224. Liquiditätsrisiko

Als weiterer titelspezifischer Risikofaktor wird das Liquiditätsrisiko dem Credit Spread zugeordnet. Das Liquiditätsrisiko drückt die Gefahr aus, dass ein Anleger sein Investment nur mit einem **Abschlag zum Marktpreis** verkaufen kann.[1032] Die Höhe des Liquiditätsrisikos steigt mit der Differenz zwischen Angebots- und Nachfragepreis. Für dieses Risiko verlangt der Investor eine Entschädigung in Form einer Risikoprämie.[1033] Ein vollkommen liquides Wertpapier liegt dann vor, wenn der Geld- dem Briefkurs entspricht.[1034] Das Liquiditätsrisiko ist folglich relevant, wenn die Wertpapiere nicht vollständig liquide sind oder der entsprechende Markt nicht vollkommen und vollständig

---

1028 Vgl. ALBRECHT, P./MAURER, R., Investment- und Risikomanagement, S. 909.

1029 Vgl. SCHIERENBECK, H., Ertragsorientiertes Bankmanagement, S. 314.

1030 Vgl. WINGENROTH, T., Risikomanagement, S. 61.

1031 Vgl. SCHLECKER, M., Credit Spreads, S. 41.

1032 Vgl. KEMPF, A., Liquiditätsmaße, S. 299; SCHLECKER, M., Credit Spreads, S. 45; BANGIA, A./DIEBOLD, F. X./SCHUERMANN, T./STROUGHAIR/JOHN D., Modeling Liquidity Risk, S. 3.

1033 Vgl. BACHMANN, U., Kreditspread, S. 37; SCHLECKER, M., Credit Spreads, S. 97.

1034 Vgl. BACHMANN, U., Kreditspread, S. 79.

ist.[1035] Als ursächlich für das Liquiditätsrisiko werden verschiedene Eigenschaften angesehen.[1036] So führt z. T. eine höhere Laufzeit aufgrund eines höheren Risikos zu einer größeren Geld-Brief-Spanne.[1037] ALEXANDER/EDWARDS/FERRI weisen indes auf eine im Zeitablauf abnehmenden Liquidität hin.[1038] Eine sinkende Geld-Brief-Spanne geht ebenso mit einem besseren Rating einher. Zudem wird dem Alter der Anleihe und z. T. auch dem Handelsvolumen ein Einfluss auf den Spread zugewiesen.[1039]

Das Liquiditätsrisiko kann durch verschiedene Verfahren gemessen werden, die auf der Marktbreite, der Markttiefe oder der Erneuerungskraft des Marktes basieren.[1040] Am Beispiel der **Marktbreite** lässt sich das Liquiditätsrisiko aus der Geld-Brief-Spanne ableiten. Der Liquiditätsspread *ls* ergibt sich hierbei als Abweichung des Geld- bzw. Briefkurses (q_G bzw. q_B) vom Mittelkurs q_M:[1041]

Formel 4-37	$q_M = \frac{q_G + q_B}{2}$ $ls = q_G - q_M = q_B - q_M = \frac{q_B - q_G}{2}$

433.225. Bedeutung der Risikokomponenten im Credit Spread

Über die Bedeutung der einzelnen Risikokomponenten, d. h. deren Anteil am gesamten Credit Spread, wird in der Literatur kontrovers diskutiert. ELTON/GRUBER/DEEPAK/MANN bestimmen die Bedeutung der Komponenten auf Basis eines Reduktionsmodells und weisen dabei nur einen geringen Einfluss des **Kreditrisikos** nach.[1042] Demnach beträgt der Anteil des Kreditrisikos am Credit Spread einer mit A gerateten Anleihe laufzeitabhängig 9-18 %. Ein großer Teil des Credit Spreads ist hingegen auf **Steuerunterschiede** zurückzuführen, die in Deutschland aber keine Rolle spie-

[1035] Vgl. SCHMIDT, R. H./TERBERGER, E., Investitions- und Finanzierungstheorie, S. 58; BACHMANN, U., Kreditspread, S. 37.

[1036] Das Liquiditätsrisiko lässt sich zudem nach der Art in normales und krisenbedingtes Risiko unterscheiden. Während das normale Liquiditätsrisiko Unterschiede in der Geld-Brief-Spanne beschreibt, bezieht sich das krisenbedingte Risiko darauf, dass der Markt illiquide wird. Diese Risikoart wurde bspw. in der Finanzkrise 2008/2009 offensichtlich. Vgl. hierzu BACHMANN, U., Kreditspread, S. 39.

[1037] Vgl. CHAKRAVARTY, S./SARKAR, A., Liquidity in U.S. Fixed Income Markets, S. 13.

[1038] Vgl. ALEXANDER, G. J./EDWARDS, A. K./FERRI, M. G., High-yield Corporate Bonds, S. 181.

[1039] Vgl. WINGENROTH, T., Risikomanagement, S. 42-44; CHAKRAVARTY, S./SARKAR, A., Liquidity in U.S. Fixed Income Markets, S. 13; BACHMANN, U., Kreditspread, S. 45 f.

[1040] Vgl. hierzu ausführlich BACHMANN, U., Kreditspread, S. 40-42. Da die Verfahren der Markttiefe und der Erneuerungskraft vgl. zu der Marktbreite eine höhere Komplexität aufgrund umfangreicherer Informationsanforderungen induzieren, soll im Folgenden nur auf die Marktbreite eingegangen werden.

[1041] Vgl. KEMPF, A., Liquiditätsmaße, S. 302; BACHMANN, U., Kreditspread, S. 40.

[1042] Vgl. ELTON, E. J./GRUBER, M. J./DEEPAK, A./MANN, C., Explaining the Rate Spread, S. 261; SCHLECKER, M., Credit Spreads, S. 94.

len.[1043] Den größten Anteil (ca. die Hälfte des Credit Spreads) ordnen die Autoren einem **Residualspread** zu, den sie mit systematischen Risikofaktoren begründen.[1044] Indes ist dieses Ergebnis in der Literatur umstritten, da einerseits Kritik an dem zugrunde gelegten empirischen Modell geübt wird und andererseits bestimmte Risikokomponenten, z. B. das Liquiditätsrisiko, nicht berücksichtigt wurden.[1045] Die geringe Bedeutung des Kreditrisikos stimmt aber mit Ergebnissen von HUANG/HUANG überein. Auf Basis von Strukturmodellen stellten sie bei A-Anleihen einen Anteil des Kreditrisikos von ca. 10-30 % fest.[1046] SCHLECKER weist zudem darauf hin, dass die Ausfallkomponente sowohl absolut als auch relativ mit schlechterem Rating zunimmt.[1047] Somit ist insbesondere bei Anleihen mit gutem Rating der Anteil des Kreditrisikos am Credit Spread gering.[1048] Neuere Studien gehen hingegen insgesamt von einem höheren Anteil des Kreditrisikos aus und deuten an, dass die Bedeutung des Kreditrisikos in der Vergangenheit tendenziell unterschätzt wurde.[1049] Selbst bei Anleihen mit bestmöglichem Rating beträgt der Anteil des Ausfallrisikos mehr als 50 % des Credit Spread.[1050] Der verbleibende Anteil des Credit Spreads ist nach LONGSTAFF/MITHAL/NEIS dem Liquiditätsrisiko zuzuordnen.[1051]

Zusammenfassend weisen die empirischen Untersuchungen keine einheitlichen Ergebnisse zur Bedeutung der einzelnen Risikokomponenten auf. Teilweise ist dies dadurch bedingt, dass den Studien abweichende Definitionen der Risikokomponenten sowie abweichende Stichproben zugrunde liegen. Dennoch zeigt sich, dass der Credit Spread regelmäßig nicht nur auf das Ausfallrisiko zurückzuführen ist.

433.226. Zwischenfazit

WINGENROTH und SCHLECKER führen das **Kreditrisiko** auf unternehmensspezifische Bonitätsverschlechterungen zurück.[1052] Im Risikoverständnis des CAPM wäre dies regelmäßig dem unsystematischen Risiko zuzuordnen. Der Ausfall von Anleihen kann indes auch auf systematischen, marktin-

[1043] In den USA sind Zinszahlungen von Unternehmensanleihen mit der *State Tax* zu versteuern, Zinszahlungen von Staatsanleihen sind hiervon befreit. Den Besteuerungsunterschied lassen sich Investoren über den Credit Spread vergüten. Vgl. SCHLECKER, M., Credit Spreads, S. 94 f.

[1044] Vgl. ELTON, E. J./GRUBER, M. J./DEEPAK, A./MANN, C., Explaining the Rate Spread, S. 267-272. In der hier verwendeten Systematik sind die systematischen Risiken dem Spreadrisiko zuzuordnen.

[1045] Vgl. SCHLECKER, M., Credit Spreads, S. 97 m. w. N.

[1046] Vgl. HUANG, J.-Z./HUANG, M., Credit Risk, S. 47-54; SCHLECKER, M., Credit Spreads, S. 92 f.

[1047] Vgl. SCHLECKER, M., Credit Spreads, S. 100.

[1048] Vgl. hierzu auch ALMEIDA, H./PHILIPPON, T., Cost of Financial Distress, S. 2568.

[1049] Vgl. COVITZ, D./DOWNING, C., Liquidity or Credit Risk?, S. 2326.

[1050] Vgl. LONGSTAFF, F. A./MITHAL, S./NEIS, E., Corporate Yield Spreads, S. 2234-2236. SCHIFFEL deutet an, dass LONGSTAFF/MITHAL/NEIS von einem durchschnittlichen Anteil des Ausfallrisikos von 90 % ausgehen. Vgl. SCHIFFEL, S., Implizite Ausfallwahrscheinlichkeiten, S. 63. Indes bezieht sich diese Angabe konkret auf Credit Spreads von Enron. Über alle Ratingkategorien ermitteln die Autoren einen durchschnittlichen Anteil von über 50 % des Credit Spreads.

[1051] Vgl. LONGSTAFF, F. A./MITHAL, S./NEIS, E., Corporate Yield Spreads, S. 2246.

[1052] Vgl. WINGENROTH, T., Risikomanagement, S. 39; SCHLECKER, M., Credit Spreads, S. 33 f.

duzierten Faktoren beruhen, wobei das **Spreadrisiko** den einzigen marktabhängigen Parameter des Credit Spreads abbildet. WINGENROTH stellt den Zusammenhang der Risikokomponenten wie folgt dar:

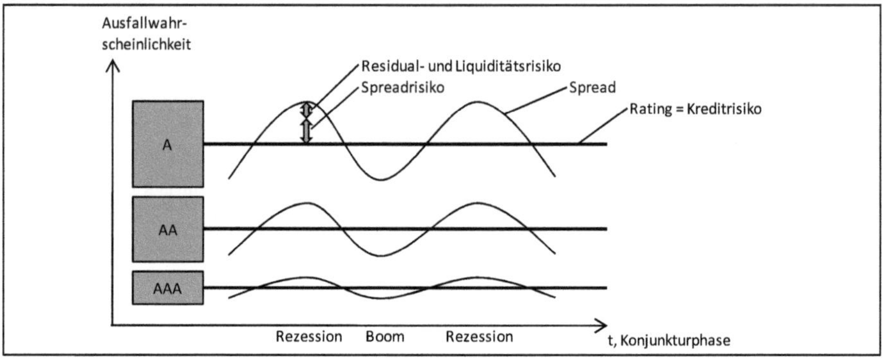

Abbildung 4-10: Zusammenhang der Risikokomponenten[1053]

Der horizontale Balken in Abbildung 4-10 bildet das Kreditrisiko ab, das auf Basis der mit Ratings verbundenen *Through the Cycle*-Betrachtung als unabhängig vom Konjunkturzyklus angenommen wird. Tatsächlich schwankt der Credit Spread im Konjunkturverlauf um diese durchschnittliche Ausfallrate. Da dies in den langfristigen Einschätzungen der Ratingagenturen nicht abgebildet ist, weist WINGENROTH dem Markt die **Feinjustierung** der Ausfallwahrscheinlichkeit über den Spread zu.[1054] Somit werden die systematischen, marktinduzierten Ausfallrisiken über das Spreadrisiko abgebildet.[1055] Änderungen, die auf unsystematischen, unternehmensindividuellen Risiken basieren, ordnet WINGENROTH dem Residualrisiko zu.[1056] Da eine eindeutige Abgrenzung schwierig ist, soll im Folgenden nicht zwischen Residual- und Spreadrisiko differenziert werden, sodass unter dem Spreadrisiko die gesamte, d. h. systematische wie unsystematische Feinjustierung der Ausfallwahrscheinlichkeit gefasst wird.

Durch die differenzierte Betrachtung wird ersichtlich, dass der Credit Spread eine höhere Aktualität aufweist als das Rating, da hier Informationen einfließen, die sich noch nicht in einer Ratingänderung niedergeschlagen haben. Zudem kann so ein stetiges Risikomaß ermittelt werden. Allerdings ist zu beachten, dass die zukunftsorientierte Einschätzung des Ausfallrisikos auf **zwei Credit Spread-Komponenten** basiert.[1057] Das Kreditrisiko bildet die durchschnittlich erwarteten Ausfall-

1053 In Anlehnung an WINGENROTH, T., Risikomanagement, S. 81.

1054 Vgl. WINGENROTH, T., Risikomanagement, S. 81.

1055 Vgl. SCHLECKER, M., Credit Spreads, S. 20; WINGENROTH, T., Risikomanagement, S. 82.

1056 Vgl. WINGENROTH, T., Risikomanagement, S. 82.

1057 Das zukunftsbezogene Ausfallrisiko ist nicht mit dem im Kreditrisiko enthaltenen Ausfallrisiko gleichzusetzen, da Letzteres auf den Ratingeinschätzungen basiert und daher ggf. nicht die aktuelle Markteinschätzung repräsentiert.

risiken ab, während das Spreadrisiko die aktualisierten Ausfallrisiken umfasst, die sich noch nicht in einer Rating- bzw. Bonitätsänderung niedergeschlagen haben. Um das zukunftsorientierte Ausfallrisiko zu ermitteln sind somit beide Komponenten zu berücksichtigen.

Insgesamt hat die Analyse gezeigt, dass der Credit Spread nicht nur das zukunftsbezogene Ausfallrisiko abbildet, sondern auch von anderen Faktoren, bspw. dem Liquiditätsrisiko, beeinflusst wird, sodass die Markterwartung über die zukunftsbezogene Ausfallwahrscheinlichkeit nicht unmittelbar aus dem Credit Spread ersichtlich wird.[1058] Die Schwankungen des Credit Spreads sind also nicht eindeutig der Ausfallwahrscheinlichkeit oder den verbleibenden Risikokomponenten zuzuordnen.[1059] Während das Liquiditätsrisiko anhand der Geld-Brief-Spanne näherungsweise geschätzt werden kann, bestehen v. a. Schwierigkeiten, den Anteil des zukunftsbezogenen Ausfallrisikos am Spreadrisiko zu bestimmen, da das Spreadrisiko neben der Feinjustierung des Ausfallrisikos auch weitere marktabhängige Risikokomponenten umfassen kann. Insbesondere aufgrund der Abhängigkeit vom Marktumfeld und der konjunkturellen Lage ist der Credit Spread zudem starken Schwankungen unterworfen, sodass deutlich wird, dass der Credit Spread eine Zeitpunktbetrachtung darstellt und somit von der jeweiligen Situation abhängt.

Festzuhalten bleibt, dass der Credit Spread entgegen der anfangs dargestellten Annahme verschiedene Risikokomponenten enthalten kann. Verbunden mit der Frage, welche Risikokomponenten im Credit Spread berücksichtigt sind, steht die Ermittlungsmethode. Der Credit Spread wurde zuvor schon als Renditeunterschied zwischen Unternehmensanleihe und risikoloser Anleihe beschrieben. Im folgenden Abschnitt sollen verschiedene Ermittlungsverfahren analysiert werden, um hieraus Rückschlüsse hinsichtlich der enthaltenen Risikokomponenten zu ziehen und so die Eignung für die Unternehmensbewertung zu untersuchen.

433.23 Ermittlung des Credit Spreads

433.231. Überblick über die Ermittlungsverfahren

Der Credit Spread kann wie angedeutet auf unterschiedliche Weise berechnet werden. Entscheidend für die Unternehmensbewertung ist dabei, dass die zukunftsorientierten Ausfallrisiken hierdurch möglichst gut abgebildet werden. SCHLECKER unterscheidet die Ermittlungsverfahren in Einzeltitelvergleichsverfahren und Strukturkurvenansätze.[1060] Entscheidend für die Wahl des Verfahrens ist dabei der verfolgte Zweck der Credit Spread-Ermittlung. Die Verfahren des **Einzeltitelvergleichs**

Das zukunftsorientierte Ausfallrisiko greift hierauf zurück, umfasst aber auch Informationen, die noch nicht zu Ratingänderungen geführt haben.

1058 Vgl. ALMEIDA, H./PHILIPPON, T., Cost of Financial Distress, S. 2567.

1059 Vgl. WINGENROTH, T., Risikomanagement, S. 81 f.

1060 Vgl. SCHLECKER, M., Credit Spreads, S. 162.

bieten sich zur Berechnung des Credit Spreads zu einem bestimmten **Zeitpunkt** an. **Strukturkurvenansätze** eignen sich insbesondere für die Ermittlung von Credit Spread-**Zeitreihen**.[1061]

433.232. Einzeltitelvergleichsverfahren

433.232.1 Vergleich laufzeitkongruenter Anleihen

Die Ermittlung des Credit Spreads als Renditedifferenz zweier laufzeitkongruenter Anleihen stellt eine gängige Methode in der Kapitalmarktpraxis dar.[1062] Hierbei wird die Unternehmensanleihe mit einer in allen wesentlichen Eigenschaften identischen, aber risikolosen Staatsanleihe gleicher Restlaufzeit verglichen.[1063] Die Ermittlung des Credit Spreads basiert auf einem Renditevergleich, sodass aus den Kursen sowie Zins- und Tilgungszahlungen der Anleihen zunächst die internen Renditen zu ermitteln sind.[1064] Der Credit Spread ergibt sich anschließend als Renditedifferenz:[1065]

Formel 4-38	$cs = r_u - r_s$

Vorteilhaft an der Ermittlung des Credit Spreads auf Basis laufzeitkongruenter Anleihen ist die **einfache Handhabung**.[1066] Einschränkend ist hier indes anzumerken, dass eine in allen wesentlichen Eigenschaften identische Staatsanleihe regelmäßig nicht existiert. Negativ ist zudem die **Abhängigkeit vom Zinsniveau** hervorzuheben.[1067] Da Unternehmensanleihen aufgrund des höheren Risikos eine geringere Duration als Staatsanleihen aufweisen, wirken sich Zinsänderungen geringer aus,[1068] sodass die Anleihen von Unternehmen und Staat auf Veränderungen des Zinsniveaus unterschiedlich stark reagieren. Dies hat zur Folge, dass der Credit Spread aufgrund von Veränderungen des Zinsniveaus schwanken kann, ohne dass dies in einer veränderten Bonität des Unternehmens begründet liegt.[1069] Zusätzlich kann der Credit Spread auch durch eine Liquiditätskomponente verzerrt werden, was die Aussagefähigkeit weiter einschränkt.[1070]

[1061] Vgl. SCHLECKER, M., Credit Spreads, S. 177 f.

[1062] Vgl. PAPE, U./SCHLECKER, M., Credit Spread, S. 658.

[1063] Vgl. HEINKE, V. G., Bonitätsrisiko, S. 77. Dabei ist darauf zu achten, dass die Anleihen weitgehend identische Eigenschaften aufweisen, bspw. übereinstimmende Zinszahlungszeitpunkte, Emissionszeitpunkte und Laufzeiten. Vgl. PAPE, U./SCHLECKER, M., Credit Spread, S. 658.

[1064] Vgl. PAPE, U./SCHLECKER, M., Credit Spread, S. 658.

[1065] Vgl. PAPE, U./SCHLECKER, M., Credit Spread, S. 658.

[1066] Vgl. SCHLECKER, M., Credit Spreads, S. 164.

[1067] Vgl. PAPE, U./SCHLECKER, M., Credit Spread, S. 659.

[1068] Die Duration stellt allgemein ein Maß für die durchschnittliche Bindungsdauer des investierten Kapitals dar. Sie wird in Jahren gemessen und kann auch als Schwerpunkt der Barwerte des Zahlungsstroms interpretiert werden. Die Kuponzahlungen sind bei Unternehmensanleihen höher als bei Staatsanleihen und tragen entsprechend einen höheren Anteil zum Barwert der Zahlungsströme bei. Der Schwerpunkt der diskontierten Zahlungsströme liegt näher am Bewertungsstichtag, sodass Unternehmensanleihen eine geringere Duration aufweisen. Vgl. ROLFES, B., Gesamtbanksteuerung, S. 320 f.; GNAD, K., Die Duration im Zinsrisikomanagement, S. 15; PAPE, U./SCHLECKER, M., Credit Spread, S. 659; VOLKART, R., Corporate Finance, S. 548.

[1069] Vgl. PAPE, U./SCHLECKER, M., Credit Spread, S. 659.

[1070] Vgl. MUNVES, D., The Eurobond Market, S. 426; SCHLECKER, M., Credit Spreads, S. 165 f.

Die divergierende Zinssensitivität der zu vergleichenden Anleihen ist v. a. bei einer dauerhaften Berechnung des Credit Spreads relevant, da an den einzelnen Zeitpunkten eine Änderung des Credit Spreads nicht eindeutig auf Bonitäts- oder Zinsniveauänderungen zurückgeführt werden kann. Anders als bspw. für Zwecke der Rechnungslegung, wo der Credit Spread über mehrere Bilanzstichtage hinweg betrachtet wird, ist für Anlässe der Unternehmensbewertung die **einmalige Bewertung** des Unternehmens am Bewertungsstichtag entscheidend. Bei einer einmaligen Berechnung des Credit Spreads ist die Relevanz der Zinsabhängigkeit jedoch wohl eher gering,[1071] sodass dieses Verfahren grundsätzlich für die Unternehmensbewertung geeignet ist. Problematisch ist indes die praktische Umsetzung, da regemäßig nur Zero Bonds die Anforderungen identischer Zahlungszeitpunkte erfüllen, aber kaum Zero Bonds von Unternehmen emittiert werden. Somit bietet dieses Vorgehen regelmäßig nur Näherungslösungen an.[1072]

433.232.2 Vergleich durationskongruenter Anleihen

Zur Vermeidung der im vorigen Abschnitt diskutierten Verzerrungen können Anleihen mit identischer Duration verglichen werden.[1073] Bei gleicher Duration wirken sich Veränderungen des Zinsniveaus nahezu identisch auf die Anleihen aus.[1074] Die Höhe des Zinsniveaus sowie Zinsniveauänderungen haben somit keinen Einfluss auf die Höhe des Credit Spreads.[1075] Der Credit Spread ist also nur auf unterschiedliche Ausstattungen der Anleihen sowie auf Unterschiede des Kreditrisikos zurückzuführen.[1076] Da Unternehmens- und Staatsanleihen üblicherweise verschiedene Kupons aufweisen, müssen auch die Restlaufzeiten unterschiedlich sein, damit die Anleihen identische Durationen aufweisen.[1077] Die **abweichenden Restlaufzeiten** können aber u. U. mit einer **unterschiedlichen Liquidität** der Anleihen einhergehen, sodass Verzerrung aufgrund der Zinsabhängigkeit ggf. durch Verzerrungen aufgrund der Liquidität ersetzt werden.[1078]

Nach einer Veränderung des Zinsniveaus weisen die Anleihen indes keine identische Duration mehr auf.[1079] Für eine Zeitreihenberechnung wäre die risikolose Vergleichsanleihe nach jeder Zinsni-

[1071] Vgl. PAPE, U./SCHLECKER, M., Credit Spread, S. 660.

[1072] Vgl. WINGENROTH, T., Risikomanagement, S. 31.

[1073] Vgl. SCHLECKER, M., Credit Spreads, S. 165.

[1074] Vgl. PAPE, U./SCHLECKER, M., Credit Spread, S. 660; GNAD, K., Die Duration im Zinsrisikomanagement, S. 23 f. Indes weist GNAD in Bezug auf *Junk Bonds* darauf hin, dass der Immunisierungszusammenhang nicht besteht, wenn Bonitätsrisiken zu berücksichtigen sind. Ebenso ist zu berücksichtigen, dass die Immunisierung nur dann vorliegt, wenn von einer einmaligen Zinsänderung ausgegangen wird. Vgl. GNAD, K., Die Duration im Zinsrisikomanagement, S. 19-27 und 205 f.

[1075] Vgl. PAPE, U./SCHLECKER, M., Credit Spread, S. 660.

[1076] Vgl. ROLFES, B., Gesamtbanksteuerung, S. 321.

[1077] Vgl. SCHLECKER, M., Credit Spreads, S. 166.

[1078] Vgl. PAPE, U./SCHLECKER, M., Credit Spread, S. 659 f. Die unterschiedliche Liquidität der Anleihen hängt indes nicht nur von der Restlaufzeit ab, auch andere Faktoren determinieren das Liquiditätsrisiko, sodass das Liquiditätsrisiko auch bei den laufzeitkongruenten Verfahren zu beachten ist. Vgl. hierzu die Ausführungen in Abschn. 433.224.

[1079] Vgl. SCHLECKER, M., Credit Spreads, S. 166.

veauänderung zu wechseln, woraus Verzerrungen entstehen können.[1080] Da aber der Wechsel der Anleihe nach einer Veränderung des Zinsniveaus für die Unternehmensbewertung aufgrund der Zeitpunktbetrachtung irrelevant ist, erscheint auch die durationskongruente Ableitung des Credit Spreads für Zwecke der Unternehmensbewertung grundsätzlich geeignet.

433.232.3 Vergleich mit einem Benchmarkindex

Da die für den Renditevergleich identische risikolose Anleihe häufig nicht verfügbar ist, stellt der Indexvergleich die dritte Form der Einzeltitelvergleichsverfahren dar.[1081] Hierbei wird die Vergleichsrendite durch eine synthetische, laufzeit- und kuponäquivalente Staatsanleihe abgebildet, die auf Basis mehrerer Staatsanleihen bestimmt wird.[1082] Der Credit Spread ergibt sich als Differenz zwischen Anleiherendite und Rendite der **synthetischen Staatsanleihe**.[1083]

Als Benchmark kann der von der Deutsche Börse AG berechnete Deutsche Rentenindex (REX) verwendet werden. Da die Renditen der REX-Indizes öffentlich abrufbar sind,[1084] kann mit diesem Verfahren die Rendite einer Referenzanleihe abgeleitet werden. Hierzu werden Restlaufzeit und Kupon der Unternehmensanleihe in die Regressionsgleichung des REX eingesetzt, sodass die Rendite einer vergleichbaren synthetischen Referenzanleihe ermittelt wird.[1085]

Da Unternehmen in Deutschland vergleichsweise wenige Anleihen emittieren, entfällt somit die Problematik, zusätzlich eine vergleichbare Referenzanleihe zu finden. Vorteilhaft an dieser Ermittlungsmethode ist zudem die **Unabhängigkeit** vom **Zinsniveau** sowie von **angebots- und nachfrageseitigen Verzerrungen**, sodass der Credit Spread aufgrund identischer Merkmale der Anleihen verzerrungsfrei bestimmt werden kann.[1086] Im Vergleich zu den vorgenannten Verfahren steigt aber die Komplexität durch dieses Verfahren.

[1080] Vgl. PAPE, U./SCHLECKER, M., Credit Spread, S. 660.

[1081] Vgl. SCHLECKER, M., Credit Spreads, S. 167. Eine weitere Möglichkeit zur Ableitung durationskongruenter Vergleichsanleihen aus Portfolien risikoloser Staatsanleihen stellt die Durations-Matching-Methode dar. Hierbei wird ein Portfolio gleicher Duration aus der Linearkombination risikoloser Anleihen bzw. Portfolios ermittelt. Vgl. hierzu BACHMANN, U., Kreditspread, S. 77-79.

[1082] Vgl. PAPE, U./SCHLECKER, M., Credit Spread, S. 660.

[1083] Vgl. PAPE, U./SCHLECKER, M., Credit Spread, S. 660.

[1084] Renditen des REX sowie der einzelnen Subindizes und Regressionskoeffizienten können über folgende Webseite der Deutschen Börse börsentäglich eingesehen werden: http://www.dax-indices.com/DE/index.aspx?pageID=4 (*Zusammensetzung & Kennzahlen / Key Figures REX*), Stand: 15.01.2012.

[1085] Vgl. DEUTSCHE BÖRSE AG, Leitfaden zu den REX®-Indizes, S. 12; SCHLECKER, M., Credit Spreads, S. 168.

[1086] Vgl. SCHLECKER, M., Credit Spreads, S. 167 f.

433.233. Strukturkurvenansätze

Neben den Verfahren des Einzeltitelvergleichs existieren Strukturkurvenansätze, die auf *Spot Rates* basieren und daher, im Gegensatz zu den oben diskutierten Verfahren, die an vollkommene Kapitalmärkte gestellte theoretische Anforderung der Arbitragefreiheit erfüllen.[1087] Die Strukturkurvenansätze basieren nicht auf dem Vergleich einzelner Anleihen, sondern greifen auf die Differenz zwischen *Spot Rates* zurück. Die hierzu erforderliche Zinsstrukturkurve ist jedoch nicht am Markt ablesbar, sondern muss anhand adäquater Schätzverfahren bestimmt werden.[1088] Der Credit Spread wird dann als Differenz laufzeitkongruenter *Spot Rates* von Unternehmens- und Staatsanleihen ermittelt.[1089] Ähnlich wie die Zinsstrukturkurve der Staatsanleihen, die auf einer Vielzahl ähnlicher Anleihen beruht, wird auch die Zinsstrukturkurve der Unternehmensanleihe i. d. R. auf Basis mehrerer Anleihen ermittelt. Die Anleihen werden dabei bspw. nach Emittenten oder Ratingklasse zusammengefasst.[1090]

Vorteilhaft an diesen Verfahren ist, dass die ermittelten Credit Spreads wiederum unabhängig vom Marktzins sind.[1091] Auch bietet Strukturkurvenansätze eine vergleichsweise einfache Möglichkeit, Credit Spreads beliebiger Laufzeiten zu ermitteln, da die *Spot Rate*-Kurven üblicherweise über externe Anbieter bezogen werden können. Nachteilig hieran ist indes, dass die so ermittelte Strukturkurve nicht nur auf dem Credit Spread des Unternehmens basiert, sondern regelmäßig auch weitere Unternehmen einbezogen werden. Dadurch ist es fraglich, inwieweit die Risiken des Bewertungsobjekts adäquat berücksichtigt werden. Ebenso ist v. a. bei historischen Bewertungsstichtagen die Zusammensetzung der Unternehmensgruppe nicht immer bekannt. Da auch die Berechnungsmethodik teilweise nicht offengelegt wird, kann die Nachprüfbarkeit eingeschränkt sein.

433.234. Beurteilung der Ermittlungsverfahren für die Unternehmensbewertung

Wie im vorigen Abschnitt gezeigt, stehen zur Ermittlung des Credit Spreads verschiedene Verfahren zur Verfügung. Die **Unternehmensbewertung** stellt auf eine **Zeitpunktbetrachtung** ab, d. h., die Ermittlung der Credit Spreads ist zu einem bestimmten Zeitpunkt, dem Bewertungsstichtag, relevant. Aus Sicht der Unternehmensbewertung scheinen daher sowohl Einzeltitelvergleichsverfahren als auch Strukturkurvenansätze grundsätzlich geeignet zu sein. Entscheidend ist, dass der Credit Spread möglichst nur auf das aktuelle Ausfallrisiko zurückzuführen ist.

[1087] Vgl. PAPE, U./SCHLECKER, M., Credit Spread, S. 661.

[1088] Vgl. SCHLECKER, M., Credit Spreads, S. 170. Hierbei ist zwischen diskreten und stetigen Schätzverfahren zu differenzieren. Auf die konkreten Schätzverfahren wird an dieser Stelle nicht detailliert eingegangen. Vgl. zur Darstellung der Verfahren bspw. PAPE, U./SCHLECKER, M., Credit Spread, S. 661-663.

[1089] Vgl. PAPE, U./SCHLECKER, M., Credit Spread, S. 663.

[1090] Vgl. SCHLECKER, M., Credit Spreads, S. 175.

[1091] Vgl. SCHLECKER, M., Credit Spreads, S. 175.

Aufgrund der einmaligen Bewertung ist die Zinsabhängigkeit beim Vergleich **laufzeitkongruenter Anleihen** als gering einzuschätzen. Indes kann nicht ausgeschlossen werden, dass ein Teil des Credit Spreads auf das Liquiditätsrisiko zurückzuführen ist. Durch die **durationskongruente Ableitung** wird der Credit Spread bei einmaliger Berechnung nicht von Zinsänderungsrisiken tangiert. Der Credit Spread ist daher auf abweichende Ausstattungsmerkmale zurückzuführen, die neben dem Kreditrisiko aber ebenfalls in der Liquidierbarkeit der Anleihen liegen können. Der Rückgriff auf einen **Referenzindex** hat den Vorteil, nicht auf einer tatsächlichen Referenzanleihe, sondern auf einer hinsichtlich der Ausstattungsmerkmale der Unternehmensanleihe abgestimmten **synthetischen Referenzanleihe** zu basieren. So wird zudem auf ein Portfolio risikoloser Staatsanleihen zurückgegriffen, durch das Verzerrungen in den Anleihepreisen ausgeglichen werden können. Auch die **Strukturkurvenansätze** abstrahieren vom Zinsänderungsrisiko und aufgrund der großen Anzahl einfließender Anleihen kann auch hier von einem sehr geringen Einfluss des Liquiditätsrisikos ausgegangen werden. Zusammenfassend scheinen die Verfahren also geeignet zu sein, dass Zinsänderungsrisiko sowie das Liquiditätsrisiko weitgehend zu beseitigen.

Hinsichtlich der praktischen Umsetzbarkeit sind die Verfahren aber differenziert zu beurteilen. Ein Problem der laufzeit- und durationskongruenten Verfahren liegt in der Ermittlung einer **identischen Referenzanleihe**. Da Unternehmen im Allgemeinen eine geringe Anzahl von Anleihen emittieren, kann sich der direkte Vergleich als schwierig erweisen.[1092] Um für die vorhandenen Unternehmensanleihen vergleichbare Staatsanleihen ermitteln zu können, bietet sich daher der Vergleich mit einem Benchmarkindex an, da hierdurch eine vergleichbare Anleihe synthetisch ermittelt werden kann.

Ein weiteres Problem der Einzeltitelvergleichsverfahren liegt indes in der erforderlichen **Laufzeitäquivalenz**. Wie bereits beschrieben, unterliegen die periodenspezifischen Cashflows unterschiedlichen kumulierten Ausfallwahrscheinlichkeiten. Entsprechend sind die Laufzeiten auch bei der Ermittlung der Credit Spreads zu berücksichtigen, d. h., die Credit Spreads sind laufzeitspezifisch zu ermitteln. Dabei tritt wiederum das Problem der Datenverfügbarkeit auf. Für eine fünfjährige Detailplanungsphase müssten Daten von fünf Unternehmensanleihen und den entsprechenden risikolosen Staatsanleihen verfügbar sein. Während die Staatsanleihen auf Basis von Referenzindizes ermittelbar wären, emittieren Unternehmen regelmäßig nur wenige Anleihen, sodass die laufzeitspezifische Bewertung auf Basis von Einzeltitelvergleichsverfahren schwer umsetzbar ist.

Der Vorteil der **Strukturkurvenansätze** ist darin zu sehen, dass Credit Spreads für beliebige Laufzeiten berechnet werden können. Die Genauigkeit der interpolierten Strukturkurven steigt dabei mit der Anzahl der einbezogenen Anleihekurse. Die Ableitung von Strukturkurven aus Anleihen des gleichen Emittenten, also des Bewertungsobjekts, scheitert indes regelmäßig an der geringen Anzahl emittierter Anleihen, d. h., eine Interpolation würde hier zu einer nicht sachgerechten Ableitung der Zinsstrukturkurve führen. Durch den Rückgriff auf ein Portfolio verschiedener Anleihe-

[1092] Vgl. zur geringen Anzahl börsengehandelter Anleihen WATRIN, C./STÖVER, R., Tax Shield, S. 69.

emittenten der **gleichen Ratingklasse** kann das Problem der Datenverfügbarkeit bei der Bestimmung der Strukturkurve umgangen werden. Dieses Vorgehen bietet sich also insbesondere für Unternehmen an, die nur eine geringe Anzahl an Anleihen emittiert haben. Aber auch für **vergleichbare Unternehmen** ohne Anleiheemission können so Credit Spreads berechnet werden. Voraussetzung hierfür ist die Zuordnung des Bewertungsobjekts zu einer Ratingklasse, für die die Credit Spreads bestimmt werden. Hier kann für das Unternehmen auf Basis der in Abschnitt 432.22 vorgestellten synthetischen Ratings eine Ratingklasse geschätzt und somit ein Credit Spread bestimmt werden. Allerdings führt auch diese Ermittlung zu Problemen. Innerhalb einer Ratingklasse weisen nicht alle Unternehmen identische Ausfallrisiken auf. Die Ratingklassen umfassen stets eine bestimmte Bandbreite von ausfallrisikobehafteten Unternehmen bzw. Unternehmensanleihen. Die Gruppierung diverser Emittenten würde implizit ein einheitliches, durchschnittliches Ausfallrisiko unterstellen. Ebenso werden durch den Rückgriff auf **Ratingklassen** die **Probleme**, die mit den Ratingurteilen einhergehen, auch auf die Ableitung des Credit Spreads übertragen. Kritischer ist dies bei **nicht vergleichbaren Unternehmen** zu sehen, da hier das Problem nicht vergleichbarer Risikofaktoren höher einzuschätzen ist. Somit ist die Übertragbarkeit der Credit Spreads nur eingeschränkt gegeben.

Insgesamt scheinen Strukturkurvenansätze dennoch am besten zur Ermittlung von Credit Spreads im Rahmen der Unternehmensbewertung geeignet zu sein, da hier kein Problem der Datenverfügbarkeit besteht und die praktische Umsetzbarkeit unter Rückgriff auf externe Datenanbieter regelmäßig leicht möglich ist.

433.3 Übertragbarkeit der Ausfallwahrscheinlichkeit auf die Eigenkapitalgebersicht

Um grundsätzlich die Anwendbarkeit der Reduktionsmodelle für Eigenkapitalgeber beurteilen zu können, ist entscheidend, wie Ausfall definiert ist und ob das Ausfallrisiko isoliert werden kann. Grundsätzlich wird der Ausfall dem Kreditrisiko zugeordnet und als **temporäre oder betragsmäßige Abweichung** von den vereinbarten Zahlungsströmen verstanden.[1093] In Abschnitt 211.2 wurde bereits betont, dass der Ausfall nicht mit einer Insolvenz gleichzusetzen ist, da Ausfall nicht an rechtliche Vorgaben gebunden ist und bspw. auch durch Abschreibungen ausgelöst werden kann.

Entscheidend für die Interpretation der Ausfallwahrscheinlichkeit im Rahmen der Reduktionsmodelle ist allerdings, dass die Ausfallwahrscheinlichkeit rekursiv aus dem Anleihekurs bzw. der Anleiherendite berechnet wird und somit als **implizite Ausfallwahrscheinlichkeit** zu interpretieren ist. Die implizite Ausfallwahrscheinlichkeit stellt eine **risikoneutrale Ausfallwahrscheinlichkeit** dar, d. h., es wird von einer Risikoneutralität der Investoren ausgegangen.[1094] In der realen Welt weisen

1093 Vgl. HENKING, A./BLUHM, C./FAHRMEIR, L., Kreditrisikomessung, S. 17; SCHIFFEL, S., Implizite Ausfallwahrscheinlichkeiten, S. 63.

1094 Vgl. HULL, J. C., Optionen, S. 618; LÄGER, V., Kreditrisiken und Kreditderivate, S. 125; BETZ, H., Corporate Bonds, S. 53; WINGENROTH, T., Risikomanagement, S. 170.

Investoren diese Eigenschaft aber nicht auf, sondern sind als risikoavers zu charakterisieren.[1095] Die Ausfallwahrscheinlichkeit, unter der die Investoren risikoneutral sind, umfasst aber nicht nur die erwartete Ausfallwahrscheinlichkeit, sondern auch eine Risikoprämie aufgrund der Risikoeinstellung, um die Investoren für die Übernahme des Ausfallrisikos zu kompensieren.[1096] Auch werden regelmäßig weitere Risikokomponenten implizit der Ausfallwahrscheinlichkeit zugerechnet.

Im Folgenden soll beispielhaft die **implizite Ausfallwahrscheinlichkeit** der RWE AG durch das **approximative Reduktionsmodell** berechnet werden. Hierbei wird auf eine mittel- sowie langfristige Anleihe zurückgegriffen und die implizite Ausfallwahrscheinlichkeit mit der historischen Ausfallrate der entsprechenden Ratingklasse verglichen. Folgende Merkmale weisen die Anleihen auf:[1097]

1	2	3	4	5	6	7	8	9
Emittent	WKN	Fälligkeit	Restlaufzeit in Jahren	jährliche Rendite	Duration	modifizierte Duration	Geldkurs	Briefkurs
Bund	113539	04.01.2020	8,51	3,26	7,71	7,46	99,86	99,90
RWE	A0T6L6	10.08.2021	10,13	4,52	7,78	7,45	116,56	117,16
Bund	113525	04.07.2014	2,92	2,20	3,03	2,97	106,38	106,43
RWE	A0DAN1	23.07.2014	2,98	3,26	3,06	2,97	104,29	104,70

Tabelle 4-23: Merkmale der Anleihen[1098]

Um von Zinsänderungsrisiken zu abstrahieren, wurden Anleihen mit nahezu identischer Duration verwendet. Aufgrund der **Durationskongruenz** weichen die Restlaufzeiten der Anleihen ab, sodass, wegen der verwendeten Kuponanleihen, ein Liquiditätseffekt zu berücksichtigen ist:[1099]

1	2	8	9	10	11
Emittent	WKN	Geldkurs	Briefkurs	Durchschnitt	Liquiditätsspread
Bund	113539	99,86	99,90	99,880	0,020
RWE	A0T6L6	116,56	117,16	116,860	0,300
Bund	113525	106,38	106,43	106,405	0,025
RWE	A0DAN1	104,29	104,70	104,495	0,250

Tabelle 4-24: Berechnung des Liquiditätsspread

Anhand der Daten kann die implizite Ausfallwahrscheinlichkeit gem. Formel 4-32 berechnet werden. Hierbei ergibt sich der Credit Spread als Renditedifferenz zwischen der RWE- und der Bundesanleihe. Um das zukunftsbezogene Ausfallrisiko bestmöglich zu isolieren ist der Credit Spread

[1095] Vgl. OLBRICH, A., Wertminderung von finanziellen Vermögenswerten, S. 118 m. w. N.

[1096] Vgl. LÄGER, V., Kreditrisiken und Kreditderivate, S. 125 f.

[1097] Während die Duration die durchschnittliche Bindungsdauer des investierten Kapitals angibt, kann die modifizierte Duration zur Kurswertabschätzung verwendet werden. Sie gibt die prozentuale Kurswertänderung bei einer einprozentigen Veränderung des Marktzinses an. Vgl. bspw. ROLFES, B., Gesamtbanksteuerung, S. 320-322 m. w. N.

[1098] Informationen abgerufen über http://www.finanzen.net, Stand: 31.03.2011.

[1099] Vgl. zur Berechnung Formel 4-37.

um weitere Risikokomponenten zu bereinigen. Daher ist vom Credit Spread zusätzlich der Liquiditätsspread zu subtrahieren. Der resultierende residuale **Spread** bildet folglich die verbleibenden Risikokomponenten ab, nachdem sowohl das Zinsänderungsrisiko als auch das Liquiditätsrisiko eliminiert wurden.[1100] Der Berechnung der impliziten Ausfallwahrscheinlichkeit wird eine *Recovery Rate* von 40 % zugrunde gelegt,[1101] sodass sich näherungsweise folgende implizite Ausfallwahrscheinlichkeiten ergeben:

Formel 4-39	$\lambda = \frac{cs - ls}{(1-\delta)}$ $\Leftrightarrow \quad \lambda_{langfristig} = \frac{(4{,}52 - 3{,}26) - (0{,}3 - 0{,}02)}{(1 - 0{,}4)} = 1{,}63$ bzw. $\lambda_{mittelfristig} = \frac{(3{,}26 - 2{,}2) - (0{,}205 - 0{,}025)}{(1 - 0{,}4)} = 1{,}47$

Wäre der Credit Spread nicht um den Liquiditätsspread bereinigt, würde die implizite Ausfallwahrscheinlichkeit bei 2,1 % bzw. 1,77 % liegen. Dies zeigt, dass die implizite Ausfallwahrscheinlichkeit durch die Eliminierung des Liquiditätsspreads sinkt, da sie nun nicht von dieser Risikokomponente beeinflusst wird. Ebenso liegt die jährliche implizite Ausfallwahrscheinlichkeit der langfristigen Anleihe erwartungsgemäß über der mittelfristigen, da sich Erstere auf einen längeren Zeitraum bezieht.

Wie bereits dargelegt, ist die implizite Ausfallwahrscheinlichkeit als **jährlicher Durchschnittswert** zu interpretieren. Das Rating der RWE AG entsprach zum Zeitpunkt der Datenerhebung der Klasse A, womit eine Ausfallrate von 0,19 % bzw. 0,11 % verbunden ist.[1102] Der Vergleich der Wahrscheinlichkeiten zeigt deutlich, dass die implizite Ausfallwahrscheinlichkeit über der historischen Ausfallrate liegt. Auch eine Variation der unterstellten *Recovery Rate* führt nicht zu einem mit der historischen Ausfallrate vergleichbaren Wert:

Recovery Rate	10 %	20 %	30 %	40 %	50 %
$\lambda_{langfristig}$	1,09	1,23	1,40	1,63	1,96
$\lambda_{mittelfristig}$	0,98	1,10	1,26	1,47	1,76

Tabelle 4-25: Implizite Ausfallwahrscheinlichkeit bei veränderter *Recovery Rate*

[1100] Vgl. BACHMANN, U., Kreditspread, S. 80.

[1101] Die *Recovery Rate* von 40 % kann auf Basis von empirischen Untersuchungen begründet werden. Vgl. hierzu ALTMAN, E. I./BENCIVENGA, J. C., Yield Premium Model, S. 51.

[1102] Die historische Ausfallrate bezieht sich auf die durchschnittliche jährliche Ausfallwahrscheinlichkeit der Ratingklasse A im Zeitraum 1981-2009 von Standard & Poor's, vgl. Tabelle 4-9. Die 0,19 % bzw. 0,11 % ergeben sich aus der kumulierten zehn- bzw. dreijährigen Ausfallrate, die vergleichbar mit der Restlaufzeit der jeweiligen Anleihe ist. Hierbei werden auch Ratingmigrationen über den entsprechenden Zeitraum berücksichtigt.

Auch empirische Untersuchungen weisen auf eine Diskrepanz zwischen der impliziten Ausfallwahrscheinlichkeit und der historischen Ausfallrate hin.[1103] Hierbei ist aber zu beachten, dass Reduktionsmodelle ursprünglich für die Bewertung komplexer **Finanzinstrumente** entwickelt wurden.[1104] Diesen Bewertungsmodellen liegt grundsätzlich die Prämisse der risikoneutralen Bewertung zugrunde,[1105] sodass Reduktionsmodelle speziell für die Bewertung komplexer, risikobehafteter Kapitalmarkttitel geeignet sind.[1106] Entsprechend empfiehlt HULL, dass Szenarioanalysen, bspw. zur Berechnung potentieller künftiger Verluste aus Ausfällen, auf realen Ausfallwahrscheinlichkeiten basieren sollten.[1107] Folglich ist auch die Eignung der impliziten Ausfallwahrscheinlichkeiten für Zwecke der Unternehmensbewertung kritisch zu beurteilen.

433.4 Kritische Würdigung

433.41 Grundsatz der Objektivierung

Nach dem Grundsatz der Objektivierung soll die Wertermittlung frei von Ermessensspielräumen und für einen Dritten nachvollziehbar sein. Da die Reduktionsmodelle auf marktbasierte Inputparameter zurückgreifen,[1108] kann die Objektivierungsanforderung grundsätzlich als erfüllt betrachtet werden. Somit wird der Vorteil der Reduktionsmodelle auch im **direkten Marktbezug** gesehen.[1109] Die Marktsicht kann dabei als die Einschätzung von objektiven Dritten interpretiert werden. Durch den Rückgriff auf Marktdaten sind die Inputparameter der Verfahren intersubjektiv nachprüfbar, was dem **Objektivierungskriterium** der Unternehmensbewertung gerecht wird.

Einschränkend ist allerdings zu erwähnen, dass die Marktsicht nicht immer adäquat in den Kursinformationen enthalten ist. Diese kann bspw. durch Spekulationen verzerrt sein. Indes ist der Einfluss von Spekulationen bei Anleihen im Vergleich zu Aktien eher als gering einzustufen. Da ein Großteil der Anleihen OTC gehandelt wird,[1110] ist möglicherweise kein aktueller **öffentlich verfügbarer Marktpreis** vorhanden bzw. spiegeln die Marktpreise nicht die tatsächlichen Preise wider.[1111] Auch können Marktpreise zwischen unterschiedlichen Anbietern variieren. Daher ist bei der Berechnung des Credit Spreads darauf zu achten, dass die Marktpreise aktuell sind und die Anleihe eine hinreichende Liquidität aufweist. Alternativ kann auf eine Durchschnittsbetrachtung abgestellt

---

1103 Vgl. LÄGER, V., Kreditrisiken und Kreditderivate, S. 125 f.; MARTELLINI, L./PRIAULET, P./PRIAULET, S., Fixed-Income Securities, S. 450 f.; WINGENROTH, T., Risikomanagement, S. 170. Vgl. zu einer tabellarischen Übersicht ALMEIDA, H./PHILIPPON, T., Cost of Financial Distress, S. 2570.

1104 Vgl. WINGENROTH, T., Risikomanagement, S. 170 f.

1105 Vgl. HULL, J. C., Optionen, S. 620.

1106 Vgl. SÜNDERHAUF, R., Bewertung des Ausfallrisikos, S. 61.

1107 Vgl. HULL, J. C., Optionen, S. 620.

1108 Die Ausnahme bildet hier die *Recovery Rate*, die aber auf Basis empirischer Daten geschätzt werden kann.

1109 Vgl. SCHIFFEL, S., Implizite Ausfallwahrscheinlichkeiten, S. 6; MARTELLINI, L./PRIAULET, P./PRIAULET, S., Fixed-Income Securities, S. 448.

1110 D. h., es wird direkt mit dem Transaktionspartner, ohne Rückgriff auf die Börse, gehandelt.

1111 Vgl. WINGENROTH, T., Risikomanagement, S. 40.

werden, sodass der Einfluss von Verzerrungen über den Betrachtungszeitraum kompensiert wird. Indes geht dies wiederum mit Ermessen hinsichtlich der Abgrenzung des Beobachtungszeitraums einher. Trotz des Marktbezugs können aber auch bei den Reduktionsmodellen bestimmte **Ermessensspielräume** bestehen, die die Nachvollziehbarkeit der Wertermittlung einschränken können. Diese können bspw. aus der Wahl des Verfahrens zur Credit Spread-Ermittlung, der Wahl der Anleihe oder aus der Wahl des Reduktionsmodells resultieren.

Die Analyse hat gezeigt, dass für die Ableitung des Credit Spreads verschiedene **Verfahren** infrage kommen. Da im Rahmen der Unternehmensbewertung auf eine Zeitpunktbetrachtung abgestellt wird, sind grundsätzlich alle angeführten Verfahren geeignet, da von weiteren Risikokomponenten wie z. B. dem Zinsänderungs- oder Liquiditätsrisiko abstrahiert werden kann. Die Strukturkurvenansätze greifen zur Ermittlung der Strukturkurven mangels unternehmensspezifischer Anleihen regelmäßig auf Daten von Emittenten mit vergleichbarem Rating zurück. Fraglich ist indes, ob dies mit dem **Grundsatz der Objektivierung** vereinbar ist.

Wenn die entsprechende Strukturkurve **eigenständig berechnet** werden soll, ist eine Abgrenzung der einzubeziehenden Unternehmen erforderlich, was zu Ermessensspielräumen führen kann. Zwar sind die Ermessensspielräume durch die Vorgabe der gleichen Ratingklasse eingegrenzt, jedoch können sich trotzdem Spielräume ergeben. Anstelle einer eigenen Berechnung ist indes zu vermuten, dass die Strukturkurve von **externen Datenanbietern** bereitgestellt wird. Da der Bewerter hier keinen Einfluss auf die einzubeziehenden Unternehmen hat, ist der vorige Kritikpunkt zu relativierten. Allerdings erscheint hier fraglich, inwieweit die einbezogenen Unternehmen vergleichbar zum Bewertungsobjekt sind und somit die Übertragbarkeit des Credit Spreads als sachgerecht anzusehen ist. Auch weisen nicht alle Unternehmen der gleichen Ratingklasse eine identische Ausfallwahrscheinlichkeit auf, sodass ein durchschnittlicher Credit Spread pro Ratingklasse ermittelt wird.[1112] Der zuvor angeführte Vorteil des stetigen, unternehmensindividuellen Risikomaßstabs wird hierdurch aufgehoben. Zudem werden so die Probleme, die bereits bei der Analyse der Ratings diskutiert wurden, auch auf die Bestimmung der impliziten Ausfallwahrscheinlichkeit übertragen.

Diese Spielräume entstehen bei den **einzeltitelbasierten Verfahren** nicht, da hier nur auf Anleihen des Bewertungsobjekts zurückgegriffen wird. Allerdings ergeben sich Spielräume aus der **Wahl der Anleihe**. Für Zwecke der Unternehmensbewertung ist dabei die Ausfallwahrscheinlichkeit des Unternehmens relevant und nicht diejenige einer spezifischen Anleihe. Während bei den ratingbasierten Verfahren durch Emittentenratings direkt die Bonität des **Unternehmens** beurteilt wird, ist bei den Anleihen Vergleichbares nicht möglich, da die Reduktionsmodelle stets auf dem Kurs bzw. der Rendite bestimmter **Anleihen** basieren. Daher ist die implizite Ausfallwahrscheinlichkeit auf Basis einer Anleihe zu berechnen, die die Ausfallwahrscheinlichkeit des Unternehmens bestmöglich approximiert. Im Rahmen von Ratings wurde argumentiert, dass bei Fehlen eines Emittentenratings dieses am besten durch ein Emissionsrating einer nicht-nachrangigen, unbesicherten Anleihe appro-

[1112] Vgl. PAPE, U./SCHLECKER, M., Credit Spread, S. 663.

ximiert werden kann.[1113] Diese Argumentation lässt sich auch auf Reduktionsmodelle übertragen, sodass die Credit Spreads auf Basis einer **nicht-nachrangigen, unbesicherten Anleihe** abgeleitet werden sollten.

Für die **Detailplanungsphase** sind dabei wiederum kumulierte Ausfallwahrscheinlichkeiten zugrunde zu legen, die über die implizite Ausfallwahrscheinlichkeit der entsprechenden Laufzeit ermittelt werden können. Die implizite Ausfallwahrscheinlichkeit ist als durchschnittliche jährliche Ausfallwahrscheinlichkeit über die Anleihelaufzeit zu verstehen, sodass diese in eine kumulierte Ausfallwahrscheinlichkeit umzurechnen ist. Für die Ermittlung des Credit Spreads in der **ewigen Rente** stellt sich die Frage, welche Anleihelaufzeit sachgerecht ist. Die Phase der ewigen Rente bildet den gesamten Zeitraum nach der Detailplanungsphase ab und ist annahmegemäß unendlich. Auch hier erscheint eine Anlehnung an das Vorgehen beim Rating zweckmäßig. Die implizite Ausfallwahrscheinlichkeit wird zwar als durchschnittliche annualisierte Ausfallwahrscheinlichkeit ermittelt. Sie berücksichtigt aber auch die Restlaufzeit der Anleihe, sodass die Ausfallwahrscheinlichkeit stark durch die **Laufzeit der Anleihe** determiniert wird. Anleihen mit kürzerer Laufzeit weisen geringere Ausfallwahrscheinlichkeiten auf, da diese für kürzere Zeiträume besser abschätzbar sind und Ausfälle tendenziell eher bei längerer Restlaufzeit eintreten. Der Grund ist darin zu sehen, dass das Migrationsrisiko mit zunehmender Restlaufzeit an Bedeutung gewinnt. Für die Phase der ewigen Rente ist indes der Beharrungszustand relevant, sodass in der entsprechenden Ausfallwahrscheinlichkeit keine Migration zu berücksichtigen ist. Der Rückgriff auf eine **Anleihe** mit möglichst langer Restlaufzeit erscheint vor diesem Hintergrund nicht sachgerecht, da hierin implizit Migrationsrisiken erfasst werden. Als theoretisch sachgerechte Lösung ist die implizite Ausfallwahrscheinlichkeit aus einer am **Ende der Detailplanungsphase** beginnenden, **einjährigen Anleihe** zu ermitteln, da hierin die einjährige Ausfallwahrscheinlichkeit ausgedrückt wird und Migrationsrisiken eine untergeordnete Rolle spielen. Diese Ausfallwahrscheinlichkeit kann über die kumulierte Ausfallwahrscheinlichkeit zweier Anleihen mit entsprechender Laufzeit nachgebildet werden. Dazu ist auf folgende Beziehung zurückzugreifen, die die Berechnung der kumulierten Ausfallwahrscheinlichkeit für das Jahr n abbildet:

Formel 4-40	$\lambda_n^{cum} = 1 - (1 - \lambda_{n-1}^{cum}) * (1 - \lambda_n)$

Umgestellt ergibt sich die Ausfallwahrscheinlichkeit für das Jahr n als:

Formel 4-41	$\lambda_n = 1 - \frac{(1 - \lambda_n^{cum})}{(1 - \lambda_{n-1}^{cum})}$

Die benötigten kumulierten Ausfallwahrscheinlichkeiten können auf Basis der impliziten Ausfallwahrscheinlichkeiten, die durchschnittliche jährliche Ausfallwahrscheinlichkeiten über die Anleihelaufzeit darstellen, berechnet werden.

1113 Vgl. Abschn. 432.212.

Neben den erwähnten Reduktionsmodellen existieren weitere Reduktionsmodelle, die sich hinsichtlich der Annahmen und Modellierungen der *Recovery Rate* und des Ausfalls unterscheiden.[1114] Für den Bewerter ergibt sich daher **Ermessensspielraum** hinsichtlich der **Wahl** des Reduktionsmodells. Hiermit verbunden sind Annahmen über die zugrunde liegenden Modellparameter.[1115] So sind bspw. regelmäßig Annahmen über die Höhe der *Recovery Rate* zu treffen. Die Einschätzung dieser **Parameter** kann zwar durch empirische Studien auf bestimmte Bandbreiten eingeschränkt werden, die genaue Höhe ist allerdings vom Bewerter abhängig.[1116] Somit ergeben sich sowohl bei der Wahl des Reduktionsmodells als auch bei der Wahl der einfließenden Parameter Ermessensspielräume, was dem **Grundsatz der Objektivierung** entgegensteht.

433.42 Grundsatz der Zukunftsorientierung

Verbunden mit dem Marktbezug wird ein bedeutender Vorteil der spreadbasierten Verfahren in der **Zukunftsorientierung** gesehen.[1117] Marktinformationen sind grundsätzlich zukunftsgerichtet und Marktpreise basieren daher auf den Erwartungen der Marktteilnehmer über künftige Entwicklungen. Da auch für die Unternehmensbewertung grundsätzlich zukunftsbezogene Parameter relevant sind, scheinen spreadbasierte Ausfallwahrscheinlichkeiten dem geforderten Zukunftsbezug eher gerecht zu werden, als ratingbasierte Ausfallraten. Während an den ratingbasierten Verfahren regelmäßig die fehlende **Aktualität** des Ratings kritisiert wird,[1118] werden marktbasierte Verfahren diesbezüglich oftmals als überlegen angesehen, da die Ausfallwahrscheinlichkeit zum Bewertungsstichtag abgeleitet werden kann. Tatsächlich weisen spreadbasierte Ausfallwahrscheinlichkeiten regelmäßig eine höhere Aktualität als ratingbasierte Einschätzungen auf.[1119] Dies ist im Hinblick auf das **Stichtagsprinzip** positiv zu beurteilen. Ein weiterer Vorteil gegenüber den ratingbasierten Verfahren ist darin zu sehen, dass mit Reduktionsmodellen **stetige Ausfallwahrscheinlichkeiten** berechnet werden können, d. h., dass sich die Ausfallwahrscheinlichkeiten nicht nur auf bestimmte Klassen beziehen. Reduktionsmodelle bieten also die Möglichkeit, anleihen- bzw. unternehmensspezifische Risikomaßzahlen zu ermitteln.[1120]

Die tatsächliche Abbildung **zukunftsbezogener** Ausfallwahrscheinlichkeiten ist aber nur dann möglich, wenn die Kurse stets die Markteinschätzung wiedergeben. Die Voraussetzung ist erfüllt, wenn es sich um **liquide Märkte** handelt und Anleihen verschiedener Bonität gehandelt werden.[1121] Dies ist aber regelmäßig nicht der Fall, da oftmals nur Unternehmen mit guter Bonität Anleihen

[1114] Vgl. bspw. UHRIG-HOMBURG, M., Valuation of Defaultable Claims, S. 46.

[1115] Vgl. WINGENROTH, T., Risikomanagement, S. 197.

[1116] Vgl. ALTMAN, E. I./BENCIVENGA, J. C., Yield Premium Model, S. 51.

[1117] Vgl. WINGENROTH, T., Risikomanagement, S. 179.

[1118] Vgl. WINGENROTH, T., Risikomanagement, S. 203.

[1119] Vgl. DELIANEDIS, G./GESKE, R. L., Credit Risk, S. 21.

[1120] Vgl. WINGENROTH, T., Risikomanagement, S. 78.

[1121] Vgl. HARTMANN-WENDELS, T./PFINGSTEN, A./WEBER, M., Bankbetriebslehre, S. 503.

emittieren.[1122] Auch können die Kurse der Anleihen stark durch allgemeine Markteinschätzungen oder **Kursspekulationen** beeinflusst werden, die ihre Ursache nicht unmittelbar im Unternehmen haben.[1123] Der Rückgriff auf den aktuellen Marktkurs kann also dazu führen, dass Ausfallwahrscheinlichkeiten ermittelt werden, die nicht mit der tatsächlichen wirtschaftlichen Lage zu begründen sind und daher nicht die zukunftsbezogene Ausfallwahrscheinlichkeit abbilden.

Die Aktualität des Marktbezugs ist daher grundsätzlich positiv zu beurteilen, indes ist die hiermit einhergehende **Schwankungsanfälligkeit** der Credit Spreads als kritisch anzusehen. Während ratingbasierte Ausfallraten als repräsentativ für den gesamten Konjunkturzyklus gelten, sind die ermittelten impliziten Ausfallwahrscheinlichkeiten unmittelbar von den Anleihekursentwicklungen abhängig. Dies kann dazu führen, dass die tatsächliche Ausfallwahrscheinlichkeit verzerrt abgebildet wird. Dies ist v. a. für die ewige Rente kritisch zu sehen, da so die aktuelle und nicht die durchschnittliche Konjunkturerwartung die Credit Spreads bestimmt.

Auch wenn der **Zukunftsbezug** regelmäßig durch den Marktbezug gegeben ist, erscheint es fraglich, ob mit den Reduktionsmodellen grundsätzlich zukunftsbezogene **Ausfallwahrscheinlichkeiten** ermittelt werden können. Untersuchungen deuten an, dass die **risikoneutralen Ausfallwahrscheinlichkeiten** der Reduktionsmodelle regelmäßig über den **historischen Ausfallraten** liegen.[1124] Daher stellt sich die Frage, wie geeignet die impliziten Ausfallwahrscheinlichkeiten als Schätzer für die künftige Ausfallwahrscheinlichkeit sind. In der Literatur werden diverse Gründe für die Höhe der impliziten Ausfallwahrscheinlichkeit angeführt.

Zum einen besteht das Problem, dass **sämtliche Risikofaktoren**, für die Investoren durch den Credit Spread kompensiert werden, der Ausfallwahrscheinlichkeit zugeordnet werden, sodass die implizite Ausfallwahrscheinlichkeit neben der tatsächlichen Ausfallwahrscheinlichkeit auch weitere Risikofaktoren enthält.[1125] Das bedeutet, dass auch die Komponenten, die nicht das Kreditrisiko widerspiegeln dem Ausfallrisiko zugeordnet werden und somit die ermittelte Ausfallwahrscheinlichkeit nicht nur die künftige Ausfallwahrscheinlichkeit abbildet.[1126] Bei der Ableitung des Credit Spreads ist daher zu beachten, dass der Credit Spread möglichst nur auf das zukunftsbezogene Ausfallrisiko zurückzuführen ist. Durch die Wahl eines adäquaten **Ermittlungsverfahrens** des Credit Spreads können die hierin enthaltenen Risikokomponenten teilweise reduziert werden, sodass das Zinsänderungsrisiko und das Liquiditätsrisiko neutralisiert werden können.

[1122] Vgl. WINGENROTH, T., Risikomanagement, S. 202 f.; HARTMANN-WENDELS, T./PFINGSTEN, A./WEBER, M., Bankbetriebslehre, S. 503.

[1123] Vgl. PAPE, U./SCHLECKER, M., Credit Spreads und Finanzmarktkrisen, S. 38.

[1124] Vgl. LÄGER, V., Kreditrisiken und Kreditderivate, S. 125 f.; MARTELLINI, L./PRIAULET, P./PRIAULET, S., Fixed-Income Securities, S. 450 f.

[1125] Vgl. BETZ, H., Corporate Bonds, S. 53.

[1126] Vgl. WINGENROTH, T., Risikomanagement, S. 179.

Selbst nach der Eliminierung von Zinsänderungs- und Liquiditätsrisiken ist aber nicht sichergestellt, dass sich der verbleibende Spread nur auf das zukunftsbezogene Ausfallrisiko bezieht. So sieht HULL einen zweiten Grund für die Divergenz der impliziten und der historischen Ausfallwahrscheinlichkeit darin, dass der Credit Spread die Investoren sowohl für systematische als auch für unsystematische Risiken kompensiert. Anleihen fallen nicht unabhängig voneinander aus, sondern weisen auf eine Konjunkturabhängigkeit der Ausfallwahrscheinlichkeiten hin, sodass Anleihen einerseits mit einem **systematischen Risiko** verbunden sind.[1127] Andererseits sind für die Anleiheinvestoren auch **unsystematische Risiken** relevant, da die Anleiherenditen aufgrund der asymmetrischen Verteilung kaum diversifizierbar sind.[1128] Demnach kompensiert der Credit Spread die Anleger auch für die Übernahme der unsystematischen Risiken. Die Unterscheidung in systematische und unsystematische Risikofaktoren spielt für die Berücksichtigung der Ausfallwahrscheinlichkeit im Zähler indes keine Rolle, da es hier lediglich darum geht, die tatsächliche Ausfallgefahr abzubilden. Ob diese aus systematischen oder unsystematischen Faktoren resultiert, ist nicht entscheidend.

Gegen die Abbildung der zukunftsbezogenen Ausfallwahrscheinlichkeit spricht indes als dritter Grund, dass die von den Investoren geschätzten **subjektiven Ausfallwahrscheinlichkeiten** z. T. weitaus höher liegen als die historisch beobachtbaren Ausfallwahrscheinlichkeiten und die Investoren somit von **steigenden Ausfallwahrscheinlichkeiten** ausgehen oder **negative Szenarien** weitaus **stärker gewichten.**[1129] Während Ersteres für die Ermittlung zukunftsorientierter Ausfallwahrscheinlichkeiten relevant ist, stellt Letzteres auf die Risikoeinstellung der Investoren ab, die bei der Ermittlung eines Erwartungswerts nicht zu berücksichtigen ist.

WINGENROTH führt die Differenz entsprechend darauf zurück, dass die Investoren nicht nur für den **erwarteten Verlust**,[1130] d. h. den historischen durchschnittlichen Verlust, Kompensation verlangen, sondern dass sie auch für den **unerwarteten Verlust**[1131] eine Risikoprämie fordern.[1132] Die Risiko-

[1127] Vgl. HULL, J. C., Optionen, S. 619.

[1128] Vgl. HULL, J. C., Optionen, S. 619 f.

[1129] Vgl. HULL, J. C., Optionen, S. 619. Vgl. auch MARTELLINI, L./PRIAULET, P./PRIAULET, S., Fixed-Income Securities, S. 451.

[1130] Erwartete Verluste beruhen auf historischen Daten und sind daher bekannt und bepreisbar. Der erwartete Verlust einer Investition ergibt sich durch die multiplikative Verknüpfung von Ausfallwahrscheinlichkeit, Verlustquote und Kreditvolumen. Die Ausfallwahrscheinlichkeit wird regelmäßig auf Basis von Ratings oder Übergangsmatrizen ermittelt. Der erwartete Verlust wird von den Investoren eingepreist und kann als Kostenkomponente interpretiert werden. Vgl. OEHLER, A./UNSER, M., Finanzwirtschaftliches Risikomanagement, S. 313-338; BACHMANN, U., Kreditspread, S. 49 f.; OLBRICH, A., Wertminderung von finanziellen Vermögenswerten, S. 21 m. w. N.

[1131] Unerwartete Verluste stellen die eigentliche Risikokomponente der Investoren dar. Der unerwartete Verlust beschreibt das Ausmaß der Abweichungen vom durchschnittlichen erwarteten Verlust, der auf Basis historischer Daten ermittelt wird. Aufgrund der Risikoaversion der Anleger fordern sie für die Volatilität der Rendite eine zusätzliche Kompensation. Der unerwartete Verlust stellt somit eine auf Basis der Vergangenheitsdaten nicht zu antizipierende Wertänderung des Investments dar. Vgl. BACHMANN, U., Kreditspread, S. 50 f.; PFINGSTEN, A./SCHRÖCK, G., Krediteinstufungsmodelle, S. 13 f.; OEHLER, A./UNSER, M., Finanzwirtschaftliches Risikomanagement, S. 338-345.

[1132] Vgl. WINGENROTH, T., Risikomanagement, S. 170; OLBRICH, A., Wertminderung von finanziellen Vermögenswerten, S. 119.

prämie für den unerwarteten Verlust bezieht sich auf die **Risikoaversion** der Investoren, d. h. auf die Unsicherheit über die Höhe und den Zeitpunkt von Verlusten.[1133] Reduktionsmodelle stellen indes auf eine risikoneutrale Bewertung ab, sodass hierin keine Prämie für die Risikoeinstellung enthalten sein sollte.[1134] In der Praxis ist dies jedoch regelmäßig der Fall, da der Credit Spread u. a. auch von der Risikoaversion der Investoren beeinflusst wird.[1135]

Da der Vorteil der kapitalmarktorientierten Reduktionsmodelle in der besseren Ableitung **zukunftsbezogener Ausfallwahrscheinlichkeiten** gesehen wird, stellt sich die Frage, in welcher Risikokomponente diese enthalten ist. Theoretisch sollte die aktualisierte Ausfalleinschätzung der Kapitalmarktteilnehmer dem **erwarteten Verlust** zugeordnet werden, da die Investoren auf Basis aktueller Informationen über eine aktualisierte erwartete Ausfalleinschätzung verfügen. Somit setzt sich der erwartete Verlust theoretisch aus der historischen Ausfallwahrscheinlichkeit und der aktualisierten Anpassung zusammen. Der unerwartete Verlust sollte in diesem Fall nur die Risikoeinstellung der Investoren abdecken. Die Höhe der Risikoprämie für unerwartete Verluste wird hingegen regelmäßig als **Differenz** der risikoneutralen Ausfallwahrscheinlichkeit und der **historischen Ausfallrate** berechnet.[1136] Entsprechend basiert der **erwartete Verlust** allein auf der historischen Ausfallrate, d. h., die aktualisierte Ausfalleinschätzung wird neben weiteren Risikokomponenten als unerwarteter Verlust im Spreadrisiko erfasst.[1137]

Die Aufteilung in den erwarteten und unerwarteten Verlust generiert also letztlich keinen Mehrwert für die Bestimmung einer zukunftsorientierten Ausfallwahrscheinlichkeit, wenn diese auf Basis **vergangenheitsorientierter Ausfallraten** ermittelt wird, da stattdessen auch direkt auf die ratingbasierte Methode zur Bestimmung der Ausfallwahrscheinlichkeit zurückgegriffen werden kann. Nur in Verbindung mit dem auf die **künftige** Ausfallwahrscheinlichkeit entfallenden **Anteil** des **unerwarteten Verlusts** wäre eine zukunftsorientierte Ermittlung der Ausfallwahrscheinlichkeit möglich. Um hieraus zukunftsorientierte Ausfallwahrscheinlichkeiten abzuleiten, müsste also **ex ante** eine Risikoprämie bestimmt werden, die nicht auf das Ausfallrisiko zurückzuführen ist, sondern die verbleibenden Risikokomponenten umfasst.[1138] Die Aufteilung in reale Ausfallwahrscheinlichkeit und Risikoprämie ist indes ex ante kaum bestimmbar,[1139] sodass die zukunftsbezogene Ausfallwahrscheinlichkeit **nicht objektiv** ermittelbar ist und eine subjektive Aufspaltung des Spreadrisikos mit zusätzlichen Ermessensspielräumen einhergeht. Die folgende Abbildung fasst diesen Sachverhalt nochmal zusammen:

[1133] Vgl. DUFFIE, D./SINGLETON, K. J., Credit Risk, S. 102; WINGENROTH, T., Risikomanagement, S. 170; JORION, P., Financial Risk Manager Handbook, S. 504.

[1134] Vgl. SCHLECKER, M., Credit Spreads, S. 87; WINGENROTH, T., Risikomanagement, S. 170.

[1135] Vgl. DUFFIE, D./SINGLETON, K. J., Credit Risk, S. 102.

[1136] Vgl. DUFFIE, D./SINGLETON, K. J., Credit Risk, S. 102-104. Konkret wird jeweils auf den erwarteten Verlust, d. h. auf das Produkt aus Ausfallrate bzw. Ausfallwahrscheinlichkeit und *Recovery Rate*, abgestellt.

[1137] Vgl. hierzu auch die Ausführungen in Abschn. 433.226.

[1138] Vgl. WINGENROTH, T., Risikomanagement, S. 179.

[1139] Vgl. WINGENROTH, T., Risikomanagement, S. 202.

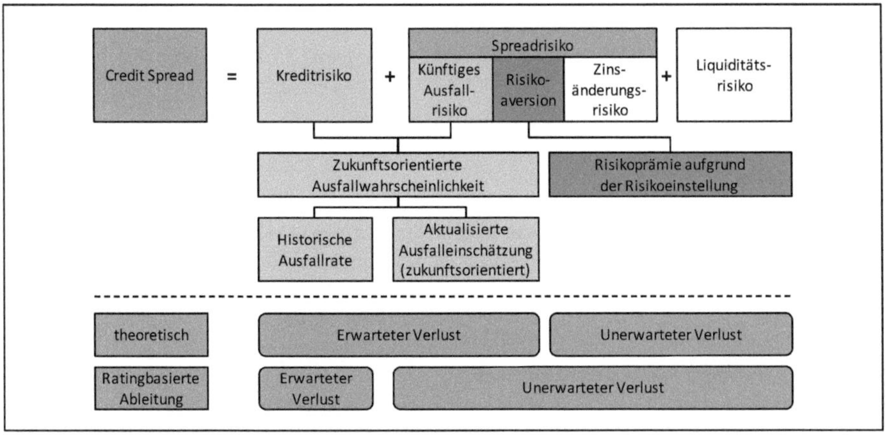

Abbildung 4-11: Aufspaltung des Kreditrisikos

Der Vorteil impliziter Ausfallwahrscheinlichkeiten wurde gegenüber ratingbasierten Ausfallraten im **Marktbezug** und damit einhergehend in der **Zukunftsorientierung** gesehen. Die Analyse hat allerdings gezeigt, dass zukunftsorientierte Ausfallwahrscheinlichkeiten durch Reduktionsmodelle kaum sachgerecht zu ermitteln sind, da der zugrunde liegende Credit Spread die Investoren neben dem Ausfallrisiko auch für **andere Risikokomponenten** kompensiert. Der Credit Spread kann durch die Eliminierung des Zinsänderungs- und des Liquiditätsrisikos stärker auf das Ausfallrisiko bezogen werden. Eine sachgerechte Ableitung der **zukunftsbezogenen** Ausfallwahrscheinlichkeit ist indes kaum möglich. Wird der Credit Spread auf Grundlage der **ratingbasierten** Ausfallraten aufgespalten, umfasst der erwartete Verlust nur historische Ausfallraten. Die zukunftsbezogene Einschätzung wird mit der Risikoprämie zusammen als **unerwarteter** Verlust interpretiert. Hierdurch wird die an Ratings kritisierte Vergangenheitsorientierung auch auf die Reduktionsmodelle übertragen. Wird hingegen das gesamte residuale Spreadrisiko einbezogen, ist die implizite Ausfallwahrscheinlichkeit nicht nur auf die zukunftsbezogene Ausfallschätzung zurückzuführen, da dann v. a. die Risikoeinstellung der Investoren die Ausfallwahrscheinlichkeit beeinflusst.

Dass neben dem erwarteten Verlust auch eine Risikoprämie für den unerwarteten Verlust und daher z. T. für die Risikoaversion der Investoren in die Ausfallwahrscheinlichkeit einfließt, ist für Zwecke der **Unternehmensbewertung** problematisch. Im Zähler ist lediglich die Gewichtung der Cashflows mit der Insolvenzwahrscheinlichkeit relevant, diese sollte daher möglichst frei von Verzerrungen abgebildet werden. Durch die implizite Ausfallwahrscheinlichkeit fließt aber quasi bereits ein Sicherheitsabschlag in die Erwartungswertbildung ein, da die Ausfallwahrscheinlichkeit auch die Risikoaversion berücksichtigt und demnach zu hoch eingeschätzt wird. In diesem Fall wäre der resultierende Erwartungswert, der als Sicherheitsäquivalent interpretiert werden kann, mit dem risikolosen Zins zu diskontieren. In der Unternehmensbewertung wird indes das Risiko üblicherweise im Nenner durch das CAPM erfasst und der Erwartungswert daher mit einem risikoadjustierten Zinssatz diskontiert, sodass hieraus eine **Doppelerfassung** der Risikoaversion folgt. Dies führt dazu, dass der Unternehmenswert anhand der impliziten Ausfallwahrscheinlichkeit nicht sachgerecht ermittelt werden kann. Zur Veranschaulichung sei hier auf Formel 2-7 verwiesen:

Formel 2-7	$UW = \frac{SÄ}{i} = \frac{EW(CF) - SA}{i} = \frac{EW(CF)}{i + z}$

Da die implizite Ausfallwahrscheinlichkeit nicht nur auf dem Ausfallrisiko basiert, sondern auch andere Komponenten berücksichtigt, kann hieraus die **künftige Ausfallwahrscheinlichkeit** nicht adäquat abgeleitet werden, was die Anwendbarkeit des Verfahrens für Zwecke der Unternehmensbewertung stark einschränkt, da der Unternehmenswert so regelmäßig zu niedrig berechnet wird.

433.43 Grundsatz der Wirtschaftlichkeit

Je nach Reduktionsmodell spielt auch die **Komplexität** eine Rolle. So bedingt die Annahme vollständiger Kapitalmärkte, die der Ermittlung risikoneutraler Ausfallwahrscheinlichkeiten zugrunde liegt, Kenntnis über die vollständige Zinsstruktur der Nullkuponanleihen des Emittenten.[1140] Die meisten Emittenten begeben allerdings nur **Kuponanleihen**, sodass die Zinsstruktur hieraus geschätzt werden muss. Bei regelmäßigen Emissionen können mit dem **Bootstrapping-Verfahren** diskrete *Spot Rates* ermittelt werden.[1141] Hierbei werden auf Basis von Kuponanleihen unterschiedlicher Restlaufzeiten rekursiv Renditen für Zerobonds ermittelt.[1142] Die resultierenden Zerobond-Renditen werden als *Spot Rates* bezeichnet, bzw. als Zinsstrukturkurve oder *Spot Rate*-Strukturkurve abgebildet.[1143] WINGENROTH weist darauf hin, dass zur Interpolation der Zinsstrukturkurve eine ausreichende Zahl an Anleihen erforderlich ist.[1144] Somit kann die Strukturkurve nur dann adäquat ermittelt werden, wenn genügend Anleihen emittiert wurden.[1145] Für Emittenten mit wenigen Anleihen stellt dies ein Problem dar,[1146] sodass die Anwendbarkeit der Reduktionsmodelle auf Unternehmen mit einer hinreichenden Zahl von Anleihen beschränkt ist. Durch den Rückgriff auf externe Datenanbieter kann die Komplexität des Verfahrens gesenkt werden, indes ist hierbei zu bedenken, dass der Strukturkurve dann nicht nur Anleihen des Bewertungsobjekts zugrunde liegen, was zu Lasten der Vergleichbarkeit geht.

[1140] Vgl. WINGENROTH, T., Risikomanagement, S. 174.

[1141] Vgl. WINGENROTH, T., Risikomanagement, S. 32; SCHLECKER, M., Credit Spreads, S. 171.

[1142] Vgl. ausführlich zum Bootstrapping-Verfahren bspw. WINGENROTH, T., Risikomanagement, S. 32-38 und HULL, J. C., Optionen, S. 115-118. Auch JARROW/TURNBULL verweisen darauf, dass Zerobondkurse auf Basis von Kuponanleihen ermittelt werden können. Zur Ermittlung der Zerobondpreise aus Kuponanleihen sind indes weitere Restriktionen erforderlich, bspw. ist hierzu die Ausfallwahrscheinlichkeit als konstant anzusetzen. Vgl. LÄGER, V., Kreditrisiken und Kreditderivate, S. 241; JARROW, R. A./TURNBULL, S. M., Pricing Derivatives, S. 64.

[1143] Vgl. HULL, J. C., Optionen, S. 117.

[1144] Vgl. WINGENROTH, T., Risikomanagement, S. 174.

[1145] Vgl. WINGENROTH, T., Risikomanagement, S. 179.

[1146] Vgl. WINGENROTH, T., Risikomanagement, S. 174.

Werden Credit Spreads über Einzeltitelvergleichsverfahren ermittelt, ist regelmäßig von einer geringeren **Komplexität** auszugehen. Dies ist v. a. dann relevant, wenn die Strukturkurven nicht über externe Datenanbieter abgerufen werden können, sondern mittels bestimmter Verfahren geschätzt werden. Die Datenbeschaffung bei den Einzeltitelvergleichsverfahren beschränkt sich hingegen regelmäßig auf die Identifizierung von vergleichbaren Anleihen. Innerhalb der Einzeltitelvergleichsverfahren bietet sich insbesondere der Vergleich mit einem **Referenzindex** an, da so eine mit der Unternehmensanleihe identische synthetische Staatsanleihe erzeugt werden kann. Daher ist bei der Bewertung im Einzelfall zu prüfen, ob eine ausreichende Datenbasis verfügbar ist, um die Credit Spreads sachgerecht zu ermitteln. Ist dies nicht der Fall ist trotz der ggf. höheren Komplexität auf Strukturkurvenansätze zurückzugreifen.

433.44 Abschließende Beurteilung der Eignung von Reduktionsmodellen für die Unternehmensbewertung

An der ratingbasierten Ableitung von Ausfallraten wird regelmäßig der mangelnde Zukunftsbezug und die fehlende Aktualität der Ratings kritisiert. **Spreadbasierte Verfahren** setzen an diesen Schwächen der Ratings an und ermitteln die Ausfallwahrscheinlichkeit marktbezogen. Dadurch, dass der Markt schnell auf Unternehmensnachrichten reagiert, wird marktbasierten Parametern eine hohe Aktualität zugeschrieben. Ebenso sind für Kapitalmarktteilnehmer nur zukunftsbezogene Informationen relevant, sodass grundsätzlich von einer zukunftsbezogenen Ableitung der aus Marktinformationen gewonnenen Ausfallwahrscheinlichkeiten ausgegangen werden kann. Der für die **objektivierte Unternehmensbewertung** besonders relevante **Grundsatz der Objektivierung** kann mit Verweis auf die am Markt gebildeten Kurse intuitiv als erfüllt angesehen werden. Während die marktgestützte Ermittlung der impliziten Ausfallwahrscheinlichkeit auf den ersten Blick die für die Unternehmensbewertung relevanten Kriterien erfüllt, weisen diese Ansätze bei genauerer Betrachtung indes Schwächen auf, die die Verwendung der impliziten Ausfallwahrscheinlichkeiten für die objektivierte Unternehmensbewertung einschränkt. Trotz des Marktbezugs ist eine uneingeschränkte **Objektivierbarkeit** daher kaum möglich. Vielmehr existieren auch bei der Ableitung impliziter Ausfallwahrscheinlichkeiten bestimmte Ermessensspielräume, die v. a. in der methodischen Umsetzung, d. h. in der Wahl der zugrunde liegenden Verfahren und Einflussparameter liegen.

Auch werden durch die implizite Ausfallwahrscheinlichkeit regelmäßig weitere Risikokomponenten dem zukunftsbezogenen Ausfallrisiko zugeordnet, sodass die Ableitung der Ausfallwahrscheinlichkeit verzerrt ist und dem Grundsatz der **Zukunftsorientierung** nicht vollständig entsprochen wird. Während bestimmte Risikokomponenten neutralisiert werden können, wird die Aussagefähigkeit der impliziten Ausfallwahrscheinlichkeit insbesondere durch die Einbeziehung der **Risikoeinstellung** der Investoren negativ beeinflusst, sodass keine sachgerechte Ableitung der zukunftsbezogenen Ausfallwahrscheinlichkeit möglich ist. Eine objektive Aufspaltung dieser Risikokomponenten ist ex ante nicht möglich, sodass hieraus zusätzlicher Ermessensspielraum resultieren würde.

Abgesehen von den zuvor beschriebenen Kritikpunkten an der zukunftsorientierten Ableitung der Insolvenzwahrscheinlichkeit ist anzunehmen, dass kaum ein Unternehmen eine ausreichende Zahl an Anleihen emittiert hat, um laufzeitäquivalente Ausfallwahrscheinlichkeiten ermitteln zu können. Somit ist zur Ermittlung der Credit Spreads regelmäßig auf Strukturkurven zurückzugreifen. Da hier die Vergleichbarkeit des Bewertungsobjekts mit den in den Strukturkurvenansätzen einbezogenen Unternehmen kaum zu prüfen ist, erscheint es zweifelhaft, dass das unternehmensspezifische Ausfallrisiko so zu ermitteln ist. Insbesondere bei KMU ist die Vergleichbarkeit v. a. der unsystematischen Risikofaktoren regelmäßig anzuzweifeln, was die Anwendbarkeit der Reduktionsmodelle stark einschränkt.

Speziell in der **subjektiven Unternehmensbewertung** ist der Grundsatz der Zukunftsorientierung entscheidend. Da die implizite Ausfallwahrscheinlichkeit neben dem Ausfallrisiko auch andere Komponenten wie die Risikoeinstellung der Investoren enthalten kann, ist sie nicht als risikoneutrales Gewicht im Rahmen der Erwartungswertbildung geeignet. Daher ist die Verwendung der impliziten Ausfallwahrscheinlichkeiten auch für Zwecke der subjektiven Unternehmensbewertung abzulehnen.

Insgesamt ist festzuhalten, dass die Reduktionsmodelle mit erheblichen **Nachteilen** behaftet sind, die die Anwendbarkeit für Zwecke der Unternehmensbewertung stark einschränken. Kritisch ist v. a., dass die Berechnung der impliziten Ausfallwahrscheinlichkeit nicht eindeutig auf das Ausfallrisiko zurückzuführen ist. Stattdessen können auch andere Komponenten, v. a. die Risikoeinstellung der Investoren, das Ergebnis beeinflussen. Hierdurch spiegelt die ermittelte Ausfallwahrscheinlichkeit nicht die tatsächlich zu erwartende Ausfallwahrscheinlichkeit wider, sodass die implizite Ausfallwahrscheinlichkeit nicht als Gewichtungsfaktor für das *worst case*-Szenario geeignet erscheint. Auf die Unternehmensbewertung bezogen liefern die Reduktionsmodelle daher kaum Zusatznutzen, sodass für diese Zwecke regelmäßig von ihrer Verwendung abzusehen ist.

434. Ableitung der Insolvenzwahrscheinlichkeit durch Strukturmodelle

434.1 Kritische Analyse der Strukturmodelle

Im vorigen Abschnitt wurden Reduktionsmodelle zur Ableitung von Ausfallwahrscheinlichkeiten diskutiert. Hierbei wurde u. a. kritisiert, dass dieser Ansatz nur für Unternehmen anwendbar ist, die Anleihen emittieren. Zudem sollte der Anleihemarkt liquide sein und Titel unterschiedlicher Bonität gehandelt werden, was indes in Deutschland häufig nicht der Fall ist.[1147] **Strukturmodelle** greifen im Gegensatz zu Reduktionsmodellen auf **Aktienkurse** von Unternehmen zurück, sodass dieser Ansatz grundsätzlich für eine größere Zahl von Unternehmen relevant sein kann. Hierbei liegt die Annahme zugrunde, dass im Aktienkurs Erwartungen über die künftige **Ertragssituation** des Un-

[1147] Vgl. HARTMANN-WENDELS, T./PFINGSTEN, A./WEBER, M., Bankbetriebslehre, S. 503.

ternehmens abgebildet werden und so Informationen über die Ausfallgefährdung gewonnen werden können.[1148]

Im Gegensatz zu den Reduktionsmodellen basieren Strukturmodelle auf einer endogenen Modellierung der Ausfallwahrscheinlichkeit, indem der Ausfall in Abhängigkeit vom Unternehmenswert abgebildet wird und somit ökonomisch interpretierbar ist.[1149] Dies bedeutet, dass die Ausfallwahrscheinlichkeit nicht rekursiv aus dem Credit Spread berechnet wird, sondern dass sie auf Basis fundamentaler Unternehmensdaten bestimmt wird. Der Credit Spread stellt also keinen Input-Faktor dar, sondern kann als Output des Modells ermittelt werden.[1150]

Als Basismodell und bis in die heutige Zeit hinein bedeutendstes Strukturmodell gilt das Modell von MERTON[1151] aus dem Jahr 1974.[1152] Die Ableitung der Ausfallwahrscheinlichkeit fußt auf der Optionspreistheorie.[1153] Der Grundgedanke der Strukturmodelle liegt darin, Verbindlichkeiten als bedingte Forderungen auf den Unternehmenswert zu sehen.[1154]

Das **Basismodell** basiert auf einigen stark vereinfachenden Annahmen.[1155] Das Unternehmen besteht dabei nur aus einem einzigen Vermögensgegenstand, dessen Wert daher dem Gesamtunternehmenswert entspricht.[1156] Finanziert wird der Vermögensgegenstand über eine Nullkuponanleihe, deren Laufzeit der Nutzungsdauer des Vermögensgegenstands entspricht.[1157] Das Eigenkapital ergibt sich schließlich als Differenz zwischen Gesamtunternehmenswert und Nominalwert des Fremdkapitals.[1158] Falls das Eigenkapital zum **Fälligkeitszeitpunkt** der Anleihe negativ ist, fällt das Unternehmen aus und geht auf die Fremdkapitalgeber über.[1159] Bei positivem Eigenkapital wird das

---

[1148] Vgl. HARTMANN-WENDELS, T./PFINGSTEN, A./WEBER, M., Bankbetriebslehre, S. 534.

[1149] Vgl. JORION, P., Financial Risk Manager Handbook, S. 515; HARTMANN-WENDELS, T./PFINGSTEN, A./WEBER, M., Bankbetriebslehre, S. 576.

[1150] Vgl. MARTELLINI, L./PRIAULET, P./PRIAULET, S., Fixed-Income Securities, S. 444; LÄGER, V., Kreditrisiken und Kreditderivate, S. 174.

[1151] Vgl. MERTON, R. C., On the Pricing of Corporate Debt, S. 449-470.

[1152] Vgl. LANDO, D., Credit Risk Modeling, S. 7; MARTIN, M. R. W./REITZ, S./WEHN, C. S., Kreditderivate, S. 88; STRAUß, S., Determinanten von Credit Spreads, S. 23; LÄGER, V., Kreditrisiken und Kreditderivate, S. 153; UHRIG-HOMBURG, M., Valuation of Defaultable Claims, S. 31; RATHGEBER, A., Derivate, S. 133.

[1153] Vgl. PAPE, U./SCHLECKER, M., Credit Spreads, S. 2; HEINKE, V. G., Bonitätsrisiko, S. 94.

[1154] Entsprechend sind Strukturmodelle auch unter der Bezeichnung *Contingent Claims Analysis* bekannt. Vgl. LÄGER, V., Kreditrisiken und Kreditderivate, S. 153; WINGENROTH, T., Risikomanagement, S. 109; SCHLECKER, M., Credit Spreads, S. 63.

[1155] Vgl. MERTON, R. C., On the Pricing of Corporate Debt, S. 450; MARTIN, M. R. W./REITZ, S./WEHN, C. S., Kreditderivate, S. 88; SCHLECKER, M., Credit Spreads, S. 74; UHRIG-HOMBURG, M., Valuation of Defaultable Claims, S. 32.

[1156] Vgl. STRAUß, S., Determinanten von Credit Spreads, S. 23; SCHMID, B., Credit Risk Pricing Models, S. 53.

[1157] Vgl. MERTON, R. C., On the Pricing of Corporate Debt, S. 452 f. Modellerweiterungen setzen v. a. an der Modellierung der Fremdkapitaltitel an, vgl. WINGENROTH, T., Risikomanagement, S. 110.

[1158] Vgl. LANDO, D., Credit Risk Modeling, S. 10; GAIDA, S., Optionspreisansätze, S. 58 f.

[1159] Vgl. MERTON, R. C., On the Pricing of Corporate Debt, S. 453; MARTELLINI, L./PRIAULET, P./PRIAULET, S., Fixed-Income Securities, S. 442; MARTIN, M. R. W./REITZ, S./WEHN, C. S., Kreditderivate, S. 89; JURGEIT, L., Bewertung von Optionen, S. 38.

Fremdkapital zurückgezahlt und das Residuum dem Eigenkapitalgeber ausgezahlt. Die folgende Abbildung veranschaulicht die Wertentwicklung:

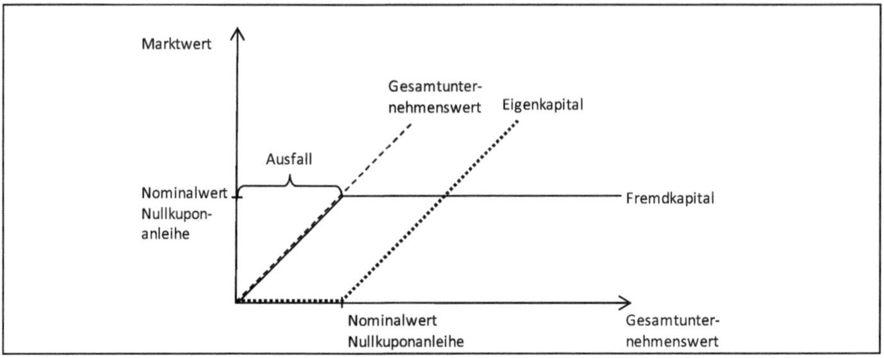

Abbildung 4-12: Wertentwicklung im MERTON-Modell[1160]

Das Eigenkapital kann nun als Option[1161], genauer gesagt als europäische Kaufoption, auf den Unternehmenswert modelliert werden.[1162] Die Fremdkapitalposition kann als Stillhalterposition interpretiert werden,[1163] d. h., der Fremdkapitalgeber hat dem Eigenkapitalgeber fiktiv eine Kaufoption auf den Unternehmenswert verkauft.[1164] Die Preise für Eigen- und Fremdkapital können mithilfe des Optionspreismodells von BLACK/SCHOLES ermittelt werden.[1165] Aus der Optionspreisgleichung kann schließlich auch die **risikoneutrale Ausfallwahrscheinlichkeit** abgeleitet werden.[1166] Hierdurch wird abgebildet, mit welcher Wahrscheinlichkeit der Gesamtunternehmenswert **am Fälligkeitszeitpunkt** unter dem Wert der Verbindlichkeiten liegt.[1167] Die Ausfallwahrscheinlichkeit ist

---

1160 In Anlehnung an GAIDA, S., Optionspreisansätze, S. 56; STRAUß, S., Determinanten von Credit Spreads, S. 24.

1161 Vgl. zur begrifflichen Erläuterung von Optionen JURGEIT, L., Bewertung von Optionen, S. 9-14.

1162 Vgl. MERTON, R. C., On the Pricing of Corporate Debt, S. 454; STRAUß, S., Determinanten von Credit Spreads, S. 24. Der Basispreis ist dabei identisch zum Nominalwert der Anleihe und die Laufzeit stimmt ebenfalls mit der Laufzeit der Anleihe überein. Vgl. hierzu bspw. MARTELLINI, L./PRIAULET, P./PRIAULET, S., Fixed-Income Securities, S. 443; SCHLECKER, M., Credit Spreads, S. 64.

1163 Vgl. GAIDA, S., Optionspreisansätze, S. 56.

1164 Vgl. hierzu und zu einer alternativen Interpretation der Gläubigerposition LÄGER, V., Kreditrisiken und Kreditderivate, S. 165 f.; WINGENROTH, T., Risikomanagement, S. 109; SCHIFFEL, S., Implizite Ausfallwahrscheinlichkeiten, S. 65.

1165 Vgl. BLACK, F./SCHOLES, M., Pricing of Options, S. 637-654; STEINER, M./BRUNS, C., Wertpapiermanagement, S. 344-372. Bei Anwendung des Optionspreismodells sind weitere Restriktionen zu beachten. So wird von Steuern und Transaktionskosten abstrahiert, Vermögenswerte sind beliebig teilbar und ein ausreichend großer Markt liegt vor. Soll- und Habenzins sind identisch und Leerkäufe erlaubt. Zudem wird auf das MODIGLIANI/MILLER-Theorem abgestellt. Vgl. hierzu bspw. STRAUß, S., Determinanten von Credit Spreads, S. 25.

1166 Vgl. DELIANEDIS, G./GESKE, R. L., Credit Risk, S. 6; HARTMANN-WENDELS, T./PFINGSTEN, A./WEBER, M., Bankbetriebslehre, S. 576 f.; WINGENROTH, T., Risikomanagement, S. 119; MARTIN, M. R. W./REITZ, S./WEHN, C. S., Kreditderivate, S. 91.

1167 Vgl. LÄGER, V., Kreditrisiken und Kreditderivate, S. 173.

dabei u. a. abhängig vom Verschuldungsgrad, der Volatilität des Unternehmenswerts und der Restlaufzeit des Fremdkapitaltitels.[1168]

Eine bekannte praktische Umsetzung der Strukturmodelle stellt **Moody's KMV** dar.[1169] Das KMV-Modell zielt auf die Berechnung von Ausfallwahrscheinlichkeiten börsennotierter Unternehmen ab, wobei als Inputfaktoren Aktienkurse und z. T. Bilanzdaten verwendet werden.[1170] Zunächst werden der Gesamtunternehmenswert und dessen Volatilität ermittelt.[1171] Im Anschluss wird die Entfernung bis zum Ausfall (*Distance to Default*) berechnet, aus der letztlich die Ausfallwahrscheinlichkeit[1172] empirisch durch Zuordnung (*Mapping*) bestimmt wird.[1173]

Die *Distance to Default* basiert auf den Größen Marktwert des Gesamtkapitals, Verschuldung und Volatilität des Gesamtkapitals:[1174]

Formel 4-42	$\text{Distance to Default} = \frac{GK_{MW} - FK}{GK_{MW} * \sigma_{GK}}$

Das Fremdkapital bildet die Ausfallschwelle, sodass im Zähler der Nettowert des Unternehmens, also das Eigenkapital steht.[1175] Das Geschäftsrisiko des Unternehmens fließt über die Volatilität des Firmenwerts in den Nenner ein. Je höher die jährlichen Ertragsschwankungen c. p. sind, desto größer wird der Nenner und umso kleiner wird die *Distance to Default*, d. h., die Ausfallwahrscheinlichkeit steigt.[1176] Die *Distance to Default* ist als Entfernung vom Ausfallpunkt, ausgedrückt durch die Anzahl der Standardabweichungen, zu verstehen.[1177] Der *Distance to Default* werden anschließend historische Ausfallraten zugeordnet (*Mapping*), die bei Unternehmen mit vergleichbarer *Distance to Default* beobachtet wurden.[1178] Es wird nicht wie bei den ursprünglichen Strukturmodellen von einer Normalverteilung der Ausfallwahrscheinlichkeiten ausgegangen, sondern die Verteilung aus empirischen Beobachtungen abgeleitet.[1179] Somit greift das KMV-Modell grundlegend auf das

1168 Vgl. OEHLER, A./UNSER, M., Finanzwirtschaftliches Risikomanagement, S. 278 f.; DELIANEDIS, G./GESKE, R. L., Credit Risk, S. 6 f.

1169 Vgl. WINGENROTH, T., Risikomanagement, S. 113; OEHLER, A./UNSER, M., Finanzwirtschaftliches Risikomanagement, S. 287; BENOIT, A., Kreditrisikoanalyse, S. 92.

1170 Vgl. EIGERMANN, J., Quantitatives Credit-Rating, S. 35.

1171 Vgl. EIGERMANN, J., Quantitatives Credit-Rating, S. 35.

1172 Die Ausfallwahrscheinlichkeit wird im KMV-Modell als Expected Default Frequency bezeichnet, vgl. WINGENROTH, T., Risikomanagement, S. 138; HARTMANN-WENDELS, T./PFINGSTEN, A./WEBER, M., Bankbetriebslehre, S. 536.

1173 Vgl. EIGERMANN, J., Quantitatives Credit-Rating, S. 35 und 37 f.

1174 Vgl. WINGENROTH, T., Risikomanagement, S. 137; EIGERMANN, J., Quantitatives Credit-Rating, S. 37.

1175 Vgl. EIGERMANN, J., Quantitatives Credit-Rating, S. 37.

1176 Vgl. EIGERMANN, J., Quantitatives Credit-Rating, S. 37.

1177 Vgl. WINGENROTH, T., Risikomanagement, S. 137; BUBERL, T., Bond Spreads, S. 38; HARTMANN-WENDELS, T./PFINGSTEN, A./WEBER, M., Bankbetriebslehre, S. 536.

1178 Vgl. CROSBIE, P./BOHN, J., Modeling Default Risk, S. 14; EIGERMANN, J., Quantitatives Credit-Rating, S. 37 f.

1179 Vgl. BENOIT, A., Kreditrisikoanalyse, S. 95; WINGENROTH, T., Risikomanagement, S. 113.

MERTON-Modell zurück, bestimmt die Ausfallwahrscheinlichkeit aber auf Basis historischer Ausfallraten, sodass es als Scoringmodell angesehen werden kann, dessen Inputgröße die *Distance to Default* ist.[1180]

434.2 Übertragbarkeit der Ausfallwahrscheinlichkeit auf die Eigenkapitalgebersicht

Wie bereits oben dargestellt, können verschiedene Gründe eine Insolvenz bedingen. In den Strukturmodellen wird der Ausfall dadurch ausgelöst, dass der Unternehmenswert eine bestimmte Ausfallschwelle, die regelmäßig durch den Fremdkapitalbestand determiniert wird, unterschreitet.[1181] Somit wird letztlich auf die **Überschuldung** abgestellt.[1182] Auch im KMV-Modell wird die Zahlungsunfähigkeit nicht explizit berücksichtigt.[1183] Diese Einschränkung auf den Insolvenzgrund der Überschuldung bildet die tatsächlichen Verhältnisse unzureichend ab,[1184] da die Zahlungsunfähigkeit regelmäßig den bedeutendsten Insolvenzgrund darstellt.[1185] Zwar wird z. T. argumentiert, dass Unternehmen, solange das Eigenkapital positiv ist, Vermögensgegenstände verkaufen können und somit jederzeitige Zahlungsfähigkeit herstellen bzw. sich entschulden können.[1186] Indes verkennt diese Annahme, dass in der ökonomischen Realität Vermögensgegenstände nicht ohne weiteres bzw. nur mit einem Abschlag veräußerbar oder dem operativen Geschäft überhaupt nicht entziehbar sind. Ferner wird beim KMV-Modell die Ausfallwahrscheinlichkeit über eine Zuordnung zu historischen Ausfallraten bestimmt. Dabei liegt eine umfangreiche Datenbank ausgefallener Unternehmen zugrunde.[1187] Es ist jedoch nicht klar, welche Unternehmen als ausgefallen interpretiert werden und in die Datenbasis einfließen. Daher kann bezweifelt werden, dass sich die Ausfalldefinition mit der insolvenzrechtlichen Definition deckt.

Während im Basismodell der Ausfall nur im Fälligkeitszeitpunkt eintreten kann,[1188] lösen sich **Weiterentwicklungen** des Modells von dieser restriktiven Bedingung.[1189] Die Modellerweiterung von

---

1180 Vgl. WINGENROTH, T., Risikomanagement, S. 136 und 138.

1181 Vgl. HARTMANN-WENDELS, T./PFINGSTEN, A./WEBER, M., Bankbetriebslehre, S. 569.

1182 Vgl. LONGSTAFF, F. A./SCHWARTZ, E. S., Valuing Risky Debt, S. 789; SCHIFFEL, S., Implizite Ausfallwahrscheinlichkeiten, S. 64; HARTMANN-WENDELS, T./PFINGSTEN, A./WEBER, M., Bankbetriebslehre, S. 572 f. GAIDA weist zudem darauf hin, dass die Modelle nur das gleichzeitige Eintreten der Insolvenzgründe Überschuldung und Zahlungsunfähigkeit abbilden. Vgl. GAIDA, S., Optionspreisansätze, S. 86 f.

1183 Vgl. EIGERMANN, J., Quantitatives Credit-Rating, S. 38.

1184 Vgl. SCHMID, B., Credit Risk Pricing Models, S. 58.

1185 So war im Jahr 2010 in 78,9 % der Insolvenzfälle die Zahlungsunfähigkeit alleiniger Insolvenzgrund, vgl. STATISTISCHES BUNDESAMT, Insolvenzverfahren 2010, S. 17.

1186 Vgl. MARTIN, M. R. W./REITZ, S./WEHN, C. S., Kreditderivate, S. 88.

1187 Vgl. CROSBIE, P./BOHN, J., Modeling Default Risk, S. 14.

1188 Vgl. MARTELLINI, L./PRIAULET, P./PRIAULET, S., Fixed-Income Securities, S. 442; WINGENROTH, T., Risikomanagement, S. 120.

1189 Vgl. hierzu ausführlich LÄGER, V., Kreditrisiken und Kreditderivate, S. 174-211. Vgl. auch zu einem Modellüberblick HEINKE, V. G., Bonitätsrisiko, S. 94; WINGENROTH, T., Risikomanagement, S. 115; GRUNDKE, P., Modellierung und Bewertung von Kreditrisiken, S. 15 f.

BLACK/COX[1190] knüpft den Ausfall nicht mehr an die Unterschreitung des Werts des Fremdkapitals, sondern eines festgelegten Schwellenwerts.[1191] Dieser kann über dem Wert des Fremdkapitals liegen und erlaubt somit auch die Zahlungsunfähigkeit als Ausfallgrund.[1192] Zudem kann der Ausfall während der Laufzeit eintreten.[1193] Maßgeblich ist dabei das erste Unterschreiten des Schwellenwerts, Modelle dieser Art werden daher auch als *First-Passage-Time Models* bezeichnet.[1194] Hieran ist aber zu kritisieren, dass der relevante Insolvenzgrund im Vorhinein festzulegen ist, sodass der Bewerter zwischen Zahlungsunfähigkeit und Überschuldung zu entscheiden hat.[1195]

Insgesamt zeigt sich, dass es schwierig ist, anhand der Strukturmodelle die für Eigenkapitalgeber relevanten Insolvenzgründe abzubilden. Im folgenden Abschnitt sollen die Strukturmodelle hinsichtlich der Würdigungskriterien der Unternehmensbewertung beurteilt werden.

434.3 Kritische Würdigung

434.31 Grundsatz der Objektivierung

Hinsichtlich der Objektivierung sind die Strukturmodelle kritisch zu beurteilen. So ist festzulegen, nach welchem Ansatz die Fremdkapitalstruktur des Unternehmens adäquat abzubilden ist. Der Schwellenwert wird dabei teilweise als konstant definiert,[1196] was bei expandierenden Unternehmen implizit zu einem sinkenden Verschuldungsgrad führt.[1197] Auch die Modellierung des Ausfallzeitpunkts resultiert in Ermessen, da der Bewerter zu entscheiden hat, welche Ausfallart relevant ist und wann diese eintritt. Eine adäquate Schätzung des Schwellenwerts ist daher mit erheblichen Schwierigkeiten und **Ermessensspielräumen** behaftet,[1198] sodass eine verlässliche Bewertung im Sinne der **objektivierten Unternehmensbewertung** kaum möglich erscheint. Wenn das Unternehmen

1190 Vgl. BLACK, F./COX, J. C., Valuing Corporate Securities, S. 351-367.

1191 Vgl. MARTIN, M. R. W./REITZ, S./WEHN, C. S., Kreditderivate, S. 89; GAIDA, S., Optionspreisansätze, S. 90. Zudem erlaubt das Modell die Berücksichtigung von Sicherheiten, der Rangordnung der Forderungen und weiteren Vertragsklauseln. Vgl. bspw. LÄGER, V., Kreditrisiken und Kreditderivate, S. 183; MARTIN, M. R. W./REITZ, S./WEHN, C. S., Kreditderivate, S. 95-98. Vgl. auch den auf dem BLACK/COX-Modell aufbauenden Modellansatz von LONGSTAFF/SCHWARTZ, der die unrealistische Annahme einer konstanten Zinsstruktur aufhebt. Vgl. LONGSTAFF, F. A./SCHWARTZ, E. S., Valuing Risky Debt, S. 790. UHRIG-HOMBURG kritisiert indes die ökonomische Erklärbarkeit dieser Ansätze, da eine explizite Modellierung der Verbindlichkeiten unterbleibt. Vgl. UHRIG-HOMBURG, M., Valuation of Defaultable Claims, S. 35. Die Annahme zur Rückzahlungsquote wird nun nicht mehr modellendogen ermittelt, sondern exogen angegeben. Dies hat einerseits den Vorteil, dass komplexere Kapitalstrukturen abgebildet werden können, andererseits resultieren hieraus aber auch weitere Probleme. Vgl. hierzu bspw. GRUNDKE, P., Modellierung und Bewertung von Kreditrisiken, S. 10.

1192 Vgl. GAIDA, S., Optionspreisansätze, S. 94; WINGENROTH, T., Risikomanagement, S. 111.

1193 Vgl. LANDO, D., Credit Risk Modeling, S. 29.

1194 Vgl. DUFFIE, D./SINGLETON, K. J., Credit Risk, S. 55; SCHLECKER, M., Credit Spreads, S. 75.

1195 Vgl. GAIDA, S., Optionspreisansätze, S. 105.

1196 Vgl. zu Strukturmodellen mit variablem Schwellenwert bspw. SCHÖBEL, R., Valuation of Risky Corporate Bonds, S. 36 f.; SAA-REQUEJO, J./SANTA-CLARA, P., Bond Pricing, S. 4.

1197 Vgl. WINGENROTH, T., Risikomanagement, S. 112.

1198 Vgl. WINGENROTH, T., Risikomanagement, S. 145.

selber nicht börsennotiert ist, sind die relevanten Daten aus Vergleichsunternehmen abzuleiten, woraus ebenfalls Ermessensspielraum resultiert. Um diesen einzuschränken sollte auch hier auf dieselben Vergleichsunternehmen zurückgegriffen werden, die bei der Ableitung des Betafaktors berücksichtigt werden. Allerdings erscheint es fraglich, ob bei KMU die Vergleichbarkeit gegeben ist, da börsennotierte Unternehmen regelmäßig anderen Risikofaktoren unterliegen als nicht notierte Unternehmen, zumal hier auch die unsystematischen Insolvenzrisiken relevant sind.[1199]

434.32 Grundsatz der Zukunftsorientierung

Als Vorteil der Strukturmodelle gilt, dass der Ausfall **ökonomisch erklärbar** ist.[1200] Während strukturelle Modelle aufgrund der direkten Verknüpfung von Ausfall und wirtschaftlicher Lage des Emittenten gut interpretierbar sind, ist die Bestimmung der **Inputparameter** indes problematisch.[1201] Die den Modellen zugrunde liegenden Vermögenswerte werden regelmäßig nicht gehandelt, sodass eine direkte marktbasierte Ableitung nicht möglich ist.[1202] Diese wird daher durch die Marktkapitalisierung des Unternehmens und die Volatilität des Aktienkurses approximiert.[1203] Der Rückgriff auf Aktienkurse ist indes nur dann sachgerecht, wenn der Aktienmarkt informationseffizient ist.[1204] Die Aktienkurse werden aber nicht nur durch unternehmensspezifische Sachverhalte, sondern auch durch das Börsenumfeld und Spekulationen beeinflusst, was die Aussagekraft der Ausfallwahrscheinlichkeit beeinträchtigen kann.[1205] Somit erscheint es fraglich, ob die ermittelte Ausfallwahrscheinlichkeit tatsächlich der erwarteten Ausfallwahrscheinlichkeit entspricht, oder ob sie durch weitere Einflüsse verzerrt ist.[1206]

Da die Strukturmodelle auf Marktdaten zurückgreifen, ist auch hier die Übertragbarkeit der Ausfallwahrscheinlichkeit auf **nicht börsennotierte Unternehmen** eingeschränkt. Insbesondere bei KMU wird regelmäßig kein vergleichbares, börsennotiertes Unternehmen vorhanden sein, sodass die ermittelte Ausfallwahrscheinlichkeit nicht der zukunftsbezogenen Ausfallwahrscheinlichkeit des nicht börsennotierten Unternehmens entspricht. Somit sind die Strukturmodelle regelmäßig nur auf börsennotierte oder hierzu vergleichbare Unternehmen anwendbar.

1199 Vgl. hierzu auch Abschn. 432.222.

1200 Vgl. MARTIN, M. R. W./REITZ, S./WEHN, C. S., Kreditderivate, S. 88; HARTMANN-WENDELS, T./PFINGSTEN, A./WEBER, M., Bankbetriebslehre, S. 569.

1201 Vgl. BETZ, H., Corporate Bonds, S. 70.

1202 Vgl. SCHIFFEL, S., Implizite Ausfallwahrscheinlichkeiten, S. 66; STRAUß, S., Determinanten von Credit Spreads, S. 27; EIGERMANN, J., Quantitatives Credit-Rating, S. 38; MARTIN, M. R. W./REITZ, S./WEHN, C. S., Kreditderivate, S. 90.

1203 Vgl. MARTELLINI, L./PRIAULET, P./PRIAULET, S., Fixed-Income Securities, S. 443.

1204 Vgl. HARTMANN-WENDELS, T./PFINGSTEN, A./WEBER, M., Bankbetriebslehre, S. 538.

1205 Vgl. EIGERMANN, J., Quantitatives Credit-Rating, S. 38.

1206 Vgl. BENOIT, A., Kreditrisikoanalyse, S. 101.

Zudem ist zu betonen, dass durch die Strukturmodelle **risikoneutrale Ausfallwahrscheinlichkeiten** ermittelt werden,[1207] deren Eignung hinsichtlich des Zukunftsbezugs bereits bei den Reduktionsmodellen diskutiert wurde.[1208] Dies führt dazu, dass wiederum die Risikoeinstellung der Marktteilnehmer Einfluss auf die Ausfallwahrscheinlichkeit bzw. die *Distance to Default* haben kann, wodurch die Ausfallwahrscheinlichkeit nicht nur auf die künftig erwartete Ausfallwahrscheinlichkeit zurückzuführen ist. Diese Aspekte schränken die Eignung zur **zukunftsorientierten** Ableitung von Ausfallwahrscheinlichkeiten weiter ein. Positiv ist indes die Vereinbarkeit mit dem **Stichtagsprinzip** hervorzuheben, da Strukturmodelle auf Marktparametern basieren, die bei informationseffizienten Märkten täglich aktualisiert werden und so stets den aktuellen Informationsstand abbilden.

434.33 Grundsatz der Wirtschaftlichkeit

Die Modellierung der Inputparameter der Strukturmodelle ist z. T. auch vor dem Grundsatz der Wirtschaftlichkeit kritisch zu beurteilen. Die Modelle erfordern Marktwerte des Fremdkapitals. Die Abbildung der **tatsächlichen Kapitalstruktur** des Unternehmens ist indes regelmäßig mit erheblicher **Komplexität** verbunden, da Unternehmen häufig komplexe Finanzierungsstrukturen aufweisen.[1209] Auch die Abbildung laufzeitspezifischer Ausfallwahrscheinlichkeiten führt zu einer hohen Komplexität der Modelle, da für die entsprechenden Zeiträume verschiedene Kapitalstrukturen abzubilden sind. Um die Komplexität zu reduzieren, bietet sich für den Bewerter ggf. ein Rückgriff auf Modelle externer Anbieter, bspw. das erwähnte Moody's KMV an. Allerdings sind auch hierbei Inputparameter zu bestimmen.

434.34 Abschließende Beurteilung der Eignung von Strukturmodellen für die Unternehmensbewertung

Strukturmodelle werden häufig als **wenig praktikabel** angesehen und aufgrund der **hohen Informationsanforderungen** kritisiert.[1210] Entsprechend scheint der Grundsatz der **Objektivierung** ebenso wie die **Zukunftsorientierung** nur sehr bedingt erfüllt zu sein, sodass die Anwendbarkeit der Strukturmodelle sowohl für Zwecke der objektivierten, als auch für die subjektive Unternehmensbewertung stark eingeschränkt ist. Ebenso wie Reduktionsmodelle können auch Strukturmodelle von der Risikoeinstellung der Investoren beeinflusst werden, sodass die Risikoaversion ggf.

1207 Vgl. HARTMANN-WENDELS, T./PFINGSTEN, A./WEBER, M., Bankbetriebslehre, S. 576 f.

1208 Vgl. Abschn. 433.42.

1209 Vgl. SCHMID, B., Credit Risk Pricing Models, S. 58; BETZ, H., Corporate Bonds, S. 70 f. So ist im MERTON-Modell die Modellierung einer realistischen Kapitalstruktur, bestehend aus verschiedenen Fremdkapitalarten, nur möglich, indem die verschiedenen Zahlungsstrukturen durch eine synthetische Anleihe abgebildet werden. Auch wenn dies theoretisch möglich ist, treten hiermit weitere Problem auf, vgl. GAIDA, S., Optionspreisansätze, S. 85 f.

1210 Vgl. JARROW, R. A./TURNBULL, S. M., Pricing Derivatives, S. 53; GAIDA, S., Optionspreisansätze, S. 69; DUFFEE, G. R., Estimating the Price of Default Risk, S. 1; BETZ, H., Corporate Bonds, S. 70; WINGENROTH, T., Risikomanagement, S. 145; UHRIG-HOMBURG, M., Valuation of Defaultable Claims, S. 37.

bereits im Erwartungswert berücksichtigt wird. Folglich ist der Zusatznutzen für die Unternehmensbewertung als sehr begrenzt einzuschätzen. Zudem sind die Strukturmodelle nur auf börsennotierte Unternehmen oder hierzu vergleichbare Unternehmen anwendbar. Bei KMU kann die Vergleichbarkeit regelmäßig bezweifelt werden, sodass durch Vergleichsunternehmen kaum die zukunftsbezogene Ausfallwahrscheinlichkeit des Bewertungsobjekts abgeleitet werden kann.

435. Zusammenfassende Würdigung der Ableitung von Insolvenzwahrscheinlichkeiten

Die vorangehende Analyse hat gezeigt, dass kein Verfahren geeignet ist, die Insolvenzwahrscheinlichkeit exakt abzubilden. Indes sind hieraus durchaus **approximativ Einschätzungen** der Insolvenzwahrscheinlichkeit ableitbar, sodass auch kein Verfahren als grundsätzlich ungeeignet für die Bestimmung der Insolvenzwahrscheinlichkeit einzustufen ist.[1211] Stattdessen sind die Verfahren, wie bereits diskutiert, hinsichtlich der Anforderungen der Unternehmensbewertung unterschiedlich zu beurteilen. Auch wenn die Insolvenzwahrscheinlichkeit nur approximativ bestimmt werden kann, ist dennoch hilfsweise auf die ausfallbasierten Verfahren zurückzugreifen, da ein **Verzicht** auf die Berücksichtigung von Insolvenzrisiken vor dem Hintergrund möglicher **Fehlbewertungen** als schwerwiegender einzuschätzen ist.

Ein Vorteil der **marktbasierten Verfahren**, d. h. der Reduktions- und der Strukturmodelle, kann grundsätzlich darin gesehen werden, dass die Informationen durch den Marktbezug **objektiviert** sind. Allerdings hat die Analyse gezeigt, dass der für die objektivierte Unternehmensbewertung relevante Grundsatz der Objektivierung nicht vollständig erfüllt ist. Trotz des Marktbezugs besteht Ermessensspielraum in der Wahl der Verfahren und der entsprechenden Inputparameter. Standardisierungen sind hier nur z. T. möglich, bspw. bei der Höhe der *Recovery Rate*. Hinsichtlich der Wahl der Anleihen oder der konkreten Ermittlungsverfahren verbleibt Ermessensspielraum. Dieser besteht auch in der Auswahl von Vergleichsunternehmen, wenn das Bewertungsobjekt selber nicht börsennotiert ist oder Anleihen emittiert hat. Dieser Spielraum ist aber auch bei den ratingbasierten Verfahren vorhanden und kann grundsätzlich dadurch begrenzt werden, dass auf die Unternehmen zurückgegriffen wird, die auch bei der Bestimmung des Betafaktors die Vergleichsobjekte bilden. Hinsichtlich des Grundsatzes der Objektivierbarkeit sind die **ratingbasierten Verfahren**, mit Ausnahme der Simulationsmodelle, positiv einzuschätzen. Da die Ratings durch externe Agenturen erstellt werden, verbleibt dem Bewerter nur geringer Ermessensspielraum, der aber durch Standardisierungen bspw. hinsichtlich der Durchschnittsbildung reduziert werden kann.

Differenzierter sind die Verfahren hinsichtlich der **Zukunftsorientierung** einzuschätzen. Den **marktbasierten** Verfahren wird hier ein Vorteil zugesprochen, da am Markt schneller auf Entwicklungen reagiert werden kann, als bei ratingbasierten Verfahren. Allerdings sind die marktbasierten Ansätze so auch von der konjunkturellen Lage abhängig, was die Eignung der Ausfallwahrscheinlichkeit für die Phase der ewigen Rente einschränkt, und können durch Spekulationen verzerrt wer-

[1211] Vgl. BEMMANN, M., Unternehmensinsolvenzen, S. 5.

den. Ein großer Nachteil ist darin zu sehen, dass die risikoneutralen Ausfallwahrscheinlichkeiten auch durch die Risikoeinstellung der Investoren beeinflusst werden. Somit ist die ermittelte Ausfallwahrscheinlichkeit auch auf die Risikoaversion der Investoren und nicht nur auf die erwartete Ausfallwahrscheinlichkeit zurückzuführen. In der Unternehmensbewertung wird das Risiko allerdings im Nenner berücksichtigt, sodass die Ausfallwahrscheinlichkeit als Gewichtungsfaktor im Zähler dazu führt, dass die Risikoaversion doppelt erfasst wird. Entsprechend sind die risikoneutralen Ausfallwahrscheinlichkeiten nicht als Gewichtungsfaktoren bei der Erwartungswertbildung geeignet.

Anders ist dies bei den **ratingbasierten Verfahren**, da diese auf realisierten Ausfallraten basieren. Entsprechend sind die Ausfallraten nicht durch die Risikoaversion der Investoren beeinflusst und können als Gewichtungsfaktoren verwendet werden. Gleiches gilt für die simulationsbasierten Verfahren, da die Risikoeinstellung hier ebenfalls keinen Einfluss hat. Der ratingbasierten Ableitung von Ausfallwahrscheinlichkeiten wird aber regelmäßig fehlende Aktualität und fehlender Zukunftsbezug vorgeworfen, indes ist hier differenziert zu argumentieren. Für **externe Ratings** ist diesem Kritikpunkt teilweise zuzustimmen. Da Ratings von den Agenturen nur in unregelmäßigen Abständen erstellt bzw. überprüft werden, weisen sie nicht die Aktualität der marktbasierten Ausfallwahrscheinlichkeiten auf. Auch bei der Erstellung der Ratings wird z. T. auf vergangene Daten aufgesetzt und die Unternehmensplanung v. a. hinsichtlich der Bestandsfestigkeit und weniger bzgl. Wachstumsszenarien berücksichtigt. **Simulationsbasierten Ratingverfahren** kann hingegen durchaus eine adäquate Zukunftsorientierung zugesprochen werden, da der Ratingprozess hierbei auf der aktuellen und gleichzeitig der Unternehmensbewertung zugrunde liegenden Unternehmensplanung basiert. Da simulationsbasierte Ratingverfahren anlassbezogen erstellt werden, ist auch die Aktualität gewährleistet.

Insgesamt zeigt sich, dass die ratingbasierten Verfahren für Zwecke der Unternehmensbewertung den marktbasierten Verfahren vorzuziehen sind. Da Letztere aus Sicht der Unternehmensbewertung keinen Zusatznutzen generieren, sei zur Ableitung der Insolvenzwahrscheinlichkeit auf die bereits in Abschnitt 432.4 beschriebene Tabelle 4-22 verwiesen. Für die **objektivierte Unternehmensbewertung** ist demnach je nach Bewertungsobjekt auf externe Ratings bzw. synthetische Ratings zurückzugreifen, da diese dem Grundsatz der Objektivierung stärker entsprechen als simulationsbasierte Ratingverfahren. Der Vorteil der simulationsbasierten Verfahren liegt in der stärkeren Betonung der Zukunftsorientierung, sodass sie insbesondere für die **subjektive Unternehmensbewertung** geeignet sind. Indes erscheint hier aufgrund des höheren Aufwands der simulationsbasierten Verfahren eine Differenzierung hinsichtlich des künftigen Unternehmenskonzepts sinnvoll. Wenn das Unternehmen in nahezu unverändertem Konzept fortgeführt werden soll, kann aus Gründen der Wirtschaftlichkeit auch auf externe bzw. synthetische Ratings zurückgegriffen werden, da der Zukunftsbezug aufgrund des unveränderten Konzepts auch durch diese Verfahren näherungsweise erfüllt wird. Ist indes von einem veränderten Konzept auszugehen, sollte aufgrund der hohen Relevanz des Zukunftsbezugs auf die simulationsbasierten Verfahren zurückgegriffen werden.

44 Kritische Analyse der Berücksichtigung von Insolvenzrisiken bei Relevanz unsystematischer Risiken

441. Relevanz unsystematischer Risiken

Im vorigen Abschnitt wurde untersucht, wie die Insolvenzwahrscheinlichkeit für die Anpassung der Cashflows zu bestimmen ist. Die Cashflows sind dabei unabhängig von Bewertungsanlass und Bewertungssubjekt an die Insolvenzwahrscheinlichkeit anzupassen, da hierin die Unsicherheit bzw. die Mehrwertigkeit der Cashflow-Prognose zum Ausdruck kommt.

Da die Unternehmensbewertung auf einen **Alternativenvergleich** abstellt, werden die erwarteten Cashflows des Bewertungsobjekts mit der Rendite der Alternativanlage diskontiert. Die Alternativanlage wird dabei regelmäßig über das CAPM abgeleitet, das diversen restriktiven Prämissen unterliegt.[1212] Das CAPM stellt auf einen vollständig diversifizierten Investor ab, sodass nur **systematische Risiken** bedeutsam sind. Durch diese Risikokonzeption wird implizit auch das Insolvenzrisiko in systematische und unsystematische Bestandteile aufgeteilt. Dabei wird der systematische Teil der Insolvenzrisiken, solche die bspw. auf makroökonomischen Faktoren basieren, durch das CAPM erfasst und dem Investor entgolten. **Unsystematische Risiken** und damit auch unsystematische Insolvenzrisiken spielen in der CAPM-Welt indes keine Rolle, da hier von einem vollständig diversifizierten Investor ausgegangen wird, sodass sich positive wie negative Schwankungen kompensieren.[1213]

Hieraus wird ersichtlich, dass die explizite Berücksichtigung von Insolvenzrisiken im Diskontierungszins nur dann relevant ist, wenn von **keinem diversifizierten Bewertungssubjekt** ausgegangen werden kann.[1214] In diesem Fall kann der Diskontierungszins auch von unsystematischen Risiken beeinflusst werden.[1215] Die Investoren verlangen letztlich eine höhere Risikoprämie für die Übernahme des unsystematischen Risikos.[1216] Mit der **objektivierten Unternehmensbewertung** ist diese Annahme indes regelmäßig nicht vereinbar, da für diesen Bewertungsanlass ein typisierter Investor unterstellt wird, dessen Investments breit gestreut sind.[1217] Aus diesem Grund sind die weiteren Ausführungen v. a. vor dem Hintergrund der **subjektiven Unternehmensbewertung** zu sehen.

1212 Vgl. hierzu Abschn. 31.

1213 Vgl. Abschn. 322.41.

1214 Vgl. JONAS, M., Unternehmensbewertung bei KMU, S. 120; KUHNER, C., Unternehmensbewertung, S. 832.

1215 Vgl. PRATT, S. P./GRABOWSKI, R. J., Cost of Capital 2010, S. 288; HAYN, M., Bewertung junger Unternehmen, S. 429; BALZ, U./BORDEMANN, H.-G., Eigenkapitalkosten bei KMU, S. 737.

1216 Vgl. MÜLLER, E., Underdiversification, S. 3-5 sowie 27.

1217 Vgl. IDW (Hrsg.), WP Handbuch, Rn. A 434; JONAS, M., Unternehmensbewertung bei KMU, S. 120.

Ein typischer Anwendungsfall für die Relevanz unsystematischer Risiken wird regelmäßig in der Bewertung von **kleinen und mittleren Unternehmen** (KMU) gesehen.[1218] Der Grund ist darin zu sehen, dass Eigentümer von KMU häufig einen Großteil ihres Vermögens in das Unternehmen investiert haben und daher die Diversifikationsanforderung nicht erfüllen.[1219] Andererseits führt auch der **Kauf** eines KMU dazu, dass der Käufer hierdurch ein gewisses Klumpenrisiko eingeht, wodurch die Diversifikationsannahme nicht haltbar erscheint.[1220] Grundsätzlich ist die Existenz eines Alleineigentümers bzw. eines Unternehmenserwerbs durch nur einen einzelnen Investor nicht mit den Annahmen des CAPM vereinbar, da das CAPM durch die Annahme einer effizienten Portfoliobildung nur das Halten von **Anteilen** eines Unternehmens vorsieht.[1221]

Gerade bei KMU ist jedoch aufgrund der **fehlenden Börsennotierung** regelmäßig das gesamte Unternehmen Transaktionsgegenstand.[1222] Insofern kann davon ausgegangen werden, dass Transaktionen von KMU häufig auch mit eingeschränkter Diversifikation der (neuen) Unternehmenseigner verbunden sind.[1223] Da das CAPM auf der Annahme diversifizierter Investoren basiert, führt die Anwendung dieses Diskontierungszinses hier zu nicht entscheidungsrelevanten Unternehmenswerten.[1224] Vielmehr ist die individuelle Risikoposition des Investors zu berücksichtigen.[1225]

Auf die Bewertungskonzeption übertragen bedeutet ein geringer Diversifikationsgrad, dass die Rendite der Investition stärker schwankt. Negative Abweichungen werden nicht mehr durch positive kompensiert, sodass die für den Investor relevante Bandbreite der Rendite und damit die Unsicherheit zunimmt. Vor dem Hintergrund von Insolvenzrisiken bedeutet dies, dass die Insolvenz des Unternehmens nicht durch Erträge anderer Investitionen kompensiert werden kann, sodass sich höhere Renditeschwankungen ergeben. Aufgrund der **Risikoaversion** verlangt der Investor für eine höher zu erwartende Volatilität eine entsprechend höhere Kompensation. In den folgenden Abschnitten soll nun untersucht werden, ob und wie die Berücksichtigung unsystematischer Insolvenzrisiken in der Eigenkapitalrendite sachgerecht umgesetzt werden kann.

1218 Vgl. BALZ, U./BORDEMANN, H.-G., Eigenkapitalkosten bei KMU, S. 737; GLEIẞNER, W., Wertorientierte Analyse, S. 425.

1219 Vgl. DAMODARAN, A., Damodaran on Valuation, S. 57; DAMODARAN, A., Investment Valuation, S. 667; ZIEGER, M./SCHÜTTE-BIASTOCH, S., Bewertung von KMU, S. 597. Vgl. auch kritisch hierzu JONAS, M., Unternehmensbewertung bei KMU, S. 120.

1220 Vgl. ERNST, D./SCHNEIDER, S./THIELEN, B., Unternehmensbewertungen, S. 57.

1221 Vgl. TSCHÖPEL, A., Risikoberücksichtigung, S. 80. Ist das Bewertungssubjekt anstelle eines Individuums ein anderes Unternehmen, kann von einer approximativen Erfüllung der Effizienzbedingung ausgegangen werden, wenn die Anteile des kaufenden Unternehmens durch eine Vielzahl von Investoren gehalten werden. In diesem Fall würde jeder Investor quasi nur einen Teil des Unternehmens kaufen. Vgl. dazu auch SCHILDBACH, T., Funktionenlehre, S. 309.

1222 Anteile an KMU werden regelmäßig nicht gehandelt, bspw. da das Eigentum oftmals mit der Geschäftsführung verbunden ist oder da die Transaktionskosten für die Eigentumsübertragung hoch sind. Vgl. hierzu BALZ, U./BORDEMANN, H.-G., Eigenkapitalkosten bei KMU, S. 740.

1223 Vgl. WOLLNY, C., Unternehmenswert, S. 352 f.

1224 Vgl. JONAS, M., Unternehmensbewertung bei KMU, S. 120; SCHILDBACH, T., Funktionenlehre, S. 309.

1225 Vgl. TSCHÖPEL, A., Risikoberücksichtigung, S. 242; ERNST, D./SCHNEIDER, S./THIELEN, B., Unternehmensbewertungen, S. 72.

442. Kritische Analyse der Verfahren zur Berücksichtigung unsystematischer Insolvenzrisiken

442.1 Insolvenzrisikoprämie

442.11 Kritische Analyse des Verfahrens

In der Literatur wird z. T. vorgeschlagen, das unsystematische Risiko über eine zusätzliche Risikokomponente abzubilden, durch die das CAPM erweitert wird.[1226] Vorschläge zur Bestimmung des Risikozuschlags werden indes oftmals nicht konkret ausgeführt oder begründet.[1227] Eine Ausnahme bildet hier DAMODARAN, der zur Bestimmung der **Insolvenzrisikoprämie** zwei alternative Wege anführt. Einerseits kann auf die Eigenkapitalrenditen vergleichbarer, **finanziell angeschlagener Unternehmen** abgestellt werden. Andererseits schlägt DAMODARAN vor, die Fremdkapitalrendite des Unternehmens mit dem **Branchendurchschnitt** zu vergleichen und die Differenz als Risikozuschlag zu übernehmen. Indes bezieht DAMODARAN die Berücksichtigung der Insolvenzrisikoprämien auf Unternehmen in **finanzieller Notlage** und schränkt dies nicht auf den Fall von unterdiversifizierten Unternehmen ein, obwohl die Berücksichtigung der Prämie bei diversifizierten Investoren abzulehnen ist.

Der Rückgriff auf die **Eigenkapitalrendite finanziell angeschlagener Unternehmen** ist daher in dem hier zugrunde liegenden Kontext nicht zielführend. Im Fokus dieser Arbeit steht die Berücksichtigung von Insolvenzrisiken bei derzeit gesunden Unternehmen. Die Diskontierung von gesunden Unternehmen mit der Eigenkapitalrendite eines vergleichbaren, aber angeschlagenen Unternehmens ist nicht sachgerecht, da die Insolvenzwahrscheinlichkeit des angeschlagenen Unternehmens aufgrund der konkreten Insolvenzgefahr als weitaus höher anzusehen ist. Auch sonst besteht die Schwierigkeit, ein adäquates Vergleichsunternehmen zu finden, was mit Ermessensspielräumen einhergeht,[1228] die zwar im Rahmen der subjektiven Unternehmensbewertung von geringerer Relevanz sind, aber auch hier als Orientierungshilfe zur Ableitung adäquater Werte dienen.

Der zweite von DAMODARAN vorgeschlagene Ansatz stellt auf den Vergleich der Fremdkapitalrendite mit den durchschnittlichen **Fremdkapitalkosten der Branche** ab. Die Bezugnahme auf fremdkapitalbezogene Risikomaße kann darin begründet sein, dass Fremdkapitalgeber, anders als die residualanspruchsberechtigten Eigentümer, von einer festen Zins- und Tilgungszahlung ausgehen, die nur bei Ausfall des Unternehmens in ihrer Höhe schwankt. Indes bezieht sich auch dieser Ansatz auf Unternehmen in finanzieller Notlage, sodass auch hier eine Übertragbarkeit auf den allgemeinen Fall nicht sachgerecht ist.

[1226] Vgl. ZIEGER, M./SCHÜTTE-BIASTOCH, S., Bewertung von KMU, S. 597 f.; DAMODARAN, A., The Dark Side of Valuation, S. 387; BORN, K., Unternehmensanalyse, S. 126 f.

[1227] Vgl. KNACKSTEDT, H. W., KMU, S. 171; KELLER, M., KMU, S. 13.

[1228] Vgl. ähnlich zur Ableitung von Betafaktoren bei nicht börsennotierten Unternehmen durch Analogieansätze auch Abschn. 323.4.

Für den allgemeinen Fall kann indes auf den dem Ansatz zugrunde liegenden Gedanken zurückgegriffen werden. DAMODARAN unterstellt, dass das Insolvenz- bzw. Ausfallrisiko durch die Fremdkapitalkonditionen reflektiert wird. Die Differenz zwischen Unternehmens- und Branchendurchschnittszins bildet also das **zusätzliche** Ausfallrisiko des Unternehmens ab, es umfasst jedoch nicht das gesamte Ausfallrisiko. Um das gesamte Ausfallrisiko einzubeziehen, ist daher auf den Vergleich zum risikolosen Zins abzustellen. Die Renditedifferenz zwischen vereinbartem Zinssatz und risikolosem Zinssatz wird, wie bereits erläutert, als **Credit Spread** bezeichnet. Damit der Credit Spread als Insolvenzrisikoprämie verwendet werden kann, sind zwei **Voraussetzungen** zu erfüllen. Einerseits ist sicherzustellen, dass im Credit Spread nur das Ausfallrisiko kompensiert wird. Andererseits sind Überschneidungen hinsichtlich der Berücksichtigung von Insolvenzrisiken zwischen Credit Spread und CAPM zu vermeiden.

Wie bereits in Abschnitt 322.41 festgestellt wurde, wird der systematische Teil des Insolvenzrisikos durch das CAPM entgolten, sodass zu klären ist, auf welchen **Risikobestandteilen** der Credit Spread bzw. der vereinbarte Fremdkapitalzinssatz basiert. In der Literatur ist dabei kein einheitliches Verständnis der systematischen Risiken von Fremdkapitaltiteln bzw. Credit Spreads festzustellen. So bezeichnet STRAUSS das Kreditrisiko als wichtigstes **unsystematisches Risiko** von Unternehmensanleihen.[1229] Als **systematisches Risiko** wird das Marktrisiko bzw. das Zinsrisiko bezeichnet, da hiervon sämtliche Unternehmen betroffen sind.[1230] Somit werden Risiken entweder dem systematischen oder dem unsystematischen Risiko zugeordnet. Ein am CAPM orientiertes Risikoverständnis ist dagegen v. a. im Rahmen des Kreditrisikomanagements vorzufinden.[1231] Analog zum Unternehmensrisiko wird auch das Kreditrisiko in systematische und unsystematische Komponenten unterteilt.[1232]

Nach der Risikokonzeption des **CAPM** sind solche Kreditrisiken, die den Gesamtmarkt betreffen, als systematische Risikofaktoren zu bezeichnen. Diese lassen sich nicht diversifizieren. Die unsystematischen, nur ein einzelnes Unternehmen betreffenden Risiken können im Zuge der Anlagestreuung diversifiziert werden. Dass die **Diversifikationsannahme** nur **schwer** auf Fremdkapitaltitel **übertragbar** ist, wird dadurch deutlich, dass Fremdkapitalzahlungen entweder in der vertraglich vereinbarten Höhe oder aber geringer ausfallen können. Eine positive Abweichung der erwarteten Rendite ist also durch den vertraglichen Zins begrenzt.[1233] Somit gestaltet sich die Diversifikation

[1229] Vgl. STRAUß, S., Determinanten von Credit Spreads, S. 7. Vgl. hierzu auch STEINER, M./HEINKE, V. G., Rating, S. 679.

[1230] Vgl. STRAUß, S., Determinanten von Credit Spreads, S. 8; BACHMANN, U., Kreditspread, S. 46 f. und 55 f.; STEINER, M./HEINKE, V. G., Rating, S. 679. Vgl. hierzu auch Abschn. 433.226 sowie WINGENROTH und SCHLECKER, die das Kreditrisiko als unternehmensspezifisch ansehen, WINGENROTH, T., Risikomanagement, S. 39; SCHLECKER, M., Credit Spreads, S. 11 f.

[1231] Vgl. bspw. HARTMANN-WENDELS, T./PFINGSTEN, A./WEBER, M., Bankbetriebslehre, S. 594-601.

[1232] Vgl. hierzu RUDOLPH, B./HOFMANN, B./SCHABER, A./SCHÄFER, K., Kreditrisikotransfer, S. 73; FROOT, K. A./STEIN, J. C., Risk Management, S. 56; EFFENBERGER, D., Kreditderivate, S. 9.

[1233] Bereits die Zahlung der vereinbarten Zinsen stellt eine positive Abweichung dar, da auch für die Fremdkapitalgeber der Erwartungswert der Zahlungen gilt. Bei risikobehaftetem Fremdkapital liegt der Erwartungswert daher immer

der Risiken weitaus schwieriger, da hierzu i. d. R. eine größere Anzahl an Fremdkapitaltiteln erforderlich ist als bei der Investition in Eigenkapitalinstrumente.[1234] Grundsätzlich ist also das Risikoverständnis des CAPM auch auf Fremdkapitaltitel übertragbar, indes ist die Diversifikation der unsystematischen Risiken hier weitaus schwieriger umsetzbar.

Dies wirft die Frage auf, ob in den vereinbarten **Darlehenszinssätzen** beide Risikokomponenten vergütet werden. Hinweise hierauf können aus der **bankaufsichtsrechtlichen Regulierung** von Ausfallrisiken abgeleitet werden.[1235] Durch den Basel II-Beschluss sind Banken verpflichtet, ihre Risikopositionen mit **haftendem Eigenkapital** zu unterlegen.[1236] Je höher das Risiko, desto höher ist also der erforderliche Eigenmittelbedarf.[1237] Dies wirkt sich auf die Kreditkonditionen aus, da ein höheres Kreditrisiko mit mehr Eigenkapital zu unterlegen ist, was sich in den Zinssätzen widerspiegelt.[1238]

In den Kreditkonditionen berücksichtigen Kreditinstitute sowohl erwartete als auch unerwartete Verluste.[1239] Die **erwarteten Verluste** werden direkt als Risikoprämie entgolten, für die **unerwarteten Verluste** muss die Bank Eigenkapital vorhalten.[1240] Aus der kalkulatorischen Verzinsung dieses Eigenkapitals ergibt sich dann der Zuschlag für den unerwarteten Verlust, der auch in der Zinsforderung enthalten ist.[1241] Hierbei ist anzumerken, dass sich der unerwartete Verlust regelmäßig aus einer Portfoliobetrachtung ergibt, sodass Korrelationen berücksichtigt werden.[1242] Entscheidend für die Eigenkapitalunterlegung von Banken ist daher weniger das Risiko des einzelnen Kredits, sondern der Risikobeitrag des einzelnen Kredits zum Gesamtkreditportfolio. Bei der Berechnung der Eigenkapitalunterlegung wird diesem Umstand in den IRB-Ansätzen zur Kreditrisikomessung

unterhalb des vertraglich vereinbarten Zinssatzes. Letzterer stellt gleichzeitig die Obergrenze der Zahlungen dar, da die Fremdkapitalgeber maximal den vereinbarten Betrag erhalten. Vgl. hierzu auch Kapitel 1.

1234 RUDOLPH weist bspw. darauf hin, dass eine Vielzahl kleinerer und mittlerer Kredite notwendig ist, um unsystematische Risiken zu eliminieren. Vgl. RUDOLPH, B./HOFMANN, B./SCHABER, A./SCHÄFER, K., Kreditrisikotransfer, S. 74. Für das Bewertungssubjekt reicht indes die Investition in eine geringere Anzahl verschiedener Aktien, um einen entsprechenden Diversifikationseffekt zu erzielen. Ab ca. 20 bis 30 Aktien kann von einer vollständigen Diversifikation ausgegangen werden. Vgl. bspw. SCHULZ, R., Größenabhängige Risikoanpassungen, S. 52; STATMAN, M., Diversified Portfolio, S. 362; HEIDORN, T., Finanzmathematik in der Bankpraxis, S. 134; LODERER, C., Handbuch der Bewertung (I), S. 309; KRUSCHWITZ, L./HUSMANN, S., Finanzierung und Investition, S. 222.

1235 Das Ziel der Regulierung liegt darin, Anleger vor Ausfallrisiken zu schützen. Aus diesem Grund werden die Risiken, die Banken eingehen dürfen, beschränkt.

1236 Die Basel II-Vorschriften wurden durch die Solvabilitätsverordnung in deutsches Recht übertragen. Vgl. HARTMANN-WENDELS, T./PFINGSTEN, A./WEBER, M., Bankbetriebslehre, S. 414 und 422 f.

1237 Das haftende Eigenkapital ist ein Bestandteil der Eigenmittel. Vgl. zu einer detaillierten Darstellung HARTMANN-WENDELS, T./PFINGSTEN, A./WEBER, M., Bankbetriebslehre, S. 426.

1238 Vgl. BUSCH, K., Unternehmensbewertung von KMU, S. 358; GÜTTLER, A./WAHRENBURG, M., Bankinterne versus externe Ratings, S. 56.

1239 Vgl. BLUHM, C./OVERBECK, L./WAGNER, C., Credit Risk Modeling, S. 28.

1240 Vgl. SCHIERENBECK, H., Ertragsorientiertes Bankmanagement, S. 311; DEUTSCHE BUNDESBANK, Basel II, S. 80 f.; HARTMANN-WENDELS, T./PFINGSTEN, A./WEBER, M., Bankbetriebslehre, S. 765.

1241 Vgl. PFINGSTEN, A./SCHRÖCK, G., Krediteinstufungsmodelle, S. 16; HARTMANN-WENDELS, T./PFINGSTEN, A./WEBER, M., Bankbetriebslehre, S. 568.

1242 Vgl. BLUHM, C./OVERBECK, L./WAGNER, C., Credit Risk Modeling, S. 28.

durch eine standardmäßig vorgegebene Korrelation Rechnung getragen.[1243] Somit kann festgehalten werden, dass **Kreditkonditionen** sowohl **erwartete** als auch **unerwartete Verluste** berücksichtigen. Da die Diversifikation je nach Ansatz nicht oder nur standardisiert berücksichtigt wird, kann angenommen werden, dass der Fremdkapitalgeber neben systematischen auch (zumindest teilweise) unsystematische Risiken in den geforderten Zinssatz einpreist und sich somit grundsätzlich auf das gesamte Risiko bezieht.

Auch die Ableitung von Credit Spreads aus **Anleihekursen** umfasst regelmäßig neben systematischen auch unsystematische Risiken.[1244] Um letztlich Informationen über den Anteil des systematischen bzw. unsystematischen Risikos zu erhalten, ist der Betafaktor des Fremdkapitals (**Debt Beta**) zu bestimmen. Wie auch bei den Eigenkapitalkosten stellt der Betafaktor auf das systematische Risiko des Finanztitels ab. Theoretisch müsste hierzu die Anleiherendite zum Marktportfolio regressiert werden. Da KMU regelmäßig über keine börsennotierten Anleihen verfügen, wird in der Praxis vereinfachend auf die bereits vorne eingeführte Formel 3-9 verwiesen:[1245]

Formel 3-9	$\beta_{FK} = \frac{r_{FK} - r_f}{r_m - r_f} = \frac{cs}{MRP}$

Hierbei wird direkt ersichtlich, dass der systematische bzw. unsystematische Teil des Risikos durch diese Formel nicht sachgerecht abgeleitet werden kann, da die Volatilität sowie die Korrelation der Fremdkapital- und der Marktrendite nicht einfließen. Vielmehr handelt es sich um eine **rekursive Bestimmung** des Debt Beta, ausgehend von der Fremdkapitalrendite, dem risikolosen Zins und der Marktrisikoprämie. Auch der alternative Rückgriff auf kapitalmarktorientierte Vergleichsunternehmen weist Schwächen auf, da hierdurch, wie zuvor bereits erwähnt, vergleichbare Risiken unterstellt werden. Regelmäßig unterscheiden sich aber die Risikofaktoren von kapitalmarktorientierten Unternehmen und nicht kapitalmarktorientierten KMU.[1246]

Somit ist festzuhalten, dass sowohl in den mit Kreditinstituten vereinbarten Darlehenszinssätzen als auch in den Anleiherenditen systematische und unsystematische Risiken berücksichtigt werden. Eine Isolierung der unsystematischen Insolvenzrisiken auf Basis von Darlehenszinssätzen erscheint

[1243] Vgl. HARTMANN-WENDELS, T./PFINGSTEN, A./WEBER, M., Bankbetriebslehre, S. 607 f. Das Kreditausfallrisiko i. S. d. unerwarteten Verlusts kann anhand verschiedener Verfahren bestimmt werden. Grundsätzlich kommen zur Ermittlung der Eigenmittelunterlegung der auf externen Ratings basierende Standardansatz, sowie die IRB-Ansätze, die interne Ratings einbeziehen, in Betracht. Letztere unterscheiden sich hinsichtlich der individuellen Bestimmung bestimmter Parameter in den Basis- sowie den fortgeschrittenen Ansatz. Vgl. GÜTTLER, A./WAHRENBURG, M., Bankinterne versus externe Ratings, S. 66-68; HARTMANN-WENDELS, T./PFINGSTEN, A./WEBER, M., Bankbetriebslehre, S. 603. Der Risikobeitrag zum Kreditportfolio, also der Diversifikationseffekt, wird in den Ansätzen unterschiedlich berücksichtigt. Während er im Standardansatz nicht erfasst wird, wird in den IRB-Ansätzen eine standardisierte Größe angesetzt. Vgl. hierzu HARTMANN-WENDELS, T./PFINGSTEN, A./WEBER, M., Bankbetriebslehre, S. 607 f.

[1244] Vgl. KNOLL, L./VORNDRAN, P./ZIMMERMANN, S., Risikoprämien, S. 383 m. w. N.

[1245] Vgl. Abschn. 323.3.

[1246] Vgl. hierzu auch Abschn. 432.222.

nicht möglich, da der Bewerter keinen Einblick in die Zinskalkulation der Banken hat. Auch der Rückgriff auf Anleihen von Vergleichsunternehmen scheint aufgrund ggf. abweichender Risikofaktoren gerade bei den unsystematischen Risiken nicht sachgerecht. Nur wenn das Unternehmen über kapitalmarktnotierte Anleihen verfügt, kann hieraus der systematische und unsystematische Teil des Risikos bestimmt werden.

442.12 Kritische Würdigung

Die vorangehende Analyse zeigt, dass der Credit Spread-basierte Ansatz hinsichtlich der Kapitalmarktorientierung differenziert zu beurteilen ist. Für Unternehmen, die **Anleihen emittieren** und somit kapitalmarktorientiert sind, kann über den Betafaktor des Fremdkapitals der Anteil der Anleiherendite ermittelt werden, der auf unsystematische Risikofaktoren zurückzuführen ist. Aufgrund der CAPM-basierten Kompensation der systematischen Risiken ist für die zusätzliche Prämie nur das **unsystematische Risiko** relevant. Indes ist diese Ableitung aus kapitalmarktbasierten Anleiherenditen mit Ermessen verbunden, da sich bspw. Unterschiede aus der Wahl der Anleihe ergeben, wenn das Unternehmen über mehrere Anleihen verfügt, oder aus der Länge des Beobachtungszeitraums. Dies steht dem Objektivierungserfordernis der Unternehmensbewertung z. T. entgegen. Zwar gilt dieser Grundsatz vornehmlich für die objektivierte Bewertung, in der subjektiven Bewertung können hieraus aber auch Erkenntnisse in Form von Orientierungshilfen gewonnen werden.

Verglichen zum Grundsatz der Objektivierung hat der Grundsatz der **Zukunftsorientierung** in der subjektiven Bewertung stärkeres Gewicht. Basiert der Credit Spread auf **kapitalmarktnotierten Anleihen**, so tritt das Problem auf, dass der Credit Spread nicht allein auf das Kreditrisiko zurückzuführen ist, sondern ggf. auch **andere Risikokomponenten** enthält.[1247] Ebenso kann die Risikoeinstellung der Investoren Einfluss nehmen, sodass der Credit Spread nicht ausschließlich die erwartete Ausfallwahrscheinlichkeit des Bewertungsobjekts abbildet.

Da KMU regelmäßig **keine Anleihen emittieren**, muss alternativ auf Anleiheinformationen von Vergleichsunternehmen oder den Credit Spread eines Bankdarlehens zurückgegriffen werden. Wird auf **Vergleichsunternehmen** zurückgegriffen, ergibt sich als weiteres Problem die Annahme, dass beide Unternehmen **identischen Risiken** unterliegen. Hinsichtlich systematischer Risiken mag diese Annahme teilweise akzeptabel sein. Die Identität der unsystematischen Risiken, die sich u. a. auf die Wettbewerbsposition oder das Management beziehen können, erscheint hingegen sehr fragwürdig.

Wird der Credit Spread auf Basis von **vereinbarten Kreditzinsen** berechnet, ist zu berücksichtigen, dass auch hierin nicht nur das reine Ausfallrisiko enthalten ist, sondern weitere **bankspezifische Einflussfaktoren** die Höhe des vereinbarten Zinssatzes beeinflussen können. Der Darlehenszins kann bspw. aufgrund von Sicherheiten z. T. nur unzureichend das Insolvenzrisiko widerspiegeln.

[1247] Vgl. hierzu Abschn. 433.226.

Auch bestehen **Ermessensspielräume** in der Wahl des zugrunde liegenden Darlehens. Bei einer Vielzahl von Krediten kann die Wahl maßgebliche Auswirkungen auf das Ergebnis entfalten. Die Wahl des Darlehens wirkt sich auch auf das Kriterium **Zukunftsorientierung** aus. Die Eignung einer Insolvenzrisikoprämie auf Basis eines kurzläufigen Fremdkapitaltitels kann angezweifelt werden, da hierdurch nicht die langfristige Bestandssicherheit des Unternehmens repräsentiert wird. Ebenso beeinflusst der Abschlusszeitpunkt des Darlehens die Zukunftsorientierung, da ein Darlehen, das vor mehreren Jahren aufgenommen wurde, u. U. die aktuelle Risikoeinschätzung des Unternehmens nicht mehr adäquat abbildet. Vielmehr ist grundsätzlich die Eignung historischer Darlehenszinssätze für eine zukunftsgerichtete Risikoprämie zu bezweifeln. Am geeignetsten wäre hierbei die Verwendung von Zinssätzen neu aufgenommener Darlehen, da diese am ehesten die aktuelle Risikoeinschätzung der Fremdkapitalgeber widerspiegeln.

Als bedeutendste Einschränkung dieses Ansatzes ist jedoch zu nennen, dass hierdurch regelmäßig nicht nur das unsystematische Risiko einbezogen wird. Entsprechend resultiert eine **Doppelzählungsproblematik** des systematischen Risikos, da dieses bereits durch das CAPM kompensiert wird. Somit wäre der Credit Spread nur dann anwendbar, wenn angenommen wird, dass dieser ausschließlich das unsystematische Insolvenzrisiko reflektiert. Diese Annahme ist in der Realität indes kaum haltbar. So spricht dagegen, dass v. a. in Krisenzeiten eine hohe Insolvenzquote beobachtbar ist, sodass Insolvenzrisiken auch auf systematische, marktbeeinflussende Risiken zurückzuführen sind.[1248] Entsprechend wird eine Risikoprämie gerade für das systematische, nicht diversifizierbare Risiko verlangt, sodass ein nur auf unsystematischen Risiken beruhender Credit Spread unrealistisch erscheint.

Somit ist der an DAMODARAN angelehnte Vorschlag zur Ableitung der Insolvenzrisikoprämie aus dem Credit Spread nicht sachgerecht, da der Credit Spread nicht nur auf unsystematische Risiken zurückzuführen ist. Dies wäre indes vorauszusetzen, da die systematischen Insolvenzrisiken bereits durch das CAPM entgolten werden. Auch ist wiederum zu beachten, dass der Credit Spread nicht nur auf das Ausfallrisiko zurückzuführen ist, sondern auch andere Risiko- und Kostenkomponenten umfassen kann, was bereits in Abschnitt 433 für Anleiherenditen diskutiert wurde. Während spreadbasierte Ansätze auch zuvor zur Bestimmung der Ausfallwahrscheinlichkeit der Cashflows abgelehnt wurden, wurde ratingbasierten Ausfallraten eine grundsätzliche Eignung zugesprochen. Daher soll im folgenden Abschnitt ein Ansatz untersucht werden, der auf diesen Ausfallraten basiert.

[1248] Vgl. hierzu bspw. ALMEIDA, H./PHILIPPON, T., Cost of Financial Distress, S. 2558.

442.2 Ratingbasierter Risikozuschlag

442.21 Kritische Analyse des Verfahrens

Einen solchen, auf ratingbasierte Ausfalleinschätzungen zurückgreifenden Ansatz, stellt BUSCH vor. Hierbei wird das erhöhte Ausfallrisiko über einen zusätzlichen Risikozuschlag kompensiert. BUSCH argumentiert, dass der Risikozuschlag darauf zurückzuführen ist, dass die Unternehmenserträge v. a. aufgrund der **Ausfallgefahr** einem höheren Risiko ausgesetzt sind. Entsprechend soll der Risikozuschlag nur das Ausfallrisiko abbilden.[1249] Im Gegensatz zum vorigen Ansatz wird der Risikozuschlag nicht als additive Komponente zum CAPM verstanden, da BUSCH die Anwendung des CAPM für die Bewertung von KMU grundsätzlich ablehnt.[1250] Somit handelt es sich um einen eigenständigen Ansatz zur Bestimmung des Risikozuschlags.[1251] Analog zu Kreditwürdigkeitsprüfungen von Banken wird der Risikozuschlag aus ratingbasierten Ausfallraten abgeleitet.[1252]

Diesem Vorgehen liegt der Gedanke zugrunde, dass Unternehmen mit schlechter Bonität einen vergleichsweise höheren Zinssatz zahlen als Unternehmen mit guter Bonität. Somit knüpft der Ansatz an der bereits erwähnten aufsichtsrechtlichen **Eigenmittelunterlegung** an.[1253] Die Eigenmittelunterlegung ergibt sich aus dem Produkt der **Forderungshöhe** und einem **Risikogewicht**.[1254] Das Risikogewicht basiert wiederum auf der multiplikativen Verknüpfung der Verlustquote, eines Value-at-Risk-Parameters, in den die Ausfallwahrscheinlichkeit einfließt, der Restlaufzeit sowie eines aufsichtsrechtlichen Skalierungsfaktors.[1255]

BUSCH abstrahiert nun von den Parametern Verlustquote, Restlaufzeit und Skalierungsfaktor und führt das Risikogewicht nur auf die Ausfallwahrscheinlichkeit zurück.[1256] Somit wird der **Risikozuschlag** nach BUSCH letztlich nur durch die im Risikogewicht ausgedrückte Ausfallrate beeinflusst, die durch ein an bankinternen Ratings orientiertes **Ratingsystem** ermittelt wird.[1257] Diese Beziehung wird nun für Zwecke der Unternehmensbewertung modifiziert, indem der Basis-

1249 Vgl. BUSCH, K., Unternehmensbewertung von KMU, S. 357.

1250 Das Hauptanwendungsproblem des CAPM in Bezug auf KMU sieht BUSCH darin, dass das CAPM konzeptionell auf börsennotierte Unternehmen abstellt. Daher treffen eine Reihe von grundlegenden Annahmen der Portfoliotheorie bzw. des CAPM auf KMU nicht zu, bspw. ist das Separationstheorem von TOBIN nicht haltbar, ebenso kann nicht von einem freien Marktzugang ausgegangen werden. Weitere Probleme resultieren aus der fehlenden Börsennotierung und dem damit einhergehenden Rückgriff auf Daten von Vergleichsunternehmen. Vgl. BUSCH, K., Unternehmensbewertung von KMU, S. 202-207 und 224.

1251 Vgl. BUSCH, K., Unternehmensbewertung von KMU, S. 225.

1252 Vgl. BUSCH, K., Unternehmensbewertung von KMU, S. 358.

1253 Vgl. hierzu auch Abschn. 442.1.

1254 Zudem sind ggf. noch Wertberichtigungen zu berücksichtigen. Vgl. HARTMANN-WENDELS, T./PFINGSTEN, A./WEBER, M., Bankbetriebslehre, S. 615.

1255 Vgl. HARTMANN-WENDELS, T./PFINGSTEN, A./WEBER, M., Bankbetriebslehre, S. 615.

1256 Das Abstrahieren von den weiteren Parametern wird dadurch begründet, dass die Eigenmittelunterlegung nicht Ziel der Unternehmensbewertung ist, vgl. BUSCH, K., Unternehmensbewertung von KMU, S. 362 f.

1257 Vgl. BUSCH, K., Unternehmensbewertung von KMU, S. 363-388.

Kreditzinssatz durch den **risikolosen Zins** ersetzt wird, sodass sich nach BUSCH letztlich der Risikozuschlag z wie folgt berechnet:[1258]

Formel 4-43	$z = p * r_f$

Der Risikozuschlag wird zum risikolosen Basiszins addiert, sodass der Diskontierungsfaktor i folgendermaßen ermittelt wird:[1259]

Formel 4-44	$i = r_f + z$ $\Leftrightarrow \quad i = r_f * (1 + p)$

Konkret ergibt sich bei einem risikolosen Zinssatz von 4 % und einer Insolvenzwahrscheinlichkeit von 2 % ein Diskontierungszins von:

Formel 4-45	$i = r_f * (1 + p) = 0{,}04 * (1 + 0{,}02) = 0{,}0408$

Demnach beträgt der Diskontierungszins mit den Beispieldaten aus Abschnitt 423.21 4,08 % und liegt somit deutlich unter der verschuldeten Eigenkapitalrendite nach dem CAPM i. H. v. 12,67 %.

442.22 Kritische Würdigung

Die Analyse zeigt, dass der nach dieser Methode ermittelte Diskontierungszinssatz vergleichsweise niedrig ausfällt. BUSCH verteidigt die Höhe des Risikozuschlags aber mit Verweis auf Urteile aus der Rechtsprechung und weist ferner darauf hin, dass durch das Rating v. a. das unsystematische, also spezifische Risiko des Unternehmens berücksichtigt wird.[1260] Das allgemeine Risiko wird hiernach bereits bei der Prognose der Cashflows einbezogen.[1261] Diese Begründung lässt indes auf ein falsches Verständnis des Risikozuschlags schließen, wie es auch in der Rechtsprechung lange verbreitet war.[1262] Hierbei wird verkannt, dass der Risikozuschlag ausschließlich auf die **Risikoaversion** zurückzuführen ist, trotzdem aber sämtliche Risiken des Unternehmens im Erwartungswert der Cashflows zu berücksichtigen sind. Entsprechend sind sowohl die allgemeinen als auch die speziellen Risiken in der Cashflow-Prognose, d. h. im Erwartungswert der Cashflows, anzusetzen, weshalb in der neueren Bewertungsliteratur auch nicht mehr zwischen allgemeinen und speziellen Unter-

1258 Vgl. BUSCH, K., Unternehmensbewertung von KMU, S. 362 f.

1259 Vgl. BUSCH, K., Unternehmensbewertung von KMU, S. 367.

1260 Der Autor setzt das unsystematische (systematische) Risiko mit dem spezifischen (allgemeinen) Unternehmensrisiko gleich, vgl. BUSCH, K., Unternehmensbewertung von KMU, S. 171 f., was indes aufgrund der abweichenden Risikokonzeption nicht sachgerecht ist. Vgl. hierzu bspw. BAETGE, J./KRAUSE, C., Berücksichtigung des Risikos, S. 545; METZ, V., Kapitalisierungszinssatz, S. 106-108.

1261 Vgl. BUSCH, K., Unternehmensbewertung von KMU, S. 392.

1262 Vgl. MUNKERT, M. J., Kapitalisierungszinssatz, S. 273 f. Vgl. zum Wandel im Risikoverständnis der neueren Rechtsprechung HACHMEISTER, D./RUTHARDT, F./LAMPENIUS, N., Unternehmensbewertung, S. 831 f.

nehmensrisiken unterschieden wird.[1263] Der Risikozuschlag im Nenner dient allein dem Zweck, die unterstellte Risikoaversion der Investoren einzubeziehen. Alternativ hierzu kann im Zähler ein Sicherheitsäquivalent berechnet werden, indem der **Erwartungswert** um einen **zusätzlichen Abschlag** reduziert wird.[1264]

Somit ist dieser Ansatz in den hier betrachteten Bewertungsanlässen nicht sachgerecht umsetzbar. Einzig wenn das Bewertungssubjekt anstelle einer risikoaversen eine -neutrale Einstellung besitzt, ist auf einen Risikozuschlag zu verzichten. Indes ist auch dann zu beachten, dass die Risikobestandteile des Insolvenzrisikos teilweise im Zähler und teilweise im Nenner berücksichtigt werden, was an der inzwischen überholten Risikokonzeption des HFA 2/1983 angelehnt ist.[1265] Insgesamt ist daher festzuhalten, dass der Ansatz von BUSCH kaum geeignet erscheint, um bei unvollständiger Diversifizierung einen die Insolvenzrisiken berücksichtigenden Diskontierungszinssatz abzuleiten. Auch weist BUSCH darauf hin, dass durch das Rating v. a. unsystematische Risiken erfasst werden.[1266] Indes beziehen sich in dem von ihm konzipierten Ratingsystem einige Sachverhalte auch auf systematische Risiken.[1267] Auch durch einen Rückgriff auf externe Ratings werden sowohl systematische als auch unsystematische Risikofaktoren berücksichtigt, da das gesamte Ausfallrisiko für die Einschätzung der Bonität relevant ist.[1268] Somit ist zweifelhaft, dass der von BUSCH ermittelte Risikozuschlag nur auf unsystematischen Risiken beruht. Auch ist hier wiederum die eingeschränkte **Zukunftsorientierung** von Ratings zu betonen.[1269] Zudem wird hierbei nicht hinsichtlich des Diversifikationsgrads differenziert. Im Folgenden soll nun ein Ansatz untersucht werden, der den Diversifikationsgrad des Investors berücksichtigt und somit nicht ausschließlich auf einen vollständig undiversifizierten Investor abstellt.

442.3 Total Beta-Ansatz

442.31 Kritische Analyse des Verfahrens

Der Total Beta-Ansatz stellt einen Ansatz dar, der sowohl den systematischen als auch den **unsystematischen Teil** des Risikos berücksichtigt und konzeptionell am CAPM orientiert ist.[1270] Inner-

1263 Vgl. bspw. METZ, V., Kapitalisierungszinssatz, S. 97.

1264 Vgl. hierzu auch Abschn. 233.2.

1265 Vgl. IDW (Hrsg.), HFA 2/1983, S. 472; MUNKERT, M. J., Kapitalisierungszinssatz, S. 271.

1266 Vgl. BUSCH, K., Unternehmensbewertung von KMU, S. 392. BUSCH entwickelt ein Ratingverfahren, das auf sog. Hard- und Softfacts basiert. Die Softfacs werden dabei subjektiv beurteilt und zu einer Gesamtnote aggregiert, vgl. hierzu BUSCH, K., Unternehmensbewertung von KMU, S. 368-388.

1267 Beispielhaft sei hier die Einschätzung zu den Absatzpreisen des Unternehmens erwähnt, von denen regelmäßig die gesamte Branche betroffen sein dürfte.

1268 Vgl. GLEIßNER, W., Wertorientierte Analyse, S. 425.

1269 Vgl. hierzu Abschn. 432.322.

1270 Vgl. BALZ, U./BORDEMANN, H.-G., Eigenkapitalkosten bei KMU, S. 741. Der Begriff *Total Beta* geht auf DAMODARAN zurück, vgl. DAMODARAN, A., Investment Valuation, S. 667 f.; SCHULZ, R., Größenabhängige Risikoanpassungen, S. 53.

halb der CAPM-Gleichung wird der Betafaktor zur Berücksichtigung auch unsystematischer Risiken durch das Total Beta ersetzt.

Im CAPM basiert die Ermittlung des systematischen Risikos auf dem Betafaktor, der aus zwei Komponenten besteht. Dabei wird das Gesamtrisiko der Aktienrendite ins Verhältnis zum Gesamtrisiko der Marktrendite gesetzt. Der Quotient wird schließlich mit der Korrelation der Aktien- und Marktrendite multipliziert und so auf den systematischen Teil beschränkt:[1271]

Formel 3-2	$\beta_j = \rho_{j,m} * \frac{\sigma_j}{\sigma_m}$

Anders als der Betafaktor beruht das **Total Beta** auf dem **gesamten Risiko** der Aktienrendite.[1272] Hierbei fehlt somit die Normierung auf den systematischen Teil, sodass nur der Quotient der beiden Renditevarianzen verwendet wird:[1273]

Formel 4-46	$Total\ Beta = \frac{\sigma_j}{\sigma_m} = \frac{\beta_j}{\rho_{j,m}}$

Durch das Total Beta wird die Volatilität der Aktienrendite im Verhältnis zur Volatilität der Marktrendite ausgedrückt und daher das **gesamte Unternehmensrisiko** betrachtet.[1274] Neben der direkten Ermittlung der Eigenkapitalrendite kann der Diversifikationszuschlag auch als separate Größe zum CAPM addiert werden:[1275]

Formel 4-47	$Unsystematisches\ Risiko = \left(\frac{\sigma_j}{\sigma_m} - \beta_j\right) * MRP$

Der Total Beta-Ansatz stellt grundsätzlich auf eine **fehlende** Diversifikation des Bewertungssubjekts ab.[1276] Indes kann dieser Ansatz auch auf den Fall einer **unvollständigen** Diversifikation erweitert werden.[1277]

1271 Ein Maß zur Quantifizierung des Anteils des systematischen Risikos am Gesamtrisiko stellt R^2 dar. Hierdurch wird ermittelt, welcher Anteil der Varianz der Aktienrendite durch die Marktrendite erklärt wird, was dem Anteil des systematischen Risikos am Gesamtrisiko des Unternehmens entspricht. Vgl. ZIMMERMANN, P., Betawerte, S. 67 f.; KNOLL, L., Beta-Faktor und Bestimmtheitsmaß, S. 1106-1109. Vgl. kritisch zur Filterfunktion des Bestimmtheitsmaßes FRANKEN, L./SCHULTE, J., Eignung von Betafaktoren, S. 1112-1116.

1272 Vgl. BALZ, U./BORDEMANN, H.-G., Eigenkapitalkosten bei KMU, S. 741; DAMODARAN, A., Damodaran on Valuation, S. 58.

1273 Vgl. DAMODARAN, A., Damodaran on Valuation, S. 58; DAMODARAN, A., Investment Valuation, S. 668; JONAS, M., Unternehmensbewertung bei KMU, S. 120.

1274 Vgl. PRATT, S. P./GRABOWSKI, R. J., Cost of Capital 2010, S. 304.

1275 Vgl. KRATZ, N./WANGLER, C., Unternehmensbewertung, S. 172; SCHULZ, R., Größenabhängige Risikoanpassungen, S. 54 f.; JONAS, M., Unternehmensbewertung bei KMU, S. 120.

1276 Vgl. DAMODARAN, A., Investment Valuation, S. 667.

1277 Hierbei wird anstelle der Standardabweichung der Aktienrendite die Standardabweichung eines Portfolios verwendet, das Anteile am Marktportfolio und am Bewertungsobjekt umfasst. Vgl. KERINS, F./SMITH, J. K./SMITH, R.,

Durch den Total Beta-Ansatz wird das unsystematische Risiko in *einer* Größe erfasst, sodass nicht zwischen den einzelnen Risikofaktoren unterschieden wird.[1278] Die **unsystematischen Risiken** umfassen neben Insolvenzrisiken auch **weitere Risikofaktoren**, regelmäßig werden bspw. Marktpositionierung, Managementfähigkeit oder Lieferantenabhängigkeit zu den unsystematischen Risiken gezählt.[1279] Ebenso wurde bereits beschrieben, dass jedes Risiko sowohl systematische als auch unsystematische Komponenten enthält.[1280] Aufgrund der Breite der möglichen unsystematischen Risikofaktoren ist eine separate Kompensation der jeweiligen Risiken auch kaum umsetzbar. Dies entspricht dem Konzept der Risikokompensation der systematischen Risiken, bei dem der Investor für sämtliche Schwankungen, d. h., für alle Risikofaktoren aggregiert kompensiert wird.

Allerdings stellt sich hierbei die Frage, inwieweit ein Risikozuschlag für die Gesamtheit der unsystematischen Risiken noch in Relation zum **Insolvenzrisiko** steht, da das Insolvenzrisiko nur einen von mehreren Risikofaktoren abbildet. Allerdings erreicht die Ergebnisschwankung im Fall der Insolvenz ihre maximale negative Ausprägung, die zudem sämtliche folgenden Perioden tangiert. Somit kann davon ausgegangen werden, dass ein nicht unwesentlicher Teil des unsystematischen Risikos auf diesen Risikofaktor zurückzuführen ist.

Vorteilhaft an diesem Ansatz ist, dass sich das Total Beta auf das Gesamtrisiko, bzw. die zusätzliche Risikokomponente nur auf das unsystematische Risiko bezieht. Somit besteht nicht das Problem, dass die zusätzliche Komponente sowohl systematische als auch unsystematische Risikokomponenten umfasst und hieraus wie in den vorigen Ansätzen eine doppelte Erfassung des systematischen Risikos resultiert.

Grundsätzlich ist aber an dem Total Beta-Ansatz zu kritisieren, dass das **Gleichgewichtsmodell** des CAPM durch Addition eines weiteren Faktors gestört wird.[1281] Da das CAPM keine unsystematischen Risiken berücksichtigt und als geschlossenes Modell zu betrachten ist, ist die Ableitung einer zusätzlichen Risikoprämie für unsystematische Risiken hiermit grundsätzlich nicht vereinbar.[1282] Zudem ist zu hinterfragen, wann tatsächlich eine **unzureichende Diversifikation** vorliegt. Selbst wenn ein Unternehmen nur einer Person gehört, wird diese Person neben dem Unternehmen regelmäßig weitere Vermögensgegenstände, bspw. Immobilien besitzen, die zur Diversifikation beitra-

Opportunity Cost of Capital, S. 395; BALZ, U./BORDEMANN, H.-G., Eigenkapitalkosten bei KMU, S. 742; SCHULZ, R., Größenabhängige Risikoanpassungen, S. 55 f.

[1278] Vgl. PRATT, S. P./GRABOWSKI, R. J., Cost of Capital 2008, S. 235.

[1279] Vgl. zu Beispielen für unsystematische Risiken u. a. KUHNER, C./MALTRY, H., Unternehmensbewertung, S. 162; LODERER, C., Handbuch der Bewertung (I), S. 310; PRATT, S. P./GRABOWSKI, R. J., Cost of Capital 2010, S. 310 f.; ROSS, S. A./WESTERFIELD, R. W./JAFFE, J. F., Corporate Finance, S. 299 f.

[1280] Vgl. Abschn. 322.41.

[1281] Vgl. BAETGE, J./KIRSCH, H.-J./KOELEN, P./SCHULZ, R., Corporate Valuation, S. 3; JONAS, M., Unternehmensbewertung bei KMU, S. 120, sowie sehr ausführlich zur modelltheoretischen Kritik am Total Beta-Ansatz SCHULZ, R., Größenabhängige Risikoanpassungen, S. 62-72. Diese Kritik gilt gleichsam auch für das Verfahren der Insolvenzrisikoprämie.

[1282] Vgl. SCHULZ, R., Größenabhängige Risikoanpassungen, S. 64.

gen.[1283] Auch weisen Studien darauf hin, dass bereits eine geringe Anzahl von Anlageklassen ausreicht, um einen bedeutenden Diversifikationseffekt zu erzielen.[1284] Wird indes von einer unzureichenden Diversifikation ausgegangen, ist der **Diversifikationsgrad** zu bestimmen, um den Risikozuschlag sachgerecht zu ermitteln, was im Rahmen der subjektiven Bewertung als unproblematisch angesehen wird.[1285]

Ein entscheidender Nachteil liegt darin, dass für KMU wiederum auf **Vergleichsunternehmen** zurückzugreifen ist, um das Total Beta zu bestimmen.[1286] Bereits in Abschnitt 323.4 wurde gezeigt, dass regelmäßig kein identisches Vergleichsunternehmen existiert. Bei KMU verstärkt sich dieses Problem noch, da nicht sichergestellt werden kann, dass das **unsystematische** Risiko eines börsennotierten Unternehmens dem des Bewertungsobjekts entspricht.[1287] GLEIßNER/WOLFRUM schlagen daher ein Replikationsmodell vor, das anstelle der Standardabweichung der Aktienrendite auf der **Wahrscheinlichkeitsverteilung** der bewertungsrelevanten Zahlungen basiert.[1288] So kann die Risikoprämie ohne Rückgriff auf Vergleichsunternehmen ermittelt werden.[1289] Allerdings sind hier Annahmen zu den Modellparametern zu treffen, sodass bspw. die Korrelation der unsicheren Cashflows mit der Marktrendite und die Standardabweichung der unsicheren Cashflows abzuschätzen ist, was die Anwendbarkeit zumindest hinsichtlich objektivierter Informationen einschränkt.[1290] Zudem gilt auch hier die Kritik, dass der Ansatz nicht mit den Annahmen des CAPM vereinbar ist.[1291]

442.32 Kritische Würdigung

Dass das Total Beta nicht nur auf unsystematischen Insolvenzrisiken, sondern auf **sämtlichen unsystematischen Risiken** basiert, ist als vorteilhaft anzusehen, da im Falle einer nicht ausreichenden Diversifikation auch die verbleibenden unsystematischen Risikofaktoren relevant sind. Auch im CAPM ist nur die aggregierte Risikoerfassung entscheidend,[1292] sodass die Vorgehensweise des Total Beta-Ansatzes hierzu konsistent ist, zumal die unsystematischen Insolvenzrisiken separat kaum sachgerecht zu bestimmen sind.

1283 Vgl. JONAS, M., Unternehmensbewertung bei KMU, S. 120.

1284 Vgl. hierzu auch Fn. 1234. Indes ist hierbei von betragsmäßig ähnlichen Investitionen auszugehen, was bei KMU regelmäßig nicht anzunehmen ist.

1285 Vgl. SCHULZ, R., Größenabhängige Risikoanpassungen, S. 63.

1286 Vgl. SCHULZ, R., Größenabhängige Risikoanpassungen, S. 65.

1287 Vgl. SCHULZ, R., Größenabhängige Risikoanpassungen, S. 65.

1288 Vgl. ausführlich zu dem Ansatz GLEIßNER, W./WOLFRUM, M., Eigenkapitalkosten, S. 605-610; SCHULZ, R., Größenabhängige Risikoanpassungen, S. 68-72.

1289 Vgl. SCHULZ, R., Größenabhängige Risikoanpassungen, S. 65.

1290 Vgl. SCHULZ, R., Größenabhängige Risikoanpassungen, S. 61 und 65 f.

1291 Vgl. SCHULZ, R., Größenabhängige Risikoanpassungen, S. 66-72.

1292 Vgl. STEINER, M./HEINKE, V. G., Rating, S. 680.

Insgesamt ist der Total Beta-Ansatz aber differenziert zu betrachten. Zwar wird ihm v. a. für die subjektive Unternehmensbewertung durchaus eine Aussagekraft über die Höhe des Diversifikationseffekts beigemessen.[1293] Dagegen weist der Ansatz neben konzeptionellen Schwächen auch Probleme in der Umsetzung auf. Vor allem die Ableitung unsystematischer Risikofaktoren aus börsennotierten Unternehmen ist hinsichtlich der Übertragbarkeit auf KMU zu bezweifeln. Hier bietet sich das Replikationsmodell von GLEIßNER/WOLFRUM an, da das Problem des Rückgriffs auf Vergleichsunternehmen umgangen und auch dem Grundsatz der **Zukunftsorientierung** besser entsprochen wird. Allerdings ist hierbei zu beachten, inwieweit die Modellparameter sachgerecht bestimmt werden können, sodass der ermittelte Wert auch fundiert ist.

Relativierend ist hier aber darauf hinzuweisen, dass diese Probleme z. T. durch Standardisierungen eingeschränkt werden können. So ist das Verfahren auch im Zusammenhang mit der Bestimmung der Ausfallwahrscheinlichkeit im Zähler zu sehen. Wenn in der subjektiven Bewertung die Ausfallwahrscheinlichkeit auf Basis von Ratings bestimmt wird, kann von einem kapitalmarktorientierten Unternehmen ausgegangen werden, sodass regelmäßig auch das Total Beta des Unternehmens über Kapitalmarktdaten ermittelt werden kann. Basiert die Ausfallwahrscheinlichkeit auf synthetischen Ratings, sind üblicherweise bereits hierfür (und auch für die Ableitung des Betafaktors) Vergleichsobjekte zu bestimmen, die in Bezug auf das Insolvenzrisiko äquivalent sind. Um weiterem Ermessen vorzubeugen sollte daher auch das Total Beta auf Basis der gleichen Unternehmen abgeleitet werden. Wird hingegen auf simulationsbasierte Ratingverfahren zurückgegriffen, sind hierfür zahlreiche Inputparameter und deren Verteilung abzuschätzen, sodass hier das Replikationsmodell von GLEIßNER/WOLFRUM vorteilhaft ist. Zur konsistenten Ableitung ist dabei auf die gleichen Daten zurückzugreifen, sodass der zusätzliche Informationsaufwand als gering einzuschätzen ist. Zusammenfassend kann der Total Beta-Ansatz also als geeignet angesehen werden, um bei unvollständiger Diversifikation die unsystematischen Risiken in die Bewertung einzubeziehen.

443. Zusammenfassende Würdigung der Berücksichtigung unsystematischer Insolvenzrisiken

Insgesamt hat die Analyse gezeigt, dass nur der Total Beta-Ansatz als geeignet anzusehen ist, die unsystematischen Insolvenzrisiken adäquat in der Unternehmensbewertung zu berücksichtigen. Die Berücksichtigung von unsystematischen Risiken ist grundsätzlich nur dann sachgerecht, wenn das Bewertungssubjekt nicht ausreichend diversifiziert ist. Da bereits wenige Anlageklassen ausreichen können, um einen signifikanten Diversifikationseffekt herzustellen, ist stets zu prüfen, ob tatsächlich eine eingeschränkte Diversifikation vorliegt. Da i. d. R. nicht von einem **undiversifizierten**, sondern nur von einem **unterdiversifizierten** Investor auszugehen ist, ist der Diversifikationsgrad bei der Ableitung einer zusätzlichen Risikoprämie zu berücksichtigen, was nur durch das Total Beta-Verfahren bzw. das hiermit verbundene Replikationsmodell erfüllt wird. Zwar werden in allen Verfahren durch die zusätzliche Risikoprämie die Gleichgewichtsbedingungen des CAPM verletzt,

[1293] Vgl. JONAS, M., Mittelständische Unternehmen, S. 307.

indes ist dem entgegenzuhalten, dass in der subjektiven Unternehmensbewertung bei unvollständiger Diversifikation allein auf Basis des CAPM kein sachgerechter Entscheidungswert ermittelt werden kann, sodass die Verletzung der CAPM-Bedingungen in diesem Fall zu akzeptieren ist.

Insbesondere hinsichtlich eines möglichen **Objektivierungserfordernisses** existiert derzeit allerdings kein überlegenes Verfahren zur Berücksichtigung unsystematischer Risiken.[1294] Da unsystematische Risiken aber regelmäßig nur bei der subjektiven Bewertung relevant sind, kann dies akzeptiert werden. Indes weisen die Verfahren auch im Hinblick auf die **subjektive Bewertung** Schwächen auf, die die Anwendbarkeit z. T. stark einschränken. Insbesondere der **spread-** sowie der **ratingbasierte Ansatz** können zu einer Doppelerfassung der systematischen Insolvenzrisiken führen, da hier nicht zwischen systematischen und unsystematischen Risiken differenziert wird. Da bei Unterdiversifikation stets alle unsystematischen Risikokomponenten zu berücksichtigen sind, ist eine nur auf den unsystematischen Insolvenzrisiken basierende Lösung weder umsetzbar noch sachgerecht.

Vorteilhaft am **Total Beta-Ansatz** ist, dass die systematischen Insolvenzrisiken nicht doppelt erfasst werden und der Ansatz auf die gesamten systematischen und unsystematischen Risiken abstellt. Indes weist der Total Beta-Ansatz auch Nachteile auf. So ist zu bezweifeln, dass durch den Rückgriff auf Vergleichsunternehmen das Risiko des Bewertungsobjekts adäquat abgebildet wird, zumal KMU im Vergleich zu börsennotierten Unternehmen regelmäßig abweichende Eigenschaften aufweisen. Auch ist das Kriterium des Zukunftsbezugs regelmäßig nicht erfüllt, wenn auf historische Daten abgestellt wird. Aufgrund der Vorteile im Vergleich zu den anderen Verfahren ist der Total Beta-Ansatz bzw. das Replikationsmodell aber vorzuziehen. Die bestehenden Nachteile können z. T. dadurch begrenzt werden, dass auf die Annahmen, die bereits bei der Berücksichtigung der Insolvenzrisiken im Zähler getroffen wurden, zurückgegriffen wird. Wenn das Rating über Vergleichsunternehmen abgeleitet wird, sollten möglichst auch diese Unternehmen die Grundlage bilden, um das Total Beta abzuleiten. Werden simulationsbasierte Ratingverfahren verwendet, können die Inputparameter auch für das Replikationsmodell verwendet werden, sodass stets eine konsistente Datenbasis zugrunde liegt.

[1294] Vgl. ZIEGER, M./SCHÜTTE-BIASTOCH, S., Bewertung von KMU, S. 598.

5 Zusammenfassung und Ausblick

In der Unternehmensbewertung wird üblicherweise von einer unbegrenzten Lebensdauer der Unternehmen ausgegangen. Diese Annahme und die damit häufig verbundene Abstrahierung von Insolvenzrisiken ist aber in Anbetracht zunehmender Unternehmensinsolvenzen zu hinterfragen. Als Begründung für die Annahme eines unendlich existierenden Unternehmens wird regelmäßig auf Komplexitätsreduktionsmotive verwiesen. Indes erscheint fraglich, inwieweit die Komplexitätsreduktion an dieser Stelle als sachgerecht zu erachten ist, da die Unternehmensinsolvenz für Eigenkapitalgeber das größte Einzelrisiko darstellt und folglich von hoher Wertrelevanz sein kann. Hiervon sind schließlich nicht nur die Cashflows der entsprechenden Periode, sondern auch die der folgenden Perioden betroffen. Die aus diesen konträren Ansichten resultierende Diskussion wurde zum Anlass genommen, die Berücksichtigung von Insolvenzrisiken in der Unternehmensbewertung konzeptionell zu untersuchen. Hierzu wurde zunächst im zweiten Kapitel die Grundsystematik der Problemstellung erarbeitet:

- Den Untersuchungsrahmen der Arbeit bilden die im IDW S 1 beschriebenen Wertkonzeptionen der **objektivierten** und der **subjektiven Unternehmensbewertung**. Hierbei liegen Zukunftserfolgswertverfahren zugrunde, die regelmäßig mit der Annahme einer **unendlichen Unternehmensexistenz** verbunden sind.
- Auch in dieser Arbeit wird die Annahme einer unendlichen Unternehmensexistenz als zweckmäßig erachtet, da andernfalls ein konkreter Insolvenzzeitpunkt zu bestimmen wäre, der nicht objektiv ermittelt werden kann. Da aber auch die Insolvenz v. a. aufgrund der kumulierten Wahrscheinlichkeit späterer Perioden ein realistisches Szenario abbildet, erscheint es nicht sachgerecht, hiervon zu abstrahieren. Somit ist das Insolvenzszenario in der Überschussprognose zu berücksichtigen, sodass die künftigen Cashflows als **unbedingte Erwartungswerte** in die Bewertung einzubeziehen sind.
- Um das häufig angeführte Argument der Komplexitätsreduktion in die Untersuchung einzubeziehen, wurde auf Würdigungskriterien abgestellt, durch die der hiermit verbundene Zusatznutzen und Zusatzaufwand operationalisiert wird. Je nach Bewertungskonzeption ist der Zusatznutzen in der **Objektivierung** oder bzw. und dem **Zukunftsbezug** zu sehen. Die Zusatzkosten ergeben sich im Wesentlichen aus den Kosten der Informationsbeschaffung und damit aus dem Grundsatz der **Wirtschaftlichkeit**.

Da die Unternehmensbewertung auf einen Alternativenvergleich abstellt, müssen sich Bewertungsobjekt und Alternativanlage hinsichtlich verschiedener Dimensionen entsprechen. Aufgrund der zu fordernden Risikoäquivalenz sind Insolvenzrisiken somit nicht nur für das Bewertungsobjekt, sondern auch für die Alternativanlage von Bedeutung. Im **dritten Kapitel** wurde daher untersucht, wie sich Insolvenzrisiken implizit auf die durch das CAPM abgebildete Alternativanlage auswirken. Dabei wurden die folgenden wesentlichen Ergebnisse festgestellt:

- Grundsätzlich kann von einer Risikoäquivalenz zwischen Bewertungsobjekt und Alternativanlage ausgegangen werden, da die bewertungsrelevanten systematischen Insolvenzrisiken durch die Marktrendite und den Betafaktor in der Alternativanlage abgebildet werden. Somit ist ein weiterer Risikozuschlag für das Insolvenzrisiko grundsätzlich nicht erforderlich.

- Von einer vollständigen Risikoäquivalenz kann indes regelmäßig nicht ausgegangen werden, da die CAPM-Parameter in der praktischen Umsetzung teilweise durch die Existenz von Insolvenzrisiken verzerrt werden. Die Marktrendite wird regelmäßig durch eine Indexrendite approximiert. Die Indexrendite kann durch den **Survivorship Bias**-Effekt verzerrt werden, da negative Ergebnisbeiträge von insolventen Unternehmen nicht adäquat im Index abgebildet werden.
- Auch im Basiszins werden regelmäßig Insolvenz- bzw. Ausfallrisiken der zugrunde liegenden **Staatsanleihen** berücksichtigt, sodass der Basiszins als quasi-risikolos zu bezeichnen ist. Hinsichtlich der Wertauswirkungen auf die Alternativrendite sind indes Wechselwirkungen innerhalb der CAPM-Parameter zu beachten.
- Wird der Betafaktor über **Analogieansätze** bestimmt, ist darauf zu achten, dass die Vergleichsunternehmen einem identischen systematischen Insolvenzrisiko unterliegen. Hier erscheint der Peer Group-Ansatz dem Branchen-Ansatz in den Fällen überlegen, in denen keine enge Branchenabgrenzung möglich ist, da die Unternehmensspezifika, und damit zusammenhängend auch die systematischen Insolvenzrisiken, durch die Peer Group besser berücksichtigt werden können.
- Auch wenn die Risikoäquivalenz teilweise beeinträchtigt sein kann, ist von einer nachträglichen Anpassung des Diskontierungszinses abzusehen, da dies einerseits nicht mit dem Gleichgewichtsmodell des CAPM vereinbar ist und andererseits eine mögliche Anpassung mit Ermessen einhergeht, was nicht im Sinne der objektivierten Unternehmensbewertung ist.

Im **vierten Kapitel** wurde die explizite Berücksichtigung der Insolvenzrisiken im Bewertungskalkül untersucht. Insolvenzrisiken sind dabei grundsätzlich, unabhängig vom Bewertungszweck, in der **Überschussprognose** zu berücksichtigen. Als theoretische Ausnahmen kommen lediglich Unternehmen, die keinerlei Insolvenzrisiken unterliegen oder Unternehmen mit stets unbeschränktem Kapitalmarktzugang in Betracht. Die Untersuchung zur Berücksichtigung von Insolvenzrisiken in der Überschussprognose ergab im Wesentlichen folgende Ergebnisse:

- Um Insolvenzrisiken adäquat in der Überschussprognose zu berücksichtigen, ist eine vollständige Ertragsverteilung zugrunde zu legen, d. h., eine Ertragsverteilung, die auch das ***worst case*-Szenario** einer Insolvenz berücksichtigt. Da in der Praxis indes regelmäßig bedingte Erwartungswerte verwendet werden, sind diese an die Insolvenzwahrscheinlichkeit anzupassen. Hierzu wurde eine Basisformel für den Detailplanungszeitraum sowie für die Phase der ewigen Rente abgeleitet, mit der unbedingte Erwartungswerte ermittelt werden können. Entscheidend ist dabei, dass die **kumulierte Insolvenzwahrscheinlichkeit** berücksichtigt wird.
- Je nach Bewertungskalkül ist die Basisformel anzupassen, da u. a. die Tax Shields unterschiedlich berücksichtigt werden. Während im TCF-Ansatz die Tax Shields im Zähler berücksichtigt werden und somit die Anpassung des Zählers an die Insolvenzwahrscheinlichkeit ausreicht, ist im FCF-Ansatz auch die Kapitalisierungsgröße anzupassen. Beim FTE-Ansatz sind die Zahlungen an die Fremdkapitalgeber explizit unter Berücksichtigung der Insolvenzwahrscheinlich-

keit zu modellieren. Im APV-Ansatz werden die Insolvenzrisiken als separate Größe abgebildet, was hinsichtlich der Transparenz des Unternehmenswerts vorteilhaft ist.

- Den zentralen Parameter zur Abbildung von Insolvenzrisiken stellt die **Insolvenzwahrscheinlichkeit** dar. Da indes kein geeignetes Verfahren zur Bestimmung der Insolvenzwahrscheinlichkeit existiert, wird üblicherweise auf Verfahren zurückgegriffen, die auf Ausfallwahrscheinlichkeiten abstellen. Hier sind ratingbasierte Modelle, Reduktionsmodelle und Strukturmodelle zu unterscheiden.
- Für die Unternehmensbewertung sind grundsätzlich **ratingbasierte Modelle** vorteilhaft. Für die **objektivierte Unternehmensbewertung** liegt der Vorteil **externer Ratings** insbesondere in der hohen Objektivierbarkeit, da mit externen Ratings im Vergleich zu den anderen Verfahren kaum Ermessensspielräume einhergehen und verbleibende Ermessensspielräume durch Standardisierungen bspw. hinsichtlich der Ableitung der Ausfallrate eingeschränkt werden können.
- Auch für **nicht geratete Unternehmen** ist die Berücksichtigung der Insolvenzwahrscheinlichkeit erforderlich. Hierzu sind häufig KMU zu zählen, die regelmäßig höheren Insolvenzrisiken unterliegen als große Unternehmen. Um die Insolvenzwahrscheinlichkeit abzuleiten ist auf **synthetische Ratingverfahren** zurückzugreifen. Wenn zum Bewertungsobjekt vergleichbare Unternehmen existieren, bieten sich Analogieansätze an, andernfalls ist auf Bilanzbonitätsratings zurückzugreifen, da diese eine hohe Objektivierbarkeit aufweisen und somit weitgehend frei von Manipulationen sind. Einschränkend ist indes anzumerken, dass der Grundsatz der Zukunftsorientierung regelmäßig nicht erfüllt wird, da Bilanzbonitätsratings auf vergangenheitsorientierten Bilanzdaten basieren. Bei den Analogieansätzen ist sicherzustellen, dass vergleichbare Unternehmen existieren, ansonsten können Verzerrungen daraus resultieren, dass die Risikofaktoren nicht identisch sind. Indes geht diese Einschätzung stets mit einem gewissen Ermessen einher, da keine objektivierbaren Kriterien existieren, um die Vergleichbarkeit einzuschätzen.
- Für Zwecke der **subjektiven Unternehmensbewertung** erscheint eine Differenzierung hinsichtlich des künftigen Unternehmenskonzepts sinnvoll. Bei verändertem Unternehmenskonzept sind v. a. **simulationsbasierte Ratingverfahren** vorteilhaft, da hierdurch die künftigen Planungen des Bewertungssubjekts berücksichtigt werden können und somit dem Grundsatz der Zukunftsorientierung entsprochen wird. Auch kann so Konsistenz zwischen der Datengrundlage der Unternehmensbewertung und des Ratings hergestellt werden. Indes ist zu beachten, dass die simulationsbasierten Verfahren auf zahlreichen Annahmen über die Einflussfaktoren und deren Beziehungen basieren, die einen hohen Informationsaufwand erfordern und Ermessensspielräume ermöglichen, sodass dieser Ansatz für die objektivierte Unternehmensbewertung nicht geeignet ist. Auch wenn von einem unveränderten Unternehmenskonzept auszugehen ist, kann durch den Rückgriff auf externe oder synthetische Ratings der Spielraum begrenzt werden und zudem dem Grundsatz der Wirtschaftlichkeit Rechnung getragen werden.
- Die ratingbasierten Modelle sind aber auch mit Nachteilen verbunden. Da diese Verfahren, mit Ausnahme der simulationsbasierten Verfahren, auf die Ausfallwahrscheinlichkeit abstellen, können sie nur approximativ zur Ableitung der Insolvenzwahrscheinlichkeit verwendet werden. Neben einer abweichenden Definition können Verzerrungen auch daraus resultieren, dass v. a.

große und erfolgreiche Unternehmen über ein Rating verfügen und die Insolvenzwahrscheinlichkeit somit ggf. zu gering eingeschätzt wird.
- Reduktions- und Strukturmodelle als marktbezogene Verfahren zur Ermittlung der Ausfallwahrscheinlichkeit eignen sich nicht als Gewichtungsfaktor des *worst case*-Szenarios bei der Ableitung der Cashflows. Dies liegt insbesondere daran, dass die Ausfallwahrscheinlichkeit bereits die Risikoaversion der Marktteilnehmer berücksichtigt und somit in der Unternehmensbewertung teilweise eine Doppelerfassung der Risikoaversion resultieren würde, da auch der Diskontierungszins einen entsprechenden Risikozuschlag enthält.

Während die vorangehenden Ausführungen auf alle Bewertungssituationen zutreffen, erhält die Berücksichtigung von Insolvenzrisiken im Falle eines **unterdiversifizierten Bewertungssubjekts** weitere Bedeutung. Wenn die dem CAPM zugrunde liegende Annahme der vollständigen Diversifizierung nicht erfüllt ist, was regelmäßig bei Anteilseignern von KMU angenommen wird, kann eine zusätzliche Risikoprämie sachgerecht sein. Die Analyse führte dabei zu folgenden wesentlichen Erkenntnissen:

- Grundsätzlich kann nur für die **subjektive Unternehmensbewertung** von einer Relevanz unsystematischer Risiken ausgegangen werden, da nur hier die persönlichen Verhältnisse berücksichtigt werden und kein typisierter Investor angenommen wird.
- Da bereits durch das CAPM die systematischen Insolvenzrisiken entgolten werden, ist nur der **unsystematische** Teil der **Insolvenzrisiken** für einen zusätzlichen Risikozuschlag relevant. Verfahren, die direkt auf das Insolvenzrisiko abstellen, beziehen sich indes nicht nur auf den unsystematischen Teil der Insolvenzrisiken, sodass eine Doppelerfassung der Insolvenzrisiken resultieren würde. Auch ist mit diesen Verfahren regelmäßig keine Berücksichtigung des Diversifikationsgrads möglich.
- Der **Total Beta**-Ansatz basiert hingegen auf dem **Gesamtrisiko** und umfasst daher neben den Insolvenzrisiken auch weitere Risikokomponenten. Da bei einer Unterdiversifizierung grundsätzlich auch andere unsystematische Risikokomponenten relevant sind und eine separate Berücksichtigung kaum möglich ist, ist die aggregierte Berücksichtigung grundsätzlich als vorteilhaft zu beurteilen. Nachteilig am Total Beta-Ansatz ist, dass für nicht börsennotierte Unternehmen auf Vergleichsunternehmen zurückzugreifen ist. Insbesondere hinsichtlich unsystematischer Risiken wird aber von einer eingeschränkten Vergleichbarkeit börsennotierter und nicht börsennotierter Unternehmen ausgegangen. Diese Problematik ergibt sich indes bereits bei der Ableitung der Vergleichsobjekte für den Betafaktor und die Insolvenzwahrscheinlichkeit im Zähler, sodass hier auf die identische Vergleichsgruppe zurückzugreifen ist.
- Das Replikationsmodell von GLEIßNER/WOLFRUM basiert anstelle von Vergleichsunternehmen auf der Wahrscheinlichkeitsverteilung der Cashflows und ist somit für die Bewertung von KMU bei unterdiversifiziertem Bewertungssubjekt vorteilhaft. Dieses Verfahren bietet sich insbesondere dann an, wenn die Insolvenzwahrscheinlichkeit über simulationsbasierte Ratingverfahren abgeleitet wird, da dann auf die gleiche Unternehmensplanung zurückgegriffen werden kann, und somit kaum weitere Annahmen zu treffen sind.

Die anfänglich beschriebene Diskrepanz zwischen ökonomischer Realität und bewertungstechnischer Abbildung wurde im Rahmen dieser Arbeit detailliert untersucht. Der Verzicht auf eine Begrenzung der Unternehmensexistenz wird regelmäßig mit der Komplexitätsreduktion begründet. Grundsätzlich ist der Fortführungsannahme zuzustimmen, da eine Abschätzung des Insolvenzzeitpunkts in den meisten Fällen nicht sachgerecht möglich ist und mit Ermessensspielraum einhergeht. Allerdings ist es gerade bei der Annahme eines unendlichen Bewertungshorizonts wichtig, die Möglichkeit der Insolvenz adäquat in der Erwartungswertermittlung zu berücksichtigen. Die jährlichen Insolvenzquoten in Deutschland zeigen, dass die Insolvenz eines Unternehmens zwar die Ausnahme bleibt, indes eine Nichtberücksichtigung dieses Szenarios zu einer falschen Unternehmenswertermittlung führen kann. Da die Insolvenz das größtmögliche Verlustpotential der Unternehmenseigner abbildet, erscheint die Berücksichtigung dieses Szenarios für sämtliche Bewertungsanlässe geboten, indem die jährlichen Cashflows und Tax Shields unter Berücksichtigung eines *worst case*-Szenarios ermittelt werden. Die Analyse hat gezeigt, dass insbesondere ratingbasierte Ausfallwahrscheinlichkeiten zur Approximation der Insolvenzwahrscheinlichkeit verwendet werden können. Allerdings ist hierbei zu beachten, dass die Insolvenzwahrscheinlichkeit nur approximiert wird und daher die hiermit einhergehenden Limitationen zu beachten sind. Zwar betont auch das IDW, dass bei der Wertermittlung verschiedene künftige Szenarien zu berücksichtigen sind, im IDW S 1 fehlt indes der explizite Hinweis auf die Berücksichtigung eines **tatsächlichen *worst case*-Szenarios**. In Anbetracht der Wertrelevanz der Insolvenzrisiken wäre es daher wünschenswert, wenn dieser Thematik auch in der berufsständischen Standardsetzung eine größere Bedeutung zugewiesen würde.

Quellenverzeichnis

Literaturverzeichnis

ADERS, CHRISTIAN/DODEL, KERSTIN, Aktuelle Entwicklungen bei der Bewertung von Unternehmen in Restrukturierungssituationen, Beitrag zur 4. IACVA Jahreskonferenz, München, 8. Oktober 2010, abrufbar unter: http://www.rwp.bwl.uni-muenchen.de/lehre/veranstaltungen/aders_ws_10_11/iacva.pdf, Stand: 31.08.2011 (Aktuelle Entwicklungen).

ADERS, CHRISTIAN/WAGNER, MARC, Kapitalkosten in der Bewertungspraxis: Zu hoch für die „New Economy" und zu niedrig für die „Old Economy" – Eine kritische Analyse impliziter Annahmen zu Debt Beta, Wachstum und der Sicherheit von Tax Shields, in: FB 2004, S. 30-42 (Kapitalkosten in der Bewertungspraxis).

ALBRECHT, PETER/MAURER, RAIMOND, Investment- und Risikomanagement – Modelle, Methoden, Anwendungen, 3. Aufl., Stuttgart 2008 (Investment- und Risikomanagement).

ALEXANDER, GORDON J./EDWARDS, AMY K./FERRI, MICHAEL G., The Determinants of Trading Volume of High-Yield Corporate Bonds, in: Journal of Financial Markets 2000, S. 177-204 (High-yield Corporate Bonds).

ALMEIDA, HEITOR/PHILIPPON, THOMAS, The Risk-Adjusted Cost of Financial Distress, in: JoF 2007, S. 2557-2585 (Cost of Financial Distress).

ALTMAN, EDWARD I., Financial Ratios, Discriminant Analysis and the Prediction of Corporate Bankruptcy, in: JoF 1968, S. 589-609 (Financial Ratios).

ALTMAN, EDWARD I., A Further Empirical Investigation of the Bankruptcy Cost Question, in: JoF 1984, S. 1067-1089 (Bankruptcy Costs).

ALTMAN, EDWARD I., Predicting Financial Distress of Companies: Revisiting the Z-Score and ZETA® Models, Working Paper, 2000, abrufbar unter: http://pages.stern.nyu.edu/~ealtman/PredFnclDistr.pdf, Stand: 15.01.2012 (Predicting Financial Distress).

ALTMAN, EDWARD I./BENCIVENGA, JOSEPH C., A Yield Premium Model For The High-Yield Debt Market, in: Financial Analysts Journal 1995, S. 49-56 (Yield Premium Model).

ALTMAN, EDWARD I./KAO, DUEN LI, Corporate Bond Rating Drift – An Examination of Credit Quality Rating Changes Over Time, Charlottesville 1991 (Corporate Bond Rating Drift).

ALTMAN, EDWARD I./RIJKEN, HERBERT A., How Rating Agencies Achieve Rating Stability, in: Journal of Banking & Finance 2004, S. 2679-2714 (Rating Stability).

ANDRADE, GREGOR/KAPLAN, STEVEN N., How Costly is Financial (not Economic) Distress? – Evidence from Highly Leveraged Transactions that Became Distressed, in: JoF 1998, S. 1443-1493 (Financial Distress).

ANGELE, JÜRGEN, Insolvenzen 2007 – Unternehmen und Arbeitsstätten, in: WiSta 2008, S. 302-311 (Insolvenzen 2007).

ANSON, MARK J. P./FABOZZI, FRANK J./CHOUDHRY, MOORAD/CHEN, REN-RAW, Credit Derivatives – Instruments, Applications and Pricing, Hoboken 2004 (Credit Derivatives).

ANTONCZYK, RON C./MARK, KLAUS, Reduktion von Schätzproblemen bei langfristigen Endvermögensprognosen im Rahmen von Kapitalanlageentscheidungen, in: CFbiz 2010, S. 477-488 (Reduktion von Schätzproblemen).

ARBEITSKREIS „FINANZIERUNG“ DER SCHMALENBACH-GESELLSCHAFT FÜR BETRIEBSWIRTSCHAFT E.V., Wertorientierte Unternehmenssteuerung mit differenzierten Kapitalkosten, in: ZfbF 1996, S. 543-578 (Wertorientierte Unternehmenssteuerung).

ARBEITSKREIS BEWERTUNG NICHT BÖRSENNOTIERTER UNTERNEHMEN DES IACVA E.V., Bewertung nicht börsennotierter Unternehmen – Die Berücksichtigung von Insolvenzwahrscheinlichkeiten, in: BewertungsPraktiker 2011, Nr. 1, S. 12-22 (Bewertung nicht börsennotierter Unternehmen).

ARBEITSKREIS UNTERNEHMENSBEWERTUNG, Eckdaten zur Bestimmung des Kapitalisierungszinssatzes bei der Unternehmensbewertung – Basiszinssatz, in: IDW FN 2005, S. 555-556 (Kapitalisierungszinssatz).

AUBEL, PETER VAN, Anleiherating und Bonitätsrisiko – Eine empirische Untersuchung der Renditespreads am deutschen Markt, 2001, abrufbar unter: http://nbn-resolving.de/urn:nbn:de:swb:14-994662373031-66218, Stand: 15.01.2012 (Anleiherating und Bonitätsrisiko).

BACHER, URBAN, Der Baseler Eigenkapitalakkord für Banken – Basel I, II und III. Derzeitiger Stand und erste Folgenabschätzung, in: BBK 2010, S. 1026-1030 (Baseler Eigenkapitalakkord).

BACHMANN, ULF, Die Komponenten des Kreditspreads – Zinsstrukturunterschiede zwischen ausfallbehafteten und risikolosen Anleihen, Wiesbaden 2004 (Kreditspread).

BAECKER, PHILIPP N./GLEIßNER, WERNER/HOMMEL, ULRICH, Unternehmensbewertung: Grundlage rationaler M&A-Entscheidungen? – Eine Auswahl zwölf wesentlicher Fehlerquellen aus praktischer Sicht, in: M&A Review 2007, S. 270-277 (Unternehmensbewertung).

BAETGE, JÖRG, Möglichkeiten der Objektivierung des Jahreserfolges, Düsseldorf 1970 (Möglichkeiten der Objektivierung).

BAETGE, JÖRG, Rating von Unternehmen anhand von Bilanzen, in: WPg 1994, S. 1-10 (Rating).

BAETGE, JÖRG, Die Früherkennung von Unternehmenskrisen anhand von Abschlusskennzahlen – Rückblick und Standortbestimmung, in: DB 2002, S. 2281-2287 (Früherkennung).

BAETGE, JÖRG/HOLLMANN, SEBASTIAN, Möglichkeiten und Grenzen des BBR-Bilanz-Ratings von mittelständischen Unternehmen, in: PRIEWASSER, ERICH/KLEINHEYER, NORBERT (Hrsg.), Handbuch Veränderungsmanagement und Restrukturierung im Kreditgewerbe – Festschrift für Udo Güde, Frankfurt am Main 2000, S. 337-358 (BBR-Bilanz-Rating).

BAETGE, JÖRG/KEITZ, ISABEL VON/WÜNSCHE, BENEDIKT, Bilanzbonitäts-Rating von Unternehmen, in: BÜSCHGEN, HANS E./EVERLING, OLIVER (Hrsg.), Handbuch Rating, 2. Aufl., Wiesbaden 2007, S. 475-496 (Bilanzbonitäts-Rating von Unternehmen).

BAETGE, JÖRG/KIRSCH, HANS-JÜRGEN/KOELEN, PETER/SCHULZ, ROLAND, On the Myth of Size Premiums in Corporate Valuation – Some Empirical Evidence from the German Stock Market, in: JARAF 2010, Nr. 1, S. 2-15 (Corporate Valuation).

BAETGE, JÖRG/KIRSCH, HANS-JÜRGEN/THIELE, STEFAN, Bilanzanalyse, 2. Aufl., Düsseldorf 2004 (Bilanzanalyse).

BAETGE, JÖRG/KIRSCH, HANS-JÜRGEN/THIELE, STEFAN, Bilanzen, 11. Aufl., Düsseldorf 2011 (Bilanzen).

BAETGE, JÖRG/KLÖNNE, HENNER/SCHUMACHER, KAI, Herausforderungen bei Financial Due Diligence – Untersuchungen aufgrund des BilMoG, in: DB 2011, S. 829-836 (Financial Due Diligence).

BAETGE, JÖRG/KRAUSE, CLEMENS, Die Berücksichtigung des Risikos bei der Unternehmensbewertung – Eine empirisch gestützte Betrachtung des Kalkulationszinses, in: BFuP 1994, S. 433-456 (Berücksichtigung des Risikos).

BAETGE, JÖRG/KRUSE, ARIANE, Objektivität der Urteilsbildung, in: LÜCK, WOLFGANG (Hrsg.), Lexikon der Internen Revision, München 2001, S. 204-205 (Objektivität der Urteilsbildung).

BAETGE, JÖRG/MANOLOPOULOS, PETER RÜDIGER, Bilanz-Ratings zur Beurteilung der Unternehmensbonität – Entwicklung und Einsatz des BBR Baetge-Bilanz-Rating® im Rahmen des Benchmarking, in: Die Unternehmung 1999, S. 351-371 (Bilanz-Ratings).

BAETGE, JÖRG/MELCHER, THORSTEN/SCHMIDT, MATTHIAS, Moderne Bilanzanalyse – Möglichkeiten und Grenzen von Bilanzratings, in: EVERLING, OLIVER/HOLSCHUH, KLAUS/LEKER, JENS (Hrsg.), Credit Analyst, München 2009, S. 143-164 (Moderne Bilanzanalyse).

BAETGE, JÖRG/NIEMEYER, KAI/KÜMMEL, JENS/SCHULZ, ROLAND, Darstellung der Discounted Cashflow-Verfahren (DCF-Verfahren) mit Beispiel, in: PEEMÖLLER, VOLKER H. (Hrsg.), Praxishandbuch der Unternehmensbewertung, 4. Aufl., Herne 2009, S. 339-477 (DCF-Verfahren).

BAETGE, JÖRG/STRÖHER, THOMAS, Empirische Insolvenzforschung zur Beurteilung der Bestandsfestigkeit von Unternehmen, in: BURMANN, CHRISTOPH/FREILING, JÖRG/HÜLSMANN, MICHAEL (Hrsg.), Management von Ad-hoc-Krisen – Grundlagen, Strategien, Erfolgsfaktoren, Wiesbaden 2005, S. 151-167 (Insolvenzforschung).

BALLWIESER, WOLFGANG, Unternehmensbewertung und Komplexitätsreduktion, 3. Aufl., Wiesbaden 1990 (Komplexitätsreduktion).

BALLWIESER, WOLFGANG, Unternehmensbewertung mit Discounted Cash Flow-Verfahren, in: WPg 1998, S. 81-92 (DCF-Verfahren).

BALLWIESER, WOLFGANG, Der Kalkulationszinsfuß in der Unternehmensbewertung – Komponenten und Ermittlungsprobleme, in: WPg 2002, S. 736-743 (Kalkulationszinsfuß).

BALLWIESER, WOLFGANG, Informations-GoB – auch im Lichte von IAS und US-GAAP, in: KoR 2002, S. 115-121 (Informations-GoB).

BALLWIESER, WOLFGANG, Zum risikolosen Zins für die Unternehmensbewertung, in: RICHTER, FRANK/DRUKARCZYK, JOCHEN (Hrsg.), Kapitalgeberansprüche, Marktwertorientierung und Unternehmenswert – Festschrift für Prof. Dr. Dr. h.c. Jochen Drukarczyk zum 65. Geburtstag, München 2003, S. 19-35 (Risikoloser Zins).

BALLWIESER, WOLFGANG, Der Diskontierungszins der Wirtschaftsprüfer für die Unternehmensbewertung als Komplexitätsreduktion, in: LAITENBERGER, JÖRG/LÖFFLER, ANDREAS (Hrsg.), Finanzierungstheorie auf vollkommenen und unvollkommenen Kapitalmärkten – Festschrift für Lutz Kruschwitz zum 65. Geburtstag, München 2008, S. 123-138 (Komplexitätsreduktion).

BALLWIESER, WOLFGANG, Unternehmensbewertung – Prozeß, Methoden und Probleme, 3. Aufl., Stuttgart 2011 (Unternehmensbewertung).

BALZ, ULRICH/BORDEMANN, HEINZ-GERD, Ermittlung von Eigenkapitalkosten zur Unternehmensbewertung mittelständischer Unternehmen mithilfe des CAPM, in: FB 2007, S. 737-743 (Eigenkapitalkosten bei KMU).

BANGIA, ANIL/DIEBOLD, FRANCIS X./SCHUERMANN, TIL/STROUGHAIR, JOHN D., Modeling Liquidity Risk – With Implications for Traditional Market Risk Measurement and Management, 1998, abrufbar unter: http://ssrn.com/abstract=1298788, Stand: 15.01.2012 (Modeling Liquidity Risk).

BARTHEL, CARL W., Unternehmenswert: Die nutzenorientierten Bewertungsverfahren – Zur Fragwürdigkeit des sogenannten „Alleingültigkeitsanspruches des Ertragswertverfahrens", in: DStR 1995, S. 343-351 (Nutzenorientierte Bewertungsverfahren).

BAUER, CHRISTOPH, Das Risiko von Aktienanlagen – Die fundamentale Analyse und Schätzung von Aktienrisiken, Köln 1992 (Das Risiko von Aktienanlagen).

BAULE, RAINER/AMMANN, KAI/TALLAU, CHRISTIAN, Zum Wertbeitrag des finanziellen Risikomanagements, in: WiSt 2006, S. 62-65 (Finanzielles Risikomanagement).

BEAVER, WILLIAM/KETTLER, PAUL/SCHOLES, MYRON, The Association Between Market Determined and Accounting Determined Risk Measures, in: AR 1970, S. 654-682 (Risk Measures).

BEIKER, HARTMUT, Überrenditen und Risiken kleiner Aktiengesellschaften – Eine theoretische und empirische Analyse des deutschen Kapitalmarktes von 1966 bis 1989, Köln 1993 (Überrenditen und Risiken).

BEMMANN, MARTIN, Entwicklung und Validierung eines stochastischen Simulationsmodells für die Prognose von Unternehmensinsolvenzen, Dresden 2007 (Unternehmensinsolvenzen).

BENOIT, ANNE, Einführung in die Kreditrisikoanalyse, in: PEETZ, DIETMAR (Hrsg.), Praktiker-Handbuch Alternatives Investmentmanagement – Hedge-Fonds, Asset-Allocation, quantitative Methoden, Stuttgart 2005, S. 73-132 (Kreditrisikoanalyse).

BERBLINGER, JÜRGEN, Marktakzeptanz des Ratings durch Qualität, in: BÜSCHGEN, HANS E./EVERLING, OLIVER (Hrsg.), Handbuch Rating, Wiesbaden 1996, S. 21-110 (Marktakzeptanz des Ratings).

BERENS, WOLFGANG/STRAUCH, JOACHIM, Herkunft und Inhalt des Begriffes Due Diligence, in: BERENS, WOLFGANG/BRAUNER, HANS U./STRAUCH, JOACHIM (Hrsg.), Due Diligence bei Unternehmensakquisitionen, 6. Aufl., Stuttgart 2011, S. 3-20 (Due Diligence).

BERENS, WOLFGANG/WÜLLER, FLORIAN, Strategisches Controlling in KMU – Bedeutung, Umsetzungsstand und edv-technische Unterstützung, in: Controlling 2007, S. 393-403 (Strategisches Controlling).

BERENTZEN, CHRISTOPH, Die Bilanzierung von finanziellen Vermögenswerten im IFRS-Abschluss nach IAS 39 und nach IFRS 9 – Eine vergleichende Untersuchung der Entscheidungsnützlichkeit unter besonderer Berücksichtigung des Komplexitätsgrads, Lohmar 2010 (Finanzielle Vermögenswerte).

BERNER, CHRISTIAN/ROJAHN, JOACHIM/KIEL, OLAF/DREIMANN, MICHAEL, Die Berücksichtigung des unternehmensindividuellen Risikos in der Unternehmensbewertung – eine empirisch gestützte Untersuchung des Beta-Faktors, in: FB 2005, S. 711-718 (Risiko).

BETZ, HEINO, Integrierte Credit Spread- und Zinsrisikomessung mit Corporate Bonds, Frankfurt am Main 2005 (Corporate Bonds).

BIGUS, JOCHEN/SCHACHNER, LISA, Höhe, Einflussfaktoren und Konsequenzen von Insolvenzkosten, in: EGER, THOMAS/OTT, CLAUS/BIGUS, JOCHEN/WANGENHEIM, GEORG VON (Hrsg.), Internationalisierung des Rechts und seine ökonomische Analyse – Internationalization of the Law and its Economic Analysis – Festschrift für Hans-Bernd Schäfer zum 65. Geburtstag, Wiesbaden 2008, S. 577-592 (Insolvenzkosten).

BILDERSEE, JOHN S., The Association Between a Market-Determined Measure of Risk and Alternative Measures of Risk, in: AR 1975, S. 91-98 (Measures of Risk).

BLACK, FISCHER, Capital Market Equilibrium with Restricted Borrowing, in: JoB 1972, S. 444-455 (Capital Market Equilibrium).

BLACK, FISCHER/COX, JOHN C., Valuing Corporate Securities – Some effects of Bond Indenture Provisions, in: JoF 1976, S. 351-367 (Valuing Corporate Securities).

BLACK, FISCHER/SCHOLES, MYRON, The Pricing of Options and Corporate Liabilities, in: Journal of Political Economy 1973, S. 637-654 (Pricing of Options).

BLUHM, CHRISTIAN/OVERBECK, LUDGER/WAGNER, CHRISTOPH, Introduction to Credit Risk Modeling, 2. Aufl., Boca Raton 2010 (Credit Risk Modeling).

BÖCKING, HANS-JOACHIM/NOWAK, KARSTEN, Der Beitrag der Discounted Cash Flow-Verfahren zur Lösung der Typisierungsproblematik bei Unternehmensbewertungen – Eine Warnung vor einer „naiven" Übertragung modelltheoretischer Erkenntnisse auf die Bewertungspraxis, in: DB 1998, S. 685-690 (Typisierungsproblematik).

BÖCKING, HANS-JOACHIM/NOWAK, KARSTEN, Marktorientierte Unternehmensbewertung – Darstellung und Würdigung der marktorientierten Vergleichsverfahren vor dem Hintergrund der deutschen Kapitalmarktverhältnisse, in: FB 1999, S. 169-176 (Unternehmensbewertung).

BODIE, ZVI/KANE, ALEX/MARCUS, ALAN J., Investments, 8. Aufl., Boston u. a. 2009 (Investments).

BORN, KARL, Unternehmensanalyse und Unternehmensbewertung, 2. Aufl., Stuttgart 2003 (Unternehmensanalyse).

BORN, KARL, Bilanzanalyse international – Deutsche und ausländische Jahresabschlüsse lesen und beurteilen, 3. Aufl., Stuttgart 2008 (Bilanzanalyse international).

BRANCH, BEN, The Costs of Bankruptcy – A Review, in: International Review of Financial Analysis 2002, S. 39-57 (The Costs of Bankruptcy).

BRAUN, HERBERT, Risikomanagement – Eine spezifische Controllingaufgabe, Darmstadt 1984 (Risikomanagement).

BREALEY, RICHARD A./MYERS, STEWART C./ALLEN, FRANKLIN, Corporate Finance, 8. Aufl., Boston 2006 (Corporate Finance).

BREID, VOLKER, Erfolgspotentialrechnung – Konzeption im System einer finanzierungstheoretisch fundierten, strategischen Erfolgsrechnung, Stuttgart 1994 (Erfolgspotentialrechnung).

BRENNAN, M. J./SCHWARTZ, EDUARDO S., Corporate Income Taxes, Valuation, and the Problem of Optimal Capital Structure, in: JoB 1978, S. 103-114 (Corporate Income Taxes).

BRINKMANN, JÜRGEN, Zweckadäquanz der Rechnungslegung nach IFRS – Eine Untersuchung aus deutscher Sicht, Berlin 2006 (Zweckadäquanz).

BRIS, ARTURO/WELCH, IVO/ZHU, NING, The Costs of Bankruptcy: Chapter 7 Liquidation versus Chapter 11 Reorganization, in: JoF 2006, S. 1253-1303 (Costs of Bankruptcy).

BROCKMANN, HEINER, KMU – Neudefinition kleiner und mittlerer Unternehmen der Europäischen Kommission, in: WiSt 2005, S. 39-40 (KMU).

BROWN, STEPHEN J./GOETZMANN, WILLIAM N./ROSS, STEPHEN A., Survival, in: JoF 1995, S. 853-873 (Survival).

BRÜCK, MICHAEL J. J./SCHALAST, CHRISTOPH/SCHANZ, KAY-MICHAEL, Das Finanzmarktstabilisierungsgesetz: Hilfe für die Banken – Systemwechsel im Aktien- und Insolvenzrecht?, in: BB 2008, S. 2526-2535 (Finanzmarktstabilisierungsgesetz).

BRUNS, CARSTEN, Unternehmensbewertung auf der Basis von HGB- und IAS-Abschlüssen – Rechnungslegungsunterschiede in der Vergangenheitsanalyse, Herne 1998 (Unternehmensbewertung).

BU, QIANG/LACEY, NELSON, Exposing Survivorship Bias in Mutual Fund Data, in: Journal of Business and Economic Studies 2007, S. 22-37 (Exposing Survivorship Bias).

BUBERL, THOMAS, Kreditrisikobezogene Determinanten von Bond Spreads – Eine empirische Untersuchung am US Bondmarkt, Bamberg 2002 (Bond Spreads).

BUCHNER, ROBERT/ENGLERT, JOACHIM, Die Bewertung von Unternehmen auf der Basis des Unternehmensvergleichs, in: BB 1994, S. 1573-1580 (Bewertung von Unternehmen).

BUCHTA, JENS, Unternehmenskauf in Krise und Insolvenz, in: HÖLTERS, WOLFGANG/BAUER, JOBST-HUBERTUS (Hrsg.), Handbuch Unternehmenskauf, 7. Aufl., Köln 2010, S. 1261-1310 (Unternehmenskauf in Krise und Insolvenz).

BUSCH, KAI, Unternehmensbewertung von kleinen und mittleren Unternehmen (KMU) – Theorie und Praxis, Göttingen 2008 (Unternehmensbewertung von KMU).

BUSSE VON COLBE, WALTHER, Der Zukunftserfolg – Die Ermittlung des künftigen Unternehmungserfolges und seine Bedeutung für die Bewertung von Industrieunternehmen, Wiesbaden 1957 (Der Zukunftserfolg).

CAREY, MARK/HRYCAY, MARK, Parameterizing Credit Risk Models with Rating Data, in: Journal of Banking & Finance 2001, S. 197-270 (Credit Risk Models).

CASTEDELLO, MARC/DAVIDSON, RON/SCHLUMBERGER, ERIK, Unternehmensbewertung bei Halbeinkünfteverfahren und unsicheren Steuervorteilen – ein praktikabler Ansatz, in: FB 2004, S. 369-376 (Unsichere Steuervorteile).

CHAKRAVARTY, SUGATO/SARKAR, ASANI, Liquidity in U.S. Fixed Income Markets: A Comparison of the Bid-Ask Spread in Corporate, Government and Municipal Bond Markets, 1999, abrufbar unter: http://ideas.repec.org/p/fip/fednsr/73.html, Stand: 15.01.2012 (Liquidity in U.S. Fixed Income Markets).

CLASSEN, DIRK, Distressed M&A – Besonderheiten beim Unternehmenskauf aus der Insolvenz, in: BB 2010, S. 2898-2903 (Distressed M&A).

COENENBERG, ADOLF G., Unternehmensbewertung mit Hilfe der Monte-Carlo-Simulation, in: ZfB 1970, S. 793-804 (Monte-Carlo-Simulation).

COOPER, IAN/DAVYDENKO, SERGEI, The Cost of Debt, in: Journal of Applied Corporate Finance 2007, S. 90-95 (The Cost of Debt).

COPELAND, THOMAS E./KOLLER, TIM/MURRIN, JACK, Unternehmenswert – Methoden und Strategien für eine wertorientierte Unternehmensführung, 3. Aufl., Frankfurt am Main 2002 (Unternehmenswert).

COVITZ, DAN/DOWNING, CHRIS, Liquidity or Credit Risk? – The Determinants of Very Short-Term Corporate Yield Spreads, in: JoF 2007, S. 2303-2328 (Liquidity or Credit Risk?).

CREDITREFORM, Insolvenzen, Neugründungen, Löschungen – Jahr 2004, abrufbar unter: http://www.creditreform.de/Deutsch/Creditreform/Presse/Archiv/Insolvenzen_Neugruendungen_Loeschungen_DE/2004_-_Halbjahr_02/insolvenzen_neugruendungen_loeschungen_2004-HJ02.pdf, Stand: 15.01.2012 (Insolvenzen 2004).

CREDITREFORM, Insolvenzen, Neugründungen, Löschungen – Jahr 2010, abrufbar unter: http://www.creditreform.de/Deutsch/Creditreform/Presse/Archiv/Insolvenzen_Neugruendungen_Loeschungen_DE/2010_-_Jahr/2010-11-29_Insolvenzen_Neugruendungen_Loeschungen.pdf, Stand: 15.01.2012 (Insolvenzen 2010).

CROSBIE, PETER/BOHN, JEFF, Modeling Default Risk, 2003, abrufbar unter: http://www.ma.hw.ac.uk/~mcneil/F79CR/Crosbie_Bohn.pdf, Stand: 15.01.2012 (Modeling Default Risk).

DAMODARAN, ASWATH, Investment Valuation – Tools and Techniques for Determining the Value of Any Asset, 2. Aufl., New York 2002 (Investment Valuation).

DAMODARAN, ASWATH, Damodaran on Valuation – Security Analysis for Investment and Corporate Finance, 2. Aufl., Hoboken 2006 (Damodaran on Valuation).

DAMODARAN, ASWATH, What is the Riskfree Rate? A Search for the Basic Building Block, Dezember 2008, abrufbar unter: http://www.stern.nyu.edu/~adamodar/pdfiles/papers/riskfreerate.pdf, Stand: 15.01.2012 (What is the Riskfree Rate?).

DAMODARAN, ASWATH, The Dark Side of Valuation – Valuing Young, Distressed, and Complex Businesses, 2. Aufl., London 2010 (The Dark Side of Valuation).

DAMODARAN, ASWATH, Equity Risk Premiums (ERP): Determinants, Estimation and Implications – The 2011 Edition, abrufbar unter: http://ssrn.com/abstract=1769064, Stand: 15.01.2012 (Equity Risk Premiums).

DASKE, HOLGER/GEBHARDT, GÜNTHER, Zukunftsorientierte Bestimmung von Risikoprämien und Eigenkapitalkosten für die Unternehmensbewertung, in: ZfbF 2006, S. 530-551 (Zukunftsorientierte Eigenkapitalkosten).

DATTATREYA, RAVI F./FABOZZI, FRANK J., Risks Associated with Investing in Fixed Income Securities, in: FABOZZI, FRANK J./MANN, STEVEN V. (Hrsg.), The Handbook of Fixed Income Securities, 7. Aufl., New York u. a. 2005, S. 21-29 (Fixed Income Securities).

DAUSEND, FLORIAN/BRUDER, FRANK, Distressed M&A – Unternehmenskauf in der Krise und Insolvenz, in: CFlaw 2010, S. 234-237 (Distressed M&A).

DEIPENBROCK, GUDULA, Externes Rating – „Heilversprechen für internationale Finanzmärkte“? – Eine kritische Analyse ausgewählter Rechtsfragen, in: BB 2003, S. 1849-1854 (Externes Rating).

DELIANEDIS, GORDON/GESKE, ROBERT L., Credit Risk and Risk Neutral Default Probabilities – Information About Rating Migrations and Defaults, 2003, abrufbar unter: http://ssrn.com/abstract=424301, Stand: 15.01.2012 (Credit Risk).

DELLMANN, KLAUS/DELLMANN, MARC, Jahresabschlußbasierte DCF-Valuation ganzer Unternehmen und Risikoanalyse, in: BOYSEN, KURT/DYCKERHOFF, CHRISTIAN/OTTE, HOLGER/OTTE, HANS-HEINRICH (Hrsg.), Der Wirtschaftsprüfer und sein Umfeld zwischen Tradition und Wandel zu Beginn des 21. Jahrhunderts – Festschrift zum 75. Geburtstag von Hans-Heinrich Otte, Düsseldorf 2001, S. 67-93 (Jahresabschlußbasierte DCF-Valuation).

DENIS, DAVID J./DENIS, DIANE K., Causes of Financial Distress Following Leveraged Recapitalizations, in: JoFE 1995, S. 129-157 (Causes of Financial Distress).

DEUTSCHE BÖRSE AG, Leitfaden zu den Aktienindizes der Deutschen Börse – Version 6.16, Juni 2011, abrufbar unter: http://www.dax-indices.com/DE/MediaLibrary/Document/Equity_L_6_16_d.pdf, Stand: 15.01.2012 (Aktienindizes der Deutschen Börse).

DEUTSCHE BÖRSE AG, Leitfaden zu den REX®-Indizes – Version 3.9, November 2004, abrufbar unter: http://www.dax-indices.com/DE/MediaLibrary/Document/REX_L_3_9_d.pdf, Stand: 15.01.2012 (Leitfaden zu den REX®-Indizes).

DEUTSCHE BUNDESBANK, Neue Eigenkapitalanforderungen für Kreditinstitute (Basel II), Monatsbericht September 2004, S. 75-100, abrufbar unter: http://www.bundesbank.de/download/volkswirtschaft/monatsberichte/2004/200409mb_bbk.pdf, Stand: 15.01.2012 (Basel II).

DEUTSCHE BUNDESBANK, Neuere Entwicklungen am Markt für Unternehmensanleihen, Monatsbericht April 2004, S. 15-26, abrufbar unter: http://www.bundesbank.de/download/volkswirtschaft/mba/2004/200404mba_anleihen.pdf, Stand: 15.01.2012 (Unternehmensanleihen).

DEUTSCHE BUNDESBANK, Schätzung von Zinsstrukturkurven, Monatsbericht Oktober 1997, S. 61-66, abrufbar unter: http://www.bundesbank.de/download/volkswirtschaft/mba/1997/199710mba_zstrukt.pdf, Stand: 15.01.2012 (Zinsstrukturkurven).

DEUTSCHE BUNDESBANK, Kapitalmarktstatistik – Statistisches Beiheft zum Monatsbericht 2, 2011, abrufbar unter: http://www.bundesbank.de/download/volkswirtschaft/kapitalmarktstatistik/2011/kapitalmarktstatistik062011.pdf, Stand: 15.01.2012 (Kapitalmarktstatistik).

DICHEV, ILIA D., Is the Risk of Bankruptcy a Systematic Risk?, in: JoF 1998, S. 1131-1147 (Bankruptcy Risk).

DIERKES, STEFAN/GRÖGER, HANS-CHRISTIAN, Hybride Finanzierungspolitiken in der Unternehmensbewertung, in: CFbiz 2010, S. 59-64 (Hybride Finanzierungspolitiken).

DIMITRAKOPOULOS, DIMITRIOS/SPAHR, ROLAND, Ablauf des Ratingverfahrens bei internationalen Ratingagenturen, in: ACHLEITNER, ANN-KRISTIN (Hrsg.), Rating Advisory – Mit professioneller Beratung zum optimalen Bonitätsurteil, Wiesbaden 2003, S. 151-162 (Ratingverfahren).

DINSTUHL, VOLKMAR, Konzernbezogene Unternehmensbewertung – DCF-orientierte Konzern- und Segmentbewertung unter Berücksichtigung der Besteuerung, Wiesbaden 2003 (Unternehmensbewertung).

DÖRNER, WOLFGANG, Podiumsdiskussion zum Thema: „Grundsätze ordnungsmässiger Unternehmensbewertung“, in: GOETZKE, WOLFGANG/SIEBEN, GÜNTER (Hrsg.), Moderne Unternehmensbewertung und Grundsätze ihrer ordnungsmäßigen Durchführung – Bericht von der 1. Kölner BFuP-Tagung am 18. und 19. November 1976 in Köln, Köln 1977, S. 257-295 (Podiumsdiskussion).

DÖRSCHELL, ANDREAS/FRANKEN, LARS/SCHULTE, JÖRN, Der Kapitalisierungszinssatz in der Unternehmensbewertung – Praxisgerechte Ableitung unter Verwendung von Kapitalmarktdaten, Düsseldorf 2009 (Kapitalisierungszinssatz).

DÖRSCHELL, ANDREAS/FRANKEN, LARS/SCHULTE, JÖRN/BRÜTTING, CHRISTIAN, Ableitung CAPM-basierter Risikozuschläge bei der Unternehmensbewertung – eine kritische Analyse ausgewählter Problemkreise im Rahmen von IDW S 1 i. d. F. 2008, in: WPg 2008, S. 1152-1162 (CAPM-basierte Risikozuschläge).

DRUKARCZYK, JOCHEN, Theorie und Politik der Finanzierung, 2. Aufl., München 1993 (Theorie und Politik der Finanzierung).

DRUKARCZYK, JOCHEN, Verwertungsformen und Kosten der Insolvenz, in: BFuP 1995, S. 40-58 (Kosten der Insolvenz).

DRUKARCZYK, JOCHEN/SCHÜLER, ANDREAS, Unternehmensbewertung, 6. Aufl., München 2009 (Unternehmensbewertung).

DUFFEE, GREGORY R., Estimating the Price of Default Risk, 1996, abrufbar unter: http://www.federalreserve.gov/PUBS/feds/1996/199629/199629pap.pdf, Stand: 15.01.2012 (Estimating the Price of Default Risk).

DUFFIE, DARRELL/SINGLETON, KENNETH J., Credit Risk – Pricing, Measurement, and Management, Princeton 2003 (Credit Risk).

DÜLLMANN, KLAUS/UHRIG-HOMBURG, MARLIESE/WINDFUHR, MARC, Risk Structure of Interest Rates: An Empirical Analysis for Deutschemark-Denominated Bonds, in: European Financial Management 2000, S. 367-388 (Risk Structure of Interest Rates).

EFFENBERGER, DIRK, Kreditderivate: Implikationen für die Kreditmärkte, in: Deutsche Bank Research 2003, Nr. 272, S. 1-14 (Kreditderivate).

EIGERMANN, JUDITH, Quantitatives Credit-Rating unter Einbeziehung qualitativer Merkmale – Entwicklung eines Modells zur Ergänzung der Diskriminanzanalyse durch regelbasierte Einbeziehung qualitativer Merkmale, 2. Aufl., Sternenfels 2002 (Quantitatives Credit-Rating).

EILENBERGER, GUIDO, § 17 Zahlungsunfähigkeit, in: KIRCHHOF, HANS-PETER/LWOWSKI, HANS-JÜRGEN/STÜRNER, ROLF (Hrsg.), Münchener Kommentar zur Insolvenzordnung, 2. Aufl., München 2008, S. 434-446 (§ 17).

ELTON, EDWIN J./GRUBER, MARTIN J./DEEPAK, AGRAWAL/MANN, CHRISTOPHER, Explaining the Rate Spread on Corporate Bonds, in: JoF 2001, S. 247-277 (Explaining the Rate Spread).

ERNST, DIETMAR/SCHNEIDER, SONJA/THIELEN, BJOERN, Unternehmensbewertungen erstellen und verstehen – Ein Praxisleitfaden, 4. Aufl., München 2010 (Unternehmensbewertungen).

ESSLER, WOLFGANG/KRUSCHWITZ, LUTZ/LÖFFLER, ANDREAS, Discounted Cashflow- und Ertragswertverfahren, in: ESSLER, WOLFGANG/LOBE, SEBASTIAN/RÖDER, KLAUS (Hrsg.), Fairness Opinion – Grundlagen und Anwendung, Stuttgart 2008, S. 101-120 (Discounted Cashflow- und Ertragswertverfahren).

EUROPEAN CENTRAL BANK, Harmonised Long-Term Interest Rates for Convergence Assessment Purposes, 2010, abrufbar unter: http://www.ecb.int/stats/money/long/html/index.en.html, Stand: 15.01.2012 (Harmonised Long-Term Interest Rates).

EVERLING, OLIVER, Credit rating durch internationale Agenturen – Eine Untersuchung zu den Komponenten und instrumentalen Funktionen des rating, Wiesbaden 1991 (Credit Rating).

EVERLING, OLIVER, Mehr als nur zwei Ratings, in: Die Bank 1999, S. 252-257 (Mehr als nur zwei Ratings).

EVERLING, OLIVER, Rating, in: HIELSCHER, UDO (Hrsg.), Investmentanalyse, 3. Aufl., München 1999, S. 209-231 (Rating).

EVERLING, OLIVER/TRIEU, MY LINH, Ratingagenturen weltweit, in: BÜSCHGEN, HANS E./EVERLING, OLIVER (Hrsg.), Handbuch Rating, 2. Aufl., Wiesbaden 2007, S. 95-116 (Ratingagenturen weltweit).

EWERT, RALF/SZCZESNY, ANDREA, Risikoindikatoren, Rating und Ausfallwahrscheinlichkeit im Kreditgeschäft – Eine empirische Untersuchung vor dem Hintergrund von Basel II, in: BFuP 2002, S. 574-590 (Risikoindikatoren).

FELDHOFF, PATRICIA, Der neue IDW-Standard zur Unternehmensbewertung – Ein Fortschritt?, in: DB 2000, S. 1237-1240 (Der neue IDW-Standard).

FISCHER, JOCHEN/HOLZKÄMPER, HILKO, Rating Advisory für den Kapital- und Kreditmarkt, in: ACHLEITNER, ANN-KRISTIN (Hrsg.), Rating Advisory – Mit professioneller Beratung zum optimalen Bonitätsurteil, Wiesbaden 2003, S. 69-86 (Rating Advisory).

FITCHRATINGS, Credit Market Research – Fitch Ratings Global Corporate Finance 2010 Transition and Default Study, 2011, abrufbar unter: http://www.fitchratings.com/creditdesk/reports/report_frame.cfm?rpt_id=606665, Stand: 15.01.2012 (Credit Market Research).

FRANKE, GÜNTER, Kapitalmarkt und Separation, in: ZfB 1983, S. 239-260 (Kapitalmarkt und Separation).

FRANKE, GÜNTER/HAX, HERBERT, Finanzwirtschaft des Unternehmens und Kapitalmarkt, 6. Aufl., Berlin 2009 (Finanzwirtschaft).

FRANKEN, LARS/SCHULTE, JÖRN, Beurteilung der Eignung von Betafaktoren mittels R^2 und t-Test: Ein Irrweg? – Auch eine Replik zu Knoll, WPg 2010, S. 1106-1109, in: WPg 2010, S. 1110-1116 (Eignung von Betafaktoren).

FREY, FALK, Ratingmethodik für die Automobilzulieferindustrie, in: BÜSCHGEN, HANS E./EVERLING, OLIVER (Hrsg.), Handbuch Rating, 2. Aufl., Wiesbaden 2007, S. 119-165 (Ratingmethodik).

FREYGANG, WINFRIED, Kapitalallokation in diversifizierten Unternehmen – Ermittlung divisionaler Eigenkapitalkosten, Wiesbaden 1993 (Kapitalallokation).

FROOT, KENNETH A./STEIN, JEREMY C., Risk Management, Capital Budgeting, and Capital Structure Policy for Financial Institutions: an Integrated Approach, in: JoFE 1998, S. 55-82 (Risk Management).

FRÜHLING, VOLKER, Unternehmensbewertung und ewige Rente, in: FB 2009, S. 200-203 (Unternehmensbewertung).

GAIDA, STEFAN, Kreditrisikokosten-Kalkulation mit Optionspreisansätzen – Die empirische Anwendung eines Modells von Longstaff und Schwartz auf risikobehaftete Finanztitel, München 1997 (Optionspreisansätze).

GEBHARDT, GÜNTHER/DASKE, HOLGER, Kapitalmarktorientierte Bestimmung von risikofreien Zinssätzen für die Unternehmensbewertung, in: WPg 2005, S. 649-655 (Risikofreie Zinssätze).

GILSON, STUART C., Managing Default – Some Evidence on How Firms Choose Between Workouts and Chapter 11, in: JACF 1991, S. 62-70 (Managing Default).

GLEIßNER, WERNER, Wertorientierte Analyse der Unternehmensplanung auf Basis des Risikomanagements, in: FB 2002, S. 417-427 (Wertorientierte Analyse).

GLEIßNER, WERNER, Auf nach Monte Carlo – Simulationsverfahren zur Risiko-Aggregation, in: Risknews 2004, S. 31-37 (Auf nach Monte Carlo).

GLEIßNER, WERNER, Unternehmenswert, Rating und Risiko, in: WPg 2010, S. 735-743 (Unternehmenswert).

GLEIßNER, WERNER, Der Einfluss der Insolvenzwahrscheinlichkeit (Rating) auf den Unternehmenswert und die Eigenkapitalkosten – Zugleich Stellungnahme zum Fachtext Lobe, CFbiz 3/2010 S. 179 (182), in: CFbiz 2011, S. 243-251 (Insolvenzwahrscheinlichkeit).

GLEIßNER, WERNER/BEMMANN, MARTIN, Die Rating-Qualität verbessern, in: Die Bank 2008, Nr. 9, S. 51-55 (Die Rating-Qualität verbessern).

GLEIßNER, WERNER/FÜSER, KARSTEN, Leitfaden Rating – Basel II: Rating-Strategien für den Mittelstand, 2. Aufl., München 2003 (Leitfaden Rating).

GLEIßNER, WERNER/LEIBBRAND, FRANK, Indikatives Rating und Unternehmensplanung als Grundlage für eine Ratingstrategie, in: ACHLEITNER, ANN-KRISTIN/EVERLING, OLIVER (Hrsg.), Handbuch Ratingpraxis, Wiesbaden 2004, S. 369-411 (Indikatives Rating).

GLEIßNER, WERNER/WOLFRUM, MARCO, Eigenkapitalkosten und die Bewertung nicht börsennotierter Unternehmen: Relevanz von Diversifikationsgrad und Risikomaß, in: FB 2008, S. 602-614 (Eigenkapitalkosten).

GLESS, SVEN-ERIK, Unternehmenssanierung – Grundlagen - Strategien - Maßnahmen, Wiesbaden 1996 (Unternehmenssanierung).

GNAD, KARLHEINZ, Die Duration im Zinsrisikomanagement – Finanzinnovationen und bonitätsrisikobehaftete Fremdkapitaltitel, Wiesbaden 1996 (Die Duration im Zinsrisikomanagement).

GORDON, M. J., Towards a Theory of Financial Distress, in: JoF 1971, S. 347-356 (Financial Distress).

GORNY, CHRISTIAN, Unternehmensbewertung in Verhandlungsprozessen – Ansätze zur Lösung der Argumentationsfunktion, Wiesbaden 2002 (Unternehmensbewertung).

GRUNDKE, PETER, Modellierung und Bewertung von Kreditrisiken, Wiesbaden 2003 (Modellierung und Bewertung von Kreditrisiken).

GÜNTHER, THOMAS, Unternehmenswertorientiertes Controlling, München 1997 (Unternehmenswertorientiertes Controlling).

GÜNTHER, THOMAS/GRÜNING, MICHAEL, Einsatz von Insolvenzprognoseverfahren bei der Kreditwürdigkeitsprüfung im Firmenkundenbereich, in: DBW 2000, S. 39-59 (Insolvenzprognoseverfahren).

GÜTTLER, ANDRÉ, Using a Bootstrap Approach to Rate the Raters, in: Financial Markets and Portfolio Management 2005, S. 277-295 (Rate the Raters).

GÜTTLER, ANDRÉ/WAHRENBURG, MARK, Bankinterne versus externe Ratings, in: EVERLING, OLIVER/SCHMIDT-BÜRGEL, JENS (Hrsg.), Kapitalmarktrating – Perspektiven für die Unternehmensfinanzierung, Wiesbaden 2005, S. 53-69 (Bankinterne versus externe Ratings).

HABBEL, MARKUS/KRAUSE, JAN/OLLMANN, MICHAEL, Die Relevanz von Branchenanalysen für die Unternehmensbewertung, in: DRUKARCZYK, JOCHEN/ERNST, DIETMAR (Hrsg.), Branchenorientierte Unternehmensbewertung, 3. Aufl., München 2010, S. 9-19 (Branchenanalysen).

HACHMEISTER, DIRK, Die Abbildung der Finanzierung im Rahmen verschiedener Discounted Cash Flow-Verfahren, in: ZfbF 1996, S. 251-277 (Abbildung der Finanzierung).

HACHMEISTER, DIRK, Der Discounted Cash Flow als Maß der Unternehmenswertsteigerung, 4. Aufl., Frankfurt am Main 2000 (Unternehmenswertsteigerung).

HACHMEISTER, DIRK/RUTHARDT, FREDERIK/LAMPENIUS, NIKLAS, Unternehmensbewertung im Spiegel der neueren gesellschaftsrechtlichen Rechtsprechung – Berücksichtigung des Risikos, Risikozuschlags und persönlicher Steuern, in: WPg 2011, S. 829-839 (Unternehmensbewertung).

HACHMEISTER, DIRK/WIESE, JÖRG, Der Zinsfuß in der Unternehmensbewertung – Aktuelle Probleme und Rechtsprechung, in: WPg 2009, S. 54-65 (Zinsfuß).

HACKSPIEL, THORSTEN, Unternehmensbewertung von KMU – Prozessuale und quantitative Besonderheiten, in: M&A Review 2010, S. 131-138 (Unternehmensbewertung von KMU).

HARRIS, ROBERT S./PRINGLE, JOHN J., Risk-Adjusted Discount Rates – Extensions from the Average-Risk Case, in: JFIR 1985, S. 237-244 (Risk-Adjusted Discount Rates).

HARTMANN, WOLFGANG/SCHWARZHAUPT, OLIVER, Die Bedeutung des Ratings im Bankkreditgeschäft, in: BÜSCHGEN, HANS E./EVERLING, OLIVER (Hrsg.), Handbuch Rating, 2. Aufl., Wiesbaden 2007, S. 25-45 (Bedeutung des Ratings).

HARTMANN-WENDELS, THOMAS/PFINGSTEN, ANDREAS/WEBER, MARTIN, Bankbetriebslehre, 5. Aufl., Berlin 2010 (Bankbetriebslehre).

HAUGEN, ROBERT A./SENBET, LEMMA W., The Insignificance of Bankruptcy Costs to the Theory of Optimal Capital Structure, in: JoF 1978, S. 383-393 (Bankruptcy Costs).

HAYN, MARC, Unternehmensbewertung: Die funktionalen Wertkonzeptionen – Gemeinsamkeiten, Unterschiede und Konsequenzen für die Überarbeitung des Entwurfs der HFA-Stellungnahme 2/1983, in: DB 2000, S. 1346-1353 (Unternehmensbewertung).

HAYN, MARC, Bewertung junger Unternehmen, 3. Aufl., Herne 2003 (Bewertung junger Unternehmen).

HECKER, ANDREAS/GLOZBACH, PIERRE, Offene Fragen zur Anwendung des gegenwärtigen Überschuldungsbegriffs, in: BB 2009, S. 1544-1548 (Überschuldungsbegriff).

HEIDORN, THOMAS, Finanzmathematik in der Bankpraxis – Vom Zins zur Option, 6. Aufl., Wiesbaden 2009 (Finanzmathematik in der Bankpraxis).

HEINKE, VOLKER G., Bonitätsrisiko und Credit rating festverzinslicher Wertpapiere – Eine empirische Untersuchung am Euromarkt, Bad Soden 1998 (Bonitätsrisiko).

HELBLING, CARL, Unternehmensbewertung und Steuern – Unternehmensbewertung in Theorie und Praxis, insbesondere die Berücksichtigung der Steuern aufgrund der Verhältnisse in der Schweiz und in Deutschland, 8. Aufl., Düsseldorf 1995 (Unternehmensbewertung und Steuern).

HELBLING, CARL, Bewertung von KMU – Grundsätze und Besonderheiten bei der Bewertung von kleineren und mittleren Unternehmen, in: Der Schweizer Treuhänder 1996, S. 931-940 (Bewertung von KMU).

HELBLING, CARL, 25 Grundsätze für die Unternehmensbewertung, in: Der Schweizer Treuhänder 2002, S. 735-744 (Grundsätze).

HENKING, ANDREAS/BLUHM, CHRISTIAN/FAHRMEIR, LUDWIG, Kreditrisikomessung – Statistische Grundlagen, Methoden und Modellierung, Berlin/Heidelberg 2006 (Kreditrisikomessung).

HENSELMANN, KLAUS/WEILER, AXEL, Empirische Erkenntnisse zu Restwertverläufen in der Unternehmensbewertung, in: FB 2007, S. 354-362 (Restwertverläufe).

HERING, THOMAS, Unternehmensbewertung, 2. Aufl., München 2006 (Unternehmensbewertung).

HEUMANN, RAINER, Value Reporting in IFRS-Abschlüssen und Lageberichten, Düsseldorf 2005 (Value Reporting).

HEURUNG, RAINER-OTTO, Zur Unternehmensbewertung bei Spaltungsprozessen mit Kapitalstrukturproblemen, in: WPg 1998, S. 201-215 (Spaltungsprozesse).

HIELSCHER, UDO, Investmentanalyse, 3. Aufl., München 1999 (Investmentanalyse).

HINNERS-TOBRÄGEL, LUDGER, Zur Analyse der Überlebensfähigkeit von Unternehmen – methodisch-theoretische Grundlagen und Simulationsergebnisse, Göttingen 2000 (Überlebensfähigkeit von Unternehmen).

HIRTE, HERIBERT, § 11 Zulässigkeit des Insolvenzverfahrens, in: UHLENBRUCK, WILHELM/HIRTE, HERIBERT/VALLENDER, HEINZ (Hrsg.), Insolvenzordnung – Kommentar, 13. Aufl., München 2010, S. 122-203 (§ 11).

HIRTE, HERIBERT, § 35 Begriff der Insolvenzmasse, in: UHLENBRUCK, WILHELM/HIRTE, HERIBERT/VALLENDER, HEINZ (Hrsg.), Insolvenzordnung – Kommentar, 13. Aufl., München 2010, S. 611-700 (§ 35).

HOFFMANN, PETER, Bonitätsbeurteilung durch Credit Rating – Funktionsweise und Einsatzmöglichkeiten eines Instruments zur Optimierung von Investitions- und Finanzierungsprozessen, Berlin 1991 (Bonitätsbeurteilung).

HOMBURG, CARSTEN/LORENZ, MICHAEL/SIEVERS, SÖNKE, Unternehmensbewertung in Deutschland: Verfahren, Finanzplanung und Kapitalkostenermittlung, in: ZfCM 2011, S. 119-130 (Unternehmensbewertung in Deutschland).

HOMBURG, CARSTEN/STEPHAN, JÖRG/WEIß, MATTHIAS, Unternehmensbewertung bei atmender Finanzierung und Insolvenzrisiko, in: DBW 2004, S. 276-295 (Unternehmensbewertung und Insolvenzrisiko).

HOMBURG, CARSTEN/STEPHAN, JÖRG/WEIß, MATTHIAS, Zur Bedeutung des Insolvenzrisikos im Rahmen von DCF-Bewertungen – Replik auf die Stellungnahme von Thomas Hering zum Beitrag „Unternehmensbewertung bei atmender Finanzierung und Insolvenzrisiko“ – DBW 65. Jg. (2005), S. 197-199, in: DBW 2005, S. 199-203 (Bedeutung des Insolvenzrisikos).

HUANG, JING-ZHI/HUANG, MING, How Much of Corporate-Treasury Yield Spread Is Due to Credit Risk? – A New Calibration Approach, 2003, abrufbar unter: http://ssrn.com/abstract=307360, Stand: 15.01.2012 (Credit Risk).

HULL, JOHN C., Optionen, Futures und andere Derivate, 7. Aufl., München 2009 (Optionen).

HULL, JOHN C./PREDESCU, MIRELA/WHITE, ALAN, Bond Prices, Default Probabilities and Risk Premiums, in: Journal of Credit Risk 2005, S. 53-60 (Bond Prices).

HUNKEMÖLLER, MANFRED/TYMANN, ALEXANDRA, Stolperfalle Überschuldung: Warum § 19 InsO den Sanierungsgedanken konterkariert, in: ZInsO 2011, S. 712-718 (Überschuldung).

ICKS, ANNETTE/KRANZUSCH, PETER, Sanierungen in Insolvenzverfahren – Übertragende Sanierungen und insolvenzplanbasierte Eigensanierungen in NRW, 2010, abrufbar unter: http://www.ifm-bonn.org/assets/documents/IfM-Materialien-195.pdf, Stand: 15.01.2012 (Sanierungen in Insolvenzverfahren).

IDW (Hrsg.), Stellungnahme HFA 2/1983: Grundsätze zur Durchführung von Unternehmensbewertungen, in: WPg 1983, S. 468-480 (HFA 2/1983).

IDW (Hrsg.), IDW Standard: Grundsätze zur Durchführung von Unternehmensbewertungen (IDW S 1 i. d. F. 2000), in: WPg 2000, S. 825-842 (IDW S 1 (2000)).

IDW (Hrsg.), IDW Standard: Grundsätze zur Durchführung von Unternehmensbewertungen (IDW S 1 i. d. F. 2005), in: IDW FN 2005, S. 690-718 (IDW S 1 (2005)).

IDW (Hrsg.), IDW Stellungnahme zur Rechnungslegung: Anwendung der Grundsätze des IDW S 1 bei der Bewertung von Beteiligungen und sonstigen Unternehmensanteilen für die Zwecke eines handelsrechtlichen Jahresabschlusses (IDW RS HFA 10), in: WPg 2005, S. 1322-1323 (IDW RS HFA 10).

IDW (Hrsg.), IDW Stellungnahme zur Rechnungslegung: Bewertungen bei der Abbildung von Unternehmenserwerben und bei Werthaltigkeitsprüfungen nach IFRS (IDW RS HFA 16), in: WPg 2005, S. 1415-1426 (IDW RS HFA 16).

IDW (Hrsg.), WP Handbuch 2008 – Wirtschaftsprüfung, Rechnungslegung, Beratung, Bd. II, 13. Aufl., Düsseldorf 2007 (WP Handbuch).

IDW (Hrsg.), Ergänzende Hinweise des FAUB zur Bestimmung des Basiszinssatzes im Rahmen objektivierter Unternehmensbewertungen, in: IDW FN 2008, S. 490-491 (Bestimmung des Basiszinssatzes).

IDW (Hrsg.), IDW Standard: Grundsätze zur Durchführung von Unternehmensbewertungen (IDW S 1 i. d. F. 2008), in: IDW FN 2008, S. 271-292 (IDW S 1 (2008)).

IJIRI, YUJI/JAEDICKE, ROBERT K., Reliability and Objectivity of Accounting Measurements, in: The Accounting Review 1966, S. 474-483 (Reliability and Objectivity).

JÄCKLE, JOACHIM/ACKERMANN, ULRICH, Ratingverfahren aus Emittentensicht, in: BB 2006, S. 878-884 (Ratingverfahren aus Emittentensicht).

JARROW, ROBERT A./TURNBULL, STUART M., Pricing Derivatives on Financial Securities Subject to Credit Risk, in: JoF 1995, S. 53-85 (Pricing Derivatives).

JENSEN, MICHAEL C./MECKLING, WILLIAM C., Theory of the Firm – Managerial Behavior, Agency Costs and Ownership Structure, in: JoFE 1976, S. 305-360 (Theory of the Firm).

JERSCHENSKY, ANDREAS, Messung des Bonitätsrisikos von Unternehmen – Krisendiagnose mit künstlichen neuronalen Netzen, Düsseldorf 1998 (Bonitätsrisiko).

JONAS, MARTIN, Unternehmensbewertung: Zur Anwendung der Discounted-Cash-flow-Methode in Deutschland, in: BFuP 1995, S. 83-98 (Unternehmensbewertung und DCF).

JONAS, MARTIN, Besonderheiten der Unternehmensbewertung bei kleinen und mittleren Unternehmen, in: WPg - Sonderheft 2008, S. 117-122 (Unternehmensbewertung bei KMU).

JONAS, MARTIN, Die Bewertung mittelständischer Unternehmen – Vereinfachungen und Abweichungen, in: WPg 2011, S. 299-309 (Mittelständische Unternehmen).

JONAS, MARTIN/WIELAND-BLÖSE, HEIKE/SCHIFFARTH, STEFANIE, Basiszinssatz in der Unternehmensbewertung, in: FB 2005, S. 647-653 (Basiszinssatz).

JONKHART, MARIUS J. L., On the Term Structure of Interest Rates and the Risk of Default – An Analytical Approach, in: Journal of Banking & Finance 1979, S. 253-262 (Term Structure).

JORION, PHILIPPE, Financial Risk Manager Handbook Plus Test Bank, 6. Aufl., Hoboken 2011 (Financial Risk Manager Handbook).

JORION, PHILIPPE/GOETZMANN, WILLIAM N., Global Stock Markets in the Twentieth Century, in: JoF 1999, S. 953-980 (Global Stock Markets).

JOSTARNDT, PHILIPP, Equity Offerings in Financial Distress - Evidence from German Restructurings, in: sbr 2009, S. 84-111 (Equity Offerings in Financial Distress).

JURGEIT, LUDWIG, Bewertung von Optionen und bonitätsrisikobehafteten Finanztiteln – Anleihen, Kredite und Fremdfinanzierungsfazilitäten, Wiesbaden 1989 (Bewertung von Optionen).

KALAY, AVNER/SINGHAL, RAJEEV/TASHJIAN, ELIZABETH, Is Chapter 11 Costly?, in: JoFE 2007, S. 772-796 (Is Chapter 11 Costly?).

KASCHNY, MARTIN/BLOCKHAUS, SABRINA, Es gibt mehrere Königswege – Die bevorzugte Methode der Unternehmensbewertung: Ergebnisse einer Befragung der Mitglieder des BVK, in: VC 2008, S. 26-28 (Königswege).

KAT, HARRY M., Indexation Doesn't Make Sense, 2002, abrufbar unter: http://www.icmacentre.ac.uk/pdf/discussion/DP2002-26.pdf, Stand: 15.01.2012 (Indexation Doesn't Make Sense).

KATHKE, CLAUS J., Handlungsziele und Gestaltungsmöglichkeiten des Insolvenzverwalters im neuen Insolvenzrecht, Frankfurt am Main 2000 (Neues Insolvenzrecht).

KELLER, MICHAEL, Besonderheiten bei der Bewertung von kleinen und mittleren Unternehmen, in: BewertungsPraktiker 2006, Nr. 2, S. 12-15 (KMU).

KEMPF, ALEXANDER, Was messen Liquiditätsmaße?, in: DBW 1998, S. 299-311 (Liquiditätsmaße).

KERINS, FRANK/SMITH, JANET KIHOLM/SMITH, RICHARD, Opportunity Cost of Capital for Venture Capital Investors and Entrepreneurs, in: JFQA 2004, S. 385-405 (Opportunity Cost of Capital).

KIRSCH, HANS-JÜRGEN, Die Objektivierung künftiger Zahlungsströme bei einer Bewertung nach IFRS, in: KIRSCH, HANS-JÜRGEN/THIELE, STEFAN (Hrsg.), Rechnungslegung und Wirtschaftsprüfung – Festschrift zum 70. Geburtstag von Jörg Baetge, Düsseldorf 2007, S. 359-380 (Objektivierung künftiger Zahlungsströme).

KIRSCH, HANS-JÜRGEN/KOELEN, PETER, IFRS-Rechnungslegung und Unternehmensbewertung – Möglichkeiten und Grenzen für Ersteller und Analysten, in: HEYD, REINHARD/KEITZ, ISABEL VON (Hrsg.), IFRS-Management: Interessenschutz auf dem Prüfstand – Treffsichere Unternehmensbeurteilung – Konsequenzen für das Management, München 2007, S. 279-301 (Unternehmensbewertung).

KIRSCH, HANS-JÜRGEN/KOELEN, PETER/KÖHLING, KATHRIN, Möglichkeiten und Grenzen des management approach – Eine Analyse unter besonderer Berücksichtigung des Nutzungswerts des IAS 36, in: KoR 2010, S. 200-207 (Management Approach).

KIRSCH, HANS-JÜRGEN/KRAUSE, CLEMENS, Kritische Überlegungen zur Discounted Cash Flow-Methode, in: ZfB 1996, S. 739-812 (Discounted Cash Flow-Methode).

KIRSCH, HANS-JÜRGEN/METH, DIRK, Adressaten einer IFRS-Rechnungslegung für mittelständische Unternehmen, in: BB Spezial 06/2007, S. 7-12 (Mittelständische Unternehmen).

KLEIN, MARTIN/HÖFNER, ANDRÉ, Proaktives Risikomanagement im Mittelstand – Möglichkeiten und Grenzen der frühzeitigen Ableitung von Krisen- und Insolvenzprognosen, in: KSI 2011, S. 5-12 (Risikomanagement).

KNACKSTEDT, HANS W., Klein- und Mittelunternehmen (KMU) richtig bewerten – Erfahrungen eines Eigentümer-Unternehmers aus Verkauf und Kauf, München 2009 (KMU).

KNOLL, LEONHARD, Äquivalenz zwischen signifikanten Werten des Beta-Faktors und des Bestimmtheitsmaßes – Anmerkungen zu Dörschell/Schulte/Brütting, WPg 2008, S. 1152-1162, in: WPg 2010, S. 1106-1109 (Beta-Faktor und Bestimmtheitsmaß).

KNOLL, LEONHARD, KMU-Bewertung: Kapitalmarktorientierte Risikoberücksichtigung ohne Börsennotiz und Diversifikation?, in: RWZ 2010, S. 365-371 (KMU-Bewertung).

KNOLL, LEONHARD/VORNDRAN, PHILIPP/ZIMMERMANN, STEFAN, Risikoprämien bei Eigen- und Fremdkapital – vergleichbare Größen?, in: FB 2006, S. 380-384 (Risikoprämien).

KÖCHLING, MARCEL, Der Insolvenzplan als Sanierungsinstrument – Anspruch und Wirklichkeit, in: CFlaw 2011, S. 13-20 (Insolvenzplan).

KOELEN, PETER, Investitionstheoretische Bewertungskalküle in der IFRS-Rechnungslegung – Möglichkeiten und Grenzen einer unternehmenswertorientierten Berichterstattung, Lohmar 2009 (Investitionstheoretische Bewertungskalküle).

KÖHLING, KATHRIN, Barwertorientierte Fair Value-Ermittlung für Renditeimmobilien in der IFRS-Rechnungslegung – Empfehlungen zur Konkretisierung eines Bewertungskalküls, Lohmar 2011 (Barwertorientierte Fair Value-Ermittlung).

KOLLER, TIM/GOEDHART, MARC H./WESSELS, DAVID, Valuation – Measuring and managing the value of companies, 5. Aufl., Hoboken 2010 (Valuation).

KRAHNEN, JAN PIETER, Rating, internes, in: GERKE, WOLFGANG/STEINER, MANFRED (Hrsg.), Handwörterbuch des Bank- und Finanzwesens, 3. Aufl., Stuttgart 2001, Sp. 1767-1775 (Internes Rating).

KRANZUSCH, PETER, Wirtschaftliche Ergebnisse von Insolvenzverfahren, in: Kreditwesen 2010, S. 906-909 (Insolvenzverfahren).

KRATZ, NORBERT/WANGLER, CLEMENS, Unternehmensbewertung bei nicht kapitalmarktorientierten Unternehmen: Das Problem der Ermittlung entscheidungsrelevanter Kapitalkosten, in: FB 2005, S. 169-176 (Unternehmensbewertung).

KRAUS, ALAN/LITZENBERGER, ROBERT H., A State-Preference Model of Optimal Financial Leverage, in: JoF 1973, S. 911-922 (Optimal Financial Leverage).

KRUSCHWITZ, LUTZ, Risikoabschläge, Risikozuschläge und Risikoprämien in der Unternehmensbewertung, in: DB 2001, S. 2409-2413 (Risikoabschläge).

KRUSCHWITZ, LUTZ/HUSMANN, SVEN, Finanzierung und Investition, 6. Aufl., München 2010 (Finanzierung und Investition).

KRUSCHWITZ, LUTZ/LODOWICKS, ARND/LÖFFLER, ANDREAS, Zur Bewertung insolvenzbedrohter Unternehmen, in: DBW 2005, S. 221-236 (Insolvenzbedrohte Unternehmen).

KRUSCHWITZ, LUTZ/LÖFFLER, ANDREAS, Unendliche Probleme bei der Unternehmensbewertung, in: DB 1998, S. 1041-1043 (Unendliche Probleme).

KRUSCHWITZ, LUTZ/LÖFFLER, ANDREAS, Kapitalkosten aus theoretischer und praktischer Perspektive, in: WPg 2008, S. 803-810 (Kapitalkosten).

KRUSCHWITZ, LUTZ/LÖFFLER, ANDREAS/CANEFIELD, DOMINICA, Hybride Finanzierungspolitik und Unternehmensbewertung, in: FB 2007, S. 427-431 (Hybride Finanzierungspolitik).

KRUSCHWITZ, LUTZ/LORENZ, DANIELA, Eine Anmerkung zur Unternehmensbewertung bei autonomer und wertorientierter Verschuldung, in: CFbiz 2011, S. 94-96 (Autonome und wertorientierte Verschuldung).

KRYSTEK, ULRICH, Unternehmungskrisen – Beschreibung, Vermeidung und Bewältigung überlebenskritischer Prozesse in Unternehmungen, Wiesbaden 1987 (Unternehmungskrisen).

KÜHNE, JAN, Rating und Rating-Prozess, in: ELLER, ROLAND/HEINRICH, MARKUS/PERROT, RENÉ/REIF, MARKUS (Hrsg.), Handbuch Europäische Bondmärkte, Weinheim 2007, S. 389-419 (Rating und Rating-Prozess).

KUHNER, CHRISTOPH, Unternehmensbewertung: Tatsachenfrage oder Rechtsfrage?, in: WPg 2007, S. 825-834 (Unternehmensbewertung).

KUHNER, CHRISTOPH/MALTRY, HELMUT, Unternehmensbewertung, Berlin/Heidelberg 2006 (Unternehmensbewertung).

KÜMMEL, JENS, Grundsätze für die Fair Value-Ermittlung mit Barwertkalkülen – Eine Untersuchung auf der Grundlage des Statement of Financial Accounting Concepts No. 7, Düsseldorf 2002 (Fair Value-Ermittlung).

KÜNNEMANN, MARTIN, Objektivierte Unternehmensbewertung, Frankfurt am Main 1985 (Objektivierte Unternehmensbewertung).

KUPSCH, PETER, Das Risiko im Entscheidungsprozeß, Wiesbaden 1973 (Das Risiko im Entscheidungsprozeß).

KÜTING, KARLHEINZ/RANKER, DANIEL/WOHLGEMUTH, FRANK, Auswirkungen von Basel II auf die Praxis der Rechnungslegung – Ist eine ausschließlich ratinginduzierte Umstellung der Rechnungslegung auf IFRS sinnvoll?, in: FB 2004, S. 93-104 (Basel II).

KÜTING, KARLHEINZ/WEBER, CLAUS-PETER, Die Bilanzanalyse – Beurteilung von Abschlüssen nach HGB und IFRS, 9. Aufl., Stuttgart 2009 (Bilanzanalyse).

LÄGER, VOLKER, Bewertung von Kreditrisiken und Kreditderivaten, Bad Soden 2002 (Kreditrisiken und Kreditderivate).

LAITENBERGER, JÖRG/LODOWICKS, ARND, Das Modigliani-Miller-Theorem mit ausfallgefährdetem Fremdkapital, in: WiSt 2005, S. 145-149 (Ausfallgefährdetes Fremdkapital).

LANDO, DAVID, Credit Risk Modeling – Theory and Applications, Princeton 2004 (Credit Risk Modeling).

LANGE, INGO, Unternehmenswert und Behavioral Finance in der Insolvenz, Wiesbaden 2005 (Unternehmenswert in der Insolvenz).

LANGENKÄMPER, CHRISTOF, Unternehmensbewertung – DCF-Methoden und simulativer VOFI-Ansatz, Wiesbaden 2000 (Unternehmensbewertung).

LEFFERS, BURKHARD, Das Rating im Konsortialgeschäft der Banken, in: BÜSCHGEN, HANS E./EVERLING, OLIVER (Hrsg.), Handbuch Rating, Wiesbaden 1996, S. 345-372 (Rating).

LEUTHIER, RAINER, Das Interdependenzproblem bei der Unternehmensbewertung, Frankfurt am Main 1988 (Interdependenzproblem).

LIEBIG, MAX/WITT, PETER, Unternehmenssanierung: Vor oder nach der Insolvenz?, in: DB 2011, S. 1929-1935 (Unternehmenssanierung).

LINTNER, JOHN, The Valuation of Risk Assets and the Selection of Risky Investments in Stock Portfolios and Capital Budgets, in: Review of Economics and Statistics 1965, S. 13-37 (Valuation of Risk Assets).

LIOU, DAH-KWEI/SMITH, MALCOLM, Macroeconomic Variables and Financial Distress, in: JABM 2007, S. 17-31 (Financial Distress).

LOBE, SEBASTIAN, Lebensdauer von Firmen und ewige Rente: Ein Widerspruch?, in: CFbiz 2010, S. 179-182 (Lebensdauer).

LOBE, SEBASTIAN/HÖLZL, ALEXANDER, Ewigkeit, Insolvenz und Unternehmensbewertung: Globale Evidenz – Zugleich Stellungnahme zu Gleißner, Der Einfluss der Insolvenzwahrscheinlichkeit (Rating) auf den Unternehmenswert und die Eigenkapitalkosten, CFbiz 4/2011, S. 243 (251), in: CFbiz 2011, S. 252-257 (Ewigkeit).

LODERER, CLAUDIO/JÖRG, PETRA/PICHLER, KARL/ROTH, LUKAS/WÄLCHLI, URS/ZGRAGGEN, PIUS, Handbuch der Bewertung – Band 1: Projekte, 5. Aufl., Zürich 2010 (Handbuch der Bewertung (I)).

LODERER, CLAUDIO/WÄLCHLI, URS, Handbuch der Bewertung – Band 2: Unternehmen, 5. Aufl., Zürich 2010 (Handbuch der Bewertung (II)).

LODOWICKS, ARND, Riskantes Fremdkapital in der Unternehmensbewertung – Bewertung von Insolvenzkosten auf Basis der Discounted-Cashflow-Theorie, Wiesbaden 2008 (Riskantes Fremdkapital).

LÖFFLER, ANDREAS, Ein Paradox der Portfoliotheorie und vermögensabhängige Nutzenfunktionen – Mikroökonomische Fundierung, Wiesbaden 2001 (Paradox der Portfoliotheorie).

LONGSTAFF, FRANCIS A./MITHAL, SANJAY/NEIS, ERIC, Corporate Yield Spreads – Default Risk or Liquidity? New Evidence from the Credit Default Swap Market, in: JoF 2005, S. 2213-2254 (Corporate Yield Spreads).

LONGSTAFF, FRANCIS A./SCHWARTZ, EDUARDO S., A Simple Approach to Valuing Risky Fixed and Floating Rate Debt, in: JoF 1995, S. 789-819 (Valuing Risky Debt).

MANDL, GERWALD/RABEL, KLAUS, Unternehmensbewertung – Eine praxisorientierte Einführung, Wien 1997 (Unternehmensbewertung).

MARKOWITZ, HARRY M., Portfolio Selection, in: JoF 1952, S. 77-91 (Portfolio Selection).

MARKOWITZ, HARRY M., Portfolio Selection – Efficient Diversification of Investments, New York 1959 (Portfolio Selection II).

MARTELLINI, LIONEL/PRIAULET, PHILIPPE/PRIAULET, STÉPHANE, Fixed-Income Securities – Valuation, Risk Management and Portfolio Strategies, Chichester 2003 (Fixed-Income Securities).

MARTIN, MARCUS R. W./REITZ, STEFAN/WEHN, CARSTEN S., Kreditderivate und Kreditrisikomodelle – Eine mathematische Einführung, Wiesbaden 2006 (Kreditderivate).

MATSCHKE, MANFRED JÜRGEN/BRÖSEL, GERRIT, Unternehmensbewertung. Funktionen – Methoden – Grundsätze, 3. Aufl., Wiesbaden 2007 (Unternehmensbewertung).

MERTON, ROBERT C., On the Pricing of Corporate Debt: The Risk Structure of Interest Rates, in: JoF 1974, S. 449-470 (On the Pricing of Corporate Debt).

MERTZ, ALEXANDER/HAGENSTEIN, FRANK, Einfluss von Ratings auf die Marktpreisbildung, in: EVERLING, OLIVER/SCHMIDT-BÜRGEL, JENS (Hrsg.), Kapitalmarktrating – Perspektiven für die Unternehmensfinanzierung, Wiesbaden 2005, S. 187-203 (Ratings).

METZ, VOLKER, Der Kapitalisierungszinssatz bei der Unternehmensbewertung – Basiszinssatz und Risikozuschlag aus betriebswirtschaftlicher Sicht und aus Sicht der Rechtsprechung, Wiesbaden 2007 (Kapitalisierungszinssatz).

MICHELS, JOACHIM, Alternativen zum CAPM – Modelle zur Unternehmensbewertung, Saarbrücken 2008 (Alternativen zum CAPM).

MODIGLIANI, FRANCO/MILLER, MERTON H., The Cost of Capital, Corporation Finance and the Theory of Investment, in: AER 1958, S. 261-297 (The Cost of Capital).

MODIGLIANI, FRANCO/MILLER, MERTON H., Corporate Income Taxes and the Cost of Capital: A Correction, in: AER 1963, S. 433-443 (Corporate Income Taxes).

MÖLLS, SASCHA H./KERN, CHRISTIAN, Ableitung CAPM-basierter Betafaktoren aus einer Peergroup-Analyse – Eine kritische Betrachtung alternativer Verfahrensweisen, in: CFbiz 2010, S. 440-448 (Ableitung CAPM-basierter Betafaktoren).

MOODY'S INVESTORS SERVICE, European Corporate Default and Recovery Rates, 1985-1H 2011, 2011, abrufbar unter: http://www.moodys.com/researchdocumentcontentpage.aspx?docid=PBC_134697, Stand: 15.01.2012 (European Corporate Default and Recovery Rates).

MOODY'S INVESTORS SERVICE, Corporate Default and Recovery Rates, 1920-2010, 2011, abrufbar unter: http://www.moodys.com/researchdocumentcontentpage.aspx?docid=PBC_131388, Stand: 15.01.2012 (Corporate Default and Recovery Rates 2010).

MOODY'S INVESTORS SERVICE, Rating Symbols and Definitions, 2011, abrufbar unter: http://www.moodys.com/researchdocumentcontentpage.aspx?docid=PBC_79004, Stand: 15.01.2012 (Rating Symbols and Definitions).

MOSSIN, JAN, Equilibrium in a Capital Asset Market, in: Econometrica 1966, S. 768-783 (Equilibrium).

MOXTER, ADOLF, Die Bedeutung der Grundsätze ordnungsmäßiger Unternehmensbewertung, in: ZfbF 1980, S. 454-459 (Grundsätze ordnungsmäßiger Unternehmensbewertung).

MOXTER, ADOLF, Grundsätze ordnungsmäßiger Unternehmensbewertung, 2. Aufl., Wiesbaden 1983 (Grundsätze).

MOXTER, ADOLF, Grundsätze ordnungsgemäßer Rechnungslegung, Düsseldorf 2003 (Grundsätze ordnungsgemäßer Rechnungslegung).

MÜLLER, ELISABETH, Underdiversification in Private Companies – Required Returns and Incentive Effects, ZEW Discussion Paper No. 04-29, 16.07.2004, abrufbar unter: ftp://ftp.zew.de/pub/zew-docs/dp/dp0429.pdf, Stand: 31.08.2011 (Underdiversification).

MÜLLER, MICHAEL, Unternehmensstrategie und Rating, in: ACHLEITNER, ANN-KRISTIN/EVERLING, OLIVER (Hrsg.), Handbuch Ratingpraxis, Wiesbaden 2004, S. 309-324 (Unternehmensstrategie und Rating).

MÜLLER, RAINER, Krisenmanagement in der Unternehmung – Vorgehen, Maßnahmen und Organisation, 2. Aufl., Frankfurt am Main 1986 (Krisenmanagement).

MÜLLER, WOLFGANG, Bilanzinformation und Aktienbewertung – Eine theoretische und empirische Überprüfung der Entscheidungsrelevanz von Jahresabschlußinformationen für die Preisbildung deutscher Aktien, Frankfurt am Main 1992 (Bilanzinformation und Aktienbewertung).

MUNKERT, MICHAEL J, Der Kapitalisierungszinssatz in der Unternehmensbewertung – Theorie, Gutachtenpraxis und Rechtsprechung in Spruchverfahren, Wiesbaden 2005 (Kapitalisierungszinssatz).

MÜNSTERMANN, HANS, Wert und Bewertung der Unternehmung, Wiesbaden 1966 (Wert und Bewertung).

MUNVES, DAVID, The Eurobond Market, in: FABOZZI, FRANK J./MANN, STEVEN V. (Hrsg.), The Handbook of Fixed Income Securities, 7. Aufl., New York u. a. 2005, S. 409-439 (The Eurobond Market).

NEUS, WERNER, Zur Theorie der Finanzierung kleinerer Unternehmungen, Wiesbaden 1995 (Finanzierung kleinerer Unternehmungen).

NIESWANDT, HOLGER/SEIBERT, DANIEL, Prognose der bewertungsrelevanten Cash Flows, in: RICHTER, FRANK/TIMMRECK, CHRISTIAN (Hrsg.), Unternehmensbewertung – Moderne Instrumente und Lösungsansätze, Stuttgart 2004, S. 21-39 (Bewertungsrelevante Cash Flows).

NIMWEGEN, SEBASTIAN, Vermeidung und Aufdeckung von Fraud – Möglichkeiten der internen Corporate-Governance-Elemente, Lohmar 2009 (Fraud).

NOWAK, KARSTEN, Marktorientierte Unternehmensbewertung – Discounted Cash Flow, Realoption, Economic Value Added und der Direct Comparison Approach, 2. Aufl., Wiesbaden 2003 (Marktorientierte Unternehmensbewertung).

OBERMAIER, ROBERT, Die kapitalmarktorientierte Bestimmung des Basiszinssatzes für die Unternehmensbewertung – the Good, the Bad and the Ugly, in: FB 2008, S. 493-507 (Basiszins).

OEHLER, ANDREAS/UNSER, MATTHIAS, Finanzwirtschaftliches Risikomanagement, 2. Aufl., Berlin 2002 (Finanzwirtschaftliches Risikomanagement).

OELERICH, ANDREAS, Robuste Ratingverfahren – Zur Steigerung der Prognosequalität quantitativer Ratingverfahren, Wiesbaden 2005 (Robuste Ratingverfahren).

OELERICH, ANDREAS/PODDIG, THORSTEN, Evaluation of Rating Systems, in: Expert Systems with Applications 2006, S. 437-447 (Evaluation of Rating Systems).

OLBRICH, Alexander, Wertminderung von finanziellen Vermögenswerten der Kategorie „Fortgeführte Anschaffungskosten" nach IFRS 9, Lohmar 2012 (Wertminderung von finanziellen Vermögenswerten).

OLBRICH, MICHAEL, Zur Bedeutung des Börsenkurses für die Bewertung von Unternehmungen und Unternehmungsanteilen, in: BFuP 2000, S. 454-465 (Bedeutung des Börsenkurses).

OPLER, TIM C./TITMAN, SHERIDAN, Financial Distress and Corporate Performance, in: JoF, S. 1015-1040 (Financial Distress).

OTT, WOLFGANG/GÖPFERT, BURKHARD, Unternehmenskauf aus der Insolvenz – Ein Praxisleitfaden, 2. Aufl., Wiesbaden 2011 (Unternehmenskauf aus der Insolvenz).

PAPE, GERHARD, Erleichterung der Sanierung von Unternehmen durch Insolvenzverfahren bei gleichzeitiger Abschaffung der Gläubigergleichbehandlung, in: ZInsO 2010, S. 2155-2162 (Erleichterung der Sanierung).

PAPE, ULRICH/SCHLECKER, MATTHIAS, Are Credit Spreads and Interest Rates Co-Integrated? – Empirical Analysis in the USD Corporate Bond Market, Working Paper, 2007, abrufbar unter: http://ssrn.com/abstract=998772, Stand: 15.01.2012 (Credit Spreads).

PAPE, ULRICH/SCHLECKER, MATTHIAS, Berechnung des Credit Spreads, in: FB 2008, S. 658-665 (Credit Spread).

PAPE, ULRICH/SCHLECKER, MATTHIAS, Reaktion von Credit Spreads auf Finanzmarktkrisen am Beispiel der Subprime-Krise und der LTCM-Krise, in: FB 2009, S. 38-45 (Credit Spreads und Finanzmarktkrisen).

PEEMÖLLER, VOLKER H., Stand und Entwicklung der Unternehmensbewertung – Eine kritische Bestandsaufnahme, in: DStR 1993, S. 409-416 (Stand und Entwicklung).

PEEMÖLLER, VOLKER H., Anlässe der Unternehmensbewertung, in: PEEMÖLLER, VOLKER H. (Hrsg.), Praxishandbuch der Unternehmensbewertung, 4. Aufl., Herne 2009, S. 17-28 (Anlässe).

PEEMÖLLER, VOLKER H., Grundsätze ordnungsmäßiger Unternehmensbewertung, in: PEEMÖLLER, VOLKER H. (Hrsg.), Praxishandbuch der Unternehmensbewertung, 4. Aufl., Herne 2009, S. 29-48 (Grundsätze).

PEEMÖLLER, VOLKER H., Wert und Werttheorien, in: PEEMÖLLER, VOLKER H. (Hrsg.), Praxishandbuch der Unternehmensbewertung, 4. Aufl., Herne 2009, S. 1-15 (Werttheorien).

PEEMÖLLER, VOLKER H./KUNOWSKI, STEFAN, Ertragswertverfahren nach IDW, in: PEEMÖLLER, VOLKER H. (Hrsg.), Praxishandbuch der Unternehmensbewertung, 4. Aufl., Herne 2009, S. 265-338 (Ertragswertverfahren).

PERRIDON, LOUIS/STEINER, MANFRED/RATHGEBER, ANDREAS W., Finanzwirtschaft der Unternehmung, 15. Aufl., München 2009 (Finanzwirtschaft).

PFINGSTEN, ANDREAS/SCHRÖCK, GERHARD, Bedeutung und Methodik von Krediteinstufungsmodellen im Bankwesen, in: OEHLER, ANDREAS (Hrsg.), Kreditrisikomanagement – Portfoliomodelle und Derivate, Stuttgart 2000, S. 1-23 (Krediteinstufungsmodelle).

PODDIG, THORSTEN/DICHTL, HUBERT/PETERSMEIER, KERSTIN, Statistik, Ökonometrie, Optimierung – Methoden und ihre praktischen Anwendungen in Finanzanalyse und Portfoliomanagement, 4. Aufl., Bad Soden 2008 (Statistik, Ökonometrie, Optimierung).

POHL, MATTHIAS/THIELEN, BJOERN, Bewertung von Zulieferunternehmen, in: DRUKARCZYK, JOCHEN/ERNST, DIETMAR (Hrsg.), Branchenorientierte Unternehmensbewertung, 3. Aufl., München 2010, S. 21-36 (Bewertung von Zulieferunternehmen).

POOTEN, HOLGER, Grundsätze ordnungsmäßiger Unternehmensbewertung – Ermittlung und Inhalt aus Käufersicht, Büren 1999 (Grundsätze).

POPPER, KARL R., Logik der Forschung, 11. Aufl., Tübingen 2005 (Logik der Forschung).

PORTER, MICHAEL E., Wettbewerbsstrategie – Methoden zur Analyse von Branchen und Konkurrenten, 11. Aufl., Frankfurt/New York 2008 (Wettbewerbsstrategie).

PRATT, SHANNON P./GRABOWSKI, ROGER J., Cost of Capital – Applications and Examples, 3. Aufl., Hoboken 2008 (Cost of Capital 2008).

PRATT, SHANNON P./GRABOWSKI, ROGER J., Cost of Capital – Applications and Examples, 4. Aufl., Hoboken 2010 (Cost of Capital 2010).

PROKOP, JÖRG, Die Bewertung zukünftiger Unternehmenserfolge. Konzepte – Möglichkeiten – Grenzen, Wiesbaden 2003 (Zukünftige Unternehmenserfolge).

RANDOW, PHILIPP VON, Rating und Regulierung, in: BÜSCHGEN, HANS E./EVERLING, OLIVER (Hrsg.), Handbuch Rating, Wiesbaden 1996, S. 543-576 (Rating und Regulierung).

RAPP, MARC STEFFEN, Die arbitragefreie Adjustierung von Diskontierungssätzen bei einfacher Gewinnsteuer, in: ZfbF 2006, S. 771-806 (Adjustierung von Diskontierungssätzen).

RATHGEBER, ANDREAS, Eigen- und Fremdkapital als Derivate – Eine Einführung in die zeit- und zustandsdiskrete Bewertung von Aktien, deren Optionen, Anleihen und Kreditderivaten, in: WiSt 2006, S. 133-140 (Derivate).

REBIEN, AXEL, Kapitalkosten in der Unternehmensbewertung – Auswahl und Einsatz von Ermittlungsmethoden zur sachgerechten Ableitung von Risikokosten unter Berücksichtigung fundamentaler Faktoren, Aachen 2007 (Kapitalkosten in der Unternehmensbewertung).

REESE, RAIMO, Schätzung von Eigenkapitalkosten für die Unternehmensbewertung, Frankfurt am Main 2007 (Schätzung von Eigenkapitalkosten).

REESE, RAIMO/WIESE, JÖRG, Die kapitalmarktorientierte Ermittlung des Basiszinses für die Unternehmensbewertung, in: ZBB 2007, S. 38-51 (Basiszins).

REICHLING, PETER/BIETKE, DANIELA/HENNE, ANTJE, Praxishandbuch Risikomanagement und Rating – Ein Leitfaden, 2. Aufl., Wiesbaden 2007 (Praxishandbuch Risikomanagement).

REIMUND, CARSTEN/SCHWETZLER, BERNHARD/ZAINHOFER, FLORIAN, Costs of Financial Distress: The German Evidence, in: Kredit und Kapital 2009, S. 93-123 (Costs of Financial Distress).

RICHTER, FRANK, DCF-Methoden und Unternehmensbewertung: Analyse der systematischen Abweichungen der Bewertungsergebnisse, in: ZBB 1997, S. 226-237 (DCF-Methoden).

RICHTER, FRANK, Konzeption eines marktwertorientierten Steuerungs- und Monitoringsystems, 2. Aufl., Frankfurt am Main 1999 (Konzeption).

RICHTER, FRANK, Kapitalmarktorientierte Unternehmensbewertung – Konzeption, finanzwirtschaftliche Bewertungsprämissen und Anwendungsbeispiel, Frankfurt am Main 2002 (Unternehmensbewertung).

ROBICHEK, ALEXANDER A./MYERS, STEWARD C., Problems in the Theory of Optimal Capital Structure, in: JFQA 1966, S. 1-35 (Theory of Optimal Capital Structure).

ROLFES, BERND, Gesamtbanksteuerung – Risiken ertragsorientiert steuern, Stuttgart 2008 (Gesamtbanksteuerung).

ROSENBERG, BARR/RUDD, ANDREW, The Corporate Uses of Beta, in: STERN, JOEL M./CHEW, DONALD H. JR., (Hrsg.), The Revolution in Corporate Finance, 3. Aufl., Malden und Oxford 1998, S. 58-68 (The Corporate Uses of Beta).

ROSS, STEPHEN A., The Current Status of the Capital Asset Pricing Model (CAPM), in: JoF 1978, S. 885-901 (CAPM).

ROSS, STEPHEN A./WESTERFIELD, RANDOLPH W./JAFFE, JEFFREY F., Corporate Finance, 7. Aufl., Boston u. a. 2005 (Corporate Finance).

RUBACK, RICHARD S., Capital Cash Flows: A Simple Approach to Valuing Risky Cash Flows, in: Financial Management 2002, S. 85-103 (Capital Cash Flows).

RUDOLPH, BERND, Neuere Kapitalkostenkonzepte auf der Grundlage der Kapitalmarkttheorie, in: ZfbF 1986, S. 892-898 (Kapitalkostenkonzepte).

RUDOLPH, BERND/HOFMANN, BERND/SCHABER, ALBERT/SCHÄFER, KLAUS, Kreditrisikotransfer – Moderne Instrumente und Methoden, Berlin/Heidelberg 2007 (Kreditrisikotransfer).

SAA-REQUEJO, JESUS/SANTA-CLARA, PEDRO, Bond Pricing with Default Risk, 1999, abrufbar unter: http://escholarship.org/uc/item/3w71g2ch, Stand: 15.01.2012 (Bond Pricing).

SCHIERENBECK, HENNER, Ertragsorientiertes Bankmanagement – Band 1: Grundlagen, Marktzinsmethode und Rentabilitäts-Controlling, 8. Aufl., Wiesbaden 2003 (Ertragsorientiertes Bankmanagement).

SCHIFFEL, SIMON, Implizite Ausfallwahrscheinlichkeiten von Unternehmensanleihen – Eine empirische Analyse in unterschiedlichen Währungen auf Basis von Zinsstrukturkurven 2009 (Implizite Ausfallwahrscheinlichkeiten).

SCHILDBACH, THOMAS, Ist die Kölner Funktionenlehre der Unternehmensbewertung durch die Discounted Cash-flow-Verfahren überholt?, in: SIEBEN, GÜNTER/MATSCHKE, MANFRED JÜRGEN/SCHILDBACH, THOMAS (Hrsg.), Unternehmensberatung und Wirtschaftsprüfung – Festschrift für Professor Dr. Günter Sieben zum 65. Geburtstag, Stuttgart 1998, S. 301-322 (Funktionenlehre).

SCHLECKER, MATTHIAS, Credit Spreads – Einflussfaktoren, Berechnung und langfristige Gleichgewichtsmodellierung, Lohmar u. a. 2009 (Credit Spreads).

SCHLÖGL, LUTZ, Bewertungsmodelle für Ausfallrisiken: Eine Literaturübersicht, in: BURGHOF, HANS-PETER/HENKE, SABINE/RUDOLPH, BERND/SCHÖNBUCHER PHILIPP J./SOMMER, DANIEL (Hrsg.), Kreditderivate – Handbuch für die Bank- und Anlagepraxis, 2. Aufl., Stuttgart 2005, S. 619-637 (Bewertungsmodelle für Ausfallrisiken).

SCHMALENBACH, EUGEN, Die Werte von Anlagen und Unternehmungen in der Schätzungstechnik, in: ZfhF 1917/18, S. 1-20 (Werte).

SCHMID, BERND, Credit Risk Pricing Models – Theory and Practice, 2. Aufl., Berlin 2004 (Credit Risk Pricing Models).

SCHMID, FRIEDRICH/TREDE, MARK, Finanzmarktstatistik, Berlin u. a. 2006 (Finanzmarktstatistik)

SCHMIDT, JOHANNES G., Die Discounted Cash-flow-Methode - nur eine kleine Abwandlung der Ertragswertmethode, in: ZfbF 1995, S. 1088-1117 (Discounted Cash-flow-Methode).

SCHMIDT, REINHARD H./TERBERGER, EVA, Grundzüge der Investitions- und Finanzierungstheorie, 4. Aufl., Wiesbaden 1997 (Investitions- und Finanzierungstheorie).

SCHMITT, CHRISTOPH, Finanzierungsstrategien mittelständischer Unternehmen vor dem Hintergrund von Basel III, in: BB 2011, S. 105-109 (Basel III).

SCHNELLER, THOMAS/SCHWENDENER, PATRICK/ELSAESSER, PHILIPP, Risiken von Aktienanlagen – Bestimmung der Marktrisikoprämie, in: Der Schweizer Treuhänder 2010, S. 658-665 (Risiken von Aktienanlagen).

SCHÖBEL, RAINER, A Note on the Valuation of Risky Corporate Bonds – Zur Bewertung riskanter Unternehmensanleihen, in: OR Spektrum 1999, S. 35-47 (Valuation of Risky Corporate Bonds).

SCHULTE, JÖRN/FRANKEN, LARS/KOELEN, PETER/LEHMANN, DOMINIK, Konsequenzen einer (Nicht-)Berücksichtigung von Debt Beta in der Bewertungspraxis, in: BewertungsPraktiker 2010, Nr. 4, S. 13-21 (Debt Beta).

SCHULTE, REINHARD, Kursänderungsrisiken festverzinslicher Wertpapiere, Wiesbaden 1996 (Kursänderungsrisiken).

SCHULZ, ROLAND, Größenabhängige Risikoanpassungen in der Unternehmensbewertung 2009 (Größenabhängige Risikoanpassungen).

SCHWETZLER, BERNHARD, Zinsänderungsrisiko und Unternehmensbewertung: Das Basiszinsfuß-Problem bei der Ertragswertermittlung, in: ZfB 1996, S. 1081-1101 (Zinsänderungsrisiko).

SCHWETZLER, BERNHARD, Unternehmensbewertung unter Unsicherheit – Sicherheitsäquivalent oder Risikozuschlagsmethode?, in: ZfbF 2000, S. 469-486 (Unternehmensbewertung).

SEIDL, ANDREW, Initiative der Bundesregierung zur Erleichterung der Unternehmenssanierung, in: Kreditwesen 2011, S. 91-93 (Unternehmenssanierung).

SERFLING, KLAUS, Möglichkeiten und Grenzen des Credit Rating, in: BÜSCHGEN, HANS E./EVERLING, OLIVER (Hrsg.), Handbuch Rating, 2. Aufl., Wiesbaden 2007, S. 709-746 (Credit Rating).

SERFLING, KLAUS/PRIES, ANDREAS, Möglichkeiten und Grenzen des Rating, in: Die Bank 1990, S. 381-383 (Rating).

SHARPE, WILLIAM F., Capital Asset Prices: A Theory of Market Equilibrium under Conditions of Risk, in: JoF 1964, S. 425-442 (Capital Asset Prices).

SHARPE, WILLIAM F./COOPER, GUY M., Risk-Return Classes of New York Stock Exchange Common Stocks, 1931-1967, in: Financial Analysts Journal 1972, S. 46-54 und 81 (Risk-Return Classes).

SICK, GORDON A., Tax-adjusted Discount Rates, in: Management Science 1990, S. 1432-1450 (Tax-adjusted Discount Rates).

SIEBEN, GÜNTER, Der Entscheidungswert in der Funktionenlehre der Unternehmensbewertung, in: BFuP 1976, S. 491-504 (Entscheidungswert).

SIEGEL, DANIEL, Die Bilanzierung latenter Steuern im handelsrechtlichen Jahresabschluss nach § 274 HGB, Lohmar 2011 (Bilanzierung latenter Steuern).

SIEGEL, THEODOR, Methoden der Unsicherheitsberücksichtigung in der Unternehmensbewertung, in: WiSt 1992, S. 21-26 (Unsicherheitsberücksichtigung).

SIEGEL, THEODOR, Unternehmensbewertung, Unsicherheit und Komplexitätsreduktion, in: BFuP 1994, S. 457-476 (Unternehmensbewertung).

SIEMES, ANDREAS, Eine marktorientierte Bewertung des Bonitätsrisikos von Unternehmensanleihen – Eine empirische Untersuchung des Kreditrisikos von Corporate Bonds mittels Künstlicher Neuronaler Netze, in: FB 2002, S. 244-255 (Marktorientierte Bewertung).

SIEPE, GÜNTER/DÖRSCHELL, ANDREAS/SCHULTE, JÖRN, Der neue IDW Standard: Grundsätze zur Durchführung von Unternehmensbewertungen (IDW S 1), in: WPg 2000, S. 946-960 (Der neue IDW Standard).

SIGNER, ANDREAS, Verzerrungen bei Hedge Fund-Renditen und ihre Ursachen, in: Absolut-Report 2002, S. 28-35 (Verzerrungen).

SÖNNICHSEN, CHRISTOPH, Versicherungsrating, in: BÜSCHGEN, HANS E./EVERLING, OLIVER (Hrsg.), Handbuch Rating, 2. Aufl., Wiesbaden 2007, S. 317-345 (Versicherungsrating).

SPELLMANN, FRANK/UNSER, MATTHIAS, Zinsänderungsrisiko und Bonitätsänderungsrisiko integriert betrachtet – Ein Überblick über den Stand der Literatur, in: OEHLER, ANDREAS (Hrsg.), Credit Risk und Value-at-Risk Alternativen – Herausforderungen für das Risk-Management, Stuttgart 1998, S. 259-280 (Bonitätsänderungsrisiko).

SPINDLER, GERALD, Finanzkrise und Gesetzgeber – Das Finanzmarktstabilisierungsgesetz, in: DStR 2008, S. 2268-2276 (Finanzkrise und Gesetzgeber).

SPREMANN, KLAUS, Finanzanalyse und Unternehmensbewertung, München 2002 (Finanzanalyse).

SPREMANN, KLAUS, Portfoliomanagement, 4. Aufl., München 2008 (Portfoliomanagement).

SPREMANN, KLAUS/GANTENBEIN, PASCAL, Zinsen, Anleihen, Kredite, 4. Aufl., München 2007 (Zinsen, Anleihen, Kredite).

STANDARD & POOR'S, General: 2008 Corporate Criteria: Analytical Methodology, 2008, abrufbar unter: http://www.standardandpoors.com/fgr_article/en/us?object_id=5446217&rev_id=1, Stand: 15.01.2012 (Analytical Methodology).

STANDARD & POOR'S, General Criteria: Understanding Standard & Poor's Rating Definitions, 2009, abrufbar unter: http://www.standardandpoors.com/ratings/articles/en/us/?articleType=PDF&assetID=1245282508880, Stand: 15.01.2012 (Rating Definitions).

STANDARD & POOR'S, General Criteria: Use of CreditWatch and Outlooks, 2009, abrufbar unter: http://www.standardandpoors.com/prot/ratings/articles/en/eu/?assetID=1245309795048, Stand: 15.01.2012 (Outlooks).

STANDARD & POOR'S, General Criteria Methodology: Business Risk/Financial Risk Matrix Expanded, abrufbar unter: http://www.standardandpoors.com/fgr_article/en/us?object_id=5426464&rev_id=3, Stand: 15.01.2012 (Risiko Matrix).

STANDARD & POOR'S, 2010 Annual European Corporate Default Study and Rating Transitions, 2011, abrufbar unter: http://www.standardandpoors.com/ratings/articles/en/eu/?assetID=1245302234022, Stand: 15.01.2012 (2010 Annual European Corporate Default Study).

STANDARD & POOR'S, 2010 Annual Global Corporate Default Study and Rating Transitions, 2011, abrufbar unter: http://img.en25.com/Web/StandardandPoors/2010AnnualGlobalCorporateDefaultStudyAndRatingTransitions.pdf, Stand: 15.01.2012 (2010 Annual Global Corporate Default Study).

STANDARD & POOR'S, General Criteria: Principles of Credit Ratings, 2011, abrufbar unter: http://www.standardandpoors.com/prot/ratings/articles/en/us/?assetID=1245316735393, Stand: 15.01.2012 (Principles of Credit Ratings).

STANDARD & POOR'S, Guide to Credit Rating Essentials – What are Credit Ratings and How Do They Work?, 2011, abrufbar unter: http://img.en25.com/Web/StandardandPoors/SP_CreditRatingsGuide.pdf, Stand: 15.01.2012 (Credit Rating).

STATISTISCHES BUNDESAMT, Insolvenzen und Insolvenzhäufigkeiten nach Ländern, abrufbar unter: http://www.destatis.de/jetspeed/portal/cms/Sites/destatis/Internet/DE/Content/Statistiken/UnternehmenGewerbeInsolvenzen/Insolvenzen/Tabellen/Content50/HaeufigkeitLaender.psml, Stand: 15.01.2012 (Insolvenzen nach Ländern).

STATISTISCHES BUNDESAMT, Unternehmen und Arbeitsstätten – Insolvenzverfahren – Dezember und Jahr 2008, Fachserie 2 Reihe 4.1, Wiesbaden 2009, abrufbar unter: http://www.destatis.de/jetspeed/portal/cms/Sites/destatis/Internet/DE/Content/Publikationen/Fachveroeffentlichungen/UnternehmenGewerbeInsolvenzen/Insolvenzen/Insolvenzen2020410081124,property=file.pdf, Stand: 15.01.2012 (Insolvenzverfahren 2008).

STATISTISCHES BUNDESAMT, Unternehmen und Arbeitsstätten – Insolvenzverfahren – Dezember und Jahr 2009, Fachserie 2 Reihe 4.1, Wiesbaden 2010, abrufbar unter: http://www.destatis.de/jetspeed/portal/cms/Sites/destatis/Internet/DE/Content/Publikationen/Fachveroeffentlichungen/UnternehmenGewerbeInsolvenzen/Insolvenzen/Insolvenzen2020410091124,property=file.pdf, Stand: 15.01.2012 (Insolvenzverfahren 2009).

STATISTISCHES BUNDESAMT, Finanzen und Steuern – Umsatzsteuer 2009, Fachserie 14 Reihe 8, Wiesbaden 2011, abrufbar unter: http://www.destatis.de/jetspeed/portal/cms/Sites/destatis/Internet/DE/Content/Publikationen/Fachveroeffentlichungen/FinanzenSteuern/Steuern/Umsatzsteuer/Umsatzsteuer2140800097004,property=file.pdf, Stand: 31.08.2011 (Finanzen und Steuern).

STATISTISCHES BUNDESAMT, Unternehmen und Arbeitsstätten – Insolvenzverfahren – Dezember und Jahr 2010, Fachserie 2 Reihe 4.1, Wiesbaden 2011, abrufbar unter: http://www.destatis.de/jetspeed/portal/cms/Sites/destatis/Internet/DE/Content/Publikationen/Fachveroeffentlichungen/UnternehmenGewerbeInsolvenzen/Insolvenzen/Insolvenzen2020410101124,property=file.pdf, Stand: 15.01.2012 (Insolvenzverfahren 2010).

STATMAN, MEIR, How Many Stocks Make a Diversified Portfolio?, in: JFQA 1987, S. 353-363 (Diversified Portfolio).

STEINER, MANFRED, Rating – Risikobeurteilung von Emittenten durch Rating-Agenturen, in: WiSt 1992, S. 509-515 (Rating).

STEINER, MANFRED/BEIKER, HARTMUT/BAUER, CHRISTOPH, Theoretische Erklärungen unterschiedlicher Aktienrisiken und empirische Überprüfungen, in: ZfbF Sonderheft 31/1993, S. 99-129 (Aktienrisiken).

STEINER, MANFRED/BRUNS, CHRISTOPH, Wertpapiermanagement – Professionelle Wertpapieranalyse und Portfoliostrukturierung, 9. Aufl., Stuttgart 2007 (Wertpapiermanagement).

STEINER, MANFRED/HEINKE, VOLKER G., Rating aus Sicht der modernen Finanzierungstheorie, in: BÜSCHGEN, HANS E./EVERLING, OLIVER (Hrsg.), Handbuch Rating, 2. Aufl., Wiesbaden 2007, S. 655-707 (Rating).

STEINER, MANFRED/KLEEBERG, JOCHEN, Zum Problem der Indexauswahl im Rahmen der wissenschaftlich-empirischen Anwendung des Capital Asset Pricing Model, in: DBW 1991, S. 171-182 (Indexauswahl im CAPM).

STELLBRINK, JÖRN, Der Restwert in der Unternehmensbewertung, Düsseldorf 2005 (Restwert).

STEPHAN, JÖRG, Finanzielle Kennzahlen für Industrie- und Handelsunternehmen, Wiesbaden 2006 (Finanzielle Kennzahlen).

STRAUß, SÖNKE, Determinanten von Credit Spreads deutscher Unternehmensanleihen – Theoretische und empirische Analyse, Hamburg 2009 (Determinanten von Credit Spreads).

SÜNDERHAUF, ROBERT, Bewertung des Ausfallrisikos deutscher Hypothekenbank-Pfandbriefe, Berlin 2006 (Bewertung des Ausfallrisikos).

SVENSSON, LARS E. O., Estimating and Interpreting Forward Interest Rates: Sweden 1992-1994, IMF Working Paper No. 94/114, 1994, abrufbar unter: http://ssrn.com/abstract=883856, Stand: 15.01.2012 (Estimating).

TERHART, PETER, Chapter 11 Bankruptcy Code: eine Alternative für Deutschland? – Dokumentation, Analyse und Bewertung des amerikanischen Reorganisationsverfahrens mit einer kritischen Stellungnahme zur neuen deutschen Insolvenzordnung, Frankfurt am Main 1996 (Chapter 11).

TETZLAFF, CHRISTIAN, Neues zum Insolvenzgrund der Zahlungsunfähigkeit – Anmerkung zu BGH, Beschl. v. 19.7.2007 - IX ZB 36/07, ZInsO 2007, 939, in: ZInsO 2007, S. 1334-1337 (Zahlungsunfähigkeit).

THUN, CHRISTIAN, Moody's KMV RiskCalc® – ein quantitatives Finanzrating für nicht börsennotierte Unternehmen, in: ACHLEITNER, ANN-KRISTIN/EVERLING, OLIVER/NIGGEMANN, KARL A. (Hrsg.), Finanzrating – Gestaltungsmöglichkeiten zur Verbesserung der Bonität, Wiesbaden 2007, S. 125-138 (Moody's KMV RiskCalc®).

TIMMRECK, CHRISTIAN, ß-Faktoren – Anwendungsprobleme und Lösungsansätze, in: FB 2002, S. 300-307 (ß-Faktoren).

TIMMRECK, CHRISTIAN, Kapitalmarktorientierte Sicherheitsäquivalente – Konzeption und Anwendung bei der Unternehmensbewertung, Wiesbaden 2006 (Sicherheitsäquivalente).

TINZ, OLIVER, Die Abbildung von Wachstum in der Unternehmensbewertung – Eine theoretische und empirische Analyse der Möglichkeiten und Grenzen einer objektivierten und transparenten Abbildung von Wachstum nach IDW S 1, Lohmar 2010 (Abbildung von Wachstum).

TOBIN, JAMES, Liquidity Preference as Behavior Towards Risk, in: Review of Economic Studies 1958, S. 65-86 (Liquidity Preference).

TSCHÖPEL, ANDREAS, Risikoberücksichtigung bei Grenzpreisbestimmungen im Rahmen der Unternehmensbewertung, Lohmar 2004 (Risikoberücksichtigung).

UHLENBRUCK, WILHELM, Die Insolvenzgründe (Verfahrensauslöser) nach der Insolvenzordnung – Drohende und eingetretene Zahlungsunfähigkeit sowie Überschuldung (§§ 17 bis 19 InsO), in: BAETGE, JÖRG (Hrsg.), Beiträge zum neuen Insolvenzrecht – Vorträge und Diskussionen zum 13. Münsterischen Tagesgespräch des Münsteraner Gesprächskreises Rechnungslegung und Prüfung e.V. am 5. Juni 1997, Düsseldorf 1998, S. 17-41 (Insolvenzgründe).

UHLENBRUCK, WILHELM, § 17 Zahlungsunfähigkeit, in: UHLENBRUCK, WILHELM/HIRTE, HERIBERT/VALLENDER, HEINZ (Hrsg.), Insolvenzordnung – Kommentar, 13. Aufl., München 2010, S. 325-340 (§ 17).

UHLENBRUCK, WILHELM, § 18 Drohende Zahlungsunfähigkeit, in: UHLENBRUCK, WILHELM/HIRTE, HERIBERT/VALLENDER, HEINZ (Hrsg.), Insolvenzordnung – Kommentar, 13. Aufl., München 2010, S. 340-349 (§ 18).

UHLENBRUCK, WILHELM/MAUS, KARL HEINZ, § 80 Übergang des Verwaltungs- und Verfügungsrechts, in: UHLENBRUCK, WILHELM/HIRTE, HERIBERT/VALLENDER, HEINZ (Hrsg.), Insolvenzordnung – Kommentar, 13. Aufl., München 2010, S. 1183-1260 (§ 80).

UHRIG-HOMBURG, MARLIESE, Valuation of Defaultable Claims - A Survey, in: sbr 2002, S. 24-57 (Valuation of Defaultable Claims).

VETTINGER, THOMAS/VOLKART, RUDOLF, Kapitalkosten und Unternehmenswert – Zentrale Bedeutung der Kapitalkosten, in: Der Schweizer Treuhänder 2002, S. 751-758 (Kapitalkosten und Unternehmenswert).

VOLKART, RUDOLF, Kapitalkosten und Risiko – Cost of Capital als zentrales Element der betrieblichen Finanzpolitik, Zürich 2001 (Kapitalkosten und Risiko).

VOLKART, RUDOLF, Corporate Finance – Grundlagen von Finanzierung und Investition, 5. Aufl., Zürich 2011 (Corporate Finance).

WAGNER, WOLF-CHRISTOF, Rating mittelständischer Unternehmungen – Fundierung und Konzeption einer standardisierten Unternehmensbeurteilung durch Rating, Frankfurt am Main 1991 (Rating mittelständischer Unternehmungen).

WAGNER, WOLFGANG/JONAS, MARTIN/BALLWIESER, WOLFGANG/TSCHÖPEL, ANDREAS, Unternehmensbewertung in der Praxis – Empfehlungen und Hinweise zur Anwendung von IDW S 1, in: WPg 2006, S. 1005-1028 (Unternehmensbewertung in der Praxis).

WAGNER, WOLFGANG/SAUR, GERHARD/WILLERSHAUSEN, TIMO, Zur Anwendung der Neuerungen der Unternehmensbewertungsgrundsätze des IDW S 1 i. d. F. 2008 in der Praxis, in: WPg 2008, S. 731-747 (Neuerungen des IDW S 1 (2008)).

WALLMEIER, MARTIN, Kapitalkosten und Finanzierungsprämissen, in: ZfB 1999, S. 1473-1490 (Kapitalkosten).

WALLMEIER, MARTIN, Der „Steady State“: Das Phantom der Unternehmensbewertung, in: LAITENBERGER, JÖRG/LÖFFLER, ANDREAS (Hrsg.), Finanzierungstheorie auf vollkommenen und unvollkommenen Kapitalmärkten – Festschrift für Lutz Kruschwitz zum 65. Geburtstag, München 2008, S. 139-156 (Steady State).

WAMBACH, MARTIN/KIRCHMER, THOMAS, Unternehmensrating: Weit reichende Konsequenzen für mittelständische Unternehmen und für Wirtschaftsprüfer, in: BB 2002, S. 400-405 (Unternehmensrating).

WARNER, JEROLD B., Bankruptcy Costs: Some Evidence, in: JoF 1977, S. 337-347 (Bankruptcy Costs).

WATRIN, CHRISTOPH/STÖVER, RÜDIGER, Einfluss des Tax Shields auf die Renditeforderung der Eigenkapitalgeber und die Gearing Formel, in: StuW 2011, S. 60-74 (Tax Shield).

WECKBACH, STEFAN, Corporate Financial Distress – Unternehmensbewertung bei finanzieller Enge, Bamberg 2004 (Corporate Financial Distress).

WEISS, LAWRENCE A., Bankruptcy Resolution – Direct Costs and Violation of Priority of Claims, in: JoFE 1990, S. 285-314 (Bankruptcy Resolution).

WENZEL, KLAUS/HOFFMANN, ANDREAS, Unternehmensbewertung nach IDW S 1 i. d. F. 2008 – Anwendung des Ertragswertverfahrens bei Kapitalgesellschaften unter Berücksichtigung der Unternehmensteuerreform 2008, in: BBK 2009, S. 25-40, (Unternehmensbewertung).

WENZEL, KLAUS/HOFFMANN, ANDREAS, Durchführung von Unternehmenstransaktionen im Mittelstand – Due Diligence bei Unternehmenskäufen und -verkäufen, in: BBK 2011, S. 634-644 (Unternehmenstransaktionen).

WERTHSCHULTE, HOLGER, Kreditrisikomessung bei Projektfinanzierungen durch Risikosimulation, Wiesbaden 2005 (Risikosimulation).

WIDMANN, BERND, Bewertung, in: HÖLTERS, WOLFGANG/BAUER, JOBST-HUBERTUS (Hrsg.), Handbuch Unternehmenskauf, 7. Aufl., Köln 2010, S. 71-204 (Bewertung).

WIDMANN, BERND/SCHIESZL, SVEN/JEROMIN, AXEL, Der Kapitalisierungszinssatz in der praktischen Unternehmensbewertung, in: FB 2003, S. 800-810 (Kapitalisierungszinssatz).

WIEDMANN, HARALD/ADERS, CHRISTIAN/WAGNER, MARC, Bewertung von Unternehmen und Unternehmensanteilen, in: BREUER, ROLF-E. (Hrsg.), Handbuch Finanzierung, 3. Aufl., Wiesbaden 2001, S. 707-743 (Bewertung von Unternehmen).

WIELAND-BLÖSE, HEIKE, Die Bewertung von Beteiligungen im Überschuldungsstatus, in: WPg 2009, S. 1184-1192 (Bewertung im Überschuldungsstatus).

WIESE, JÖRG, Komponenten des Zinsfußes in Unternehmensbewertungskalkülen – Theoretische Grundlagen und Konsistenz, Frankfurt am Main 2006 (Komponenten des Zinsfußes).

WIESE, JÖRG/GAMPENRIEDER, PETER, Marktorientierte Ableitung des Basiszinses mit Bundesbank- und EZB-Daten, in: BB 2008, S. 1722-1726 (Basiszins).

WILHELM, JOCHEN, Finanztitelmärkte und Unternehmensfinanzierung, Berlin 1983 (Unternehmensfinanzierung).

WIMMER, KLAUS, Steigerung der Sanierungschancen für angeschlagene Unternehmen, in: DB 2011, S. M 1 (Sanierungschancen).

WINGENROTH, THORSTEN, Risikomanagement für Corporate Bonds – Modellierung von Spreadrisiken im Investment-Grade-Bereich, Bad Soden 2004 (Risikomanagement).

WINKELMANN, MICHAEL, Aktienbewertung in Deutschland, Königstein 1984 (Aktienbewertung in Deutschland).

WOLLNY, CHRISTOPH, Der objektivierte Unternehmenswert – Unternehmensbewertung bei gesetzlichen und vertraglichen Bewertungsanlässen, 2. Aufl., Herne 2010 (Unternehmenswert).

WRUCK, KAREN H., Financial Distress, Reorganization, and Organizational Efficiency, in: JoFE 1990, S. 419-444 (Financial Distress).

WÜSTEMANN, JENS, Basiszinssatz und Risikozuschlag in der Unternehmensbewertung: aktuelle Rechtsprechungsentwicklungen, in: BB 2007, S. 2223-2228 (Basiszinssatz und Risikozuschlag).

ZIEGER, MARTIN/SCHÜTTE-BIASTOCH, SONJA, Gelöste und ungelöste Fragen bei der Bewertung von kleinen und mittleren Unternehmen (KMU), in: FB 2008, S. 590-601 (Bewertung von KMU).

ZIMMERMANN, PETER, Schätzung und Prognose von Betawerten – Eine Untersuchung am deutschen Aktienmarkt, Bad Soden 1997 (Betawerte).

Verzeichnis der Rechtsquellen

BayObLG, Beschluss vom 28.10.2005 – 3Z BR 071/00, in: AG 2006, S. 41-45 (Beschluss vom 28.10.2005).

BGH, Urteil vom 17.1.1973 – IV ZR 142/70, in: DB 1973, S. 563-565 (Urteil vom 17.1.1973).

BGH, Urteil vom 21.6.2007 – IX ZR 231/04 (OLG Stuttgart), in: ZIP 2007, S. 1469-1472 (Urteil vom 21.6.2007).

Insolvenzordnung (InsO) vom 5.10.1994, BGBl. I, S. 2866, zuletzt geändert durch Artikel 3 des Gesetzes vom 9.12.2010, BGBl. I, S. 1885 (InsO).

LG Dortmund, Beschluss vom 19.3.2007 – 18 AktE 5/03, in: AG 2007, S. 792-797 (Beschluss vom 19.3.2007).

OLG Düsseldorf, Urteil vom 23.1.2008 – I-26 W 6/06 AktE, in: AG 2008, S. 822-826 (Urteil vom 23.1.2008).